ABC du BAC

Réussite

le bac efficace

Mathématiques

Term

Pierre-Antoine Desrousseaux

Laurent Gatoux

Nathan

Direction éditoriale : Raphaëlle Mourey
Coordination éditoriale : Julie Langlais, Marion Gautier
Édition : Benjamin Peylet
Conception graphique intérieur : Élise Launay
Couverture : Hugues Vollant, Marc Henry
Compositeur : PCA
Fabrication : Kévin Magar

ISBN : 978-2-09-157494-3

Mode d'emploi

Un ouvrage synthétique pour réviser et progresser avec méthode !

Cours

Méthode | Exos & sujets | Corrigés

- Le cours est structuré en **doubles pages**, pour faciliter les révisions. Il comporte les éléments indispensables pour assimiler les nouvelles connaissances
- Chaque double-page comporte des **exercices résolus**, commentés en marge, qui constituent une préparation à la résolution d'exercices plus difficiles.

Méthode

Cours | Exos & sujets | Corrigés

- Ces pages présentent de manière simple la résolution de questions classiques qu'il est indispensable de maîtriser. Ces **fiches-méthode** s'appuient sur des exercices et présentent la **démarche à suivre** de manière très détaillée.

Exercices

Cours | Méthode | Corrigés

- **Nombreux et variés,** les exercices proposés permettent de couvrir l'ensemble des thèmes abordés dans le chapitre.
- Ils sont classés en **trois rubriques** : Vérifiez vos connaissances, Exercices d'application et Exercices d'entraînement.

Corrigés

Cours | Méthode | Exos & sujets

- Les corrigés, **entièrement rédigés**, sont très détaillés et présentent toutes les étapes du raisonnement et des calculs.
- Ils sont accompagnés de commentaires : **conseils, remarques, astuces du prof, gagner des points…**

CAHIER SPÉCIAL BAC

- Un **cahier spécial Bac** contenant :

– la description détaillée de l'épreuve ;

– un sujet complet type Bac corrigé ;

– une partie sur le « Grand Oral » dont un sujet d'exposé corrigé.

Sommaire

CHAPITRE 12 Calcul intégral

PARTIE III • Probabilités

CHAPITRE 13 Succession d'épreuves indépendantes. Schéma de Bernoulli

CHAPITRE 14 Somme de variables aléatoires

CHAPITRE 15 Concentration, loi des grands nombres

CAHIER SPÉCIAL BAC

Le nouveau Bac

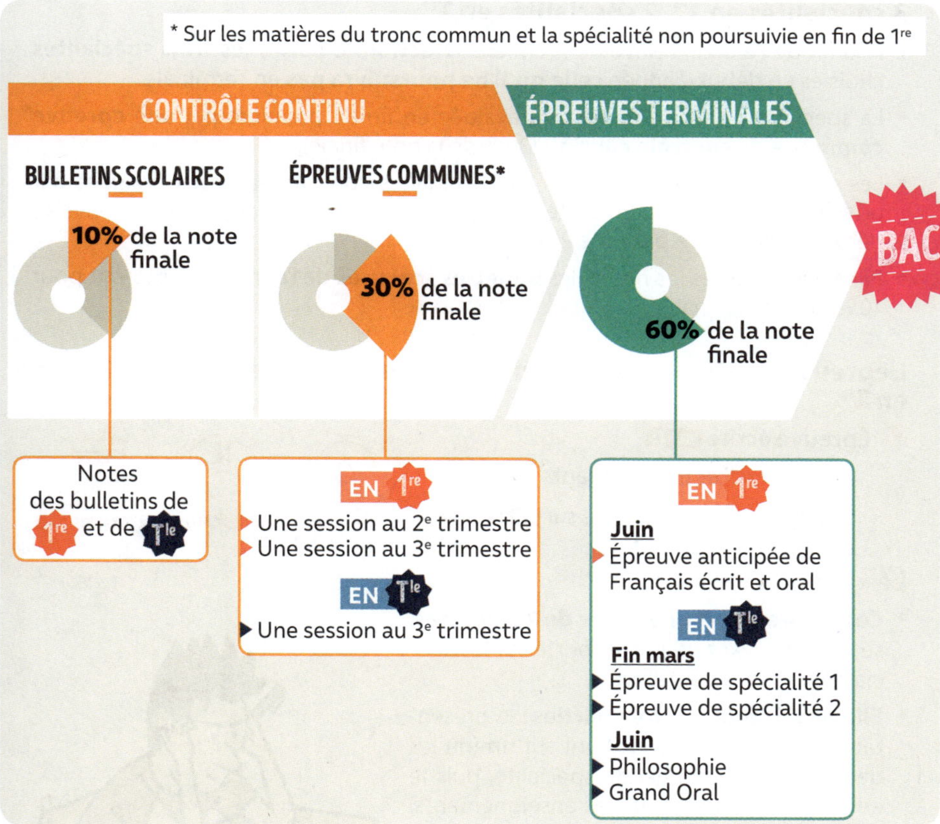

- **Deux sessions d'épreuves communes du contrôle continu** sont mises en place en **Première** pour les enseignements communs. Elles se déroulent aux **deuxième** et **troisième trimestres**, et leurs dates sont fixées par les lycées.
- Une **troisième session** d'épreuves communes du contrôle continu est mise en place durant le **troisième trimestre de Terminale**.
- Les nouvelles **épreuves finales** auront lieu en 2021 pour les élèves de Terminale.

---

* Toutes ces informations correspondent aux instructions officielles d'avril 2020.

3 spécialités en 1re, 2 spécialités en Tle

- À la fin de l'année, l'élève de Première **sélectionne parmi les trois spécialités** choisies en début d'année **celle qu'il ne poursuivra pas** en Terminale.
- La spécialité non poursuivie sera évaluée en fin de première par une **épreuve commune de contrôle continu** (30 % de la note finale).
- Les deux spécialités conservées en Terminale seront quant à elles évaluées par une **épreuve finale** en fin de Terminale (60 % de la note finale). Cette épreuve se déroulera en mars à partir de 2021.
- Par ailleurs, toutes les notes des **bulletins scolaires** de l'année compteront pour 10 % de la note finale.

L'épreuve finale pour l'enseignement de spécialité Mathématiques en Tle

Épreuve écrite 20 PTS

- 3 à 5 exercices indépendants
- Chaque exercice est noté sur 4 à 8 POINTS

4 heures | Coeff. 16 | 2nd trimestre

Le « Grand Oral »

- **Cette épreuve, d'une durée de 20 minutes**, se réalise devant un jury et porte sur les spécialités choisies par l'élève.
- **Elle se déroule en trois parties :** la présentation d'une question portant sur un (ou les deux) enseignement(s) de spécialité, puis le jury interroge l'élève sur ces enseignements, permettant d'évaluer la capacité de l'élève à analyser et mobiliser des connaissances. Elle est poursuivie par un échange à propos du projet d'orientation de l'élève.

Les grands moments de l'année de T^le^

CALENDRIER DU BAC		CALENDRIER PARCOURSUP
	Novembre	Recherche des informations sur Parcoursup
	Janvier	Inscription sur Parcoursup
	Février	Constitution de votre dossier complet, saisie et confirmation de vos vœux
Deux épreuves écrites de spécialité	Fin mars	
	Avril	
Épreuves de contrôle continu (E3C)	3e trimestre dates au choix de votre lycée	
	Mai	Pensez à répondre aux propositions des établissements
Épreuve écrite de Philosophie et « Grand Oral »	Juin	
	Juillet	Éventuellement, phase complémentaire
	Septembre	

* Informations mises à jour en mars 2020

CHAPITRE 1

Combinatoire et dénombrement

1 Ensembles finis

• **Définitions**

Un **ensemble** E est dit **fini** lorsqu'il possède un nombre fini d'éléments.
Le nombre d'éléments d'un ensemble E est appelé **cardinal** de E et il se note card(E).

Exemple : $E = \{1\,;\,2\,;\ldots;\,12\}$ est un ensemble fini car il possède 12 éléments.
Contre-exemple : $\mathbb{N}$ est un ensemble infini car il possède une infinité d'éléments.

1 Principe additif

• **Propriété** (principe additif)

Si E et F sont deux ensembles finis, alors : $\text{card}(E \cup F) = \text{card}(E) + \text{card}(F) - \text{card}(E \cap F)$

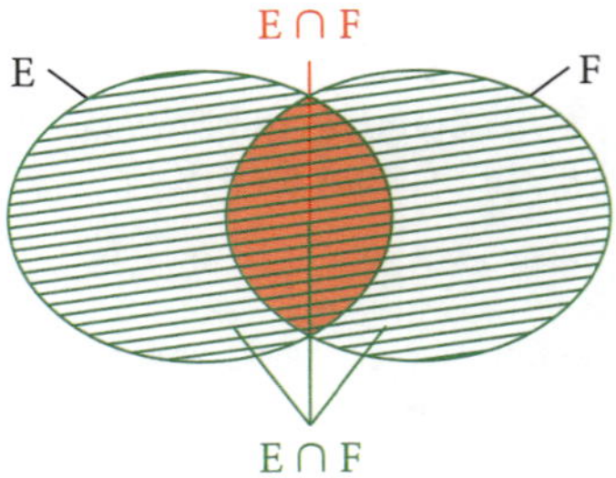

2 Principe multiplicatif

• **Définition**

E et F désignent deux ensembles finis.
Le **produit cartésien** de E et F est l'ensemble, noté $E \times F$, constitué de tous les couples $(e\,;f)$ avec $e \in E$ et $f \in F$.

• **Propriété** (principe multiplicatif)

Si E et F sont deux ensembles finis, alors : $\text{card}(E \times F) = \text{card}(E) \times \text{card}(F)$.

Exemple : $E = \{1\,;\,2\,;\,\ldots\,;\,12\}$, et $F = \{a\,;\,b\,;\,c\}$.
$E \times F = \{(1\,;\,a)\,;\,(1\,;\,b)\,;\,(1;\,c)\,;\,(2\,;\,a)\,;\,(2\,;\,b)\,;\,(2\,;\,c)\,;\,\ldots;(12\,;\,a)\,;\,(12\,;\,b)\,;\,(12\,;\,c)\}$ et $\text{card}(E \times F) = \text{card}(E) \times \text{card}(F) = 12 \times 3 = 36$.

EXERCICES RÉSOLUS

Utiliser le principe additif

ÉNONCÉ

Un concessionnaire automobile dispose de 35 véhicules. Parmi eux, 20 fonctionnent au Super, 12 fonctionnent à l'électricité et 5 fonctionnent aux deux.

1. Représenter la situation par un diagramme.

2. Déterminer le nombre de véhicules qui fonctionnent au Super ou à l'électricité.

CORRIGÉ

1.

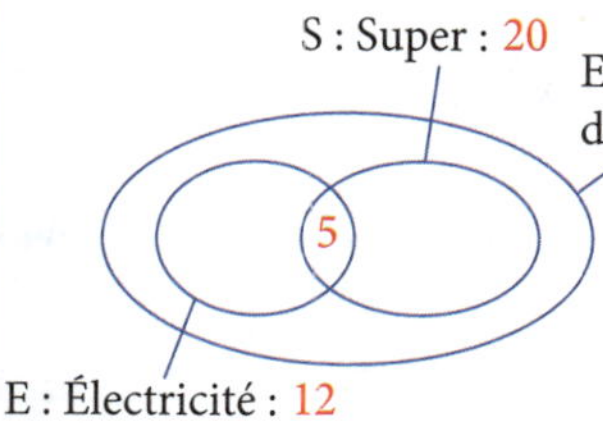

2. $\text{card}(S \cup E) = \text{card}(S) + \text{card}(E) - \text{card}(S \cap E) = 20 + 12 - 5 = 27$.

27 véhicules fonctionnent au Super ou à l'électricité.

Utiliser le principe multiplicatif

ÉNONCÉ

Pour constituer un menu, Alix a le choix entre deux entrées, deux plats et trois desserts. Déterminer le nombre de menus possibles.

CORRIGÉ

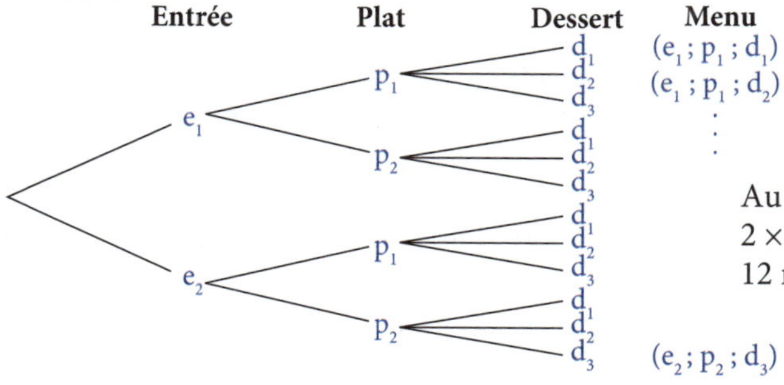

Au total, il y a donc : $2 \times 2 \times 3$, c'est-à-dire 12 menus possibles.

2 Ensemble des k-uplets

1 Nombre de k-uplets d'un ensemble

E désigne un ensemble fini à n éléments.

- **Définitions**

• Un **k-uplet** de E est une liste ordonnée de k éléments de E qui peuvent être distincts ou non.

• L'ensemble constitué de tous les k-uplets de E est le produit cartésien $\underbrace{E \times E \times \ldots \times E}_{k \text{ fois}}$. On note cet ensemble $\boldsymbol{E^k}$.

- **Propriété**

L'ensemble E^k contient n^k éléments. Ainsi $\text{card}(E^k) = n^k$.

Exemple : $E = \{a ; b ; c\}$, donc $n = 3$.
L'ensemble des 2-uplets de E est noté E^2.
Il est constitué de tous les couples possibles formés à partir des éléments de E.
E^2 contient $3^2 = 9$ éléments.
Ces 9 couples sont indiqués sur l'arbre ci-contre.

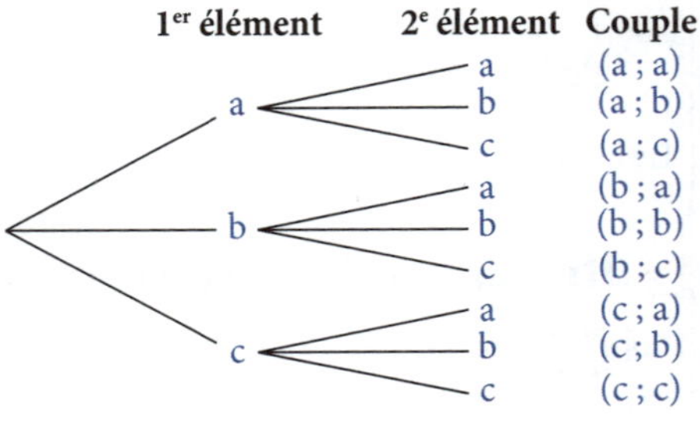

2 Nombre de parties d'un ensemble

- **Propriété**

E désigne un ensemble fini à n éléments.
Le nombre de parties (c'est-à-dire de sous-ensembles) de E est : 2^n.

Exemple : $E = \{a ; b ; c\}$, donc $n = 3$.
Les parties de E sont : Ø (l'ensemble vide) ; $\{a\}$; $\{b\}$; $\{c\}$; $\{a ; b\}$; $\{a ; c\}$; $\{b ; c\}$; E.
Il y en a $2^3 = 8$.

EXERCICES RÉSOLUS

Compter les *k*-uplets d'un ensemble

ÉNONCÉ

Pour chacun des ensembles E ci-dessous, donner un exemple de k-uplet ; puis compter tous les k-uplets possibles.

a. $E = \{2 ; 3 ; 4 ; 5 ; 6\}$, $k = 3$

b. E est l'ensemble des lettres de l'alphabet, $k = 5$.

CORRIGÉ

a. E contient $n = 5$ éléments et $k = 3$, donc $(2 ; 5 ; 2)$ est un exemple de 3-uplet de E et le nombre de 3-uplets de E est $5^3 = 125$.

b. E contient $n = 26$ éléments et $k = 5$ donc (a ; a ; b ; e ; z) est un exemple de 5-uplets de E et le nombre de 5-uplets de E est $26^5 = 11\,881\,376$.

Comprendre la notion de parties d'un ensemble

ÉNONCÉ

$E = \{0 ; 1 ; 2 ; 3\}$.

1. Donner un exemple de partie de E à :

- 0 élément
- 1 élément
- 2 éléments
- 3 éléments
- 4 éléments

2. Déterminer le nombre de parties de E.

CORRIGÉ

1.
- Partie à 0 élément de E : $\varnothing$ (ensemble vide)
- Partie à 1 élément de E : $\{2\}$
- Partie à 2 éléments de E : $\{0 ; 3\}$
- Partie à 3 éléments de E : $\{0 ; 1 ; 3\}$
- Partie à 4 éléments de E : E.

2. Le nombre de parties de E est : $2^4 = 16$.

3 k-uplets d'éléments distincts

E désigne un ensemble à n éléments avec n entier naturel non nul.

1 Dénombrement de k-uplets

- **Propriété**

k désigne un entier naturel compris entre 0 et n.
Le nombre de **k-uplets d'éléments distincts** de E est :
$n \times (n-1) \times \ldots \times (n-k+1)$

Remarque
Dénombrer signifie compter. Ici, on compte le nombre de k-uplets d'éléments distincts de E.

En effet, construire un k-uplet d'éléments distincts de E revient à compléter k cases, avec des éléments distincts de E.

On a le choix entre les n éléments de E	Éléments **distincts** il reste $(n-1)$ éléments dans E		Le nombre d'éléments restant dans E est $(n-k+1)$
n choix	$n-1$ choix	…	$n-k+1$ choix
1e case	2e case		k[e] case

Au total, il y a bien $n \times (n-1) \times \ldots \times (n-k+1)$ choix.

2 Dénombrement des permutations

- **Définition**

Factorielle n est le nombre, noté $n!$, égal à : $1 \times 2 \times 3 \times \ldots \times n$.
Par convention, $0! = 1$.

- **Définition**

Une **permutation** des éléments de E est un n-uplet d'éléments distincts de E.

Remarque
Cela signifie qu'on prend les n éléments de E et que l'on place chacun d'eux dans n cases. On regarde toutes les dispositions possibles.

- **Propriété**

Le nombre de **permutations** de E est : $n!$

EXERCICES RÉSOLUS

Dénombrer des *k*-uplets d'éléments distincts

ÉNONCÉ

Un code de carte bleue contient 4 chiffres de 0 à 9.
Emmie : « Mon code carte bleue ne contient que des chiffres différents ».
Dénombrer les codes possibles pour la carte bleue d'Emmie.

CORRIGÉ

L'ensemble est $E = \{0 ; 1 ; 2 ; \ldots ; 9\}$ et il contient 10 éléments : $n = 10$.
Le code d'Emmie est constitué de 4 éléments distincts de E : $k = 4$.

10 choix	9 choix	8 choix	7 choix
1ᵉ case	2ᵉ case	3ᵉ case	4ᵉ case

Au total : $10 \times 9 \times 8 \times 7 = 5\,040$.

Ainsi, il y a 5 040 codes possibles.

Dénombrer des permutations

ÉNONCÉ

Six élèves entrent dans une classe et vont s'asseoir au premier rang qui contient six places.
Dénombrer toutes les dispositions possibles.

CORRIGÉ

L'ensemble E contient 6 éléments (les noms des 6 élèves).

6 noms	5 noms	4 noms	3 noms	2 noms	1 noms
1ᵉ case	2ᵉ case	3ᵉ case	4ᵉ case	5ᵉ case	6ᵉ case

Au total, il y a $6 \times 5 \times 4 \times 3 \times 2 \times 1 = 6! = 720$ dispositions possibles.

4 Combinaisons

E désigne un ensemble à n éléments avec n entier naturel non nul.

1 Combinaison à k éléments de E

• Définition

k désigne un entier naturel compris entre 0 et n.
Une **combinaison** à k éléments de E est une partie de E (c'est-à-dire un sous-ensemble de E) contenant k éléments distincts.

Exemple : $E = \{1 ; 2 ; 3 ; 4 ; 5\}$ est représenté par le diagramme suivant.

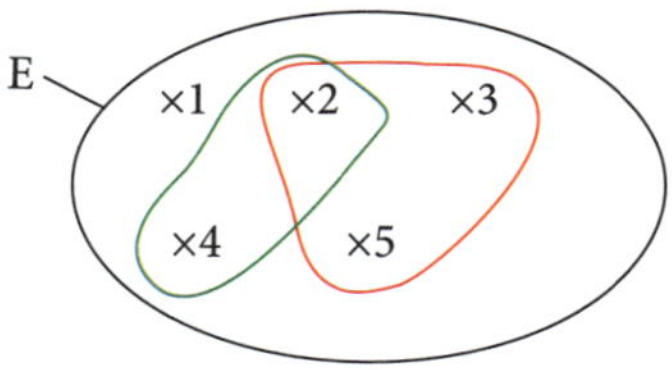

L'ensemble rouge $\{2 ; 3 ; 5\}$ est une combinaison à 3 éléments de E.
L'ensemble vert $\{2 ; 4\}$ est une combinaison à 2 éléments de E.

Remarque : Dans une combinaison, l'ordre n'intervient pas :
(En effet, $\{2 ; 4\} = \{4 ; 2\}$ = l'ensemble vert) ; et il n'y a pas de répétitions (c'est-à-dire que les éléments sont distincts, en effet $\{1 ; 1\} = \{1\}$).

2 Dénombrement des combinaisons

• Propriété

k désigne un entier naturel compris entre 0 et n.

Le nombre de combinaisons à k éléments de E, noté $\binom{n}{k}$, est égal à :

$$\binom{n}{k} = \frac{n(n-1) \times \ldots \times (n-k+1)}{k!} = \frac{n!}{k!(n-k)!}$$

Remarque : On peut retenir que $\binom{n}{0} = \binom{n}{n} = 1$ et que $\binom{n}{1} = \binom{n}{n-1} = n$.

• Proprités

• Pour tous entiers naturels n et k tels que k est compris entre 0 et n,

$$\binom{n}{k} = \binom{n}{n-k}$$

• Pour tous entiers naturels n et k tels que k est compris entre 1 et $n-1$,

$$\binom{n}{k} = \binom{n-1}{k-1} + \binom{n-1}{k}$$

EXERCICE RÉSOLU

ÉNONCÉ

Lors d'un entraînement de football, vingt joueurs (notés j_1, j_2,…, j_{20}) sont sur le terrain. Pour un exercice tactique, l'entraîneur choisis quatre joueurs parmi les vingt.
Combien de groupes différents de quatre joueurs peut-il choisir pour cet exercice ?

CORRIGÉ

L'ensemble $E = \{j_1 ; j_2 ; \ldots ; j_{20}\}$ contient $n = 20$ éléments.
L'entraîneur choisit une partie à $k = 4$ éléments de E, c'est à dire une combinaison à 4 éléments de E.
Le nombre de combinaisons à 4 éléments pris parmi 20 est :

$$\binom{20}{4} = \frac{20!}{4!(20-4)!} = \frac{20!}{4!\,16!} = \frac{20 \times 19 \times 18 \times 17}{4 \times 3 \times 2 \times 1} = 4\,845.$$

Ainsi, l'entraîneur peut choisir 4 845 groupes différents de 4 de ses joueurs.

À la calculatrice

Casio	T.I.
Taper **20**,	Taper **20**,
OPTN, puis **▶**,	**MATH**,
PROB, puis **nCr**	puis **PROB**,
(ou **COMBINAISON**)	**COMBINAISON**
et enfin **4**.	et enfin **4**.

Savoir utiliser le principe additif ou multiplicatif

ÉNONCÉ

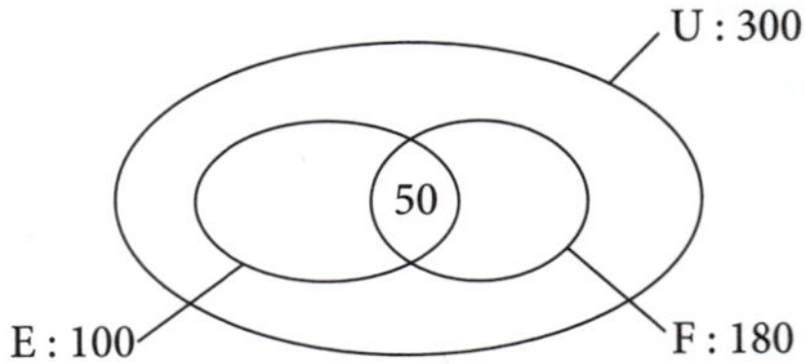

1. On donne le diagramme suivant.
Déterminer :

a. card($E \cup F$) **b.** card($\overline{E} \cap \overline{F}$).

2. On donne $E = \{a\,;\, b\,;\, c\,;\, d\,;\, e\,;\, f\}$ et $F = \{1\,;\, 2\,;\, 3\,;\, 4\}$.

a. Donner deux éléments du produit cartésien $E \times$ F.

b. Déterminer card($E \times$ F).

MÉTHODE

• Pour utiliser le principe additif, on peut s'aider d'un diagramme ou, comme ci-dessous, d'un tableau à double entrée.

On utilise également la formule card($E \cup F$) = card(E) + card(F) – card($E \cap F$)

• Pour utiliser le principe multiplicatif, on peut (quand c'est possible) s'aider d'un arbre. On utilise également la formule card($E \times F$) = card(E) × card(F).

CORRIGÉ

1.

F \ *E*	Oui	Non	Total
Oui	50	130	180
Non	50	70	120
Total	100	200	300

a. card($E \cup F$) =
card(E) + card(F) – card($E \cap F$) =
100 + 180 – 50 = 230.

b. card($\overline{E} \cap \overline{F}$) = 70.

2. a. Exemples d'éléments de $E \times F$: $(b\,;\, 3)$ et $(f\,;\, 1)$.

b. card($E \times F$) = card(E) × card(F) = 6 × 4 = 24.

Savoir dénombrer des k-uplets

ÉNONCÉ

Le code de déverrouillage d'un téléphone portable contient six chiffres entre 0 et 9.
Combien y a-t-il de codes de déverrouillage possibles ?

MÉTHODE

Pour dénombrer les k-uplets d'un ensemble E, il faut :

- comprendre ce qu'est E (l'ensemble dans lequel on choisit les éléments) et déterminer n : le nombre d'éléments de E ;
- déterminer k, c'est-à-dire la taille des k-uplets à construire ;
- s'aider, si besoin, des k cases à compléter avec des choix.

CORRIGÉ

$E = \{0 ; 1 ; 2 ; 3 ; 4 ; 5 ; 6 ; 7 ; 8 ; 9\}$, il contient $n = 10$ éléments.
Un code de déverrouillage contient $k = 6$ chiffres, c'est donc un élément de E^6.

10 choix	10 choix	10 choix	10 choix	10 choix	10 choix
1e chiffre	2e ch.	3e ch.	4e ch.	5e ch.	6e ch.

Au total, il y a $10 \times 10 \times 10 \times 10 \times 10 \times 10 = 1\,000\,000$ de codes possibles.
(En effet, $\text{card}(E^6) = 10^6 = 1\,000\,000$.)

Savoir dénombrer des k-uplets d'éléments distincts

ÉNONCÉ

10 groupes d'élèves font une course d'orientation. À la fin de la course, on classe les 3 premiers groupes arrivés afin de les récompenser.
Combien y a-t-il de classements des trois premiers groupes possibles ?
(On suppose qu'il n'y a ni abandon, ni ex-aequo.)

MÉTHODE

Pour dénombrer les k-uplets d'éléments distincts d'un ensemble E, il faut :

• comprendre ce qu'est E (l'ensemble dans lequel on choisit les éléments) et déterminer n : le nombre d'éléments de E;

• déterminer k, c'est-à-dire la taille des k-uplets à construire;

• s'aider, si besoin, des k cases à compléter avec des choix.

Attention, ici, il n'y a pas de répétition possible dans un k-uplet.

CORRIGÉ

E est l'ensemble des groupes, il contient 10 éléments : $n = 10$. Un classement contient 3 groupes ($k = 3$) distincts (car il n'y a pas d'ex-aequo).

10 choix	9 choix	8 choix
1e groupe	2e groupe	3e groupe

Au total : $10 \times 9 \times 8 = 720$ choix.

Ainsi, il y a 720 classements des trois premiers groupes possibles.

Savoir lister des permutations

ÉNONCÉ

E est l'ensemble $\{A\,; B\,; C\}$. Lister toutes les permutations de E.

MÉTHODE

E contient n éléments. Lister toutes les permutations de E, c'est lister tous les n-uplets d'éléments distincts de E. Ainsi, dans chaque n-uplet chaque élément de E est utilisé une fois et une seule.

CORRIGÉ

E contient $n = 3$ éléments, on liste donc tous les triplets d'éléments distincts de E :
$(A\,; B\,; C)\,; (A\,; C\,; B)\,; (B\,; A\,; C)\,;$
$(B\,; C\,; A)\,; (C\,; A\,; B)\,; (C\,; B\,; A)$.
Remarque : lorsque n est petit, on peut également s'aider d'un arbre.

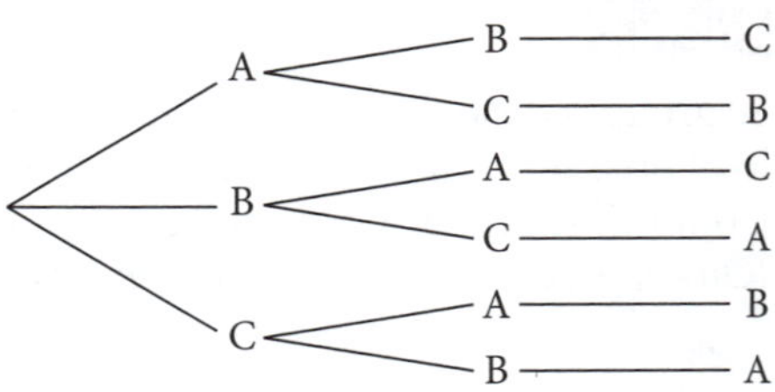

Savoir dénombrer des permutations

ÉNONCÉ

Dans une compétition de natation, huit nageurs sont au départ.
Combien y a-t-il d'ordres d'arrivée possibles ?
(On suppose qu'il n'y a ni abandon, ni ex-aequo.)

MÉTHODE

Pour dénombrer des permutations d'un ensemble E, il faut :

- comprendre ce qu'est E (l'ensemble dans lequel on choisit les éléments) et déterminer n : le nombre d'éléments de E ;
- comprendre que les n éléments de E seront chacun utilisés une fois et une seule pour construire une permutation ;
- s'aider, si besoin, des n cases à compléter avec des choix.

CORRIGÉ

E est l'ensemble formé des noms des huit nageurs, donc $n = 8$.
Chaque nageur est positionné une fois et une seule sur le classement d'arrivée.

8 choix	7choix	6 choix	5 choix	4 choix	3 choix	2 choix	1 choix
1er	2[e]	3[e]	4[e]	5[e]	6[e]	7[e]	8[e]

Au total, il y a $8 \times 7 \times 6 \times 5 \times 4 \times 3 \times 2 \times 1 = 8! = 40\,320$ arrivées possibles.

Savoir calculer mentalement une combinaison

ÉNONCÉ

Calculer sans calculatrice $\binom{10}{7}$.

MÉTHODE

Utiliser les formules : $n! = 1 \times 2 \times 3 \times \ldots \times n$ et $\binom{n}{k} = \dfrac{n!}{k!(n-k)!}$.

CORRIGÉ

$$\binom{10}{7} = \frac{10!}{7!(10-7)!} = \frac{10!}{7!\,3!} = \frac{\cancel{1} \times \cancel{2} \times \cancel{3} \times \cancel{4} \times \cancel{5} \times \cancel{6} \times \cancel{7} \times 8 \times 9 \times 10}{\cancel{1} \times \cancel{2} \times \cancel{3} \times \cancel{4} \times \cancel{5} \times \cancel{6} \times \cancel{7} \times 1 \times 2 \times 3}$$

$$\binom{10}{7} = \frac{8 \times 9 \times 10}{2 \times 3} = \frac{\cancel{2} \times 4 \times \cancel{3} \times 3 \times 10}{\cancel{2} \times \cancel{3}} = 4 \times 3 \times 10 = 120.$$

Savoir dénombrer des combinaisons

ÉNONCÉ

Une classe compte 32 élèves dont 18 filles.
Lors d'une séance de basket, un professeur d'EPS choisit 5 élèves de cette classe afin de constituer une équipe.

a. Combien d'équipes différentes peut-il constituer ?

b. Combien d'équipes différentes comportant 2 filles peut-il constituer ?

MÉTHODE

Pour savoir s'il faut utiliser les combinaisons, il faut :

• s'interroger sur l'ordre : a-t-il de l'importance ou non ? Si la réponse est non, alors on doit utiliser des combinaisons ;

• s'assurer qu'il n'y a pas de répétition possible.

CORRIGÉ

Dans une équipe, l'ordre des joueurs n'a pas d'importance et il n'y a pas deux fois le même joueur. On utilise donc des combinaisons.

a. Le professeur d'EPS doit choisir 5 élèves parmi les 32, il y a donc :

$\binom{32}{5} = 201\,376$ équipes possibles.

b. Pour constituer une équipe comportant 2 filles (et donc 3 garçons), il doit choisir 2 filles parmi les 18 filles et 3 garçons parmi les $32 - 18 = 14$ garçons.

Il y a donc $\binom{18}{2} \times \binom{14}{3} = 153 \times 364 = 55\,692$ équipes possibles comportant 2 filles.

Vérifiez vos connaissances

1 Vrai-Faux

Indiquer, pour chaque proposition, si elle est vraie (V) ou fausse (F).

$E = \{a\,;\, b\,;\, c\,;\, d\}$ et $F = \{c\,;\, d\,;\, e\}$.

1. $\text{card}(E \cap F) = 2$ ☒ V ☐ F

2. $\text{card}(E \cup F) = 7$ ☐ V ☒ F

3. $\text{card}(E \times F) = 12$ ☒ V ☐ F

4. Le nombre de 3-uplets de E est 16. ☐ V ☒ F

5. Le nombre de parties de F est 8. ☒ V ☐ F

6. Le nombre de parties de $E \times F$ est 4096. ☒ V ☐ F

2 QCM

Pour chaque question, une seule réponse proposée (A, B ou C) est exacte.

$E = \{5\,;\, 6\,;\, 7\,;\, 8\,;\, 9\}$.

		A	B	C
1.	Le nombre de 3-uplets d'éléments de E est :	120	60	125
2.	Le nombre de 3-uplets d'éléments distincts de E est :	120	60	362 880
3.	Le nombre de permutations de E est :	5 !	9 !	6 !
4.	Le nombre de combinaisons à 3 éléments de E est :	5	10	15
5.	Le nombre $\binom{12}{5}$ est égal à :	$\binom{5}{12}$	$\binom{11}{4}+\binom{11}{5}$	$\binom{12}{4}+\binom{12}{5}$
6.	Le nombre $\binom{25}{11}$ est égal à :	$\binom{25}{14}$	$\binom{14}{11}$	$\binom{11}{25}$

Exercices d'entraînement

3 Principe additif

Un club de sport compte 250 adhérents dont 170 femmes.

90 de ses adhérents pratiquent leur sport en compétition, 38 femmes de ce club font de la compétition.

1. Reproduire et compléter les pointillés du tableau et du diagramme ci-dessous.

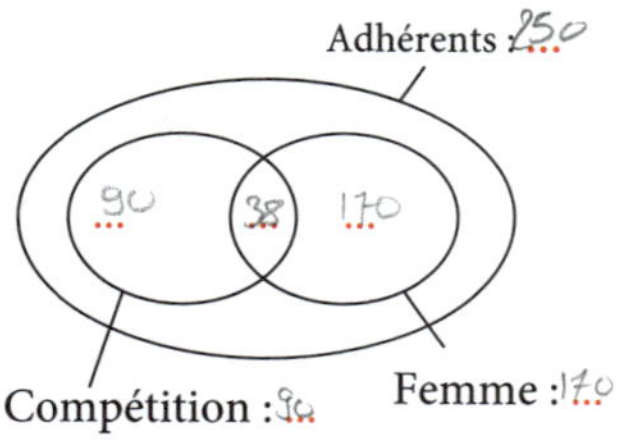

Femme / Compétition	Oui	Non	Total
Oui	38	62	90
Non	132	…	…
Total	…	…	…

2. On note F : « l'adhérent est une femme » et C : « l'adhérent fait de la compétition ».

Déterminer et interpréter les nombres suivants :

a. $\text{card}(F \cup C)$ **b.** $\text{card}(F \cap C)$ **c.** $\text{card}(F \cap \overline{C})$

d. $\text{card}(F \cup \overline{C})$ **e.** $\text{card}(\overline{F} \cap \overline{C})$ **f.** $\text{card}(\overline{F} \cup \overline{C})$

4 Principe multiplicatif

Dans son téléphone, Lila a trois listes de lecture :

- rap, qui contient 24 morceaux
- reggae, qui contient 8 morceaux
- classique, qui contient 10 morceaux.

Elle souhaite écouter trois morceaux issus chacun d'une des listes de lecture.

1. Combien de listes différentes de ces trois morceaux peut-elle écouter ?

2. Le lendemain, elle souhaite écouter une liste de trois morceaux différents : deux issus de la liste rap et un de la liste classique.

Combien de listes différentes peut-elle écouter ?

5 Listes de *k*-uplets d'éléments distincts

1. $E = \{1 ; 2 ; 3 ; 4 ; 5\}$. Lister puis dénombrer les 2-uplets d'éléments distincts de E.

2. $E = \{a ; b ; c ; d\}$. Lister puis dénombrer les 3-uplets d'éléments distincts de E.

6 Sprint

Huit coureurs sont sur la ligne de départ du 100 m aux Jeux Olympiques.
Les trois premiers seront médaillés (Or-Argent-Bronze) sur le podium.

1. Combien y a-t-il de podiums différents possibles ?
(On suppose qu'il n'y a ni abandon, ni ex-aequo.)

2. Un sprinter est tombé au départ et un autre sera éliminé pour franchissement de sa ligne. Combien y a-t-il désormais de podiums différents possibles ?

(Pendant la course, il n'y a ni abandon, ni ex-aequo.)

7 Course hippique

Deux courses vont avoir lieu dans un hippodrome.

La première course compte 19 chevaux au départ.

La seconde course compte 17 chevaux au départ.

(Durant ces courses, on suppose qu'il n'y a ni abandon, ni ex-aequo.)

Combien y a-t-il de classements possibles de l'ensemble des chevaux :

a. à l'issue de la première course ? **b.** à l'issue de la seconde course ?

(Les résultats seront donnés en écriture scientifique.)

8 Calcul mental

1. Calculer mentalement : **a.** $5!$ **b.** $6!$ **c.** $7!$

2. n désigne un entier naturel, $n \geqslant 2$.

Compléter les pointillés : **a.** $n! = \ldots(n-1)!$ **b.** $n! = \ldots(n-2)!$ **c.** $\dfrac{n!}{(n-1)!} = \ldots$

9 Le jeu de cartes

Inès et Armand jouent à un jeu de 32 cartes. Inès, qui tient le jeu, demande à Armand de choisir, sans remise, 5 cartes au hasard.

Un tel lot de 5 cartes s'appelle « une main ».

1. Combien de mains différentes Armand peut-il avoir ?

2. Combien de mains contenant 2 ♥ différents Armand peut-il avoir ?

3. Combien de mains ne contenant pas d'As Armand peut-il avoir ?

> **Rappel**
> Un jeu de 32 cartes contient : 8 ♦, 8 ♥, 8 ♣ et 8 ♠ et contient, en ♦ : 7, 8, 9, 10, Valet, Dame, Roi, As.

Exercices d'entraînement

10 Les numéros de téléphone

1. En France, les numéros de téléphone fixes démarrent, suivant les régions avec 01, 02, 03, 04 ou 05.

Déterminer le nombre de numéros de téléphones fixes possibles en France.

2. Déterminer le nombre de numéros de téléphones portables possibles en France.

3. Étienne : « Mon numéro de téléphone portable se termine par quatre zéros ».

Kenza : « Mon numéro de téléphone portable ne comporte que des numéros pairs ».

Combien de numéros de téléphones portables ont les mêmes critères que :

a. celui d'Étienne ? **b.** celui de Kenza ? **c.** celui d'Étienne et de Kenza ?

11 Le Loto et l'Euromillion

1. Le Loto

Un billet de Loto comporte une grille de 49 numéros et une autre grille de 10 numéros.

Pour compléter un billet, il faut cocher 5 numéros dans la première grille et 1 numéro dans la seconde.

a. Combien y a-t-il de grilles différentes possibles au Loto ?

b. Un joueur complète un billet de Loto.

Quelle est la probabilité qu'il gagne le gros lot ? (C'est-à-dire qu'il ait choisi les six bons numéros.)

2. L'Euromillion

Un billet d'Euromillion comporte une grille de 50 numéros et une autre grille de 11 numéros.

Pour compléter un billet, il faut cocher 5 numéros dans la première grille et 2 numéros dans la seconde.

a. Combien y a-t-il de grilles différentes possibles à l'Euromillion ?

b. Un joueur complète un billet d'Euromillion.

Quelle est la probabilité qu'il gagne le gros lot ? (C'est-à-dire qu'il ait choisi les sept bons numéros.)

12 Démontrer des formules

1. Démontrer que, pour tous entiers naturels n et k tels que $0 \leqslant k \leqslant n$,

$$\binom{n}{k} = \binom{n}{n-k}$$

2. Démontrer que, pour tous entiers naturels n et k tels que $1 \leqslant k \leqslant n - 1$,

$$\binom{n}{k} = \binom{n-1}{k-1} + \binom{n-1}{k}$$

Vérifiez vos connaissances

1 Vrai-Faux

1. Vrai **2.** Faux **3.** Vrai **4.** Faux **5.** Vrai **6.** Vrai

2 QCM

1. C **2.** B **3.** A **4.** B **5.** B **6.** A

Exercices d'application

3 Principe additif

1.

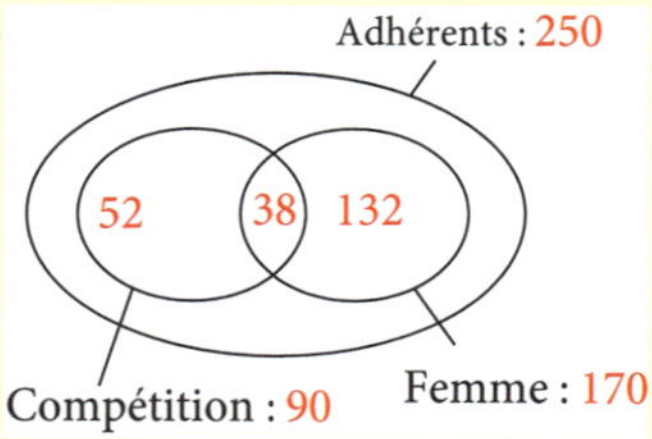

Compétition \ Femme	Oui	Non	Total
Oui	38	52	90
Non	132	28	160
Total	170	80	250

2. a. $\text{card}(F \cup C) = \text{card}(F) + \text{card}(C) - \text{card}(F \cap C) = 170 + 90 - 38 = 222$.

222 adhérents sont des femmes ou font de la compétition.

b. $\text{card}(F \cap C) = 38$.

38 adhérents sont des femmes qui font de la compétition.

c. $\text{card}(F \cap \overline{C}) = 132$.

132 adhérents sont des femmes qui ne font pas de compétition.

d. $\text{card}(F \cup \overline{C}) = \text{card}(F) + \text{card}(\overline{C}) - \text{card}(F \cap \overline{C})$
$= 170 + 160 - 132 = 198$.

198 adhérents sont des femmes ou ne font pas de compétition.

e. $\text{card}(\overline{F} \cap \overline{C}) = 28$.

28 adhérents sont des hommes qui ne font pas de compétition.

Remarque

En mathématiques, *A* **ou** *B* signifie :
- soit *A*
- soit *B*
- soit les deux : *A* **et** *B*

f. $\text{card}(\overline{F} \cup \overline{C}) = \text{card}(\overline{F}) + \text{card}(\overline{C}) - \text{card}(\overline{F} \cap \overline{C}) = 80 + 160 - 28 = 212$.

212 adhérents sont des hommes ou ne font pas de compétition.

4 Principe multiplicatif

On note Ra l'ensemble des morceaux de rap : card(Ra) = 24 ; Re l'ensemble des morceaux de reggae : card(Re) = 8 ; C l'ensemble des morceaux de classique : card(C) = 10.

1. Une liste est un 3-uplet de Ra × Re × C.

Donc le nombre de listes possibles de ces trois morceaux est : $24 \times 8 \times 10 = 1\,920$.

2. Une liste est un 3-uplet de Ra × Ra × C.

Donc le nombre de listes possibles de ces trois morceaux est : $24 \times 24 \times 10 = 5\,760$.

5 Listes de *k*-uplets d'éléments distincts

1. (1 ; 2) ; (1 ; 3) ; (1 ; 4) ; (1 ; 5) ; (2 ; 1) ; (2 ; 3) ; (2 ; 4) ; (2 ; 5) ; (3 ; 1) ; (3 ; 2) ; (3 ; 4) ; (3 ; 5) ; (4 ; 1) ; (4 ; 2) ; (4 ; 3) ; (4 ; 5) ; (5 ; 1) ; (5 ; 2) ; (5 ; 3) ; (5 ; 5).

Il y en a $5 \times (5 - 2 + 1) = 5 \times 4 = 20$.

2. $(a ; b ; c)$; $(a ; c ; b)$; $(a ; b ; d)$; $(a ; d ; b)$; $(a ; c ; d)$; $(a ; d ; c)$; $(b ; a ; c)$; $(b ; c ; a)$; $(b ; a ; d)$; $(b ; d ; a)$; $(b ; c ; d)$; $(b ; d ; c)$; $(c ; a ; b)$; $(c ; b ; a)$; $(c ; b ; d)$; $(c ; d ; b)$; $(c ; a ; d)$; $(c ; d ; a)$; $(d ; a ; b)$; $(d ; b ; a)$; $(d ; b ; c)$; $(d ; c ; b)$; $(d ; a ; c)$; $(d ; c ; a)$.

Il y en a $4 \times (4 - 1) \times (4 - 3 + 1) = 4 \times 3 \times 2 = 24$.

6 Sprint

1. On peut schématiser la situation ainsi :

8 choix	7 choix	6 choix
1e place	2e place	3e place

Au total, il y a $8 \times 7 \times 6 = 336$ podiums possibles.

2. On peut schématiser la situation ainsi :

6 choix	5 choix	4 choix
1e place	2e place	3e place

Au total, il y a $6 \times 5 \times 4 = 120$ podiums possibles.

7 Course hippique

a. On peut schématiser la situation ainsi :

19 chevaux	18 chevaux	...	2 chevaux	1 chevaux
1e place	2e place	...	18e place	19e place

Au total, il y a $19 \times 18 \times \ldots \times 2 \times 1 = 19! \approx 1{,}216 \times 10^{17}$ classements possibles.

b. On peut schématiser la situation ainsi :

17 chevaux	16 chevaux	...	2 chevaux	1 chevaux
1e place	2e place	...	16e place	17e place

Au total, il y a $17 \times 16 \times \ldots \times 2 \times 1 = 17! \approx 3{,}557 \times 10^{14}$ classements possibles.

8 Calcul mental

1. a. $5! = 5 \times 4 \times 3 \times 2 \times 1 = 120$.

b. $6! = 6 \times 5 \times 4 \times 3 \times 2 \times 1 = 6 \times 5! = 6 \times 120 = 720$.

c. $7! = 7 \times 6 \times 5 \times 4 \times 3 \times 2 \times 1 = 7 \times 6! = 7 \times 720 = 5\,040$

2. a. $n! = n \times (n-1)!$

b. $n! = n \times (n-1) \times (n-2)!$

c. $\dfrac{n!}{(n-1)!} = n$.

9 Le jeu de cartes

L'ordre n'a pas d'importance et il n'y a pas de répétition possible dans une main, donc on utilise des combinaisons.

1. Armand choisit 5 cartes parmi 32 cartes.
Le nombre de mains possibles est donc :

$$\binom{32}{5} = \frac{32!}{5!(32-5)!} = \frac{32!}{5!27!} = \frac{32 \times 31 \times 30 \times 29 \times 28 \times \cancel{27!}}{5! \times \cancel{27!}}$$

$$\binom{32}{5} = \frac{32 \times 31 \times 30 \times 29 \times 28}{5!} = 201\,376.$$

2. Pour obtenir une main contenant 2 ❤ Armand doit choisir 2 ❤ parmi les 8 ❤ et 3 autres cartes parmi les 24 autres cartes.

Le nombre de mains possibles contenant 2 ❤ est donc :

$$\binom{8}{2} \times \binom{24}{3} = \frac{8!}{2!6!} \times \frac{24!}{3!21!} = 56\ 672.$$

3. Il suffit de considérer qu'on enlève les As au départ ou qu'Armand doit choisir 5 cartes parmi les 28 cartes (32 cartes – 4 As). Le nombre de mains possibles sans As est donc :

$$\binom{28}{5} = \frac{28!}{5!\,23!} = 98\ 280.$$

Exercices d'entraînement

10 Les numéros de téléphone

1. On peut schématiser la situation ainsi :

Par exemple, pour la région dont les numéros fixes commencent par 01 :

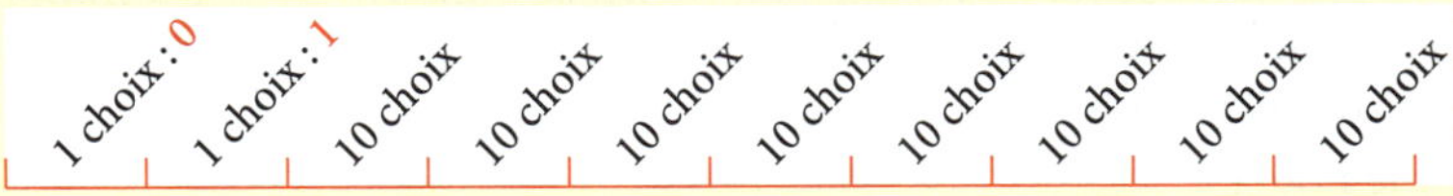

(les 10 choix étant les dix chiffres de 0 à 9).

Donc au total, pour cette région, il y a $10^8 = 100\,000\,000$ numéros fixes possibles.

Ainsi, pour les cinq régions, il y a 500 000 000 numéros fixes possibles.

2. Les numéros de téléphones portables commencent par 06 ou 07, il y a donc 200 000 000 numéros de téléphones portables possibles.

3. a. On peut schématiser la situation ainsi pour Étienne :

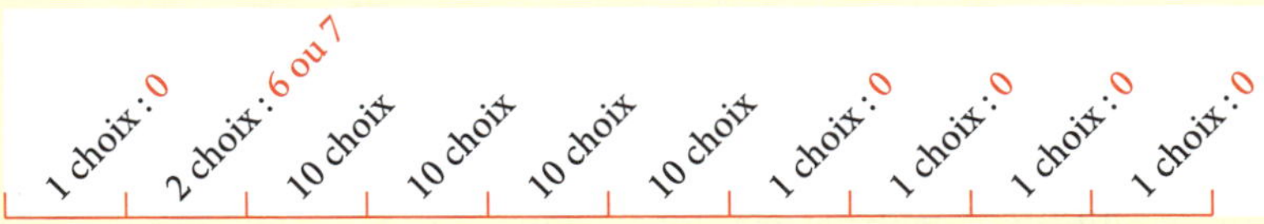

Donc, au total, il y a $2 \times 10^4 = 20\ 000$ numéros ayant les mêmes critères que celui d'Étienne.

b. On peut schématiser la situation ainsi pour Kenza :

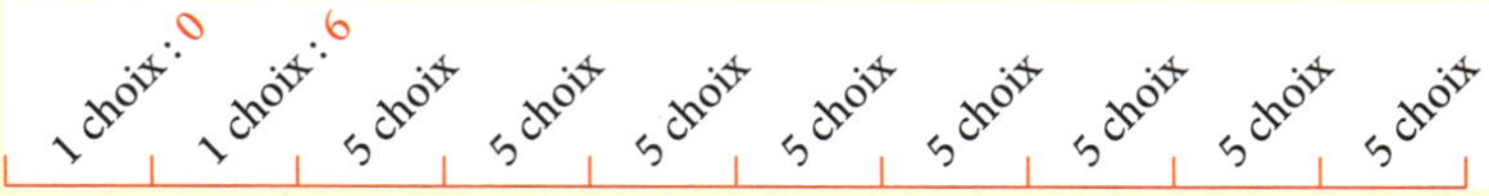

(les 10 choix sont les cinq chiffres pairs : 0, 2, 4, 6, 8).

Donc, au total, il y a $5^8 = 390\,625$ numéros ayant les mêmes critères que celui de Kenza.

c. On peut schématiser la situation ainsi :

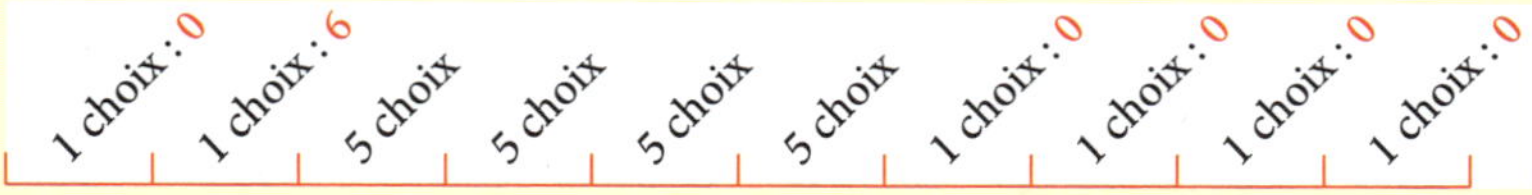

Donc, au total, il y a $5^4 = 625$ numéros ayant les mêmes critères que ceux d'Étienne et de Kenza.

11 Le Loto et l'Euromillion

Dans cet exercice, l'ordre dans lequel on coche les numéros n'a pas d'importance et un même numéro ne peut être coché deux fois (donc il n'y a pas de répétitions), on utilise donc des combinaisons.

1. Pour le Loto :

a. Le nombre de grilles différentes est :

$$\binom{49}{5} \times \binom{10}{1} = \frac{49!}{5!44!} \times 10 = 19\,068\,840.$$

b. La probabilité qu'il gagne le gros lot est donc $p = \dfrac{1}{19068840}$.

2. Pour l'Euromillion :

a. Le nombre de grilles différentes est :

$$\binom{50}{5} \times \binom{11}{2} = \frac{50!}{5!45!} \times \frac{11!}{2!9!} = 116\,531\,800.$$

b. La probabilité qu'il gagne le gros lot est donc $p' = \dfrac{1}{116531800}$.

12 Démontrer des formules

1. Pour tous entiers naturels n et k tels que $0 \leqslant k \leqslant n$,

$$\binom{n}{k} = \frac{n!}{k!(n-k)!} = \frac{n!}{(n-k)!k!} = \frac{n!}{(n-k)!(n-(n-k))!} = \binom{n}{n-k}.$$

2. Pour tous entiers naturels n et k tels que $1 \leqslant k \leqslant n-1$,

$$\binom{n-1}{k-1} + \binom{n-1}{k} = \frac{(n-1)!}{(k-1)!((n-1)-(k-1))!} + \frac{(n-1)!}{k!(n-1-k)!}$$

$$= \frac{(n-1)!}{(k-1)!(n-k)!} + \frac{(n-1)!}{k!(n-k-1)!}$$

$$= \frac{k(n-1)!}{k(k-1)!(n-k)!} + \frac{(n-1)!(n-k)}{k!(n-k-1)!(n-k)}$$

$$= \frac{k(n-1)!}{k!(n-k)!} + \frac{(n-1)!(n-k)}{k!(n-k)!}$$

$$= \frac{k(n-1)! + (n-1)!(n-k)}{k!(n-k)!}$$

$$= \frac{(n-1)!\,(k+n-k)}{k!(n-k)!}$$

$$= \frac{(n-1)!\,n}{k!(n-k)!}$$

$$= \frac{n!}{k!(n-k)!}$$

$$= \binom{n}{k}.$$

Réflexe à avoir

$(n-k-1)!\,(n-k) = (n-k)!$
et $k(k-1)! = k!$

CHAPITRE 2 Vecteurs, droites et plans de l'espace

1 Vecteurs de l'espace

La notion de vecteur, leurs propriétés et les opérations vues en géométrie plane peuvent être étendues à l'espace.

1 Définition

• À tout couple $(A ; B)$ de points distincts de l'espace, on associe un vecteur, noté $\overrightarrow{AB}$, et lorsque $A = B$, le vecteur $\overrightarrow{AA}$ est le vecteur nul noté $\vec{0}$.

• Dire que deux vecteurs **$\overrightarrow{AB}$ et $\overrightarrow{CD}$ sont égaux** signifie que $ABDC$ est un parallélogramme éventuellement aplati.

Remarque : Dans ce cas, $\overrightarrow{AB}$ et $\overrightarrow{CD}$ sont les représentants d'un même vecteur que l'on note $\vec{u}$.

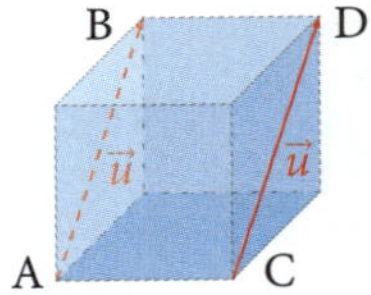

• **Propriété :** Pour tout point M de l'espace et pour tout vecteur $\vec{u}$, il existe un unique point N tel que $\overrightarrow{MN} = \vec{u}$.

2 Opérations sur les vecteurs

• **Addition de deux vecteurs**

Règle du parallélogramme

ABDC parallélogramme

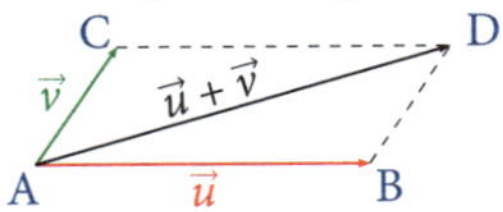

$\vec{u} + \vec{v} = \overrightarrow{AB} + \overrightarrow{AC} = \overrightarrow{AD}$

Relation de Chasles

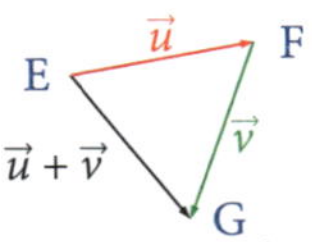

$\vec{u} + \vec{v} = \overrightarrow{EF} + \overrightarrow{FG} = \overrightarrow{EG}$

• **Produit d'un vecteur par un réel**

$\vec{u}$ est un vecteur non nul, $\overrightarrow{AB}$ un de ses représentants et λ un réel.
Le vecteur $\lambda\vec{u}$ représenté par $\overrightarrow{AC}$ est défini par :

• Si $\lambda \geqslant 0$

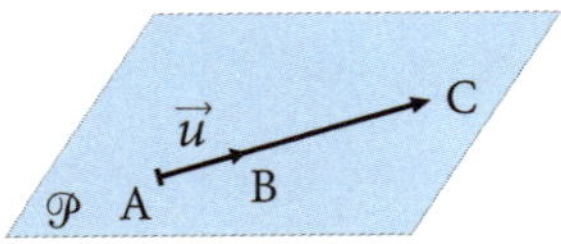

$C \in [AB)$ et $AC = \lambda\, AB$

• Si $\lambda < 0$

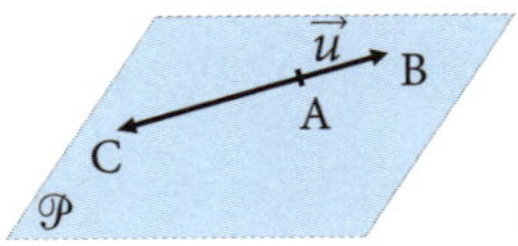

$C \in (AB)$ et $C \notin [AB)$ et $AC = -\lambda\, AB$

EXERCICE RÉSOLU

Construction d'un point défini par une combinaison linéaire de vecteurs

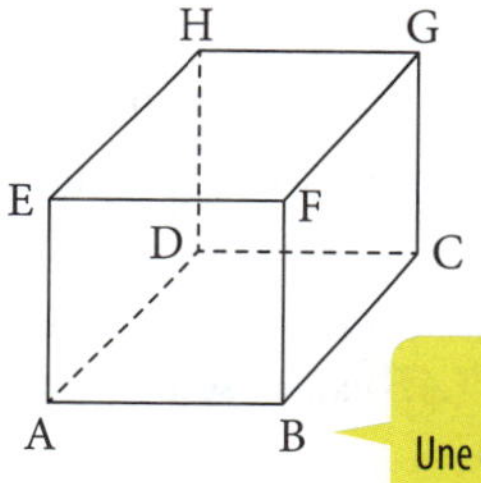

ÉNONCÉ

ABCDEFGH est le pavé droit ci-contre.
Construire les points M et N tels que
- $\overrightarrow{AM} = \overrightarrow{AB} + \overrightarrow{AE} + \overrightarrow{AD}$;
- $\overrightarrow{AN} = \overrightarrow{DC} + \frac{1}{2}\overrightarrow{BF} + \frac{1}{2}\overrightarrow{EH}$.

Remarque
Une combinaison linéaire est une somme algébrique de vecteurs.

CORRIGÉ

- Le point M :

ACGE est un parallélogramme donc $\overrightarrow{AE} = \overrightarrow{CG}$.
ABCD est un parallélogramme donc $\overrightarrow{AD} = \overrightarrow{BC}$.
Ainsi $\overrightarrow{AB} + \overrightarrow{AE} + \overrightarrow{AD} = \overrightarrow{AB} + \overrightarrow{CG} + \overrightarrow{BC} = \overrightarrow{AB} + \overrightarrow{BC} + \overrightarrow{CG}$.
En utilisant la relation de Chasles, $\overrightarrow{AM} = \overrightarrow{AG}$.
Donc $M = G$.

- Le point N :

ABCD est un parallélogramme donc $\overrightarrow{DC} = \overrightarrow{AB}$.
En notant I le milieu de $[BF]$, $\overrightarrow{BI} = \frac{1}{2}\overrightarrow{BF}$.
EFGH est un parallélogramme donc $\overrightarrow{EH} = \overrightarrow{FG}$
et ainsi $\frac{1}{2}\overrightarrow{EH} = \frac{1}{2}\overrightarrow{FG}$.
En notant J le milieu de $[FG]$, $\overrightarrow{FJ} = \frac{1}{2}\overrightarrow{FG}$.

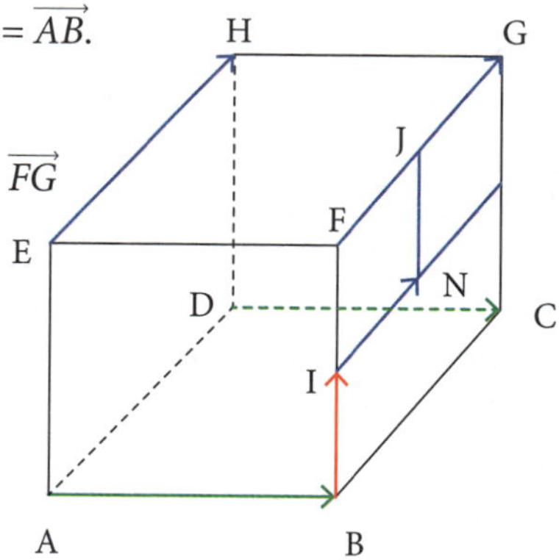

Ainsi
$\overrightarrow{DC} + \frac{1}{2}\overrightarrow{BF} + \frac{1}{2}\overrightarrow{EH} = \overrightarrow{AB} + \overrightarrow{BI} + \overrightarrow{FJ}$
$= \overrightarrow{AI} + \overrightarrow{FJ} = \overrightarrow{AI} + \overrightarrow{IN}$.
Le point N est donc le centre de la face *BCGF*.

2 Droites et plans de l'espace

1 Caractérisation vectorielle d'une droite

Définition

Les **vecteurs** $\vec{u}$ et $\vec{v}$ sont dits **colinéaires** lorsqu'il existe un réel k tel que $\vec{u} = k\vec{v}$.

Remarque : Le vecteur nul est colinéaire à tout vecteur.

Théorème

A et B sont deux points de l'espace.
Un point $M \in (AB)$ si, et seulement s'il existe un réel k tel que $\overrightarrow{AM} = k\overrightarrow{AB}$.

Remarque :
Comme dans la géométrie plane, $\overrightarrow{AB}$ est un vecteur directeur de (AB).

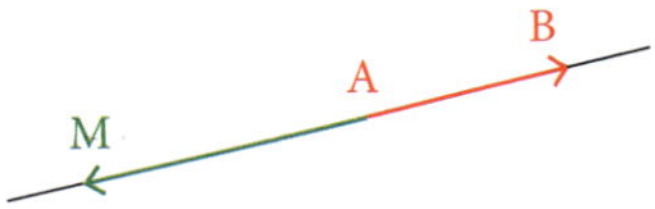

Propriétés

- A, B et C sont alignés si, et seulement si, $\overrightarrow{AB}$ et $\overrightarrow{AC}$ sont colinéaires.
- (AB) et (CD) sont parallèles si, et seulement si, $\overrightarrow{AB}$ et $\overrightarrow{CD}$ sont colinéaires.

2 Caractérisation vectorielle d'un plan

Théorème

A, B et C sont trois points de l'espace non alignés.
Un point $\boldsymbol{M} \in \boldsymbol{(ABC)}$ si, et seulement si, il existe des nombres réels x et y tels que $\overrightarrow{AM} = x\overrightarrow{AB} + y\overrightarrow{AC}$.

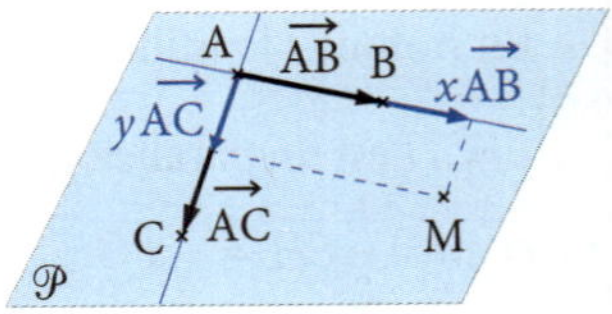

Remarque : Un plan est défini par un point A et un couple de vecteurs non colinéaires $(\vec{u}, \vec{v})$.
On parle alors du plan $(A ; \vec{u}, \vec{v})$ ou du plan repéré par A et $(\vec{u}, \vec{v})$. On dit que $\vec{u}$ et $\vec{v}$ sont des vecteurs directeurs du plan.

Propriété

Deux plans qui ont un couple de vecteurs directeurs en commun sont parallèles.

3 Vecteurs coplanaires

Définition

Les vecteurs $\vec{u}$, $\vec{v}$ et $\vec{w}$ sont coplanaires lorsque les représentants $\overrightarrow{OA}$, $\overrightarrow{OB}$ et $\overrightarrow{OC}$ sont tels que O, A, B et C sont dans un même plan.

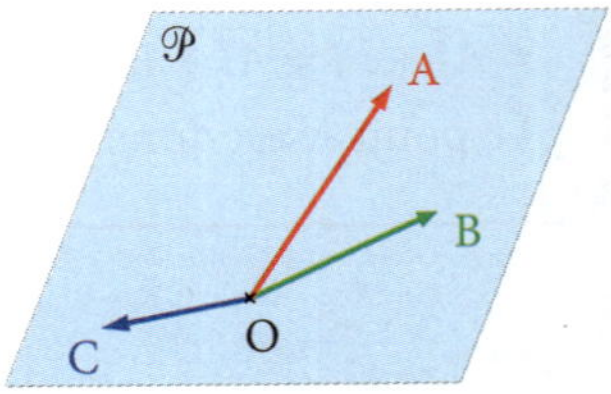

$\mathcal{P} = (ABC)$

• **Propriété**

$\vec{u}$, $\vec{v}$ et $\vec{w}$ sont coplanaires si, et seulement si, il existe des réels a et b tels que $\vec{w} = a\vec{u} + b\vec{v}$.

EXERCICES RÉSOLUS

Vecteurs directeurs et droites

ÉNONCÉ

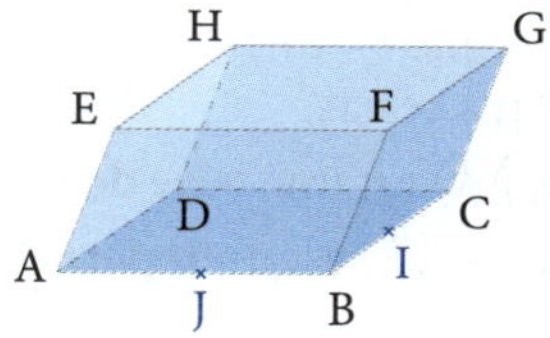

ABCDEFGH est le parallélépipède ci-contre. *I* et *J* sont les milieux de $[BC]$ et $[AB]$.
Utiliser les points de la figure pour déterminer les droites définies par :

a. $(H\,;\overrightarrow{FB})$ **b.** $(G\,;\overrightarrow{AD})$ **c.** $(E\,;\overrightarrow{IJ})$ **d.** $(I\,;\overrightarrow{EH}+\overrightarrow{AB})$

CORRIGÉ

a. $\overrightarrow{FB} = \overrightarrow{HD}$ donc $(H\,;\overrightarrow{FB}) = (HD)$.

b. $\overrightarrow{AD} = \overrightarrow{FG}$ donc $(G\,;\overrightarrow{AD}) = (FG)$.

c. $\overrightarrow{IJ} = \frac{1}{2}\overrightarrow{CA} = \frac{1}{2}\overrightarrow{GE}$ donc $(E\,;\overrightarrow{IJ}) = (EG)$.

d. $\overrightarrow{EH}+\overrightarrow{AB} = \overrightarrow{EH}+\overrightarrow{HG} = \overrightarrow{EG}$ donc $(I;\overrightarrow{EH}+\overrightarrow{AB}) = (IJ)$.

Couples de vecteurs directeurs et plans

ÉNONCÉ

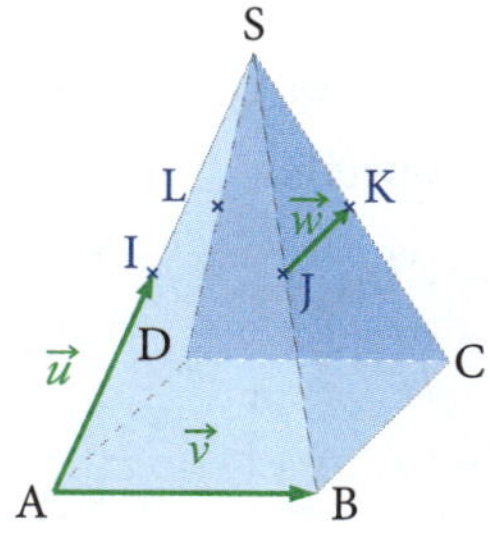

SABCD est la pyramide à base carrée ci-contre.
I, *J*, *K* et *L* sont les milieux des arêtes latérales.
On pose $\vec{u} = \overrightarrow{AI}$, $\vec{v} = \overrightarrow{AB}$ et $\vec{w} = \overrightarrow{JK}$.
Utiliser les points de la figure pour déterminer les plans définis par :

a. *I* et $(\vec{u}, \vec{w})$ **b.** *B* et $(\vec{v}\,;\vec{w})$ **c.** *S* et $(\vec{u}, \vec{v}+2\vec{w})$

CORRIGÉ

a. $\overrightarrow{IS} = \vec{u}$ et $\overrightarrow{IL} = \vec{w}$, donc $(I;\vec{v},\vec{w}) = (ISL)$ ou (SAD).

b. $-\overrightarrow{BA} = \vec{v}$ et $\frac{1}{2}\overrightarrow{BC} = \vec{w}$, donc $(B;\vec{v},\vec{w}) = (BAD)$.

c. $-\frac{1}{2}\overrightarrow{SA} = \vec{u}$ et $2\vec{w} = \overrightarrow{BC}$, donc $\overrightarrow{AC} = \vec{v}+2\vec{w}$, ainsi $(S;\vec{u},\vec{v}+2\vec{w}) = (SAC)$.

3 Bases et repères de l'espace

1 Décomposition d'un vecteur

- **Théorème – Définitions**

$\vec{i}, \vec{j}$ et $\vec{k}$ sont trois vecteurs de l'espace non coplanaires.
Pour tout vecteur $\vec{t}$, il existe un unique triplet de réels $(a\,;b\,;c)$ tels que $\vec{t} = a\vec{i} + b\vec{j} + c\vec{k}$.
Dans ce cas,
$(\vec{i}, \vec{j}, \vec{k})$ est une **base de l'espace** ;
$(O\,; \vec{i}, \vec{j}, \vec{k})$ est un **repère de l'espace**.

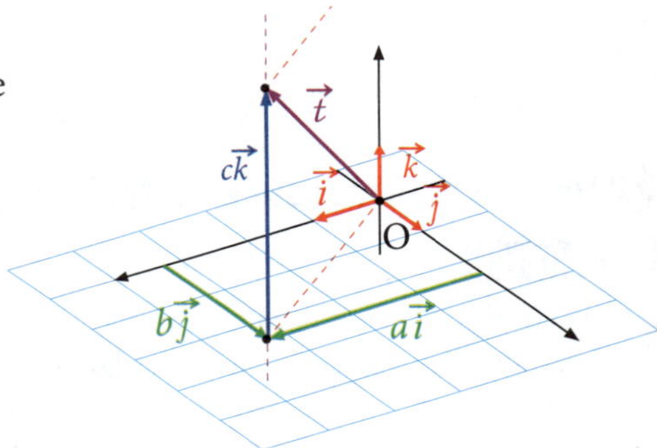

2 Coordonnées

$(O\,; \vec{i}, \vec{j}, \vec{k})$ est un repère de l'espace.

- **Définition**

Pour tout point M de l'espace, il existe un unique triplet de réels $(x\,;y\,;z)$ tels que $\overrightarrow{OM} = x\vec{i} + y\vec{j} + z\vec{k}$.
$(x\,;y\,;z)$ sont **les coordonnées du point *M*** dans le repère $(O\,; \vec{i}, \vec{j}, \vec{k})$.

- **Définition**

Pour tout vecteur $\vec{u}$ de l'espace, il existe un unique triplet de réels $(a\,;b\,;c)$ tels que $\vec{u} = a\vec{i} + b\vec{j} + c\vec{k}$.
$(a\,;b\,;c)$ sont **les coordonnées du vecteur $\vec{u}$** dans le repère $(O\,; \vec{i}, \vec{j}, \vec{k})$.

- **Propriétés**

• Si $A(x_A\,; y_A\,; z_A)$, $B(x_B\,; y_B\,; z_B)$ et I le milieu de $[AB]$,

$$\overrightarrow{AB}\begin{pmatrix} x_B - x_A \\ y_B - y_A \\ z_B - z_A \end{pmatrix} ; I\left(\frac{x_A + x_B}{2}; \frac{y_A + y_B}{2}; \frac{z_A + z_B}{2}\right).$$

• Si $\vec{u}\begin{pmatrix} a \\ b \\ c \end{pmatrix}$, $\vec{v}\begin{pmatrix} a' \\ b' \\ c' \end{pmatrix}$ et $k \in \mathbb{R}$, alors $\vec{u} + \vec{v}\begin{pmatrix} a + a' \\ b + b' \\ c + c' \end{pmatrix}$ et $k\vec{u}\begin{pmatrix} ka \\ kb \\ kc \end{pmatrix}$.

EXERCICE RÉSOLU

Repérage dans l'espace

ÉNONCÉ

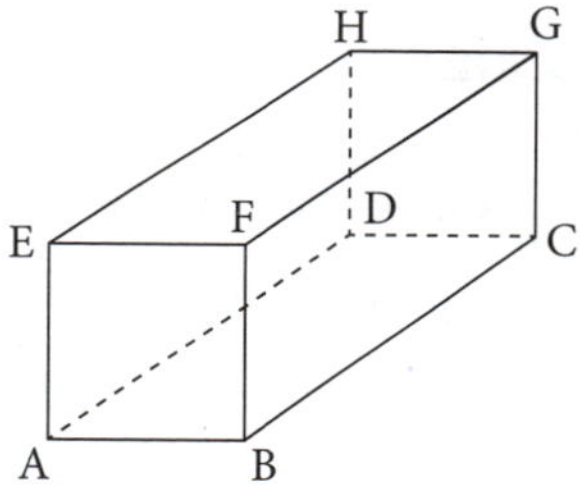

ABCDEFGH est un pavé droit.

a. Justifier que les vecteurs $\overrightarrow{AB}$, $\overrightarrow{AD}$ et $\overrightarrow{AE}$ ne sont pas coplanaires.

b. Donner les coordonnées de tous les points de la figure dans le repère $(A\,;\,\overrightarrow{AB}, \overrightarrow{AD}, \overrightarrow{AE})$.

c. Dans le repère $(G\,;\,\overrightarrow{GH}, \overrightarrow{GF}, \overrightarrow{GC})$:
- Quel est le point qui a pour coordonnées $(1\,;\,0\,;\,1)$?
- Donner les points de cote nulle.
- Déterminer les coordonnées du vecteur $\overrightarrow{EC}$.

CORRIGÉ

a. Le point E n'appartient pas au plan (ABC) donc les vecteurs $\overrightarrow{AB}$, $\overrightarrow{AD}$ et $\overrightarrow{AE}$ ne sont pas coplanaires.

b. A est l'origine du repère donc $A(0\,;\,0\,;\,0)$.
Les points B, D et E sont les extrémités des trois vecteurs de base donc :

$$B(1\,;\,0\,;\,0),\ D(0\,;\,1\,;\,0) \text{ et } E(0\,;\,0\,;\,1).$$

Le point G est tel que $\overrightarrow{AG} = 1\overrightarrow{AB} + 1\overrightarrow{AD} + 1\overrightarrow{AE}$ donc $G(1\,;\,1\,;\,1)$.
De même $C(1\,;\,1\,;\,0)$, $F(1\,;\,0\,;\,1)$, $H(0\,;\,1\,;\,1)$.

c. Dans $(G\,;\,\overrightarrow{GH}, \overrightarrow{GF}, \overrightarrow{GC})$:
- Le point M cherché est tel que $\overrightarrow{GM} = 1\overrightarrow{GH} + 0\overrightarrow{GF} + 1\overrightarrow{GC}$, $M = D$.
- Les points de cote nulle sont G, H, E et F.
- $E(1\,;\,1\,;\,0)$ et $C(0\,;\,0\,;\,1)$ donc $\overrightarrow{EC}\begin{pmatrix}0-1\\0-1\\1-0\end{pmatrix}$ soit $\overrightarrow{EC}\begin{pmatrix}-1\\-1\\1\end{pmatrix}$.

Savoir utiliser des combinaisons linéaires de vecteurs

ÉNONCÉ

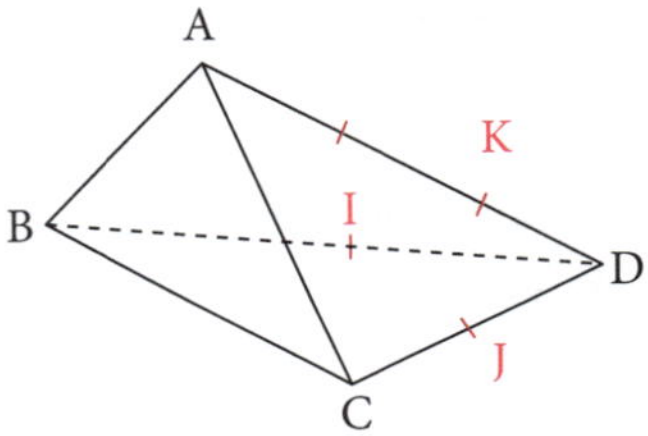

$ABCD$ est un tétraèdre.
I et J sont les milieux de $[BD]$ et $[CD]$.
K est le point tel que $\overrightarrow{DK} = \frac{1}{3}\overrightarrow{DA}$.
G est le translaté de C par $t_{\overrightarrow{AB}}$.

1. Démontrer que $\overrightarrow{KI} = \frac{1}{2}\overrightarrow{AB} - \frac{1}{6}\overrightarrow{AD}$.

2. Écrire $\overrightarrow{KG}$ comme combinaison linéaire des vecteurs $\overrightarrow{AB}$, $\overrightarrow{AC}$ et $\overrightarrow{AD}$.

MÉTHODE

Pour décomposer un vecteur, on peut :
- utiliser la relation de Chasles pour introduire un autre point de la figure.
- utiliser la règle du parallélogramme.

CORRIGÉ

1. En utilisant Chasles, $\overrightarrow{KI} = \overrightarrow{KD} + \overrightarrow{DI} = -\overrightarrow{DK} + \overrightarrow{DI}$

$$= -\frac{1}{3}\overrightarrow{DA} + \frac{1}{2}\overrightarrow{DB} = \frac{1}{3}\overrightarrow{AD} + \frac{1}{2}(\overrightarrow{DA} + \overrightarrow{AB})$$

$$= \left(\frac{1}{3} - \frac{1}{2}\right)\overrightarrow{AD} + \frac{1}{2}\overrightarrow{AB} = -\frac{1}{6}\overrightarrow{AD} + \frac{1}{2}\overrightarrow{AB}.$$

2. En utilisant Chasles, $\overrightarrow{KG} = \overrightarrow{KA} + \overrightarrow{AG}$.

Or G est le translaté de C par $t_{\overrightarrow{AB}}$ cela signifie que $\overrightarrow{CG} = \overrightarrow{AB}$ et donc $ABGC$ parallélogramme.
D'après la règle du parallélogramme $\overrightarrow{AG} = \overrightarrow{AB} + \overrightarrow{AC}$.
Ainsi $\overrightarrow{KG} = \frac{2}{3}\overrightarrow{DA} + \overrightarrow{AB} + \overrightarrow{AC} = -\frac{2}{3}\overrightarrow{AD} + \overrightarrow{AB} + \overrightarrow{AC}$.

Démontrer un parallélisme

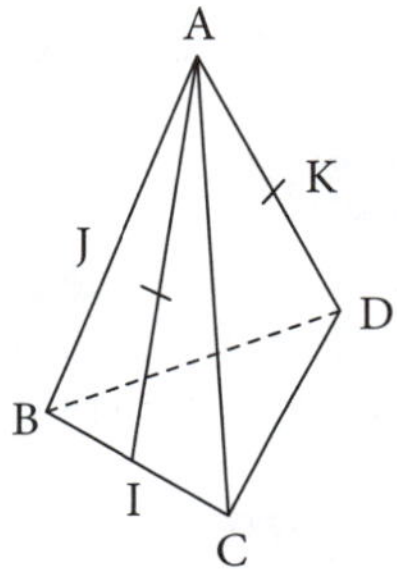

ÉNONCÉ

ABCD est un tétraèdre.
I, *J* et *K* sont les milieux de [*BC*], [*AI*] et [*AD*].
Montrer que la droite (*KJ*) est parallèle au plan (*BCD*)

MÉTHODE

- Pour montrer qu'une droite est parallèle à un plan, on peut chercher une droite incluse dans ce plan qui sera parallèle à la première droite
- Pour montrer le parallélisme de deux droites, on peut chercher un vecteur directeur de chacune de ces droites et montrer que ces vecteurs sont colinéaires.

CORRIGÉ

La droite incluse dans le plan (*BCD*) qui est parallèle à la droite (*JK*) semble être (*ID*).
Montrons que (*ID*) // (*JK*).
D'après la relation de Chasles, $\overrightarrow{ID} = \overrightarrow{IA} + \overrightarrow{AD}$.
De même $\overrightarrow{JK} = \overrightarrow{JA} + \overrightarrow{JK} = \frac{1}{2}\overrightarrow{IA} + \frac{1}{2}\overrightarrow{AD} = \frac{1}{2}(\overrightarrow{IA} + \overrightarrow{AD}) = \frac{1}{2}\overrightarrow{ID}$.
Cela signifie que $\overrightarrow{JK}$ et $\overrightarrow{ID}$ sont colinéaires et comme ils sont directeurs de (*JK*) et (*ID*), ces deux droites sont parallèles.
Finalement (*ID*) est incluse dans le plan (*BCD*) et elle est parallèle à (*JK*) ainsi (*JK*) // (*BCD*).

Savoir utiliser un repère

ÉNONCÉ

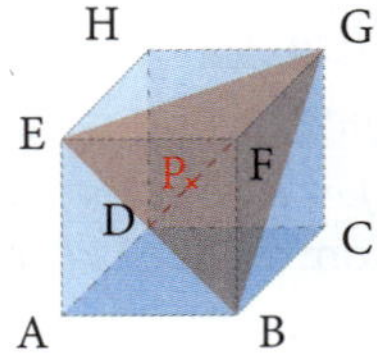

ABCDEFGH est le cube ci-contre.
P est le centre de gravité du triangle *BEG*.
Montrer que les points *D*, *F* et *P* sont alignés.

MÉTHODE

Pour résoudre un problème avec la géométrie analytique, il faut :

- introduire un repère bien adapté lorsqu'il n'est pas proposé ;
- définir les objets de l'énoncé par leurs coordonnées ;
- utiliser les propriétés du cours (milieu, colinéarité, coplanarité,...).

CORRIGÉ

On utilise le repère orthonormé $(D;\overrightarrow{DA},\overrightarrow{DC},\overrightarrow{DH})$.
$B(1;1;0)$; $E(1;0;1)$; $G(0;1;1)$; $D(0;0;0)$; $F(1;1;1)$; $P(x;y;z)$.
P étant le centre de gravité de *BEG*, $\overrightarrow{PB}+\overrightarrow{PE}+\overrightarrow{PG}=\vec{0}(*)$.

Or, $\overrightarrow{PB}\begin{pmatrix}1-x\\1-y\\0-z\end{pmatrix}$, $\overrightarrow{PE}\begin{pmatrix}1-x\\0-y\\1-z\end{pmatrix}$ et $\overrightarrow{PG}\begin{pmatrix}0-x\\1-y\\1-z\end{pmatrix}$, donc, d'après (*)

$$\begin{cases}1-x+1-x+0-x=0\\1-y+0-y+1-y=0\\0-z+1-z+1-z=0\end{cases}\Leftrightarrow\begin{cases}x=\dfrac{2}{3}\\y=\dfrac{2}{3}\\z=\dfrac{2}{3}\end{cases}. \text{ D'où } P\left(\frac{2}{3};\frac{2}{3};\frac{2}{3}\right).$$

Ensuite, $\overrightarrow{FD}\begin{pmatrix}0-1\\0-1\\0-1\end{pmatrix}$, soit $\overrightarrow{FD}\begin{pmatrix}-1\\-1\\-1\end{pmatrix}$ et $\overrightarrow{FP}\begin{pmatrix}\frac{2}{3}-1\\\frac{2}{3}-1\\\frac{2}{3}-1\end{pmatrix}$ soit $\overrightarrow{FP}\begin{pmatrix}-\frac{1}{3}\\-\frac{1}{3}\\-\frac{1}{3}\end{pmatrix}$.

Ainsi, $3\overrightarrow{FP}=\overrightarrow{FD}$ donc $\overrightarrow{FP}$ et $\overrightarrow{FD}$ sont colinéaires.
Ce qui prouve que les points *F*, *P* et *D* sont alignés.

Vérifiez vos connaissances

1 Vrai-Faux

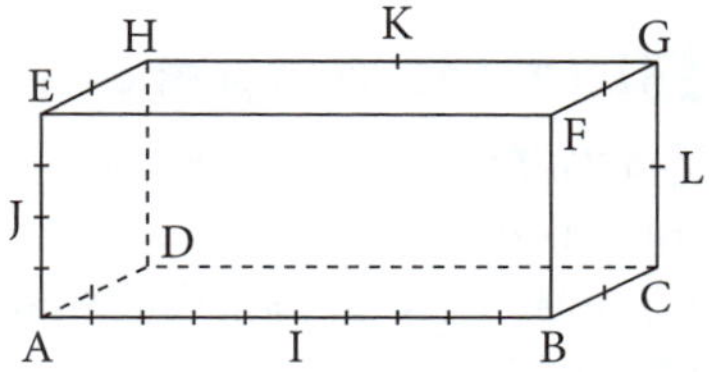

Indiquer pour chaque proposition si elle est vraie (V) ou fausse (F).

ABCDEFGH est un pavé droit de dimensions 10, 4, 2.

1. Les vecteurs $\overrightarrow{EF}$ et $\overrightarrow{BC}$ forment une base du plan (*EHG*). ☐ V ☐ F

2. $\overrightarrow{DF} = \frac{4}{3}\overrightarrow{AJ} - 2\overrightarrow{KH}$. ☐ V ☐ F

3. Les points *K*, *L*, *A* et *I* sont coplanaires. ☐ V ☐ F

4. $\left(B\,;-\frac{1}{2}\overrightarrow{AD}\right)$ est un repère de la droite (*BL*). ☐ V ☐ F

2 QCM

Pour chaque question, une seule réponse proposée (A, B ou C) est exacte.

		A	B	C
1.	*ABCD* est un tétraèdre et *E* est tel que : $\overrightarrow{AE} = \overrightarrow{AB} + 2\overrightarrow{BC}$	*E* appartient au plan (*ABC*)	*E* appartient au plan (*ACD*)	*E* appartient à la droite (*AB*)
2.	Le vecteur $\vec{u}(4\,;-6\,;2)$ est colinéaire avec	$\vec{v}(-2\,;3\,;-1)$	$\vec{v}(-2\,;3\,;1)$	$\vec{v}(3\,;-4\,;1)$
3.	$\vec{i}(1;-1;3)$, $\vec{j}(2\,;7\,;-4)$ et $\vec{k}(1;17\,;-17)$	$\vec{j} = 1{,}5\vec{i} + 0{,}5\vec{k}$	$\vec{k} = -3\vec{i} + \vec{j}$	$3\vec{i} + 2\vec{j} + \vec{k} = \vec{0}$
4.	$A(-1\,;-1\,;-1)$, $B(5\,;3\,;-1)$ et $C(-1\,;1\,;2)$ sont coplanaires avec	$D(0\,;2\,;3)$	$D(1\,;1\,;0)$	$D(0\,;1\,;2)$
5.	$K(3;2;1)$, $F(5;2;4)$ et *K* milieu de [FG] donc G a pour coordonnées	(1 ; 2 ; 1)	(1 ; 2 ; –2)	(–2 ; 0 ; –3)

Exercices d'application

3 Lecture de décompositions vectorielles

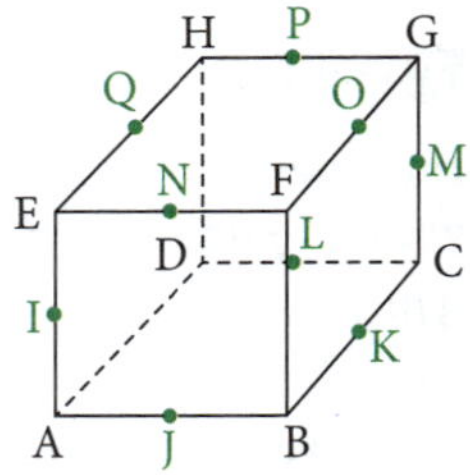

$ABCDEFGH$ est un cube et les points • représentent les milieux des côtés.

Compléter les relations suivantes en utilisant des points de la figure

- $\overrightarrow{H\ldots} = \overrightarrow{HP} + \overrightarrow{HE}$
- $\overrightarrow{E\ldots} = 2\overrightarrow{AC} + 4\overrightarrow{ON} + \overrightarrow{BC}$
- $\overrightarrow{A\ldots} = \overrightarrow{JL} + \overrightarrow{KO} + 2\overrightarrow{LK}$
- $\overrightarrow{AG} = 2\overrightarrow{\ldots M} + 2\overrightarrow{Q\ldots}$

4 Représenter une combinaison linéaire de vecteurs

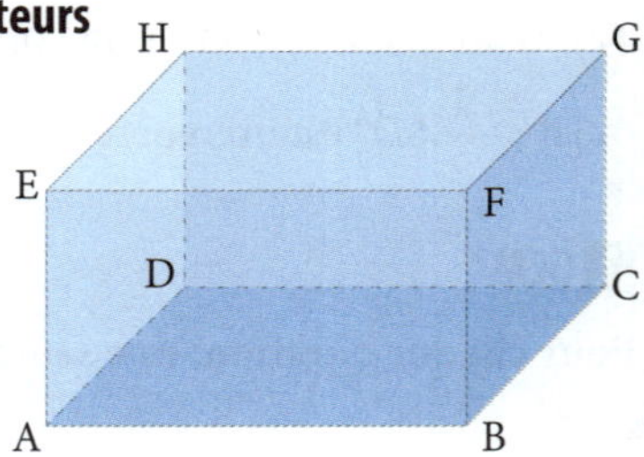

$ABCDEFGH$ est le pavé droit ci-contre.

Reproduire la figure et construire les points M, N, P tels que :

$\overrightarrow{AM} = \overrightarrow{HG} + \frac{1}{3}\overrightarrow{AE}$; $\overrightarrow{BN} = \overrightarrow{AE} + \overrightarrow{FG} - \frac{1}{2}\overrightarrow{BC}$;

$\overrightarrow{CP} = \overrightarrow{GH} + \frac{1}{8}\overrightarrow{BA}$.

5 Droites parallèles

$SABC$ est un tétraèdre. L et M sont deux points de l'espace tels que

$\overrightarrow{SL} = \frac{1}{3}\overrightarrow{SA} + \frac{1}{5}\overrightarrow{SB}$ et $\overrightarrow{SM} = \frac{1}{3}\overrightarrow{SC} + \frac{1}{5}\overrightarrow{SB}$.

1. Construire une figure.

2. Montrer que les droites (LM) et (AC) sont parallèles.

3. K est le milieu de $[SB]$. Les points A, K et M sont-ils alignés ?

6 Positions relatives

$ABCD$ est un tétraèdre. E, F et G sont les points de l'espace tels que :

$\overrightarrow{AE} = \frac{2}{3}\overrightarrow{AC}$; $\overrightarrow{AF} = \frac{2}{3}\overrightarrow{AD}$; $\overrightarrow{AG} = \frac{2}{3}\overrightarrow{AB}$.

1. Étudier la position relative des droites (CD) et (EF).

2. Étudier la position relative de la droite (EF) et du plan (BCD).

7 Plans parallèles

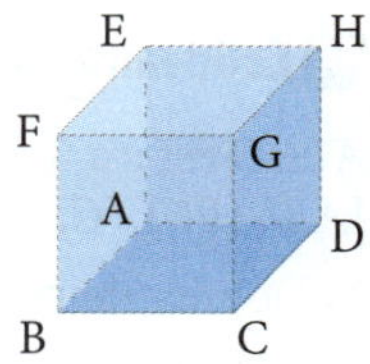

ABCDEFGH est le cube ci-contre.

Utiliser les vecteurs directeurs pour montrer que les plans (*BED*) et (*CFH*) sont parallèles.

8 Vecteurs coplanaires

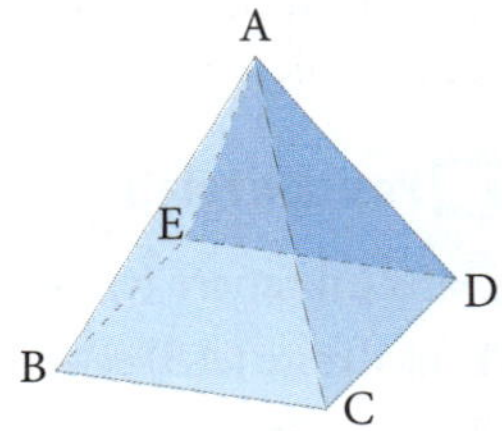

Dans la pyramide de sommet *A* de base le parallélogramme *BCDE*.

1. $(\overrightarrow{BC}, \overrightarrow{BE})$ et $(\overrightarrow{ED}, \overrightarrow{DC})$ sont-ils des couples de vecteurs directeurs d'un même plan ?

2. $(\overrightarrow{AB}, \overrightarrow{AC})$ et $(\overrightarrow{AD}, \overrightarrow{AE})$ sont-ils des couples de vecteurs directeurs d'un même plan ?

9 Points alignés

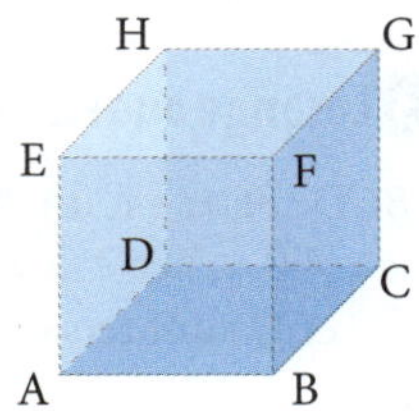

ABCDEFGH est le cube ci-contre.

1. Reproduire la figure puis construire les points *M* et *N* tels que $\overrightarrow{DM} = \overrightarrow{CB} + \overrightarrow{CD} + \overrightarrow{CG}$ et $\overrightarrow{CN} = \overrightarrow{CD} + \frac{1}{2}\overrightarrow{DE}$.

2. Montrer que les points *C*, *M* et *N* sont alignés.

Exercices d'entraînement

10 Coordonnées d'un point

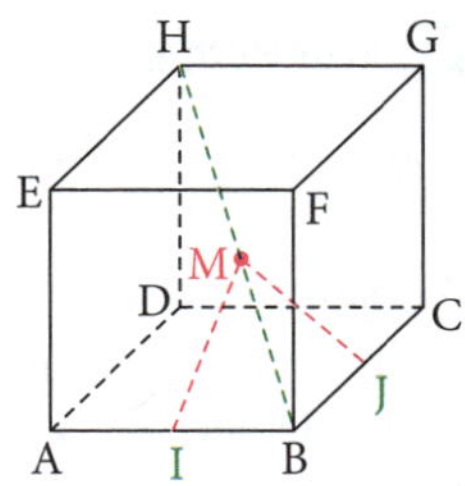

ABCDEFGH est un cube d'arête 1.

I et *J* sont les milieux de [*AB*] et [*BC*].

M est un point quelconque de [*BH*].

1. Donner les coordonnées des points *B*, *H*, *I* et *J* dans le repère $(D ; \overrightarrow{DA}, \overrightarrow{DC}, \overrightarrow{DH})$.

2. Justifier que $M(1 - t ; 1 - t ; t)$ où $t \in [0 ; 1]$.

11 Colinéaire – Coplanaire

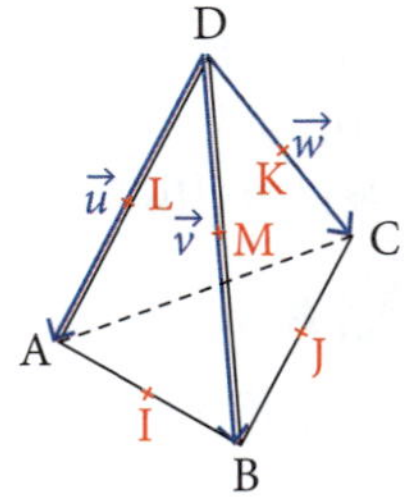

ABCD est un tétraèdre et *I, J, K, L, M* sont les milieux de [*AB*], [*BC*], [*CD*], [*DA*], [*BD*].

1. Donner deux points de chacune des droites :

• $\mathcal{D}_1(I, \vec{u} - \vec{w})$ • $\mathcal{D}_2(D, \vec{u} + \vec{v})$

2. Déterminer en fonction de $\vec{u}$, $\vec{v}$ et $\vec{w}$ un couple de vecteurs directeurs des plans (*AJK*) et (*BKL*).

12 Position relative

Dans un repère (*O* ; *I*, *J*, *K*), *A*(0 ; –1 ; 5), *B*(2 ; –1 ; 5) *C*(11 ; 0 ; 1) et *D*(11 ; 4 ; 4).

1. La droite (*AB*) est-elle parallèle à un axe de coordonnées ? Si oui, indiquer lequel.

2. La droite (*CD*) se trouve dans un plan parallèle à l'un des plans (*OIJ*), (*OIK*) ou (*OJK*). Lequel ?

13 Losange ou tétraèdre régulier

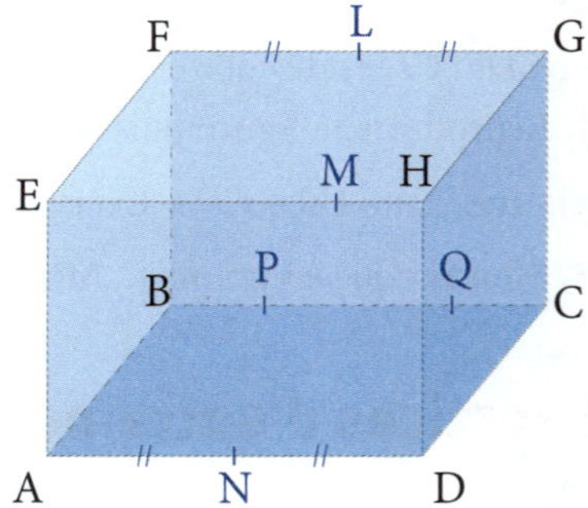

ABCDEFGH est un pavé droit tel que $AE = AB = 3$ et $AD = 4$.
M, *P* et *Q* sont tels que :
$\overrightarrow{EM} = \frac{3}{4}\overrightarrow{EH}$, $\overrightarrow{BP} = \frac{1}{4}\overrightarrow{BC}$ et $\overrightarrow{QC} = \frac{1}{4}\overrightarrow{BC}$.

1 Montrer que *LMNP* est un losange.

2. Quelle est la nature de *LNPQ* ?

14 Avec Python

Dans un repère, on donne $\vec{u}(-3\,;2\,;5)$ et $\vec{v}(1\,;2\,;4)$. k et k' sont deux réels et $\vec{w} = k\vec{u} + k'\vec{v}$.

1. Déterminer en fonction de k et k' les coordonnées de $\vec{w}$.

2. a. Écrire une fonction nommée « combiuetv » de paramètres k et k' qui permette de déterminer les coordonnées du vecteur correspondant à la combinaison linéaire $k\vec{u} + k'\vec{v}$.

b. Que saisir dans la console pour obtenir les coordonnées du vecteur $5\vec{u} - 2\vec{v}$ lorsque $\vec{u}(3\,;1\,;2)$ et $\vec{v}(1\,;-2\,;1)$?
Déterminer les coordonnées du vecteur $\vec{w}$ obtenu.

15 Dans un tétraèdre

Soient a un réel strictement positif et $OABC$ un tétraèdre tel que :

- OAB, OAC et OBC sont des triangles rectangles en O,
- $OA = OB = OC = a$.

On appelle I le pied de la hauteur issue de C du triangle ABC, H le pied de la hauteur issue de O du triangle OIC, et D le point de l'espace défini par $\overrightarrow{HO} = \overrightarrow{OD}$.

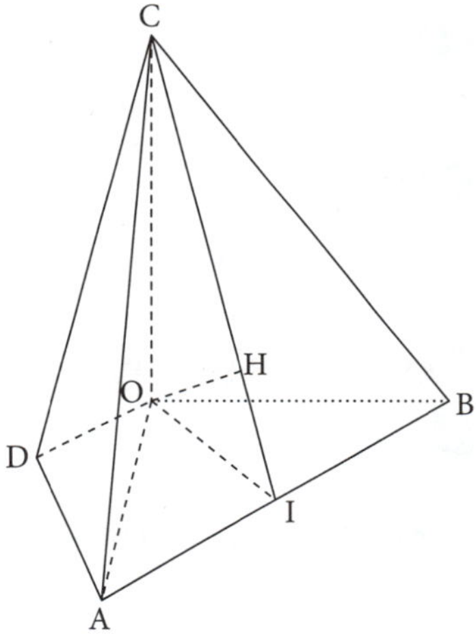

1. Quelle est la nature du triangle ABC ?

2. Démontrer que les droites (OH) et (AB) sont orthogonales, puis que H est l'orthocentre du triangle ABC.

3. Calcul de OH :

a. Calculer le volume V du tétraèdre $OABC$ puis l'aire S du triangle ABC.

> **Rappel**
> $V = \frac{1}{3} \times$ aire d'une base $\times$ hauteur correspondante

b. Exprimer OH en fonction de V et de S, en déduire que $OH = a\frac{\sqrt{3}}{3}$.

4. Étude du tétraèdre $ABCD$.

L'espace est rapporté au repère orthonormal $\left(O\,;\frac{1}{a}\overrightarrow{OA}, \frac{1}{a}\overrightarrow{OB}, \frac{1}{a}\overrightarrow{OC}\right)$.

a. Démontrer que le point H a pour coordonnées : $\left(\frac{a}{3}, \frac{a}{3}, \frac{a}{3}\right)$.

b. Démontrer que le tétraèdre $ABCD$ est régulier (c'est-à-dire que toutes ses arêtes ont même longueur).

c. Soit Ω le centre de la sphère circonscrite au tétraèdre $ABCD$. Démontrer que Ω est un point de la droite (OH) puis calculer ses coordonnées.

Vérifiez vos connaissances

1 Vrai-Faux

1. Vrai **2.** Faux **3.** Faux **4.** Faux

2 QCM

1. A **2.** A **3.** A **4.** C **5.** B

Exercices d'application

3 • $\overrightarrow{HN}$ • $\overrightarrow{EH}$ • $\overrightarrow{AF}$ • $\overrightarrow{AG} = 2\overrightarrow{LM} + 2\overrightarrow{QH}$

4 Représenter une combinaison linéaire de vecteurs

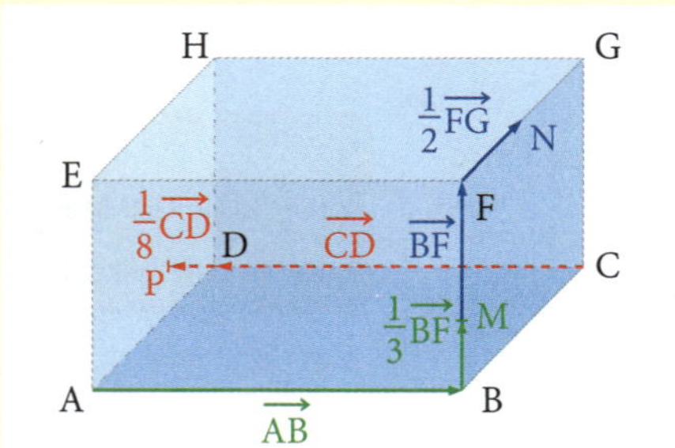

• $\overrightarrow{AM} = \overrightarrow{HG} + \frac{1}{3}\overrightarrow{AE} = \overrightarrow{AB} + \frac{1}{3}\overrightarrow{BF}.$

• $\overrightarrow{BN} = \overrightarrow{AE} + \overrightarrow{FG} - \frac{1}{2}\overrightarrow{BC}$

$= \overrightarrow{BF} + \overrightarrow{FG} - \frac{1}{2}\overrightarrow{FG} = \overrightarrow{BF} + \frac{1}{2}\overrightarrow{FG}.$

• $\overrightarrow{CP} = \overrightarrow{GH} + \frac{1}{8}\overrightarrow{BA}$

$= \overrightarrow{CD} + \frac{1}{8}\overrightarrow{CD} = \frac{9}{8}\overrightarrow{CD}.$

5 Droites parallèles

1.

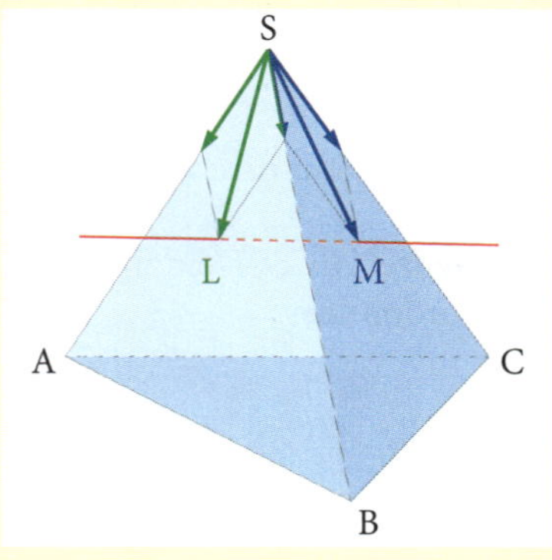

2. $\overrightarrow{LM} = \overrightarrow{LS} + \overrightarrow{SM} = -\overrightarrow{SL} + \overrightarrow{SM}$

$= -\left(\frac{1}{3}\overrightarrow{SA} + \frac{1}{5}\overrightarrow{SB}\right) + \left(\frac{1}{3}\overrightarrow{SC} + \frac{1}{5}\overrightarrow{SB}\right)$

$= -\frac{1}{3}\overrightarrow{SA} - \frac{1}{5}\overrightarrow{SB} + \frac{1}{3}\overrightarrow{SC} + \frac{1}{5}\overrightarrow{SB}$

$= \frac{1}{3}\overrightarrow{AS} + \frac{1}{3}\overrightarrow{SC} = \frac{1}{3}(\overrightarrow{AS} + \overrightarrow{SC})$

$= \frac{1}{3}\overrightarrow{AC}.$

Il existe un réel $k = \frac{1}{3}$ tel que $\overrightarrow{LM} = k\overrightarrow{AC}$, donc les vecteurs $\overrightarrow{LM}$ et $\overrightarrow{AC}$ sont colinéaires et par conséquent les droites (LM) et (AC) sont parallèles.

3. K est le milieu de $[SB]$, donc $K \in (SAB)$. Donc, la droite (AK) est incluse dans (SAB). De plus, $\overrightarrow{SM} = \frac{1}{3}\overrightarrow{SC} + \frac{1}{5}\overrightarrow{SB}$, donc $M \in (SBC)$ mais $M \notin (SB)$.
Or, les plans (SBC) et (SAB) sont sécants en (SB) donc $M \notin (SAB)$. Ainsi $M \notin (AK)$.
Finalement, les points A, K et M ne sont pas alignés.

6 Positions relatives

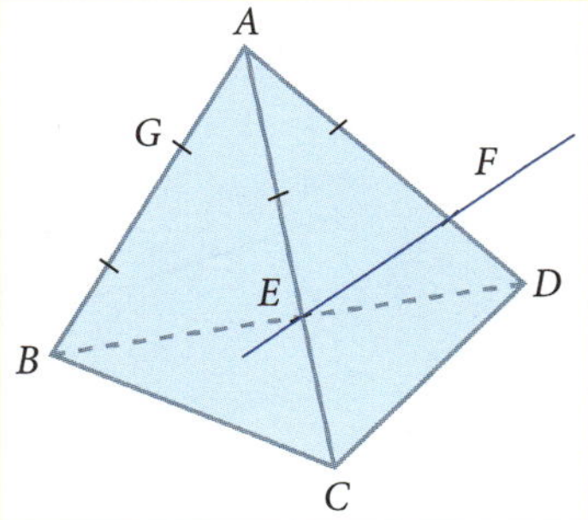

1. $\overrightarrow{EF} = \overrightarrow{EA} + \overrightarrow{AF}$

$$= -\overrightarrow{AE} + \overrightarrow{AF} = -\frac{2}{3}\overrightarrow{AC} + \frac{2}{3}\overrightarrow{AD}$$

$$= \frac{2}{3}(-\overrightarrow{AC} + \overrightarrow{AD}) = \frac{2}{3}(\overrightarrow{CA} + \overrightarrow{AD})$$

$$= \frac{2}{3}\overrightarrow{CD}.$$

Il existe un réel k tel que $\overrightarrow{EF} = k\overrightarrow{CD}$.
Donc, les vecteurs $\overrightarrow{EF}$ et $\overrightarrow{CD}$ sont colinéaires, ainsi (EF) // (CD).

2. (EF) // (CD) et la droite (CD) est incluse dans le plan (BCD).
Donc, (EF) // (BCD).

Remarque
Parallélisme de droites correspond à colinéarité de vecteurs

7 Plans parallèles

$(B ; \overrightarrow{BE}, \overrightarrow{BD})$ est un repère du plan (BED).

$(H ; \overrightarrow{HF}, \overrightarrow{HC})$ est un repère du plan (CFH).

Or, $\overrightarrow{BE} = -\overrightarrow{HC}$. Donc, les vecteurs $\overrightarrow{BE}$ et $\overrightarrow{HC}$ sont colinéaires ;

$\overrightarrow{BD} = -\overrightarrow{HF}$, donc les vecteurs $\overrightarrow{BD}$ et $\overrightarrow{HF}$ sont colinéaires.
Ainsi, les deux plans ont des couples de vecteurs directeurs colinéaires.

Donc, les plans (BED) et (CFH) sont parallèles.

8 Vecteurs coplanaires

1. $\overrightarrow{EB} = \overrightarrow{DC}$, donc montrer que les vecteurs $\overrightarrow{BC}$, $\overrightarrow{EB}$ et $\overrightarrow{DC}$ sont coplanaires revient à montrer que les vecteurs $\overrightarrow{BC}$ et $\overrightarrow{EB}$ sont coplanaires. Or, deux vecteurs sont toujours coplanaires, donc $\overrightarrow{BC}$, $\overrightarrow{EB}$ et $\overrightarrow{DC}$ sont coplanaires.

2. (BCD) est le plan contenant la base de cette pyramide et A est le sommet de cette pyramide, donc $A \notin (BCD)$. Les quatre points A, B, C et D ne sont pas coplanaires, donc les trois vecteurs $\overrightarrow{AB}$, $\overrightarrow{AC}$ et $\overrightarrow{AD}$ ne sont pas coplanaires.

9 Points alignés

1.

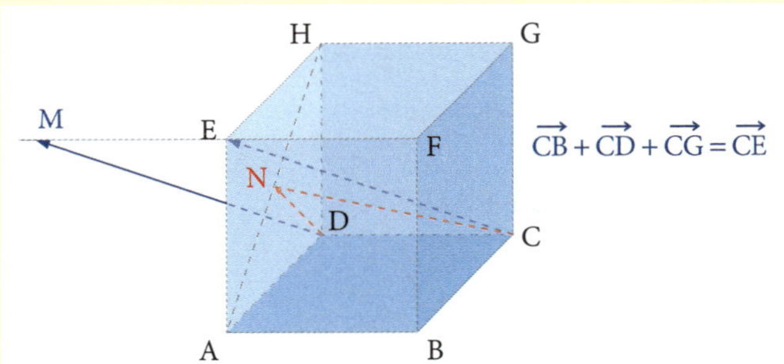

2. D'une part, $\overrightarrow{CM} = \overrightarrow{CD} + \overrightarrow{DM} = \overrightarrow{CD} + (\overrightarrow{CB} + \overrightarrow{CD} + \overrightarrow{CG}) = 2\,\overrightarrow{CD} + \overrightarrow{CB} + \overrightarrow{CG}$.

D'autre part, $\overrightarrow{CN} = \overrightarrow{CD} + \frac{1}{2}\overrightarrow{DE} = \overrightarrow{CD} + \frac{1}{2}(\overrightarrow{DH} + \overrightarrow{DA})$

$$= \overrightarrow{CD} + \frac{1}{2}(\overrightarrow{CG} + \overrightarrow{CB}) = \overrightarrow{CD} + \frac{1}{2}\overrightarrow{CB} + \frac{1}{2}\overrightarrow{CG}.$$

Donc, $\overrightarrow{CM} = 2\,\overrightarrow{CN}$.

Ainsi, les vecteurs $\overrightarrow{CM}$ et $\overrightarrow{CN}$ sont colinéaires,

donc les points C, M et N sont alignés.

Exercices d'entraînement

10 Coordonnées d'un point

1. $\overrightarrow{DB} = \overrightarrow{DA} + \overrightarrow{AB} = \overrightarrow{DA} + \overrightarrow{DC} = 1\overrightarrow{DA} + 1\overrightarrow{DC} + 0\overrightarrow{DH}$.

Ainsi dans le repère $(D\,;\overrightarrow{DA}, \overrightarrow{DC}, \overrightarrow{DH})$ $\boldsymbol{B(1\,;1\,;0)}$.

De même $\boldsymbol{H(0\,;0\,;1)}$, $\boldsymbol{I(1\,;0{,}5\,;0)}$ et $\boldsymbol{J(0{,}5\,;1\,;0)}$.

2. $M \in [BH] \Leftrightarrow \overrightarrow{BM} = t\overrightarrow{BH}$ avec $t \in [0\,;1]$

$$\Leftrightarrow \begin{cases} x_M - 1 = t(0-1) \\ y_M - 1 = t(0-1) \text{ avec } t \in [0\,;1] \\ z_M - 0 = t(1-0) \end{cases}$$

$$\Leftrightarrow \boxed{\begin{cases} x_M = -t+1 \\ y_M = -t+1 \text{ avec } t \in [0\,;1]. \\ z_M = t \end{cases}}$$

11 Colinéaire – coplanaire

1. • $\vec{u} - \vec{w} = 2\left(\frac{1}{2}\vec{u} - \frac{1}{2}\vec{w}\right) = 2(\overrightarrow{DL} + \overrightarrow{KD}) = 2\overrightarrow{KL}$.

Ainsi I et J sont des points appartenant à $\mathcal{D}_1$,

• $\vec{u} + \vec{v} = 2\left(\frac{1}{2}\overrightarrow{DA} + \frac{1}{2}\overrightarrow{DB}\right) = 2\overrightarrow{DI}$.

Ainsi D et I sont des points appartenant à $\mathcal{D}_2$.

2. • **Pour (AJK)** :

Le couple $(\overrightarrow{AK}\,;\overrightarrow{KJ})$. Or $\overrightarrow{AK} = \overrightarrow{AD} + \overrightarrow{DK} = -\vec{u} + \frac{1}{2}\vec{w}$

et $\overrightarrow{KJ} = \overrightarrow{KD} + \overrightarrow{DJ} = -\frac{1}{2}\vec{w} + \frac{1}{2}(\vec{v} + \vec{w}) = \frac{1}{2}\vec{v}$.

Ainsi le couple $\left(-\vec{u} + \frac{1}{2}\vec{w}\,;\frac{1}{2}\vec{v}\right)$ convient.

• **Pour (BKL)** :

Le couple $(\overrightarrow{BK}\,;\overrightarrow{BL})$. Or $\overrightarrow{BK} = -\vec{v} + \frac{1}{2}\vec{w}$ et $\overrightarrow{BL} = -\vec{v} + \frac{1}{2}\vec{u}$.

Ainsi le couple $\left(-\vec{v} + \frac{1}{2}\vec{w}\,;\frac{1}{2}\vec{u} - \vec{v}\right)$ convient.

12 Position relative

1. $\overrightarrow{AB}\begin{pmatrix}2-0\\-1-(-1)\\5-5\end{pmatrix}$ c'est-à-dire $\overrightarrow{AB}\begin{pmatrix}2\\0\\0\end{pmatrix}$.

$\overrightarrow{AB} = 2\overrightarrow{OI}$ donc $\overrightarrow{AB}$ et $\overrightarrow{OI}$ sont colinéaires et donc les droites (AB) et (OI) sont parallèles. La droite (AB) est donc parallèle à l'axe (Ox) des abscisses.

2. $\overrightarrow{CD}\begin{pmatrix}0\\4\\3\end{pmatrix}$ autrement dit $\overrightarrow{CD} = 4\overrightarrow{OJ} + 3\overrightarrow{OK}$.

$(\overrightarrow{OJ}, \overrightarrow{OK})$ est un couple de vecteurs directeurs du plan (OJK) et $\overrightarrow{CD}$ est une combinaison linéaire de ces deux vecteurs donc (CD) // (OJK).

13 Losange ou tétraèdre régulier

1.

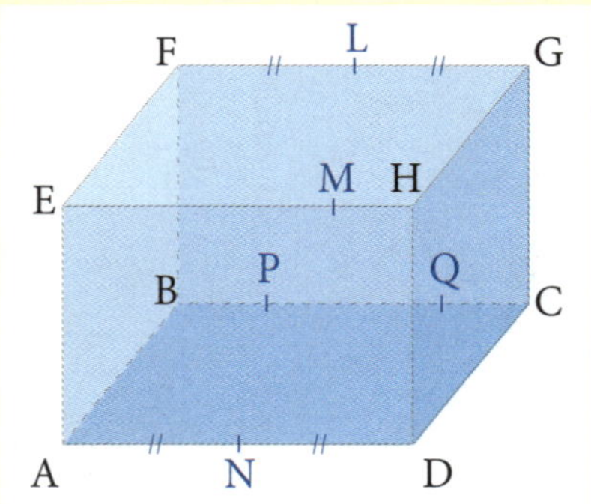

Dans le repère $\left(A\,;\frac{1}{3}\overrightarrow{AB}, \frac{1}{4}\overrightarrow{AD}, \frac{1}{3}\overrightarrow{AE}\right)$,

L (3 ; 2 ; 3)
M (0 ; 3 ; 3)
N (0 ; 2 ; 0)
P (3 ; 1 ; 0)
Q (3 ; 3 ; 0)

Astuce du prof
Utiliser un repère pour pouvoir travailler avec des coordonnées.

• $\overrightarrow{ML}\begin{pmatrix}3\\-1\\0\end{pmatrix}$ et $\overrightarrow{NP}\begin{pmatrix}3\\-1\\0\end{pmatrix}$, donc $\overrightarrow{ML} = \overrightarrow{NP}$. Par conséquent, *MLPN* est un parallélogramme, donc les points ***M, L, P* et *N* sont coplanaires**.

• Comme $\|\overrightarrow{AB}\| = 3$, $\|\overrightarrow{AD}\| = 4$ et $\|\overrightarrow{AE}\| = 3$, le repère $\left(A\,;\frac{1}{3}\overrightarrow{AB}, \frac{1}{4}\overrightarrow{AD}, \frac{1}{3}\overrightarrow{AE}\right)$ est un repère orthonormé.

On a $ML = \sqrt{3^2 + (-1)^2 + 0^2} = \sqrt{10}$.

Puis, $\overrightarrow{LP}\begin{pmatrix}0\\-1\\-3\end{pmatrix}$, donc $LP = \sqrt{0^2 + (-1)^2 + (-3)^2} = \sqrt{10}$.

Remarque
Ces calculs de longueur ne sont valables que dans un repère orthonormé.

Donc, MLPN est un parallélogramme ayant deux côtés consécutifs $[ML]$ et $[LP]$ de même longueur. $MLPN$ est donc un losange.

2. • $\overrightarrow{LQ}\begin{pmatrix}0\\1\\-3\end{pmatrix}$ donc $LQ=\sqrt{10}$ et $\overrightarrow{QN}\begin{pmatrix}-3\\-1\\0\end{pmatrix}$ donc $QN=\sqrt{10}$

donc $LQ = QN = \sqrt{10}$.

• $LQ = QN = NP = PL = \sqrt{10}$.

Dans le plan, $LQNP$ serait un losange, mais dans l'espace il faut en plus que les points soient coplanaires. Ce n'est pas le cas, puisque les points P, Q et N sont dans la face $(ABCD)$ alors que L appartient à la face $(EFGH)$ et ces faces sont toutes deux parallèles et non confondues.

Finalement, $LNPQ$ est un tétraèdre.

14 Avec Python

1. $\vec{u}\begin{pmatrix}-3\\2\\5\end{pmatrix}$ donc $k\vec{u}\begin{pmatrix}-3k\\2k\\5k\end{pmatrix}$, $\vec{v}\begin{pmatrix}1\\2\\4\end{pmatrix}$ donc $k'\vec{v}\begin{pmatrix}k'\\2k'\\4k'\end{pmatrix}$.

Ainsi $\vec{w}\begin{pmatrix}-3k+k'\\2k+2k'\\5k+4k'\end{pmatrix}$.

2. a. « from math import* » est à inclure dans l'écran

```
def combiuetv(xu,yu,zu,xv,yv,zv,a,b):
    x=a*xu+b*xv
    y=a*yu+b*yv
    z=a*zu+b*zv
    return((x,y,z))
```

b. Il faut saisir dans la console :

```
>>> combiuetv(3,1,2,1,-2,1,5,-2)
(13, 9, 8)
```

On obtient les coordonnées du vecteur demandé. Ainsi, $\vec{w}(13, 9, 18)$.

15 Dans un tétraèdre

1. OAB, OAC et OBC sont rectangles isocèles en O, donc leurs hypoténuses AB, AC et BC ont la même longueur $a\sqrt{2}$. Donc **ABC est un triangle équilatéral.**

2. • (CI) étant hauteur du triangle isocèle ABC, la droite (CI) est perpendiculaire à la droite (AB).

(CI) est aussi médiane, donc I est le milieu de [AB]. Donc dans le triangle OAB isocèle en O la droite (OI) médiane est aussi hauteur donc (OI) est perpendiculaire à (AB).

Ainsi, la droite (AB) est perpendiculaire à deux droites sécantes du plan (OIC), elle est donc orthogonale à ce plan et donc à toute droite de ce plan donc en particulier à (OH).

• (OH) orthogonale aux deux droites sécantes (IC) et (AB) est orthogonale au plan (ABC) donc en particulier à la droite (BC).

(OA) est orthogonale aux deux droites sécantes (OB) et (OC), donc au plan (OBC) et en particulier à la droite (BC).

Ainsi, (BC) est orthogonale à (OH) et à (OA) donc au plan (OHA) et en particulier à la droite (AH) qui est donc une hauteur du triangle (ABC) ; H commun à deux hauteurs du triangle (ABC) est l'orthocentre de ce triangle.

3. Calcul de OH :

a. On peut prendre comme base le triangle rectangle isocèle OAB et comme hauteur [OC].

$$V = \frac{1}{3} \times \left(\frac{1}{2} a \times a\right) \times a = \frac{a^3}{6}.$$

$$\mathcal{A}(ABC) = \frac{1}{2} \times AB \times CI = \frac{1}{2} \times a\sqrt{2} \times a\sqrt{2} \times \frac{\sqrt{3}}{2} = a^2 \frac{\sqrt{3}}{2}.$$

b. On prend maintenant comme base le triangle équilatéral ABC et comme hauteur [OH] pour exprimer le volume du tétraèdre OABC.

On a donc $V = \frac{1}{3} a^2 \frac{\sqrt{3}}{2} \times OH$. Et ainsi $\frac{a^3}{6} = \frac{\sqrt{3}a^2}{6} OH$

$\Leftrightarrow OH = \frac{a^3}{6} \times \frac{6}{a^2\sqrt{3}}$. Ainsi, $OH = \frac{a}{\sqrt{3}}$.

4.a.

$$\overrightarrow{OH} = \overrightarrow{OA} + \overrightarrow{AI} + \overrightarrow{IH} = \overrightarrow{OA} + \frac{1}{2}\overrightarrow{AB} + \frac{1}{3}\overrightarrow{IC} = \overrightarrow{OA} + \frac{1}{2}(\overrightarrow{AO} + \overrightarrow{OB}) + \frac{1}{3}(\overrightarrow{IB} + \overrightarrow{BC})$$

$$= \overrightarrow{OA} + \frac{1}{2}\overrightarrow{AO} + \frac{1}{2}\overrightarrow{OB} + \frac{1}{3}\overrightarrow{IB} + \frac{1}{3}\overrightarrow{BC} = \overrightarrow{OA} - \frac{1}{2}\overrightarrow{OA} + \frac{1}{2}\overrightarrow{OB} + \frac{1}{3} \times \frac{1}{2}\overrightarrow{AB} + \frac{1}{3}(\overrightarrow{BO} + \overrightarrow{OC})$$

$$= \frac{1}{2}\overrightarrow{OA} + \frac{1}{2}\overrightarrow{OB} + \frac{1}{6}(\overrightarrow{AO} + \overrightarrow{OB}) - \frac{1}{3}\overrightarrow{OB} + \frac{1}{3}\overrightarrow{OC} = \frac{1}{3}\overrightarrow{OA} + \frac{1}{3}\overrightarrow{OB} + \frac{1}{3}\overrightarrow{OC}$$

$$= \frac{1}{3} \times a \times \frac{1}{a}\overrightarrow{OA} + \frac{1}{3} \times a \times \frac{1}{a}\overrightarrow{OB} + \frac{1}{3} \times a \times \frac{1}{a}\overrightarrow{OC} = \frac{a}{3} \times \frac{1}{a}\overrightarrow{OA} + \frac{a}{3} \times \frac{1}{a}\overrightarrow{OB} + \frac{a}{3} \times \frac{1}{a}\overrightarrow{OC}.$$

Ainsi $H\left(\frac{a}{3}, \frac{a}{3}, \frac{a}{3}\right)$.

b. Le point D est le symétrique de H par rapport à O, ses coordonnées sont donc : $\left(-\frac{a}{3}, -\frac{a}{3}, -\frac{a}{3}\right)$.

$\overrightarrow{OA} = a \times \frac{1}{a}\overrightarrow{OA} + 0 \times \frac{1}{a}\overrightarrow{OB} + 0 \times \frac{1}{a}\overrightarrow{OC}$ donc dans le repère $\left(O\,;\frac{1}{a}\overrightarrow{OA}, \frac{1}{a}\overrightarrow{OB}, \frac{1}{a}\overrightarrow{OC}\right)$, $A(a\,;0\,;0)$.

$$DA^2 = \left(a + \frac{a}{3}\right)^2 + \left(\frac{a}{3}\right)^2 + \left(\frac{a}{3}\right)^2 = \frac{16a^2}{9} + \frac{2a^2}{9} = \frac{18a^2}{9} = 2a^2 = (a\sqrt{2})^2 \Rightarrow AD = a\sqrt{2}.$$

Le calcul est le même pour BD et CD, donc finalement $AB = BC = CA = AD = BD = CD = a\sqrt{2}$: le tétraèdre $ABCD$ est régulier.

c. Les points équidistants de A, de B et de C appartiennent aux plans médiateurs de $[AB]$ et de $[BC]$, donc à leur intersection la droite (OH).

Ce centre du cercle Ω a donc pour coordonnées $(x\,;x\,;x)$ et on doit avoir

$$\Omega A = \Omega D \Rightarrow \Omega A^2 = \Omega D^2 \Leftrightarrow (x - a)^2 + x^2 + x^2 = 3\left(x + \frac{a}{3}\right)^2$$

$$\Leftrightarrow 3x^2 + a^2 - 2ax = 3x^2 + \frac{a^2}{3} + 2ax$$

$$\Leftrightarrow 4ax = \frac{2a^2}{3} \Leftrightarrow x = \frac{a}{6}.$$

Remarque

Dans l'espace, le **plan médiateur** d'un segment est l'ensemble des points équidistants des extrémités du segment

Donc $\Omega\left(\frac{a}{6}\,;\frac{a}{6}\,;\frac{a}{6}\right)$.

CHAPITRE 3

Orthogonalité et distances dans l'espace

1 Extension du produit scalaire à l'espace

1 Norme d'un vecteur

• **Définition :** $\vec{u}$ est un vecteur de l'espace, A et B deux points tels que $\vec{u} = \overrightarrow{AB}$.
La **norme du vecteur $\vec{u}$**, notée $\|\vec{u}\|$, est la distance AB. Ainsi, $\|\vec{u}\| = AB$.

• **Propriété**

Dans un repère orthonormé de l'espace, si $\vec{u}(x\,;y\,;z)$ alors $\|\vec{u}\| = \sqrt{x^2 + y^2 + z^2}$.

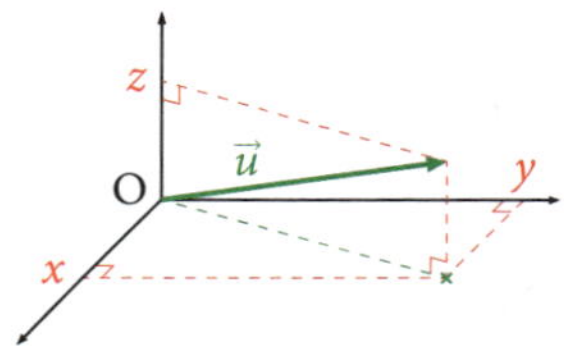

2 Produit scalaire dans l'espace : formules de polarisation

• **Définition :** $\vec{u}$ et $\vec{v}$ sont deux vecteurs de l'espace. Le **produit scalaire** de $\vec{u}$ et de $\vec{v}$ est le nombre réel, noté $\vec{u} \cdot \vec{v}$, défini par :

$$\vec{u} \cdot \vec{v} = \frac{1}{2}(\|\vec{u}\|^2 + \|\vec{v}\|^2 - \|\vec{v} - \vec{u}\|^2) .$$

Ou aussi par $\vec{u} \cdot \vec{v} = \dfrac{1}{2}\left(\|\vec{u} + \vec{v}\|^2 - \|\vec{u}\|^2 - \|\vec{v}\|^2\right)$

ou $\vec{u} \cdot \vec{v} = \dfrac{1}{4}\left(\|\vec{u} + \vec{v}\|^2 - \|\vec{u} - \vec{v}\|^2\right)$

Remarque : $\vec{u} \cdot \vec{u} = \vec{u}^2 = \|\vec{u}\|^2$.

3 Deux autres expressions du produit scalaire

• **Propriétés**

• Si $\vec{u} = \overrightarrow{AB}$ et $\vec{v} = \overrightarrow{AC}$ sont deux vecteurs non nuls de l'espace, alors $\vec{u} \cdot \vec{v} = AB \times AC \times \cos(\overrightarrow{AB}\,; \overrightarrow{AC})$.

• Si $\vec{u} = \overrightarrow{AB}$ et $\vec{v} = \overrightarrow{AC}$ sont deux vecteurs de l'espace et si H est le projeté orthogonal de C sur (AB), alors

$$\vec{u} \cdot \vec{v} = \overrightarrow{AB} \cdot \overrightarrow{AH} = \begin{cases} AB \times AH \text{ si } \overrightarrow{AB} \text{ et } \overrightarrow{AH} \text{ sont de même sens} \\ -AB \times AH \text{ sinon} \end{cases}$$

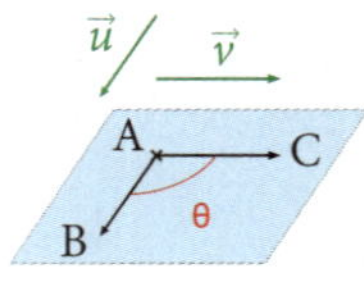

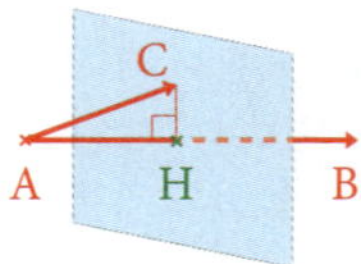

EXERCICE RÉSOLU

Calculer un produit scalaire

ÉNONCÉ

ABCDEFGH est un cube d'arête a.
I, J, K et L sont les milieux respectifs des arêtes $[EF]$, $[DC]$, $[CG]$ et $[GH]$.

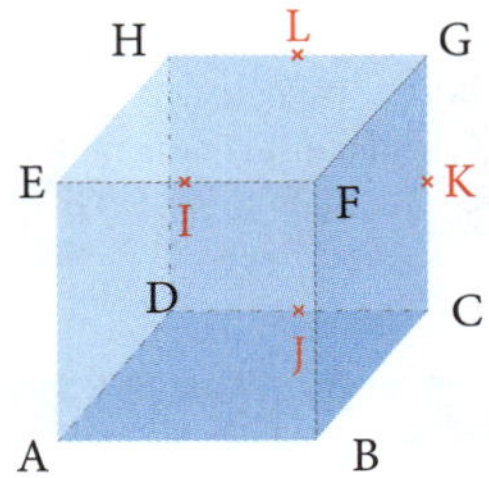

1. Calculer, de deux façons différentes, $\overrightarrow{AB}\cdot\overrightarrow{AC}$.

2. Calculer $\overrightarrow{BE}\cdot\overrightarrow{KL}$ et $\overrightarrow{EF}\cdot\overrightarrow{EJ}$.

CORRIGÉ

1. Avec l'angle $(\overrightarrow{AB}\,;\overrightarrow{AC})$:
$\overrightarrow{AB}\cdot\overrightarrow{AC} = AB \times AC \times \cos(\overrightarrow{AB}\,;\overrightarrow{AC})$.
Comme $ABCD$ est un carré de côté a, $AC = a\sqrt{2}$ et $(\overrightarrow{AB}\,;\overrightarrow{AC}) = \frac{\pi}{4}[2\pi]$.
Ainsi, $\boldsymbol{\overrightarrow{AB}\cdot\overrightarrow{AC}} = a \times a\sqrt{2} \times \cos\left(\frac{\pi}{4}\right) = \sqrt{2}a^2 \times \frac{\sqrt{2}}{2} = \boldsymbol{a^2}$.

Avec le projeté orthogonal :
En projetant orthogonalement C sur (AB), on obtient :
$$\boldsymbol{\overrightarrow{AB}\cdot\overrightarrow{AC}} = \overrightarrow{AB}\cdot\overrightarrow{AB} = \overrightarrow{AB}^2 = \|\overrightarrow{AB}\|^2 = \boldsymbol{a^2}.$$

2. • On a $\overrightarrow{BE} = \overrightarrow{CH}$, donc $\overrightarrow{BE}\cdot\overrightarrow{KL} = \overrightarrow{CH}\cdot\overrightarrow{KL}$.
$\overrightarrow{CH}$ et $\overrightarrow{KL}$ sont colinéaires et de même sens, donc :
$$\overrightarrow{CH}\cdot\overrightarrow{KL} = CH \times KL$$
Or, $[CH]$ est une diagonale d'un carré de côté a, donc $CH = a\sqrt{2}$.
Puis, K et L étant les milieux de $[GH]$ et $[GC]$, on a $KL = \frac{CH}{2} = \frac{a\sqrt{2}}{2}$.
Ainsi, $\boldsymbol{\overrightarrow{BE}\cdot\overrightarrow{KL}} = a\sqrt{2} \times \frac{a\sqrt{2}}{2} = \boldsymbol{a^2}$.

• En projetant J sur (EF), on obtient :
$\boldsymbol{\overrightarrow{EF}\cdot\overrightarrow{EJ}} = \overrightarrow{EF}\cdot\overrightarrow{EI}$ puisque $(EF) \perp (IJ)$, car $(EF) \perp (IJL)$
$= EF \times EI$ car $\overrightarrow{EF}$ et $\overrightarrow{EI}$ sont de même sens
$= a \times \frac{a}{2} = \boldsymbol{\frac{1}{2}a^2}$.

2 Propriétés du produit scalaire – Orthogonalité

1 Propriétés du produit scalaire

Pour tous vecteurs $\vec{u}$, $\vec{v}$, $\vec{w}$ de l'espace et pour tout réel k :

1. $\vec{u}\cdot\vec{v} = \vec{v}\cdot\vec{u}$
2. $\vec{u}\cdot(k\vec{v}) = k \times (\vec{u}\cdot\vec{v})$
3. $\vec{u}\cdot(\vec{v} + \vec{w}) = \vec{u}\cdot\vec{v} + \vec{u}\cdot\vec{w}$
4. $(\vec{u} + \vec{v})^2 = \vec{u}^2 + 2\vec{u}\cdot\vec{v} + \vec{v}^2$
5. $(\vec{u} - \vec{v})^2 = \vec{u}^2 - 2\vec{u}\cdot\vec{v} + v^2$
6. $(\vec{u} + \vec{v})\cdot(\vec{u} - \vec{v}) = \vec{u}^2 - \vec{v}^2$

2 Orthogonalité de deux vecteurs – Base et repère orthonormés

• **Définitions**

Une **base** $(\vec{u}, \vec{v}, \vec{w})$ de l'espace est dite orthonormée lorsque $\vec{u}$, $\vec{v}$ et $\vec{w}$ sont deux à deux orthogonaux et de norme 1.

Un **repère** $(O ; \vec{u}, \vec{v}, \vec{w})$ de l'espace est dit orthonormé lorsque les représentants de $\vec{u}$, $\vec{v}$ et $\vec{w}$ à partir de O forment une base orthonormée

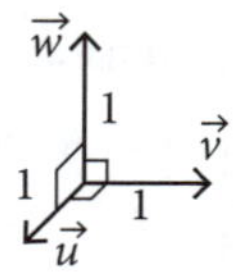

Deux **vecteurs** de l'espace sont dits **orthogonaux** lorsque leur produit scalaire est nul.

• **Propriété**

Dans une base orthonormé de l'espace, si $\vec{u}(x; y; z)$ et $v(x'; y'; z')$, alors $\vec{u}\cdot\vec{v} = xx' + yy' + zz'$.

3 Orthogonalité entre droites et plan

• **Propriété**

Deux droites d et Δ de vecteurs directeurs $\vec{u}$ et $\vec{v}$ sont orthogonales si, et seulement si, $\vec{u}\cdot\vec{v} = 0$.

• **Propriétés :** d est une droite de vecteur directeur $\vec{u}$ et $\mathcal{P}$ un plan dirigé par deux vecteurs non colinéaires $(\vec{v}; \vec{v}')$.

1. d et $\mathcal{P}$ sont orthogonaux si, et seulement si, quels que soient les points M et N de $\mathcal{P}$, $\vec{u}\cdot\overrightarrow{MN} = 0$.
2. d et $\mathcal{P}$ sont orthogonaux si, et seulement si, $\boldsymbol{\vec{u}\cdot\vec{v} = 0}$ **et** $\boldsymbol{\vec{u}\cdot\vec{v}' = 0}$.

EXERCICE RÉSOLU

Utiliser le produit scalaire pour démontrer

ÉNONCÉ

ABCD est un tétraèdre régulier tel que $AB = 1$.
I est le milieu de $[AB]$ et J celui de $[CD]$.

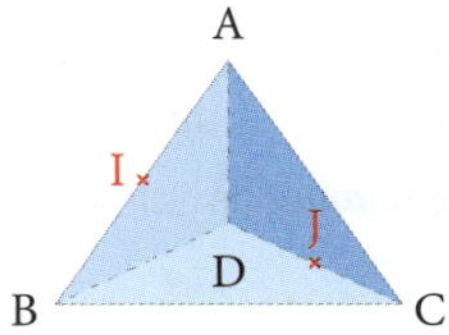

1. Calculer $\overrightarrow{AB}\cdot\overrightarrow{AC}$, $\overrightarrow{AB}\cdot\overrightarrow{BC}$ et $\overrightarrow{AB}\cdot\overrightarrow{AD}$.

2. En utilisant $\overrightarrow{CD} = \overrightarrow{AD} - \overrightarrow{AC}$, calculer $\overrightarrow{AB}\cdot\overrightarrow{CD}$.
En déduire que les droites (AB) et (CD) sont orthogonales.

3. Vérifier que $\overrightarrow{IJ} = \frac{1}{2}\overrightarrow{AB} + \overrightarrow{BC} + \frac{1}{2}\overrightarrow{CD}$.
En déduire que la droite (IJ) est perpendiculaire à la droite (AB).

CORRIGÉ

1. *ABCD* est un tétraèdre régulier, donc toutes ses faces sont des triangles équilatéraux, alors $\overrightarrow{AB}\cdot\overrightarrow{AC} = AB \times AC \times \cos\left(\frac{\pi}{3}\right) = \mathbf{\frac{1}{2}}$.

$\overrightarrow{AB}\cdot\overrightarrow{BC} = -\overrightarrow{BA}\cdot\overrightarrow{BC} = -BA \times BC \times \cos\left(\frac{\pi}{3}\right) = \mathbf{-\frac{1}{2}}$.

$\overrightarrow{AB}\cdot\overrightarrow{AD} = AB \times AD \times \cos\left(\frac{\pi}{3}\right) = \mathbf{\frac{1}{2}}$.

2. $\overrightarrow{AB}\cdot\overrightarrow{CD} = \overrightarrow{AB}\cdot(\overrightarrow{CA} + \overrightarrow{AD}) = \overrightarrow{AB}\cdot\overrightarrow{AD} - \overrightarrow{AB}\cdot\overrightarrow{AC} = \frac{1}{2} - \frac{1}{2} = 0$.

Donc, les vecteurs $\overrightarrow{AB}$ et $\overrightarrow{CD}$ sont orthogonaux.
Or, $\overrightarrow{AB}$ et $\overrightarrow{CD}$ sont des vecteurs directeurs des droites (AB) et (CD).
Ainsi, **les droites (AB) et (CD) sont orthogonales.**

3. $\overrightarrow{IJ} = \overrightarrow{IB} + \overrightarrow{BC} + \overrightarrow{CJ} = \frac{1}{2}\overrightarrow{AB} + \overrightarrow{BC} + \frac{1}{2}\overrightarrow{CD}$.

Ainsi, $\overrightarrow{IJ}\cdot\overrightarrow{AB} = (\frac{1}{2}\overrightarrow{AB} + \overrightarrow{BC} + \frac{1}{2}\overrightarrow{CD})\cdot\overrightarrow{AB} = \frac{1}{2}\overrightarrow{AB}^2 + \overrightarrow{BC}\cdot\overrightarrow{AB} + \frac{1}{2}\overrightarrow{CD}\cdot\overrightarrow{AB}$

$= \frac{1}{2}\overrightarrow{AB}^2 + \overrightarrow{AB}\cdot\overrightarrow{BC} + \frac{1}{2}\overrightarrow{AB}\cdot\overrightarrow{CD} = \frac{1}{2} \times 1^2 + (-\frac{1}{2}) + \frac{1}{2} \times 0 = 0.$

Donc, $\overrightarrow{IJ}$ et $\overrightarrow{AB}$ sont des vecteurs orthogonaux.
Or, $\overrightarrow{IJ}$ et $\overrightarrow{AB}$ sont des vecteurs directeurs de (IJ) et (AB).
Finalement, **(IJ) et (AB) sont orthogonales.**

3 Vecteur normal à un plan

• Définition

$\mathcal{P}$ est un plan de l'espace.
Un **vecteur** $\vec{n}$ est dit **normal à** $\mathcal{P}$ lorsque $\vec{n}$ est non nul et orthogonal à un couple de deux vecteurs non colinéaires de $\mathcal{P}$.

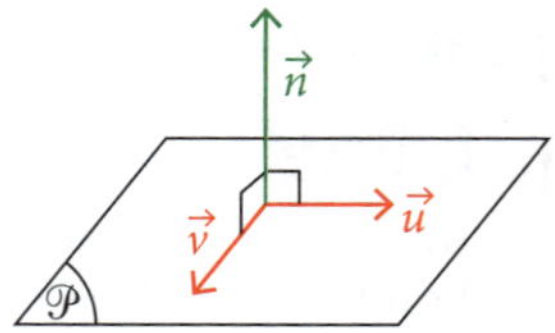

Remarque : Un plan peut être caractérisé par un de ses points et un de ses vecteurs normaux.

4 Projeté orthogonal

1 Sur une droite

• Définition

d est une droite de l'espace et M un point.

Le projeté orthogonal de M **sur** d est le point H tel que :

- si $M \in d$: $H = M$,
- si $M \notin d$: H est le point d'intersection de la droite d et du plan passant par M et perpendiculaire à la droite d.

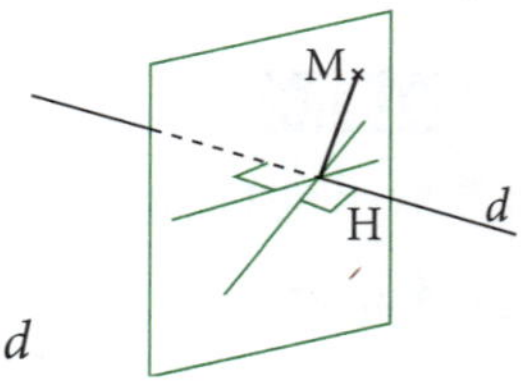

• Conséquence

Si H est le projeté orthogonal de C sur (AB) alors $\overrightarrow{AB} \cdot \overrightarrow{AC} = \overrightarrow{AB} \cdot \overrightarrow{AH}$.

2 Sur un plan

• Définition

$\mathcal{P}$ est un plan de l'espace et M un point.

Le projeté orthogonal de M **sur** $\mathcal{P}$ est le point H tel que :

- si $M \in \mathcal{P}$: $H = M$,
- si $M \notin \mathcal{P}$: H est le point d'intersection du plan $\mathcal{P}$ et de la droite passant par M et perpendiculaire au plan $\mathcal{P}$.

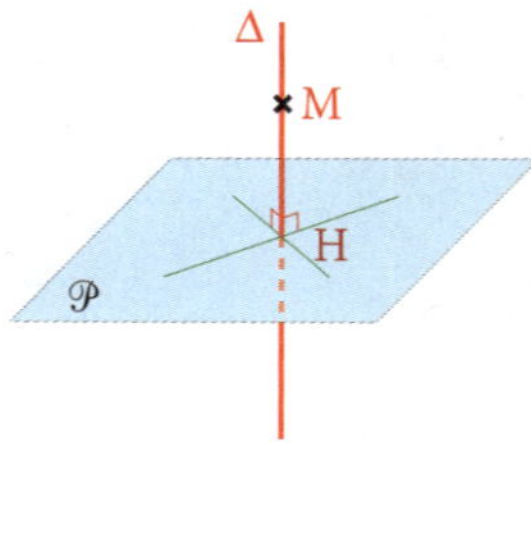

EXERCICE RÉSOLU

Déterminer un projeté orthogonal

ÉNONCÉ

$\mathscr{D}$ est une droite incluse dans un plan $\mathscr{P}$.
M est un point n'appartenant pas à $\mathscr{P}$ dont le projeté orthogonal sur $\mathscr{P}$ est H.
K est le projeté orthogonal de H sur $\mathscr{D}$.

a. Illustrer cet énoncé à l'aide d'une figure.

b. Montrer que K est le projeté orthogonal de M sur $\mathscr{D}$.

CORRIGÉ

a.

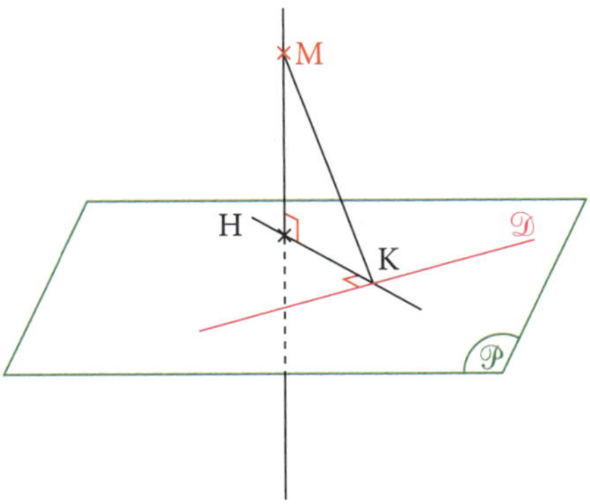

b. Cela revient à montrer que le plan (MHK) est le plan perpendiculaire à $\mathscr{D}$ passant par le point M.
H est le projeté orthogonal de M sur $\mathscr{P}$ donc $(MH) \perp \mathscr{P}$ et $\mathscr{D} \subset \mathscr{P}$ donc $(MH) \perp \mathscr{D}$.
K est le projeté orthogonal de H sur $\mathscr{D}$ donc $(HK) \perp \mathscr{D}$.
Ainsi le plan (MHK) contient deux droites, (HK) et (MH), sécantes et orthogonales à $\mathscr{D}$ donc ce plan (MHK) est perpendiculaire à $\mathscr{D}$.
Cela signifie que M a pour projeté orthogonal sur $\mathscr{D}$ le point K.

Remarque
Si deux droites sécantes d'un plan $\mathscr{P}$ sont orthogonales à une droite Δ alors $\Delta \perp \mathscr{P}$

5 Distances dans l'espace

1 Norme d'un vecteur et distance entre deux points

- **Propriété**

Dans un repère, on donne le vecteur $\vec{u}\begin{pmatrix} a \\ b \\ c \end{pmatrix}$. $\qquad ||\vec{u}|| = \sqrt{a^2 + b^2 + c^2}$.

- **Propriété**

Dans un repère orthonormé $(O\,;\vec{i},\vec{j},\vec{k})$, $A(x_A\,; y_A\,; z_A)$ et $B(x_B\,; y_B\,; z_B)$

$AB = \sqrt{(x_B - x_A)^2 + (y_B - y_A)^2 + (z_B - z_A)^2}$.

2 Entre un point et une droite

- **Définition**

La **distance d'un point** M **à une droite** $\mathscr{D}$ est la distance entre ce point M et son projeté orthogonal, H, sur $\mathscr{D}$.

Cette distance est notée :
$d(M\,;\mathscr{D}) = MH$.

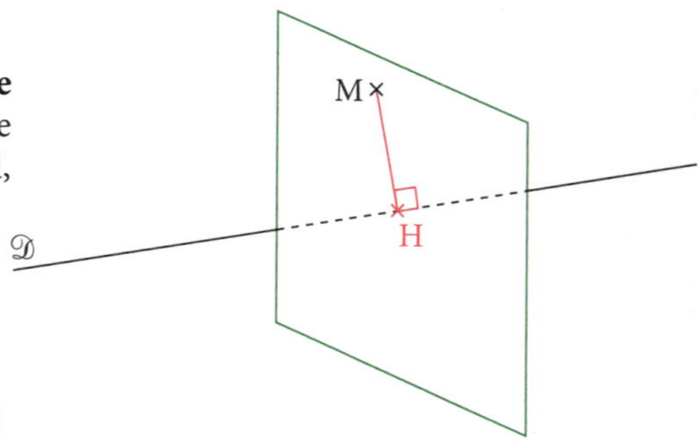

3 Entre un point et un plan

- **Définition**

La **distance d'un point** M à **un plan** $\mathscr{P}$ est la distance entre ce point M et son projeté orthogonal, H, sur $\mathscr{P}$.

Cette distance est notée :
$d(M\,;\mathscr{P}) = MH$.

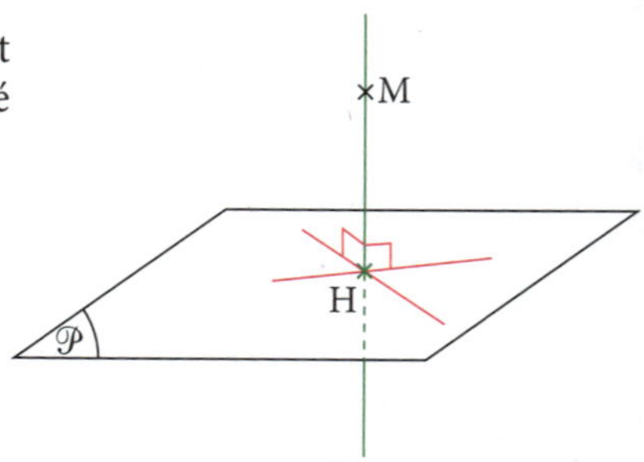

EXERCICES RÉSOLUS

Calculs de distances

ÉNONCÉ

Dans un repère orthonormé, on donne $A(-3\,;1\,;-1)$, $B(-1\,;1\,;0)$ et $C(1\,;2\,;1)$. Calculer AB, AC et BC.

CORRIGÉ

Le repère est orthonormé donc :

- $AB = \sqrt{(-1+3)^2 + (1-1)^2 + (0+1)^2} = \sqrt{5}$.
- $AC = \sqrt{(1+3)^2 + (2-1)^2 + (1+1)^2} = \sqrt{21}$.
- $BC = \sqrt{(1-(-1))^2 + (2-1)^2 + (1-0)^2} = \sqrt{6}$.

Distance d'un point à une droite

ÉNONCÉ

Dans le cube $ABCDEFGH$, I est le milieu de $[AF]$.

a. Justifier que $(AF) \perp (CBE)$

b. Justifier que I est le projeté orthogonal de C sur (AF).

c. Dans le repère $(E\,; \overrightarrow{EF}, \overrightarrow{EH}, \overrightarrow{EA})$, calculer la distance $d\,(C; (AF))$

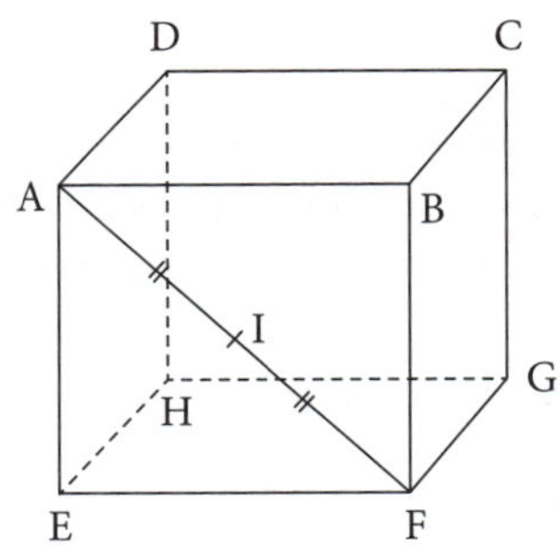

CORRIGÉ

a. $(AF) \perp (FG)$ et $(FG) \parallel (BC)$ donc $(AF) \perp (BC)$.
De plus $(AF) \perp (EB)$, donc $(AF) \perp (EBC)$.

b. I est le point d'intersection de la droite (AF) et du plan (BCE) qui est perpendiculaire à (AF) cela signifie que I est le projeté orthogonal de C sur (AF).

c. $d(C; (AF)) = CI$. Or $C(1\,;1\,;1)$ et $I(\frac{1}{2}\,;0\,;\frac{1}{2})$ donc

$$CI = \sqrt{\left(\frac{1}{2}-1\right)^2 + (0-1)^2 + \left(\frac{1}{2}-1\right)^2} = \sqrt{\frac{1}{4}+1+\frac{1}{4}} = \frac{\sqrt{6}}{2}.$$

Savoir utiliser les différentes formes du produit scalaire

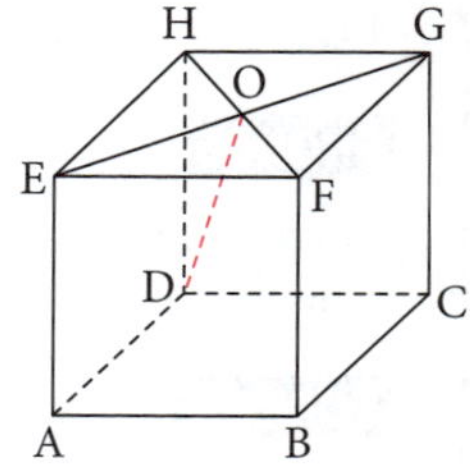

ÉNONCÉ

ABCDEFGH est un cube de côté 1.
O est le centre de la face *EFGH*.

1. Calculer $\overrightarrow{AB}\cdot\overrightarrow{DG}$ (à l'aide d'une projection orthogonale)

2. Exprimer $\overrightarrow{OD}\cdot\overrightarrow{OC}$ avec une formule de polarisation.

En déduire une valeur de la mesure de $\widehat{DOC}$ (arrondir au degré).

MÉTHODE

Pour exprimer un produit scalaire, on peut utiliser :
- une projection orthogonale ;
- une formule de polarisation ;
- la formule qui fait apparaître le cosinus.

CORRIGÉ

1. $\overrightarrow{AB}=\overrightarrow{DC}$ donc $\overrightarrow{AB}\cdot\overrightarrow{DG}=\overrightarrow{DC}\cdot\overrightarrow{DG}$.

Dans le plan (*DCG*), le projeté orthogonal de *G* sur (*DC*) est *C*.

Ainsi $\overrightarrow{DC}\cdot\overrightarrow{DG}=\overrightarrow{DC}\cdot\overrightarrow{DC}=\mathrm{DC}^2=1$.

2. Dans le triangle *EFH* rectangle en *E*, $HF^2=HE^2+EF^2=1^2+1^2=2$ donc $HF=\sqrt{2}$.

Dans le triangle *ODH* rectangle en *H*, $OD^2=HD^2+OH^2=1^2+\left(\frac{\sqrt{2}}{2}\right)^2=1+\frac{1}{2}=\frac{3}{2}$ donc

$\mathrm{OD}=\sqrt{\frac{3}{2}}$. De même, $OC=\sqrt{\frac{3}{2}}$.

D'une part, $\overrightarrow{OD}\cdot\overrightarrow{OC}=\frac{1}{2}(OD^2+OC^2-\|\overrightarrow{OD}-\overrightarrow{OC}\|^2)$

$$=\frac{1}{2}\left(\frac{3}{2}+\frac{3}{2}-\|\overrightarrow{CD}\|^2\right)=\frac{1}{2}(3-1)=1.$$

D'autre part, $\overrightarrow{OD}\cdot\overrightarrow{OC}=OD\times OC\times\cos\widehat{DOC}=\sqrt{\frac{3}{2}}\times\sqrt{\frac{3}{2}}\cos\widehat{DOC}$.

Ainsi $1=\frac{3}{2}\cos\widehat{DOC}$ donc $\cos\widehat{DOC}=\frac{1}{\frac{3}{2}}=\frac{2}{3}$ et $\widehat{DOC}\approx 48°$.

Savoir montrer l'orthogonalité entre une droite et un plan

ÉNONCÉ

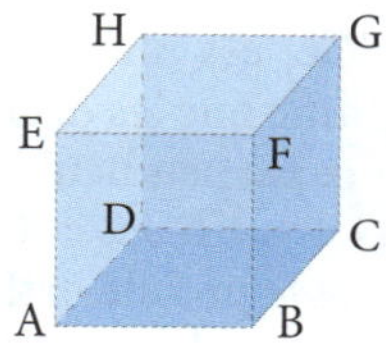

ABCDEFGH est le cube ci-contre.

1. Calculer $\overrightarrow{FD}\cdot\overrightarrow{EG}$ et $\overrightarrow{FD}\cdot\overrightarrow{EB}$.

2. En déduire que (FD) est orthogonale au plan (EGB).

MÉTHODE

Pour démontrer qu'une droite d est perpendiculaire à un plan $\mathcal{P}$, il suffit de démontrer :

- qu'un vecteur directeur $\vec{u}$ de d est orthogonal à un couple de vecteurs $\vec{v}$ et $\vec{w}$ non colinéaires de $\mathcal{P}$;
- ou, qu'un vecteur directeur de d est colinéaire à un vecteur normal de $\mathcal{P}$.

CORRIGÉ

1. $\overrightarrow{FD}\cdot\overrightarrow{EG} = (\overrightarrow{FH} + \overrightarrow{HD})\cdot\overrightarrow{EG} = \overrightarrow{FH}\cdot\overrightarrow{EG} + \overrightarrow{HD}\cdot\overrightarrow{EG}$.

Or, *EFGH* est une face du cube, donc c'est un carré et ses diagonales $[FH]$ et $[EG]$ sont perpendiculaires. Donc $\overrightarrow{FH}\cdot\overrightarrow{EG} = 0$.

De plus, (HD) est perpendiculaire à (HE) et (HG), droites sécantes de (EHG), donc (HD) perpendiculaire au plan (EHG). Ainsi, $\overrightarrow{HD}\cdot\overrightarrow{EG} = 0$.

> **Remarque**
> Une droite perpendiculaire à un plan est orthogonale à toute droite de ce plan.

On a alors $\overrightarrow{FD}\cdot\overrightarrow{EG} = 0 + 0 = 0$.

De même, $\overrightarrow{FD}\cdot\overrightarrow{EG} = (\overrightarrow{FA} + \overrightarrow{AD})\cdot\overrightarrow{EB} = \overrightarrow{FA}\cdot\overrightarrow{EB} + \overrightarrow{AD}\cdot\overrightarrow{EB} = 0 + 0 = 0$.

2. Le vecteur $\overrightarrow{FD}$, vecteur directeur de (FD), est orthogonal aux vecteurs $\overrightarrow{EG}$ et $\overrightarrow{EB}$ qui dirigent le plan (EGB), donc la droite (FD) est perpendiculaire au plan (EGB).

Savoir utiliser la projection orthogonale

ÉNONCÉ

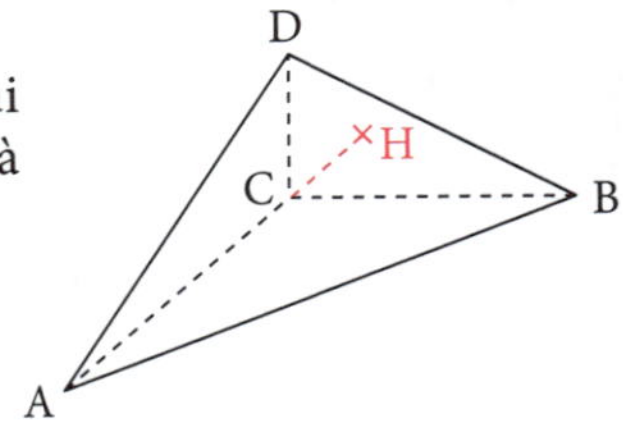

$ABCD$ est un tétraèdre tri-rectangle en C. (ce qui signifie que les droites (CA), (CB) et (CD) sont deux à deux perpendiculaires).

$CD = 1$, $CB = 2$ et $CA = 3$.

H est le projeté orthogonal de C sur le plan (ABD).

1. Calculer $\overrightarrow{CD} \cdot \overrightarrow{AB}$ puis $\overrightarrow{CH} \cdot \overrightarrow{AB}$.

2. En déduire que $(AB) \perp (DCH)$.

3. Montrer que C et D se projettent en un même point sur la droite (AB).

MÉTHODE

La projection orthogonale est liée à l'orthogonalité, il faut penser à :
- une droite perpendiculaire à un plan,
- un plan perpendiculaire à une droite,
- un produit scalaire nul.

CORRIGÉ

1. • $\overrightarrow{CD} \cdot \overrightarrow{AB} = \overrightarrow{CD} \cdot (\overrightarrow{AC} + \overrightarrow{CB}) = \overrightarrow{CD} \cdot \overrightarrow{AC} + \overrightarrow{CD} \cdot \overrightarrow{CB} = -\overrightarrow{CD} \cdot \overrightarrow{CA} + \overrightarrow{CD} \cdot \overrightarrow{CB} = 0 + 0 = 0.$

• $\overrightarrow{CH} \cdot \overrightarrow{AB}$:

H est le projeté orthogonal de C sur (ABD) cela signifie que $(HC) \perp (ABD)$ et ainsi (HC) est orthogonale à toute droite du plan (ABD) donc en particulier à (AB) et $\overrightarrow{CH} \cdot \overrightarrow{AB} = 0$.

2. $\begin{cases} \overrightarrow{CD} \cdot \overrightarrow{AB} = 0 \\ \overrightarrow{CH} \cdot \overrightarrow{AB} = 0 \end{cases}$ donc $\begin{cases} (CD) \perp (AB) \\ (CH) \perp (AB) \end{cases}$ donc $(AB) \perp (CDH)$.

3. (CDH) est perpendiculaire à (AB) donc tous les points de ce plan, en particulier C et D, se projettent en un même point sur (AB), le point d'intersection de (CDH) avec (AB), c'est-à-dire le point d'intersection du (DH) avec (AB) puisque ces deux droites sont coplanaires et sécantes.

Vérifiez vos connaissances

1 Vrai-Faux

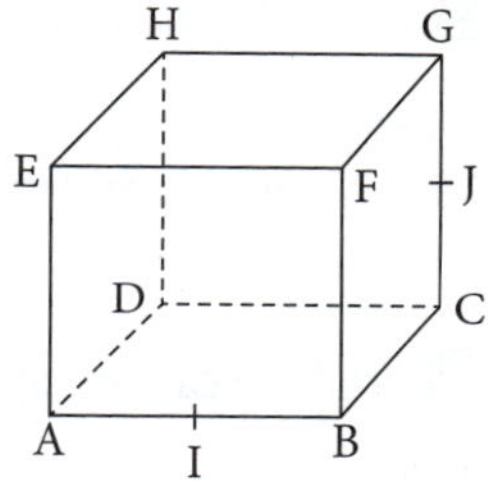

Indiquer pour chaque proposition si elle est vraie (V) ou fausse (F).

ABCDEFGH est un cube d'arête 1.

I et *J* sont les milieux des côtés [AB] et [GC].

1. $\overrightarrow{AC}\cdot\overrightarrow{AI} = AI \times AB$ ☐ V ☐ F

2. $\overrightarrow{AB}\cdot\overrightarrow{CJ} = 0{,}5$ ☐ V ☐ F

3. $\overrightarrow{EG}\cdot\overrightarrow{AJ} = 2$ ☐ V ☐ F

Dans le repère $(A\ ;\ \overrightarrow{AB}, \overrightarrow{AD}, \overrightarrow{AE})$:

4. $\overrightarrow{AC}\cdot\overrightarrow{IJ} = 1{,}5$ ☐ V ☐ F

2 QCM

Pour chaque question, une seule réponse proposée (A, B ou C) est exacte.

ABCDEFGH est le pavé droit ci-contre.

$AB = 1$, $AD = 2$ et $AE = 1$.

I est le milieu de $[AD]$.

On travaille dans le repère orthonormé $(A\,;\overrightarrow{AB}, \overrightarrow{AI}, \overrightarrow{AE})$.

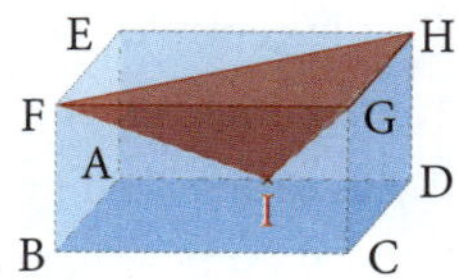

		A	B	C
1.	*F* a pour coordonnées	(1 ; 1 ; 0)	(1 ; 0 ; 1)	(0 ; 1 ; 1)
2.	Le projeté orthogonal du milieu de [*FG*] sur (*AD*) est :	*F*	*I*	*A*
3.	*IH* est égale à	$\sqrt{2}$	1	$\frac{1}{2}$
4.	Le volume du tétraèdre *GFIH* est	$\frac{2}{3}$	$\frac{1}{6}$	$\frac{1}{3}$
5.	Un vecteur normal au plan (*ABD*) est	$\overrightarrow{IH}$	$\overrightarrow{AC}$	$\overrightarrow{CG}$

Exercices d'application

3 Produit scalaire sans coordonnées

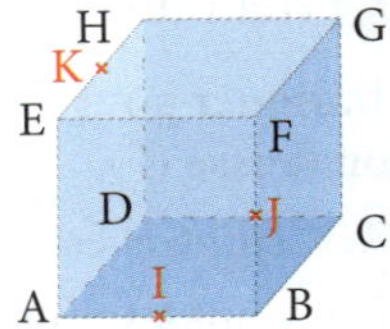

ABCDEFGH est le cube ci-contre d'arête *a*.

I, *J* et *K* sont les milieux respectifs de [*AB*], [*FB*] et [*EH*].

Calculer en fonction de a : $\overrightarrow{AJ} \cdot \overrightarrow{DH}$; $\overrightarrow{IK} \cdot \overrightarrow{AD}$ et $\overrightarrow{KC} \cdot \overrightarrow{BF}$.

4 Produit scalaire, mesure d'angle et longueur

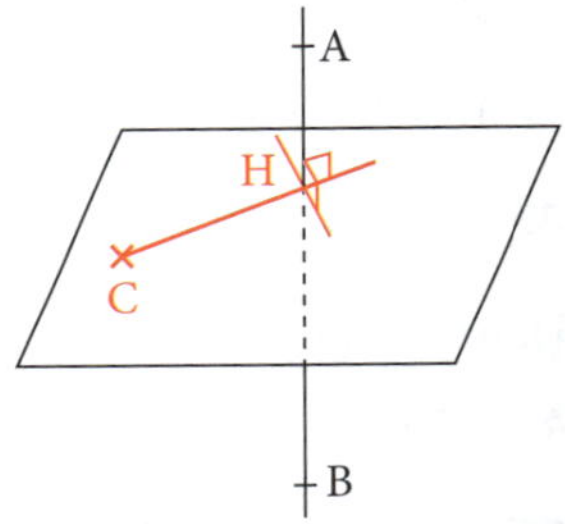

A, *B* et *C* sont trois points de l'espace.

H est le projeté orthogonal de *C* sur (*AB*) tel que $H \in [AB]$. $AB = 5$, $AC = 4$ et $AH = 2$.

1. Calculer $\overrightarrow{AB} \cdot \overrightarrow{AC}$

2. En déduire une mesure de $\widehat{CAB}$.

3. Calculer une valeur, arrondie au dixième, de *BC*.

5 Droites orthogonales

ABCDEFGH est un cube.

T est le centre de la face *EFGH*

1. Exprimer $\overrightarrow{AT}$ et $\overrightarrow{EC}$ comme combinaison linéaire de $\overrightarrow{AC}$ et $\overrightarrow{AE}$.

2. Les droites (*AT*) et (*EC*) sont-elles perpendiculaires ?

3. Quel est le projeté orthogonal de *T* sur la droite (*EC*) ?

6 Droite perpendiculaire à un plan

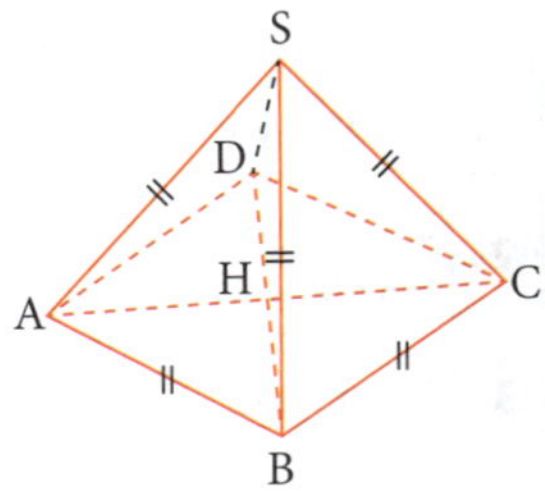

SABCD est une pyramide à base carrée de centre *H* dont les faces latérales sont des triangles équilatéraux de côté 1.

1. Calculer $\overrightarrow{SA} \cdot \overrightarrow{AB}$ et $\overrightarrow{AH} \cdot \overrightarrow{AB}$ et en déduire $\overrightarrow{SH} \cdot \overrightarrow{AB}$.

2. De même, calculer $\overrightarrow{SH} \cdot \overrightarrow{AD}$.

3. En déduire que $(SH) \perp (ABD)$.

7 Nature d'un triangle

Dans un repère orthonormé, on donne

$A(1\,;1\,;\sqrt{2})$, $B(\sqrt{2}\,;-\sqrt{2}\,;0)$ et *C* est le symétrique de *A* par rapport à *O*.

Montrer que *ABC* est isocèle rectangle.

8 Vecteur normal dans un repère

Dans un repère orthornormé, on donne $A(1\,;-1\,;3)$, $B(2\,;-3\,;-1)$ et $C(2\,;-1\,;4)$.

1. Montrer que ces trois points définissent un plan.

2. Montrer que $\vec{n}(2\,;5\,;-2)$ est un vecteur normal à (ABC).

3. Donner les coordonnées d'un autre vecteur normal à (ABC).

9 Vecteur normal dans un cube

ABCDEFGH est le cube ci-contre.

I, *J*, *K* et *L* sont les milieux respectifs de [*EF*], [*HG*], [*BC*] et [*EH*].

Le vecteur $\overrightarrow{LK}$ est-il normal du plan (*IJA*) ?

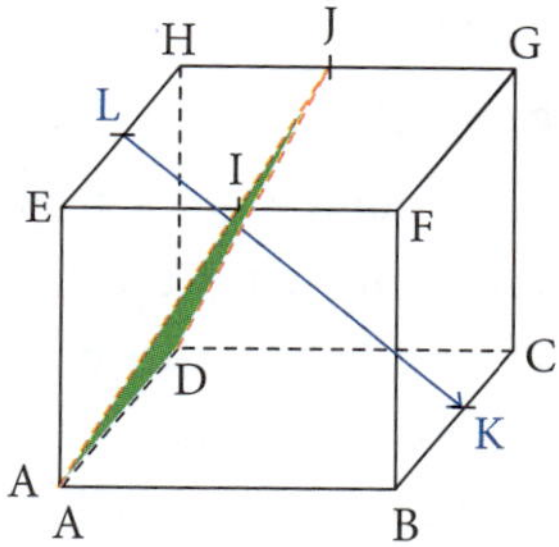

Exercices d'entraînement

10 Distance, mesure d'angle

ABCDEFGH est un cube de côté *a*, *I* est le centre du carré *EFGH* et *J* celui de *BCGF*.

1. Montrer que $(AE) \perp (EI)$ puis calculer *AI*. De même, calculer *AJ*.

2. Calculer $\overrightarrow{AE}\cdot\overrightarrow{BJ}$, $\overrightarrow{EI}\cdot\overrightarrow{AB}$ et $\overrightarrow{EI}\cdot\overrightarrow{BJ}$.

3. Calculer $\overrightarrow{AI}\cdot\overrightarrow{AJ}$ de deux façons différentes afin d'en déduire une valeur approchée en degré de l'angle $\widehat{IAJ}$.

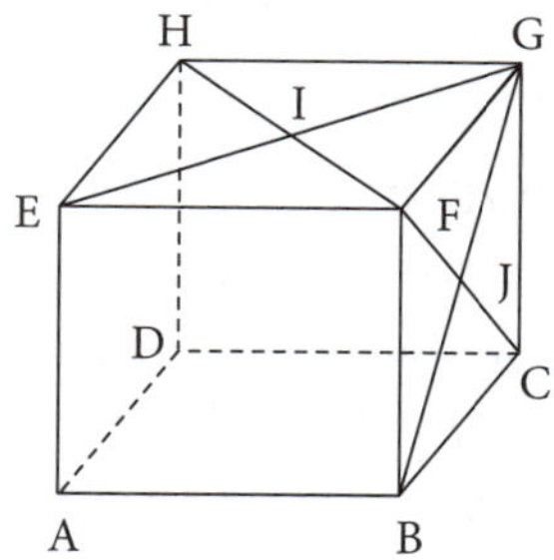

11 Orthogonalité et parallélisme

ABCDEFGH est un cube d'arête 1. (voir figure de l'exercice 10)

K, *L* et *M* sont les milieux respectifs de [*AB*], [*HD*] et [*HG*].

1. Démontrer que $\overrightarrow{CE}$ est un vecteur normal du plan (*KLM*).

2. Démontrer que la droite (*BG*) est parallèle au plan (*KLM*).

12 Plan médiateur

A et *B* sont deux points distincts de l'espace et *M* est un point quelconque.

1. Montrer que $MA^2 = MB^2 \Leftrightarrow \overrightarrow{IM}\cdot\overrightarrow{AB} = 0$ où *I* est le milieu de [*AB*].

2. Montrer que l'ensemble des points *M* équidistants de *A* et *B* est le plan passant par le milieu de [*AB*] et de vecteur normal $\overrightarrow{AB}$.

13 Comme au bac

Sur la figure donnée en fin d'exercice, on a représenté le cube $ABCDEFGH$ d'arête 1. On a placé :

– les points I et J tels que $\overrightarrow{BI} = \frac{2}{3}\overrightarrow{BC}$ et $\overrightarrow{EJ} = \frac{2}{3}\overrightarrow{EH}$,

– le milieu K de $[IJ]$.

On appelle P le projeté orthogonal de G sur le plan (FIJ).

Partie A

1. Démontrer que le triangle FIJ est isocèle en F.

En déduire que les droites (FK) et (IJ) sont orthogonales.

2. On admet que les droites (GK) et (IJ) sont orthogonales.

Démontrer que la droite (IJ) est orthogonale au plan (FGK).

3. Démontrer que la droite (IJ) est orthogonale au plan (FGP).

4. a. Montrer que les points F, G, K et P sont coplanaires.

b. En déduire que les points F, P et K sont alignés.

Partie B

L'espace est rapporté au repère orthonormé $(A\,;\, \overrightarrow{AB}, \overrightarrow{AD}, \overrightarrow{AE})$.

On appelle N le point d'intersection de la droite (GP) et du plan (ADB).

On note $(x\,;\, y\,;\, 0)$ les coordonnées du point N.

1. Donner les coordonnées des points F, G, I et J.

2. a. Montrer que la droite (GN) est orthogonale aux droites (FI) et (FJ).

b. Exprimer les produits scalaires $\overrightarrow{GN}\cdot\overrightarrow{FI}$ et $\overrightarrow{GN}\cdot\overrightarrow{FJ}$ en fonction de x et y.

c. Déterminer les coordonnées du point N.

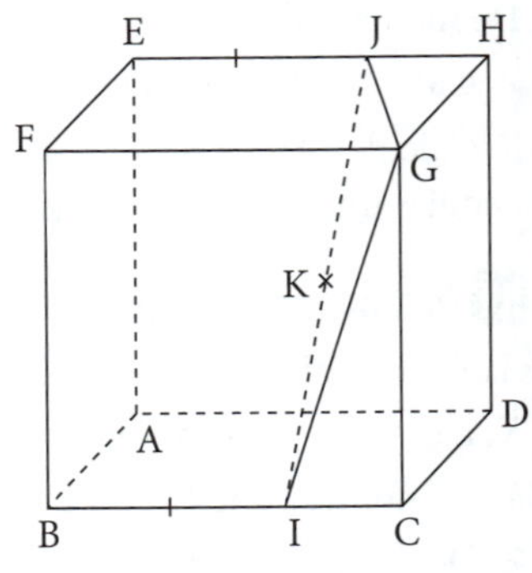

Vérifiez vos connaissances

1 Vrai-Faux

1. Vrai **2.** Faux **3.** Vrai **4.** Vrai

2 QCM

1. B **2.** B **3.** A **4.** C **5.** C

Exercices d'application

3 Produit scalaire sans coordonnées

• $\overrightarrow{AJ}\cdot\overrightarrow{DH}$

Dans le cube, $\overrightarrow{DH}=\overrightarrow{BF}$, donc $\overrightarrow{AJ}\cdot\overrightarrow{DH}=\overrightarrow{AJ}\cdot\overrightarrow{BF}$.

En projetant orthogonalement A sur (BF), on obtient :

$$\overrightarrow{AJ}\cdot\overrightarrow{BF}=\overrightarrow{BJ}\cdot\overrightarrow{BF}=BJ\times BF=\frac{1}{2}a\times a=\boldsymbol{\frac{1}{2}a^2}.$$

• $\overrightarrow{IK}\cdot\overrightarrow{AD}$

À l'aide de relation de Chasles, $\overrightarrow{IK}\cdot\overrightarrow{AD}=(\overrightarrow{IA}+\overrightarrow{AK})\cdot\overrightarrow{AD}=\overrightarrow{IA}\cdot\overrightarrow{AD}+\overrightarrow{AK}\cdot\overrightarrow{AD}$.

Or, $(IA)\perp(AD)$, donc $\overrightarrow{IA}\cdot\overrightarrow{AD}=0$, ainsi $\overrightarrow{IK}\cdot\overrightarrow{AD}=\overrightarrow{AK}\cdot\overrightarrow{AD}$.

On a $\overrightarrow{AD}=\overrightarrow{EH}$, donc $\overrightarrow{IK}\cdot\overrightarrow{AD}=\overrightarrow{AK}\cdot\overrightarrow{EH}$.

En projetant orthogonalement A sur (EH), on obtient :

$$\overrightarrow{AK}\cdot\overrightarrow{EH}=\overrightarrow{EK}\cdot\overrightarrow{EH}=EK\times EH=\frac{1}{2}a\times a=\boldsymbol{\frac{1}{2}a^2}.$$

• $\overrightarrow{KC}\cdot\overrightarrow{BF}$

À l'aide de la relation de Chasles, $\overrightarrow{KC}\cdot\overrightarrow{BF}=(\overrightarrow{KF}+\overrightarrow{FC})\cdot\overrightarrow{BF}=\overrightarrow{KF}\cdot\overrightarrow{BF}+\overrightarrow{FC}\cdot\overrightarrow{BF}$.
Ensuite, (BF) est orthogonale au plan (EFG), donc à toute droite contenue dans ce plan, en particulier à la droite (KF) et donc $\overrightarrow{BF}\cdot\overrightarrow{KF}=0$.

Puis, en projetant orthogonalement sur (BF) on obtient,
$\overrightarrow{FC}\cdot\overrightarrow{BF}=\overrightarrow{FB}\cdot\overrightarrow{BF}=-FB\times BF=-a^2$.
Ainsi, $\overrightarrow{KC}\cdot\overrightarrow{BF}=0-a^2=\boldsymbol{-a^2}$.

Remarque
$\overrightarrow{FB}$ et $\overrightarrow{BF}$ sont colinéaires mais de sens opposés.

4 Produit scalaire, mesure d'angle et longueur

1. $\overrightarrow{AB}\cdot\overrightarrow{AC}=\overrightarrow{AB}\cdot(\overrightarrow{AH}+\overrightarrow{HC})$

$=\overrightarrow{AB}\cdot\overrightarrow{AH}+\overrightarrow{AB}\cdot\overrightarrow{HC}$

$=AB\times AH+0=5\times 2=\mathbf{10}$.

Astuce du prof
Décomposer un vecteur pour faire apparaître des produits scalaires de vecteurs orthogonaux.

2. Une autre expression de $\overrightarrow{AB}\cdot\overrightarrow{AC}$ permet d'obtenir :

$$AB \times AC \times \cos(\overrightarrow{AB}\,;\overrightarrow{AC}) = 10$$
$$\Leftrightarrow 5 \times 4 \times \cos(\overrightarrow{AB}\,;\overrightarrow{AC}) = 10$$
$$\Leftrightarrow \cos(\overrightarrow{AB}\,;\overrightarrow{AC}) = \frac{1}{2}.$$

Ainsi $\widehat{CAB} = 60°$.

Rappel

x	0	$\frac{\pi}{6}$	$\frac{\pi}{4}$	$\frac{\pi}{3}$
$\cos x$	1	$\frac{\sqrt{3}}{2}$	$\frac{\sqrt{2}}{2}$	$\frac{1}{2}$

3. Le triangle ABC n'étant pas rectangle, il faut utiliser les formules d'Al-Kashi.

$$BC^2 = BA^2 + AC^2 - 2 \times BA \times AC \times \cos\widehat{CAB}$$
$$= 5^2 + 4^2 - 2 \times 5 \times 4 \times \frac{1}{2} = 21.$$

Ainsi $BC = \sqrt{21}$.

Astuce du prof

Pour cette question, on peut aussi utiliser le théorème de Pythagore dans les triangles ACH ; puis BCH.

5 Droites orthogonales

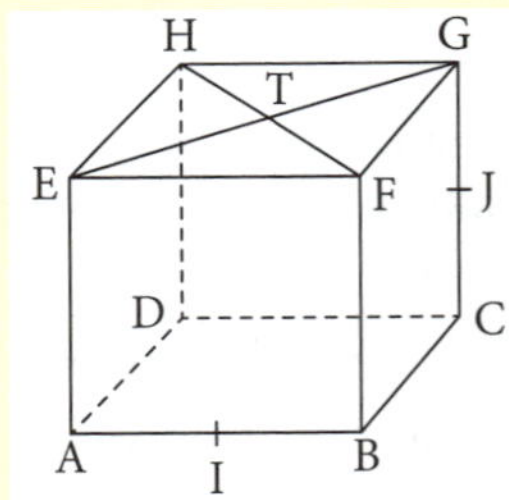

1. À l'aide d'une représentation à main levée,

• $\overrightarrow{AT} = \overrightarrow{AE} + \overrightarrow{ET} = \overrightarrow{AE} + \frac{1}{2}\overrightarrow{EG} = \mathbf{\frac{1}{2}\overrightarrow{AC} + 1\overrightarrow{AE}}$.

• $\overrightarrow{EC} = \overrightarrow{EA} + \overrightarrow{AC} = \mathbf{1\overrightarrow{AC} - 1\overrightarrow{AE}}$.

2. $\overrightarrow{AT}\cdot\overrightarrow{EC} = \left(\frac{1}{2}\overrightarrow{AC} + 1\overrightarrow{AE}\right)\cdot(1\overrightarrow{AC} - 1\overrightarrow{AE})$

$$= \frac{1}{2}\overrightarrow{AC}\cdot\overrightarrow{AC} - \frac{1}{2}\overrightarrow{AC}\cdot\overrightarrow{AE} + \overrightarrow{AE}\cdot\overrightarrow{AC} - \overrightarrow{AE}\cdot\overrightarrow{AE}$$
$$= \frac{1}{2}AC^2 - 0 + 0 - AE^2 = \frac{1}{2} \times \sqrt{2}^2 - 1^2 = 0.$$

Donc $\overrightarrow{AT} \perp \overrightarrow{EC}$ et donc $(AT) \perp (EC)$.

Rappel

La diagonale d'un carré de côté c a pour longueur $\sqrt{2}\,c$

3. (AT) et (EC) sont incluses dans le plan (AEC) et (AT) est perpendiculaire à (EC) donc le **point d'intersection de (AT) et (EC) est le projeté orthogonal de T sur la droite (EC)**.

6 Droite perpendiculaire à un plan

1. • SAB est un triangle équilatéral donc ses côtés ont pour longueur 1 et ses angles mesurent 60°.

$$\overrightarrow{SA}\cdot\overrightarrow{AB} = SA \times AB \times \cos(\overrightarrow{SA}\,;\overrightarrow{AB}) = SA \times AB \times \cos(-\overrightarrow{AS}, \overrightarrow{AB}) = 1 \times 1 \times \cos\left(\frac{2\pi}{3}\right) = -\frac{1}{2}.$$

• $ABCD$ est un carré donc ses diagonales sont perpendiculaires et de même longueur donc AHB est un triangle rectangle isocèle en H.

$$\overrightarrow{AH}\cdot\overrightarrow{AB} = AH \times AB \times \cos(\overrightarrow{AH}\ ;\overrightarrow{AB}) = \frac{\sqrt{2}}{2}\times 1 \times \cos\frac{\pi}{4} = \left(\frac{\sqrt{2}}{2}\right)^2 = \frac{2}{4} = \frac{1}{2}.$$

• $\overrightarrow{SH}\cdot\overrightarrow{AB} = (\overrightarrow{SA}+\overrightarrow{AH})\cdot\overrightarrow{AB} = \overrightarrow{SA}\cdot\overrightarrow{AB} + \overrightarrow{AH}\cdot\overrightarrow{AB} = -\frac{1}{2}+\frac{1}{2} = 0.$

2. $$\overrightarrow{SH}\cdot\overrightarrow{AD} = (\overrightarrow{SA}+\overrightarrow{AH})\cdot\overrightarrow{AD} = \overrightarrow{SA}\cdot\overrightarrow{AD} + \overrightarrow{AH}\cdot\overrightarrow{AD}$$

$$= 1\times 1\times\cos\left(\frac{2\pi}{3}\right) + \frac{\sqrt{2}}{2}\times 1 \times \cos\left(\frac{\pi}{4}\right) = -\frac{1}{2}+\frac{1}{2} = 0.$$

3. $\overrightarrow{SH}\cdot\overrightarrow{AB} = 0$ donc $(SH)\perp(AB)$
$\overrightarrow{SH}\cdot\overrightarrow{AD} = 0$ donc $(SH)\perp(AD)$
(AB) *et* (AD) sont deux droites sécantes du plan (ABD)
donc $(SH)\perp(ABD)$.

7 Nature d'un triangle

• C est le symétrique de A par rapport à O, cela signifie que O est le milieu de $[AC]$ donc $\overrightarrow{OC} = -\overrightarrow{OA}$.

O est le centre du repère et $A(1\ ;1\ ;\sqrt{2})$ donc $C(-1\ ;-1\ ;-\sqrt{2})$.

• Dans le repère orthonormé,

$$AB = \sqrt{(x_B-x_A)^2+(y_B-y_A)^2+(z_B-z_A)^2} = \sqrt{(\sqrt{2}-1)^2+(-\sqrt{2}-1)^2+(-\sqrt{2})^2}$$
$$= \sqrt{\mathbf{8}}.$$

$$AC = \sqrt{(-1-1)^2+(-1-1)^2+(-\sqrt{2}-\sqrt{2})^2} = \sqrt{16} = \mathbf{4}.$$

$$BC = \sqrt{(-1-\sqrt{2})^2+(-1+\sqrt{2})^2+(-\sqrt{2})^2}$$
$$= \sqrt{(-1)^2-2\times(-1)\times\sqrt{2}+(\sqrt{2})^2+(-1)^2+2\times(-1)\times\sqrt{2}+\sqrt{2}^2+2}$$
$$= \sqrt{1+2\sqrt{2}+2+1-2\sqrt{2}+2+2} = \sqrt{\mathbf{8}}.$$

Ainsi $AB = BC$ et ABC isocèle en B.

De plus, $\overrightarrow{BA}\begin{pmatrix}1-\sqrt{2}\\1+\sqrt{2}\\\sqrt{2}\end{pmatrix}$, $\overrightarrow{BC}\begin{pmatrix}-1-\sqrt{2}\\-1+\sqrt{2}\\-\sqrt{2}\end{pmatrix}$ et donc

$\overrightarrow{BA}\cdot\overrightarrow{BC} = (1-\sqrt{2})(-1-\sqrt{2}) + (1+\sqrt{2})(-1+\sqrt{2}) + \sqrt{2}\times(-\sqrt{2})$

$= -1-\sqrt{2}+\sqrt{2}+2-1+\sqrt{2}-\sqrt{2}+2-2 = 0.$

Donc $\overrightarrow{BA} \perp \overrightarrow{BC}$.

Finalement ABC est isocèle rectangle en B .

Remarque

On peut aussi utiliser $(a-b)(a+b) = a^2 - b^2$

8 Vecteur normal dans un repère

1. $\overrightarrow{AB}\begin{pmatrix}2-1\\-3+1\\-1-3\end{pmatrix}$ soit $\overrightarrow{AB}\begin{pmatrix}1\\-2\\-4\end{pmatrix}$ et $\overrightarrow{AC}\begin{pmatrix}1\\0\\1\end{pmatrix}$.

$x_{\overrightarrow{AB}} = x_{\overrightarrow{AC}} \times 1$ et $y_{\overrightarrow{AB}} \neq y_{\overrightarrow{AC}} \times 1$ donc $\overrightarrow{AB}$ et $\overrightarrow{AC}$ ne sont pas colinéaires.

Rappel

Des vecteurs colinéaires ont des coordonnées proportionnelles.

Le couple $(\overrightarrow{AB}, \overrightarrow{AC})$ forme un couple de vecteurs directeurs du **plan (*ABC*)**.

2. $\vec{n}\cdot\overrightarrow{AB} = 2\times 1 + 5\times(-2) + (-2)\times(-4) = 0.$

$\vec{n}\cdot\overrightarrow{AC} = 2\times 1 + 5\times 0 + (-2)\times 1 = 0.$

Ainsi $\vec{n}$ est un vecteur orthogonal aux deux vecteurs $\overrightarrow{AB}$ et $\overrightarrow{AC}$, directeurs du plan (ABC). Ainsi $\vec{n}$ **est un vecteur normal du plan (*ABC*)**.

3. Tout vecteur colinéaire à $\vec{n}$ est un vecteur normal du plan (ABC). Par exemple $3\vec{n}(6\,;15\,;-6)$.

9 Vecteur normal dans un cube

$(\overrightarrow{IJ}, \overrightarrow{IA})$ est un couple de vecteurs directeurs de (IJA).

$\overrightarrow{LK}\cdot\overrightarrow{IJ} = (\overrightarrow{LE} + \overrightarrow{EF} + \overrightarrow{FB} + \overrightarrow{BK})\cdot\overrightarrow{IJ}$

$= \overrightarrow{LE}\cdot\overrightarrow{IJ} + 0 + 0 + \overrightarrow{BK}\cdot\overrightarrow{IJ}$

$= (\overrightarrow{LE} + \overrightarrow{BK})\cdot\overrightarrow{IJ} = (\overrightarrow{LE} + \overrightarrow{LH})\cdot\overrightarrow{IJ} = \vec{0}\cdot\overrightarrow{IJ} = 0.$

$\overrightarrow{LK}\cdot\overrightarrow{IA} = (\overrightarrow{LE} + \overrightarrow{EA} + \overrightarrow{AB} + \overrightarrow{BK})\cdot(\overrightarrow{IE} + \overrightarrow{EA})$

$= (\overrightarrow{LE}\cdot\overrightarrow{IE} + \overrightarrow{LE}\cdot\overrightarrow{EA} + \overrightarrow{EA}\cdot\overrightarrow{IE} + \overrightarrow{EA}\cdot\overrightarrow{EA} + \overrightarrow{AB}\cdot\overrightarrow{IE} + \overrightarrow{AB}\cdot\overrightarrow{EA} + \overrightarrow{BK}\cdot\overrightarrow{IE} + \overrightarrow{BK}\cdot\overrightarrow{EA})$

$= 0 + 0 + 0 + \overrightarrow{EA}^2 + \overrightarrow{AB}\cdot\overrightarrow{IE} + 0 + 0 + 0$

$= \mathrm{EA}^2 - \frac{1}{2}\mathrm{AB}^2 \neq \mathbf{0}.$

Donc $\overrightarrow{LK}$ n'est pas orthogonal aux deux vecteurs directeurs choisis du plan (IJA).

$\overrightarrow{LK}$ **n'est pas un vecteur normal du plan (*IJA*).**

Exercices d'entraînement

10 Distance, mesure d'angle

1. • $\left.\begin{array}{l}(AE)\perp(EFH)\\(EI)\subset(EFH)\end{array}\right\}$ donc $\boldsymbol{(EI)\perp(AE)}$.

• D'après le théorème de Pythagore dans le triangle rectangle AEI,

$$AI=\sqrt{AE^2+EI^2}=\sqrt{a^2+\left(\frac{\sqrt{2}a}{2}\right)^2}=\sqrt{\frac{3a^2}{2}}=\boldsymbol{a\sqrt{\frac{3}{2}}}.$$

• De même, le triangle JBA est rectangle en B et $AJ=\boldsymbol{a\sqrt{\frac{3}{2}}}$.

2. • $\overrightarrow{AE}\cdot\overrightarrow{BJ}=\overrightarrow{BF}\cdot\overrightarrow{BJ}=a\times a\dfrac{\sqrt{2}}{2}\times\cos\dfrac{\pi}{4}=\boldsymbol{\dfrac{1}{2}a^2}$.

• $\overrightarrow{EI}\cdot\overrightarrow{AB}=\overrightarrow{EI}\cdot\overrightarrow{EF}=a\dfrac{\sqrt{2}}{2}\times a\times\cos\dfrac{\pi}{4}=\boldsymbol{\dfrac{1}{2}a^2}$.

• $\overrightarrow{EI}\cdot\overrightarrow{BJ}=\dfrac{1}{2}\overrightarrow{EG}\cdot\dfrac{1}{2}\overrightarrow{BG}=\left(-\dfrac{1}{2}\overrightarrow{GE}\right)\cdot\left(-\dfrac{1}{2}\overrightarrow{GB}\right)=\dfrac{1}{4}\overrightarrow{GE}\cdot\overrightarrow{GB}.$

EGB est un triangle équilatéral de côté $a\sqrt{2}$ et d'angle $\dfrac{\pi}{3}$

donc $\overrightarrow{GE}\cdot\overrightarrow{GB}=a\sqrt{2}\times a\sqrt{2}\times\cos\dfrac{\pi}{3}=2a^2\times\dfrac{1}{2}=a^2$.

Ainsi $\overrightarrow{EI}\cdot\overrightarrow{BJ}=\boldsymbol{\dfrac{1}{4}a^2}$.

3. • $\overrightarrow{AI}\cdot\overrightarrow{AJ}=(\overrightarrow{AE}+\overrightarrow{EI})\cdot(\overrightarrow{AB}+\overrightarrow{BJ})=\overrightarrow{AE}\cdot\overrightarrow{AB}+\overrightarrow{AE}\cdot\overrightarrow{BJ}+\overrightarrow{EI}\cdot\overrightarrow{AB}+\overrightarrow{EI}\cdot\overrightarrow{BJ}$

$$=0+\frac{1}{2}a^2+\frac{1}{2}a^2+\frac{1}{4}a^2=\frac{5}{4}a^2.$$

• $\overrightarrow{AI}\cdot\overrightarrow{AJ}=AI\times AJ\times\cos(\overrightarrow{AI};\overrightarrow{AJ})=\left(a\sqrt{\dfrac{3}{2}}\right)^2\cos(\overrightarrow{AI};\overrightarrow{AJ})=\dfrac{3}{2}a^2\cos(\overrightarrow{AI};\overrightarrow{AJ})$

Ainsi $\cos(\overrightarrow{AI};\overrightarrow{AJ})=\dfrac{10}{12}$ et ainsi $\widehat{IAJ}\approx 34°$.

11 Orthogonalité et parallélisme

1. Dans le repère $(D;\overrightarrow{DA},\overrightarrow{DC},\overrightarrow{DH})$ orthonormé.

$C(0;1;0)$, $E(1;0;1)$ donc $\overrightarrow{CE}(1;-1;1)$. $K\left(1;\dfrac{1}{2};0\right)$, $L\left(0;0;\dfrac{1}{2}\right)$ donc $\overrightarrow{KL}\begin{pmatrix}-1\\-\dfrac{1}{2}\\\dfrac{1}{2}\end{pmatrix}$.

$M\left(0;\dfrac{1}{2};1\right)$ donc $\overrightarrow{KM}(-1;0;1)$.

$\overrightarrow{CE}\cdot\overrightarrow{KL} = 1\times(-1)+(-1)\times\left(-\frac{1}{2}\right)+1\times\left(\frac{1}{2}\right)=0$ et

$\overrightarrow{CE}\cdot\overrightarrow{KM} = 1\times(-1)+(-1)\times 0+1\times 1=0$ donc le vecteur $\overrightarrow{CE}$, non nul, est orthogonal aux vecteurs de la base $(\overrightarrow{KL}, \overrightarrow{KM})$ du plan (KLM), cela signifie que $\overrightarrow{CE}$ **est un vecteur normal de** (KLM).

Astuce du prof

Penser à mettre en place un repère orthonormé pour travailler avec des coordonnées.

2. $B(1\ ;1\ ;0)$, $G(0\ ;1\ ;1)$ donc $\overrightarrow{BG}(-1\ ;0\ ;1)$.

Ainsi, $\overrightarrow{BG}\cdot\overrightarrow{CE} = (-1)\times 1+0\times(-1)+1\times 1=0$, $\overrightarrow{BG}$ vecteur directeur de (BG), est orthogonal à $\overrightarrow{CE}$, vecteur normal de (KLM), donc $(BG)\ //\ (KLM)$.

12 Plan médiateur

1. $MA^2 = MB^2 \Leftrightarrow \overrightarrow{MA}^2 = \overrightarrow{MB}^2 \Leftrightarrow \overrightarrow{MA}^2 - \overrightarrow{MB}^2 = 0$

$\Leftrightarrow (\overrightarrow{MA}+\overrightarrow{MB})\cdot(\overrightarrow{MA}-\overrightarrow{MB}) = 0 \Leftrightarrow 2\overrightarrow{MI}\cdot(\overrightarrow{MA}+\overrightarrow{BM}) = 0$

$\Leftrightarrow 2\overrightarrow{MI}\cdot\overrightarrow{BA} = 0 \Leftrightarrow \overrightarrow{MI}\cdot\overrightarrow{BA} = 0 \Leftrightarrow \overrightarrow{IM}\cdot\overrightarrow{AB} = 0.$

2. $MA = MB \Leftrightarrow MA^2 = MB^2 \Leftrightarrow \overrightarrow{IM}\cdot\overrightarrow{AB} = 0 \Leftrightarrow \overrightarrow{IM}\perp\overrightarrow{AB}$.

Ainsi M équidistant de A et B si et seulement si I est le projeté orthogonal de M sur (AB) c'est-à-dire que M appartient au plan passant par I et perpendiculaire à $[AB]$.

13 Comme au bac

Partie A

1. On a $EJ = \frac{2}{3}$, donc $FJ^2 = 1^2 + \left(\frac{2}{3}\right)^2 = \frac{13}{9}$.

De même $BI^2 = \frac{2}{3}$, donc $FI^2 = 1^2 + \left(\frac{2}{3}\right)^2 = \frac{13}{9}$.

donc $FJ^2 = BI^2 \Rightarrow FJ = BI$.
Donc FIJ isocèle en F.

Ainsi la droite (FK) médiane du triangle isocèle est aussi hauteur, donc $(FK)\perp(IJ)$.

2. On admet que les droites (GK) et (IJ) sont orthogonales.
La droite (IJ) est orthogonale à deux droites (FK) et (GK) sécantes du plan (FGK) : elle est donc orthogonale à ce plan.

3. (IJ) est orthogonale au plan (FGK), en particulier à toute droite de ce plan : donc $(IJ)\perp(FG)$.
P est le projeté orthogonal de G sur le plan (FIJ), donc (PG) est orthogonale au plan (FIJ) et donc $(PG)\perp(IJ)$.

Les points F, G, P non alignés définissent un plan (FGP). La droite (IJ) orthogonale à deux droites sécantes de ce plan est orthogonale à ce plan (FGP).

4. a. On vient de démontrer que les deux plans (*FGK*) et (*FGP*) sont orthogonaux à la droite (*IJ*). Mais ces deux plans contiennent le point *F*. Il n'existe qu'un plan contenant un point (*F*) et orthogonal à une droite (*IJ*) donnée, donc *F*, *G*, *K* et *P* sont coplanaires.

b. On sait que (*IJ*) est orthogonale à (*FP*) ; (*IJ*) est orthogonale à (*FK*) et comme les points *F*, *P* et *K* sont coplanaires la droite (*FP*) est la droite (*FK*), autrement dit les points *F*, *P* et *K* sont alignés.

Partie B

1. On a $\overrightarrow{AF} = \overrightarrow{AB} + \overrightarrow{AE}$ donc $F(1\,;0\,;1)$. $\overrightarrow{AG} = \overrightarrow{AB} + \overrightarrow{AD} + \overrightarrow{AE}$ donc $G(1\,;1\,;1)$.
$\overrightarrow{AI} = \overrightarrow{AB} + \overrightarrow{BI} = \overrightarrow{AB} + \dfrac{2}{3}\overrightarrow{AD}$ donc $I(1\,;\dfrac{2}{3}\,;0)$. $\overrightarrow{AJ} = \overrightarrow{AE} + \overrightarrow{EJ} = \overrightarrow{AE} + \dfrac{2}{3}\overrightarrow{AD}$ donc $J(0\,;\dfrac{2}{3}\,;1)$.

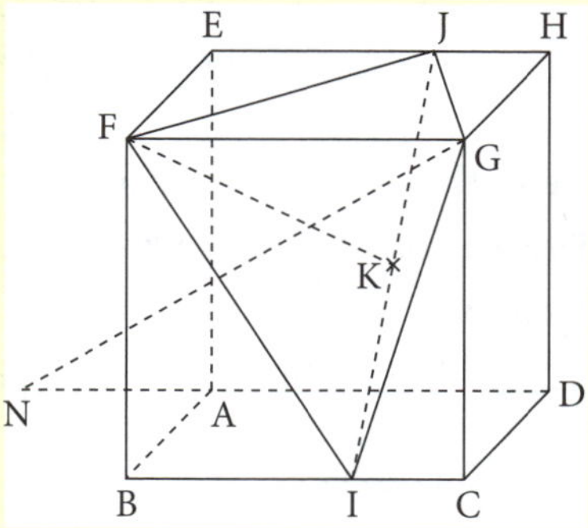

2. a. G a pour projeté orthogonal sur le plan (*FIJ*) le point P, donc (GP) est orthogonale à (*FIJ*).

N appartient à la droite (GP), donc (G*N*) est orthogonale à (*FIJ*) donc à toute droite de ce plan. Ainsi : (G*N*) est orthogonale à (*FI*) et à (*FJ*).

b. On a $\overrightarrow{GN}\begin{pmatrix} x-1 \\ y-1 \\ -1 \end{pmatrix}$ et $\overrightarrow{FI}\begin{pmatrix} 0 \\ \dfrac{2}{3} \\ -1 \end{pmatrix}$.

Ainsi, $\overrightarrow{GN}\cdot\overrightarrow{FI} = \dfrac{2}{3}(y-1)+1 = \dfrac{2}{3}y + \dfrac{1}{3}$.

De même, $\overrightarrow{FJ}\begin{pmatrix} -1 \\ \dfrac{2}{3} \\ 0 \end{pmatrix}$ et $\overrightarrow{GN}\cdot\overrightarrow{FI} = (x-1)\times(-1) + \dfrac{2}{3}(y-1) = -x + \dfrac{2}{3}y + \dfrac{1}{3}$.

c. D'après **2. a.** les deux produits scalaires ci-dessus sont nuls, donc
$\dfrac{2}{3}y + \dfrac{1}{3} = 0 \Rightarrow y = -\dfrac{1}{2}$ et $-x + \dfrac{2}{3}y + \dfrac{1}{3} = 0 \Rightarrow x = -\dfrac{1}{3} + \dfrac{1}{3} = 0$.

Ainsi, les coordonnées de *N* sont donc $\left(0\,;-\dfrac{1}{2}\,;0\right)$.

CHAPITRE 4 Représentations paramétriques et équations cartésiennes

1 Représentations paramétriques d'une droite

1 Représentation paramétrique d'une droite

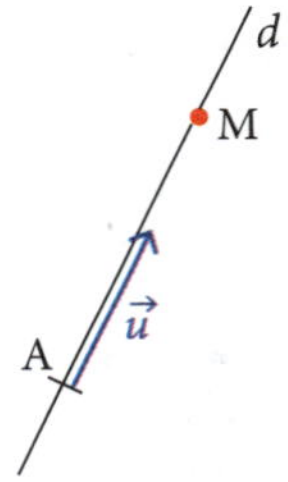

- **Définition**

La droite d passant par le point $A(x_A ; y_A ; z_A)$ et de vecteur directeur $\vec{u}(a ; b ; c)$ est l'ensemble des points $M(x ; y ; z)$ vérifiant le système d'équations :

$$\begin{cases} x = x_A + a \times t \\ y = y_A + b \times t \\ z = z_A + c \times t \end{cases} \text{, avec } t \in \mathbb{R}.$$

Ce système est appelé **représentation paramétrique de *d***, t est le paramètre.

Remarque : une même droite possède plusieurs représentations paramétriques.

Exemple

d est la droite définie dans un repère par $\begin{cases} x = 1 - t \\ y = 4 - 3t \\ z = t \end{cases}$, avec $t \in \mathbb{R}$.

Un point de cette droite est A(1 ; 4 ; 0)

Un vecteur directeur de cette droite est $\vec{u}\begin{pmatrix} -1 \\ -3 \\ 1 \end{pmatrix}$.

2 Vecteur directeur d'une droite et position relative

$\mathscr{D}$ et $\mathscr{D}'$ sont deux droites de vecteurs directeurs $\vec{v}$ et $\vec{v}'$.

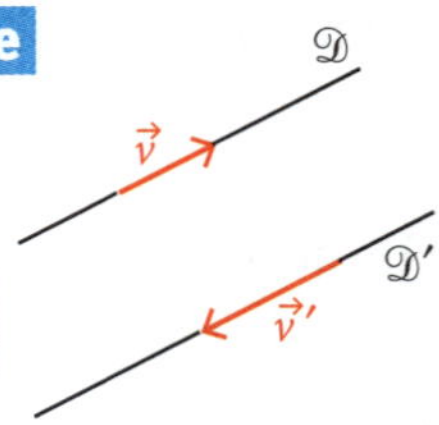

- **Propriété**

$\mathscr{D}$ et $\mathscr{D}'$ sont parallèles si, et seulement si, $\vec{v}$ et $\vec{v}'$ sont colinéaires.

Remarque : $\mathscr{D}$ et $\mathscr{D}'$ peuvent être confondues (ou strictement parallèles).

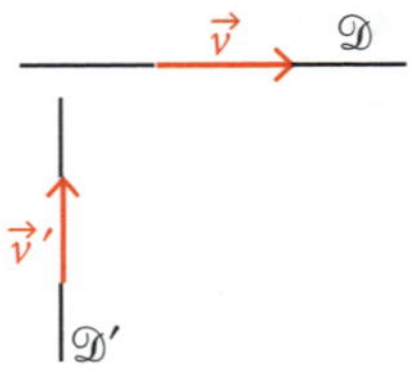

- **Propriété**

$\mathscr{D}$ et $\mathscr{D}'$ sont perpendiculaires si, et seulement si, $\vec{v}$ et $\vec{v}'$ sont orthogonaux.

Remarque : $\mathscr{D}$ et $\mathscr{D}'$ peuvent être non coplanaires.

EXERCICES RÉSOLUS

Interpréter une représentation paramétrique d'une droite

ÉNONCÉ

d est une droite de représentation paramétrique

$$\begin{cases} x = 1 + t \\ y = 3 - 2t \\ z = 1 + 3t \end{cases}, t \in \mathbb{R}.$$

1. Donner deux vecteurs directeurs de d.
2. Donner deux points appartenant à d.

CORRIGÉ

1. Par définition, $\vec{u}\begin{pmatrix} 1 \\ -2 \\ 3 \end{pmatrix}$ est un vecteur directeur de d.

Pour le second, on donne un vecteur colinéaire à $\vec{u}$: $\vec{u}'\begin{pmatrix} -2 \\ 4 \\ -6 \end{pmatrix}$.

2. Par définition, $A(1\,;3\,;1)$ est un point de d.

On choisit une valeur de t, par exemple, avec $t = -1$: $\begin{cases} x = 0 \\ y = 5 \\ z = -2 \end{cases}$.

$B(0\,;5\,;-2)$ est un autre point de d.

Déterminer et utiliser une représentation paramétrique d'une droite

ÉNONCÉ

d est la droite passant par le point $A(3\,;0\,;-3)$ et de vecteur directeur $\vec{u}\begin{pmatrix} -1 \\ 2 \\ -1 \end{pmatrix}$.

1. Déterminer une représentation paramétrique de d.
2. Le point $B(1\,;4\,;-5)$ est-il un point de d ?

CORRIGÉ

1. Une représentation paramétrique de d est $\begin{cases} x = 3 - t \\ y = 2t \\ z = -3 - t \end{cases}, t \in \mathbb{R}$.

2. On cherche s'il existe une unique valeur de t telle que

$$\begin{cases} 1 = 3 - t \\ 4 = 2t \\ -5 = -3 - t \end{cases} \Leftrightarrow \begin{cases} -2 = -t \\ 2 = t \\ -2 = -t \end{cases} \Leftrightarrow t = 2.$$

Ainsi $B(1\,;4\,;-5)$ appartient à d.

2 Équations cartésiennes d'un plan

1 Vecteur normal à un plan

• **Définition :** Dire qu'un **vecteur $\vec{n}$** non nul est normal à un plan $\mathscr{P}$ signifie que toute droite de vecteur directeur $\vec{n}$ est orthogonale au plan $\mathscr{P}$.

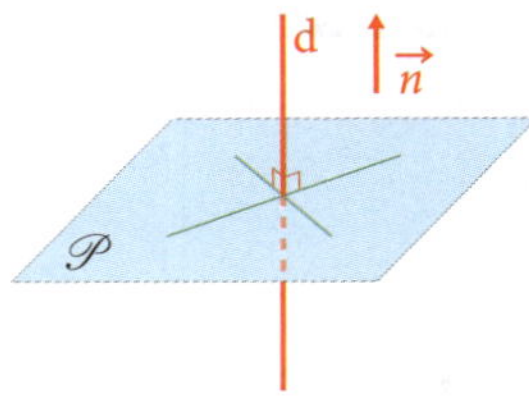

Remarque : Un plan admet une infinité de vecteurs normaux.

• **Théorème**
A est un point et $\vec{n}$ un vecteur non nul de l'espace.

Le plan $\mathscr{P}$ qui passe par A, et qui a pour vecteur normal $\vec{n}$, est l'ensemble des points M tels que $\overrightarrow{AM} \cdot \vec{n} = 0$.

• **Propriétés**
$\mathscr{P}$ et $\mathscr{P}'$ sont deux plans de vecteurs normaux $\vec{n}$ et $\vec{n}'$.

• $\mathscr{P}$ et $\mathscr{P}'$ sont perpendiculaires si et seulement si $\vec{n} \cdot \vec{n}' = 0$.
• $\mathscr{P}$ et $\mathscr{P}'$ sont parallèles si et seulement si $\vec{n}$ et $\vec{n}'$ sont colinéaires.

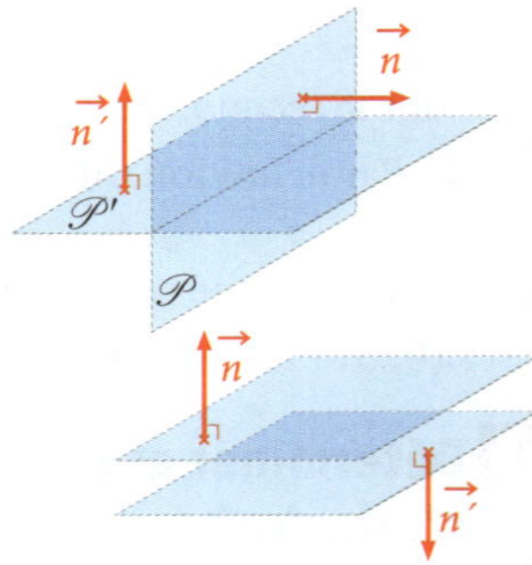

2 Équations cartésiennes d'un plan

• **Théorèmes :** L'espace est muni d'un repère orthonormé.

• Tout plan $\mathscr{P}$ a une équation de la forme $ax + by + cz + d = 0$ avec $(a\,; b\,; c) \neq (0\,; 0\,; 0)$ et $\vec{u}(a\,; b\,; c)$ est un vecteur normal de $\mathscr{P}$.

• Réciproquement, a, b, c et d sont quatre réels tels que $(a, b, c) \neq (0\,; 0\,; 0)$, l'ensemble des points $M(x\,; y\,; z)$ tels que $ax + by + cz + d = 0$ est un plan de vecteur normal $\vec{n}(a\,; b\,; c)$.

• **Définition :** $ax + by + cz + d = 0$ est appelée **équation cartésienne** du plan.

Remarque : Un plan admet une infinité d'équations cartésiennes :
par exemple si (1) $2x - y + 4z + 1 = 0$ est une équation cartésienne d'un plan $\mathscr{P}$, alors $4x - 2y + 8z + 2 = 0$ ($(1) \times 2$) et $-2x + y - 4z - 1 = 0$ ($(1) \times (-1)$) en sont deux autres.

EXERCICE RÉSOLU

Équations cartésiennes et vecteurs normaux

ÉNONCÉ

Dans un repère orthonormé, on donne $A(-1\,;2\,;1)$ et $B(0\,;1\,;3)$.

1. Déterminer une équation cartésienne du plan $\mathcal{P}$ perpendiculaire à (AB) et passant par A.

2. $\mathcal{Q}$ est un plan d'équation cartésienne $2x-2y+4z+7=0$.
Montrer que les plans $\mathcal{P}$ et $\mathcal{Q}$ sont parallèles, en utilisant les vecteurs normaux.

CORRIGÉ

1. $\mathcal{P}$ est orthogonal à (AB), donc $\overrightarrow{AB}$ est un vecteur normal de $\mathcal{P}$.

$\overrightarrow{AB}\begin{pmatrix} x_B-x_A \\ y_B-y_A \\ z_B-z_A \end{pmatrix}$, donc $\overrightarrow{AB}\begin{pmatrix} 1 \\ -1 \\ 2 \end{pmatrix}$.

$\mathcal{P}$ a pour équation cartésienne $1x-1y+2z+d=0$, $d\in\mathbb{R}$.
De plus, $A\in\mathcal{P}$, donc $1x_A-1y_A+2z_A+d=0$, soit $-1-2+2+d=0$, donc $d=1$.
Ainsi, $\mathcal{P}$ a pour équation cartésienne $\boldsymbol{x-y+2z+1=0}$.

2. Une équation cartésienne de $\mathcal{Q}$ est $2x-2y+4z+7=0$, donc un vecteur normal de $\mathcal{Q}$ est $\vec{n}\begin{pmatrix} 2 \\ -2 \\ 4 \end{pmatrix}$.

D'après **1.**, $\overrightarrow{AB}\begin{pmatrix} 1 \\ -1 \\ 2 \end{pmatrix}$ est un vecteur normal de $\mathcal{P}$.

On remarque que $\vec{n}=2\overrightarrow{AB}$.
Donc, il existe un réel k tel que $\vec{n}=k\overrightarrow{AB}$.
Ainsi, $\vec{n}$ et $\overrightarrow{AB}$ sont colinéaires.
Les plans $\mathcal{P}$ **et** $\mathcal{Q}$ **sont parallèles.**

> **L'astuce du prof**
> Pour montrer que deux plans sont parallèles, on peut montrer que leurs vecteurs normaux sont colinéaires.

Savoir résoudre un système d'équations linéaires

ÉNONCÉ

Résoudre le système $\begin{cases} x - 3y + 2z = 1 \\ 2x - y + 3z = 9 \\ 3x - y + 4z = 11 \end{cases}$.

MÉTHODE

Pour résoudre un tel système, on multiplie, par un nombre approprié non nul, les équations du système afin d'éliminer une ou des inconnues.

CORRIGÉ

$$\begin{matrix} (L_1) \\ (L_2) \\ (L_3) \end{matrix} \begin{cases} x - 3y + 2z = 1 \\ 2x - y + 3z = 9 \\ 3x - 2y + 4z = 11 \end{cases} \xrightarrow[\text{la 1}^{\text{re}}\text{ équation}]{-2 \times (L_1) \\ \text{on multiplie par 2}} \begin{cases} -2x + 6y - 4z = -2 \\ 2x - y + 3z = 9 \\ 3x - 2y + 4z = 11 \end{cases}$$

$$\xrightarrow[\text{premières équations}]{\text{on ajoute les deux}} \begin{cases} x - 3y + 2z = 1 \\ 5y - 1z = 7 \\ 3x - 2y + 4z = 11 \end{cases}$$

$$\begin{cases} x - 3y + 2z = 1 \\ 5y - z = 7 \\ 3x - 2y + 4z = 11 \end{cases} \xrightarrow[\text{la 1}^{\text{re}}\text{ équation}]{-3 \times (L_1) \\ \text{on multiplie par } -3} \begin{cases} -3x + 9y - 6z = -3 \\ 5y - z = 7 \\ 3x - 2y + 4z = 11 \end{cases}$$

$$\xrightarrow[\text{et la dernière équation}]{\text{on ajoute la première}} \begin{cases} x - 3y + 2z = 1 \\ 5y - z = 7 \\ 7y - 2z = 8 \end{cases}$$

$$\begin{cases} x - 3y + 2z = 1 \\ 5y - z = 7 \\ 7y - 2z = 8 \end{cases} \xrightarrow[\text{par } -2 \text{ la 2}^{\text{e}}\text{ équation}]{\text{on multiplie}} \begin{cases} x - 3y + 2z = 1 \\ -10y + 2z = -14 \\ 7y - 2z = 8 \end{cases} \xrightarrow[\text{dernières équations}]{\text{on ajoute les deux}} \begin{cases} x - 3y + 2z = 1 \\ 5y - z = 7 \\ -3y = -6 \end{cases}.$$

Ainsi $y = \dfrac{-6}{-3} = 2$.

Par substitution, $5 \times 2 - z = 7 \Leftrightarrow z = 3$ et $x - 3 \times 2 + 2 \times 3 = 1 \Leftrightarrow x = 1$.

Finalement le triplet $(1\,;2\,;3)$ est la solution de ce système.

Savoir déterminer la position relative de deux droites

ÉNONCÉ

Dans un repère $(O;\vec{i},\vec{j},\vec{k})$ orthonormé,
$\mathcal{D}$ est la droite passant par $A(1\,;-1\,;0)$ et de vecteur directeur $\vec{u}(1\,;2\,;-1)$.
$\mathcal{D}'$ est la droite passant par $B(0\,;3\,;1)$ et de vecteur directeur $\vec{v}(2\,;-2\,;-2)$.
Déterminer la position relative des deux droites $\mathcal{D}$ et $\mathcal{D}'$.

MÉTHODE

Deux droites de l'espace peuvent être :

• parallèles (strictement ou confondues) : lorsque leurs vecteurs directeurs sont colinéaires ;

• sécantes : lorsqu'elles ont un unique point commun dont on détermine les coordonnées en égalant les représentations paramétriques des deux droites ;

• non coplanaires : lorsqu'elles ne sont ni parallèles ni sécantes.

CORRIGÉ

→ $x_{\vec{v}} = 2 \times x_{\vec{u}}$ et $y_{\vec{v}} \neq 2 \times y_{\vec{u}}$, donc $\vec{u}$ et $\vec{v}$ sont non colinéaires, donc $\mathcal{D}$ et $\mathcal{D}'$ ne sont pas parallèles.

→ $\mathcal{D} : \begin{cases} x = 1 + 1 \times t \\ y = -1 + 2 \times t \\ z = 0 - t \end{cases}$, avec $t \in \mathbb{R}$ et $\mathcal{D}' : \begin{cases} x = 0 + 2 \times t' \\ y = 3 - 2 \times t' \\ z = 1 - 2 \times t' \end{cases}$, avec $t' \in \mathbb{R}$.

Pour savoir si $\mathcal{D}$ et $\mathcal{D}'$ sont sécantes, on cherche une unique solution au système :

$$\begin{cases} t+1 = 2t' \\ 2t-1 = 3-2t' \\ -t = 1-2t' \end{cases} \Leftrightarrow \begin{cases} t = 2t'-1 \\ 2(2t'-1)-1 = 3-2t' \\ -(2t'-1) = 1-2t' \end{cases} \Leftrightarrow \begin{cases} t = 2t'-1 \\ 4t'-3 = 3-2t' \\ -2t'+1 = 1-2t' \end{cases} \Leftrightarrow \begin{cases} t = 2t'-1 \\ t' = 1 \end{cases} \Leftrightarrow \begin{cases} t = 1 \\ t' = 1 \end{cases}.$$

Le système possède une unique solution, donc les droites $\mathcal{D}$ et $\mathcal{D}'$ sont sécantes. En reportant la valeur de t dans $\mathcal{D}$ ou de t' dans $\mathcal{D}'$, on obtient les coordonnées du point d'intersection $(2\,;1\,;-1)$.

Savoir étudier la position relative d'une droite et d'un plan

ÉNONCÉ

Dans un repère orthonormé, $\mathcal{D}$ est la droite de représentation paramétrique

$$(S)\begin{cases} x = 3 + t \\ y = -2 - 0{,}5t \\ z = 4 + 2t \end{cases} \quad \text{où } t \in \mathbb{R}.$$

et $\mathcal{P}$ est le plan d'équation cartésienne $x + 2y - 5z + 1 = 0$.

1. Démontrer que la droite $\mathcal{D}$ et le plan $\mathcal{P}$ sont sécants.

2. Déterminer les coordonnées du point d'intersection.

MÉTHODE

Un plan et une droite de l'espace peuvent être parallèles lorsqu'un vecteur normal du plan est perpendiculaire à un vecteur directeur de la droite, sinon ils sont sécants.

CORRIGÉ

1. Un vecteur directeur de $\mathcal{D}$ est $\vec{d}(1\,;-0{,}5\,;2)$, un vecteur normal de $\mathcal{P}$ est $\vec{n}(1\,;2\,;-5)$.

$\vec{d}\cdot\vec{n} = 1 \times 1 + (-0{,}5) \times 2 + 2 \times (-5) = -10$ et $-10 \neq 0$ donc $\mathcal{D}$ et $\mathcal{P}$ sont sécants.

2. Les coordonnées $(x; y; z)$ du point M qui appartient à l'intersection de $\mathcal{D}$ et $\mathcal{P}$ vérifient à la fois le système (S) et l'équation de $\mathcal{P}$.

$$\text{Il faut résoudre} \begin{cases} x = 3 + t \\ y = -2 - 0{,}5t \\ z = 4 + 2t \\ x + 2y - 5z + 1 = 0 \end{cases} \Leftrightarrow \begin{cases} x = 3 + t \\ y = -2 - 0{,}5t \\ z = 4 + 2t \\ (3 + t) + 2(-2 - 0{,}5t) - 5(4 + 2t) + 1 = 0 \end{cases}.$$

Grâce à la dernière équation, on obtient $-10t - 20 = 0$ soit $t = -2$, et on en déduit que $x = 1$, $y = -1$ et $z = 0$.

Le point de coordonnées $(1\,;-1\,;0)$ est l'intersection de $\mathcal{D}$ et $\mathcal{P}$.

Vérifiez vos connaissances

1 Vrai-Faux

Indiquer pour chaque proposition si elle est vraie (V) ou fausse (F).

Dans un repère orthonormé $(O;\vec{i},\vec{j},\vec{k})$, $\mathcal{D}$ est la droite passant par $A(-1;1;1)$ et de vecteur directeur $\vec{u}(1;1;1)$ et $\mathcal{P}$ le plan d'équation $2x+2y+2z-3=0$.

1. La droite $\mathcal{D}$ est parallèle au plan $\mathcal{P}$. ☐ V ☐ F

2. La droite $\mathcal{D}$ coupe le plan $\mathcal{P}$ au point $B(6;-2;-2{,}5)$. ☐ V ☐ F

3. Une équation du plan $\mathcal{Q}$ perpendiculaire en A à $\mathcal{D}$ est $x+y+z-1=0$. ☐ V ☐ F

4. Une représentation paramétrique de (AB) est

$$\begin{cases} x = 6 + 7t \\ y = -2 - 3t \\ z = -2{,}5 - 3{,}5t \end{cases}, \text{ avec } t \in \mathbb{R}.$$ ☐ V ☐ F

5. $\vec{n}(1;1;1)$ est un vecteur normal de $\mathcal{P}$. ☐ V ☐ F

2 QCM

Pour chaque question, une seule réponse proposée (*A*, *B* ou *C*) est exacte.

<table>
<tr><th></th><th colspan="2"></th><th>A</th><th>B</th><th>C</th></tr>
<tr><td>1.</td><td colspan="2">On donne $A(1;1;-1)$ et $B(2;-1;1)$
(AB) a pour représentation paramétrique :</td><td>$\begin{cases} x=1+2t \\ y=1-t \\ z=-1+t \end{cases}$</td><td>$\begin{cases} x=2+t \\ y=-1-2t \\ z=1+2t \end{cases}$</td><td>$\begin{cases} x=4+2t \\ y=-2-4t \\ z=2+4t \end{cases}$</td></tr>
<tr><td>2.</td><td rowspan="2">d est la droite de représentation paramétrique
$\begin{cases} x=2-t \\ y=3-2t \\ z=-1+t \end{cases}$</td><td>La droite d passe par le point :</td><td>$(2;3;-1)$</td><td>$(-1;-2;1)$</td><td>$(4;6;-2)$</td></tr>
<tr><td>3.</td><td>La droite d a pour vecteur directeur :</td><td>$(2;3;-1)$</td><td>$(-1;-2;1)$</td><td>$(3;6;-3)$</td></tr>
<tr><td>4.</td><td colspan="2">Dans un repère orthonormé $A(-1;0;2)$, $B(1;4;0)$ et $C(3;-4;-2)$.
(ABC) a pour vecteur normal :</td><td>$(1;0;1)$</td><td>$(0;1;1)$</td><td>$(1;1;0)$</td></tr>
</table>

Exercices d'application

3 Représentation paramétrique d'une droite

$\mathcal{D}$ est la droite passant par $A(0; 4; 5)$ et de vecteur directeur $\vec{u}(18 ; -3 ; 9)$.

Δ est la droite passant par $B(1; -2; 3)$ et $C(7; -1; 6)$.

1. Déterminer une représentation paramétrique de $\mathcal{D}$ puis de Δ.

2. Les droites $\mathcal{D}$ et Δ sont-elles parallèles ? Justifier.

4 Équation cartésienne d'un plan

$\mathcal{P}_1$ est le plan passant par $A(1; 2; -1)$ et de vecteur normal $\vec{n}_1(-2 ; 4 ; -2)$.

$\mathcal{P}_2$ est le plan passant par $B(-1; -2; 1)$ et de vecteur normal $\vec{n}_2(1 ; 1 ; 1)$.

1. Déterminer une équation cartésienne de $\mathcal{P}_1$ puis de $\mathcal{P}_2$.

2. Les plans $\mathcal{P}_1$ et $\mathcal{P}_2$ sont-ils perpendiculaires ? Justifier.

5 Dans un pavé

$ABCDEFGH$ est le pavé droit dans lequel $AB = 6$, $AD = 4$ et $AE = 2$.

$\overrightarrow{AB'} = \frac{1}{6}\overrightarrow{AB}$; $\overrightarrow{AD'} = \frac{1}{4}\overrightarrow{AD}$ et $\overrightarrow{AE'} = \frac{1}{2}\overrightarrow{AE}$.

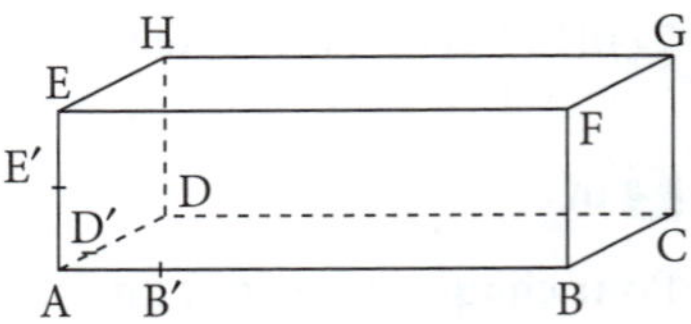

1. Que dire du repère $(A ; \overrightarrow{AB'}, \overrightarrow{AD'}, \overrightarrow{AE'})$?

2. Vérifier que $\vec{n}(2 ; 2 ; 2)$ est un vecteur normal du plan $(B'D'E')$.

3. Déterminer une équation cartésienne du plan $(B'D'E')$.

4. Déterminer une représentation paramétrique de la droite (BF).

6 Équation cartésienne d'un plan

Dans un repère orthonormé $(O ; \vec{i}, \vec{j}, \vec{k})$, on donne $A(1; -7; -3)$, $B(-3; 2; 3)$ et $C(4; -5; -4)$.

1. Déterminer une équation cartésienne du plan $\mathcal{P}$ parallèle au plan $(O ; \vec{i}, \vec{j})$ et passant par A.

2. Déterminer une équation cartésienne du plan $\mathcal{Q}$ perpendiculaire à la droite (AC) et passant par B.

3. Déterminer une équation cartésienne du plan (ABC).

4. Déterminer une équation cartésienne du plan $\mathcal{R}$ parallèle au plan (ABC) et passant par O.

Exercices d'entraînement

7 Coordonnées d'un projeté orthogonal sur une droite

L'espace est muni d'un repère orthonormé.
d est la droite de représentation paramétrique $\begin{cases} x = 1 + t \\ y = -2 + 3t \\ z = 1 - t \end{cases}, t \in \mathbb{R}$.
A est le point de coordonnées $(2 ; -2 ; 3)$.

1. Déterminer une équation cartésienne du plan passant par A et perpendiculaire à d.

2. En déduire les coordonnées de H projeté orthogonal de A sur d.

8 Équation d'un plan

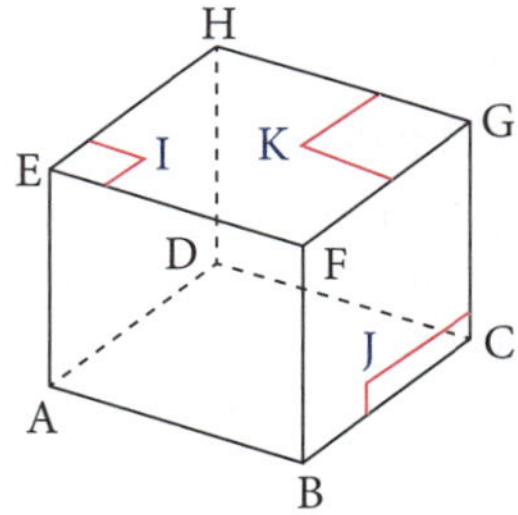

$ABCDEFGH$ est un cube d'arête 8.
$d(I, (EH)) = d(I, (EF)) = 1$.
$d(K, (HG)) = d(K, (FG)) = 4$.
$d(J, (BC)) = 1$ et $d(J, (CG)) = 5$.
Déterminer une équation cartésienne du plan (IJK).

9 Systèmes d'équations

(S) est le système d'équations $\begin{cases} x + y = 2z + 3 \\ x + 4z + 1 = y \\ 2x + y + z = -2 \end{cases}$.

Interpréter géométriquement le système (S) puis le résoudre et conclure.

10 Sphère circonscrite à un tétraèdre

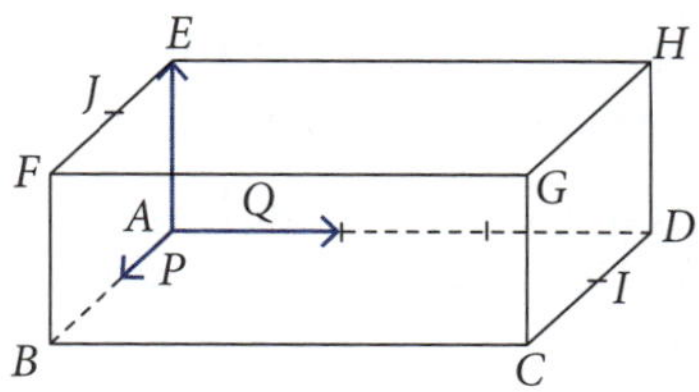

$ABCDEFGH$ est le pavé droit ci-contre de dimensions 1, 2 et 3.

I, J et P sont des milieux d'arêtes.

Q est le point tel que $\overrightarrow{AQ} = \frac{1}{3}\overrightarrow{AD}$

1. Montrer que $(A ; \overrightarrow{AP}, \overrightarrow{AQ}, \overrightarrow{AE})$ est un repère orthonormé.

2. Déterminer une équation cartésienne du plan médiateur de $[AB]$: (PIJ).

3. Montrer que le plan $\mathcal{P}$ d'équation cartésienne $3y - z - 4 = 0$ est le plan médiateur de $[IJ]$.

> **Remarque**
> Dans l'espace, le **plan médiateur** d'un segment est le plan perpendiculaire à ce segment et qui passe par son milieu.

4. Montrer que la droite Δ de représentation paramétrique $\begin{cases} x = 1 \\ y = t \\ z = 3t - 4 \end{cases}$, avec $t \in \mathbb{R}$

est la droite d'intersection des deux plans médiateurs précédents.

5. Déterminer les coordonnées du point S de Δ tel que $SA = SI$.

6. Montrer que S est le centre de la sphère passant par A, B, I et J.

11 Projeté d'un point sur un plan et Python

L'espace est muni d'un repère orthonormé.

$\mathcal{P}$ est le plan d'équation $2x - y + 3z - 5 = 0$ et A le point de coordonnées $(1\,;-2\,;5)$.

1. Déterminer une représentation paramétrique de la droite Δ passant par A et perpendiculaire à $\mathcal{P}$.

2. En déduire les coordonnées du point H, projeté orthogonal de A sur $\mathcal{P}$.

3. Compléter les cases rouges du programme suivant qui permet de déterminer si un point de coordonnées $(x; y; z)$ appartient ou non au plan d'équation cartésienne $ax + by + cz + d = 0$.

```
def appartient P (a, b, c, d, x, y, z):
    if (.................):
        print ("Le point de coordonnées "x, y, z" appartient au plan")
    .................:
        print ("Le point n'appartient pas à P")
```

12 Comme au bac

L'espace est rapporté à un repère orthonormé $(O\,;\vec{i}, \vec{j}, \vec{k})$.

Le plan (ABC) est défini par : $A(1\,;-2\,;4)$, $B(-2\,;-6\,;5)$ et $C(-4\,;0\,;-3)$.

1. a. Démontrer que le vecteur $\vec{n}(1, -1, -1)$ est un vecteur normal au plan (ABC).
b. Déterminer une équation cartésienne du plan (ABC).

2. a. Déterminer une représentation paramétrique de la droite passant par le point O et orthogonale au plan (ABC).
b. Déterminer les coordonnées du point O', projeté orthogonal du point O sur le plan (ABC).

3. On désigne par H le projeté orthogonal du point O sur la droite (BC).

Soit t le réel tel que $\overrightarrow{BH} = t\overrightarrow{BC}$.

Démontrer que $t = \dfrac{\overrightarrow{BO} \cdot \overrightarrow{BC}}{\|\overrightarrow{BC}\|^2}$. En déduire le réel t et les coordonnées du point H.

Vérifiez vos connaissances

1 Vrai-Faux

1. Faux **2.** Faux **3.** Vrai **4.** Vrai **5.** Vrai

2 QCM

1. B **2.** A **3.** B **4.** A

Exercices d'application

3 Représentation paramétrique d'une droite

1. • $\mathcal{D}$ a pour représentation paramétrique : $\begin{cases} x = 0 + 18t \\ y = 4 - 3t \\ z = 5 + 9t \end{cases}$ où $t \in \mathbb{R}$.

• $\overrightarrow{BC}(6\,;1\,;3)$ est un vecteur directeur de Δ donc Δ a pour représentation paramétrique $\begin{cases} x = 1 + 6t' \\ y = -2 + t' \\ z = 3 + 3t' \end{cases}$ où $t' \in \mathbb{R}$.

2. $x_{\overrightarrow{BC}} \times 3 = x_{\vec{u}}$ mais $y_{\overrightarrow{BC}} \times 3 \neq y_{\vec{u}}$ donc $\vec{u}$ et $\overrightarrow{BC}$ ne sont pas colinéaires donc **$\mathcal{D}$ et Δ ne sont pas parallèles.**

Remarque

Lorsqu'il y a plusieurs représentations paramétriques, changer de notation du paramètre : ici t pour $\mathcal{D}$ et t' pour Δ.

4 Équation cartésienne d'un plan

1. • Une équation cartésienne de $\mathcal{P}_1$ est de la forme $-2x + 4y - 2z + d = 0$ où d est la solution de l'équation $-2x_A + 4y_A - 2z_A + d = 0$ (E).

$(E) \Leftrightarrow -2 + 8 + 2 + d = 0 \Leftrightarrow d = -8$.

Ainsi, $\mathcal{P}_1 : -2x + 4y - 2z - 8 = 0$

• De même, $x + y + z + d' = 0$ où d' est la solution de $-1 - 2 + 1 + d' = 0$. Ainsi, $\mathcal{P}_2 : x + y + z + 2 = 0$.

2. $\vec{n}_1 \cdot \vec{n}_2 = -2 \times 1 + 4 \times 1 + (-2) \times 1 = 0$ donc $\vec{n}_1 \perp \vec{n}_2$ donc $\mathcal{P}_1 \perp \mathcal{P}_2$.

Astuce du prof

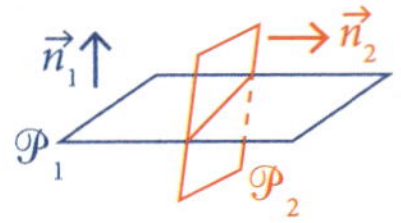

Penser à dessiner une figure à main levée pour réfléchir.

5 Dans un pavé

1. $\|\overrightarrow{AB'}\| = \left\|\frac{1}{6}\overrightarrow{AB}\right\| = \left|\frac{1}{6}\right| \times \|\overrightarrow{AB}\| = \frac{1}{6} \times 6 = 1.$

De même $\|\overrightarrow{AD'}\| = 1$ et $\|\overrightarrow{AE'}\| = 1$. De plus ces trois vecteurs sont orthogonaux deux à deux. Ainsi **le repère est orthonormé.**

2. $\vec{n}$ est un vecteur normal du plan $(B'D'E') \Leftrightarrow \vec{n} \perp \overrightarrow{B'D'}$ et $\vec{n} \perp \overrightarrow{D'E'}$.

Or $\overrightarrow{B'D'}\begin{pmatrix}-1\\1\\0\end{pmatrix}$ et $\overrightarrow{D'E'}\begin{pmatrix}0\\-1\\1\end{pmatrix}$ donc :

$\vec{n} \cdot \overrightarrow{B'D'} = 2 \times (-1) + 2 \times 1 + 2 \times 0 = 0$ soit $\vec{n} \perp \overrightarrow{B'D'}$ et
$\vec{n} \cdot \overrightarrow{D'E'} = 2 \times 0 + 2 \times (-1) + 2 \times 1 = 0$ soit $\vec{n} \perp \overrightarrow{D'E'}$.
Ainsi, $\vec{n}\,(2\,;2\,;2)$ est un vecteur normal au plan $(B'D'E')$.

3. $(B'D'E')$ a une équation du type $2x + 2y + 2z + d = 0$ où d est la solution de l'équation $2x_{B'} + 2y_{B'} + 2z_{B'} + d = 0$ soit $2 + d = 0$ soit $d = -2$.

Ainsi $(B'D'E') : 2x + 2y + 2z - 2 = 0$ c'est-à-dire $x + y + z - 1 = 0$.

4. $\overrightarrow{BF}\begin{pmatrix}0\\0\\2\end{pmatrix}$ donc une représentation paramétrique de la droite (BF) est $\begin{cases}x = 6\\y = 0\\z = 2t\end{cases}$

avec $t \in \mathbb{R}$.

6 Équation cartésienne d'un plan

1. $\vec{k}$ est un vecteur normal du plan $(O\,;\vec{i},\vec{j})$, car $(O\,;\vec{i},\vec{j},\vec{k})$ est un repère orthonormé. Comme $\mathcal{P}$ est parallèle à $(O\,;\vec{i},\vec{j})$, $\vec{k}$ est aussi un vecteur normal de $\mathcal{P}$.
$\mathcal{P}$ a donc pour équation cartésienne $0x + 0y + 1z + d = 0$, où d est un réel que l'on détermine avec la condition $A \in \mathcal{P}$: $A \in \mathcal{P}$, donc $z_A + d = 0$, soit $d = 3$.

Finalement, $z + 3 = 0$ est une équation cartésienne de $\mathcal{P}$.

2. Comme $\mathcal{Q}$ est perpendiculaire à (AC) donc $\overrightarrow{AC}$ est un vecteur normal de $\mathcal{Q}$.

Or, $\overrightarrow{AC}\begin{pmatrix}3\\2\\-1\end{pmatrix}$, donc $\mathcal{Q}$ a pour équation $3x + 2y - 1z + d' = 0$, où d' est un réel que l'on détermine avec la condition $B \in \mathcal{Q}$: $B \in \mathcal{Q}$, donc $3x_B + 2y_B - z_B + d' = 0$, soit $d' = 8$.

Finalement, $3x + 2y - z + 8 = 0$ est une équation cartésienne de $\mathcal{Q}$.

3. $\vec{n}(a\,;\,b\,;\,c)$ est un vecteur normal de (ABC), il est donc orthogonal à deux vecteurs non colinéaires de (ABC), par exemple $\overrightarrow{AB}\begin{pmatrix}-4\\9\\6\end{pmatrix}$ et $\overrightarrow{AC}\begin{pmatrix}3\\2\\-1\end{pmatrix}$.

Ainsi, $\vec{n}\cdot\overrightarrow{AB}=0$ et $\vec{n}\cdot\overrightarrow{AC}=0$, soit :

$-4a+9b+6c=0$ et $3a+2b-1c=0$.

On résout le système $\begin{cases}3a+2b-1c=0 & (1)\\ -4a+9b+6c=0 & (2)\end{cases}$

En multipliant (1) par 4 et (2) par 3, on obtient successivement

$$\begin{cases}12a+8b-4c=0\\ -12a+27b+18c=0\end{cases};\begin{cases}12a+8b-4c=0\\ 35b+14c=0\end{cases};\begin{cases}12a+8b-4c=0\\ b=-\dfrac{2}{5}c\end{cases}$$

> **Remarque**
> Lorsqu'un système a plus d'inconnues que d'équations, on choisit la valeur d'une des inconnues pour le résoudre.

On choisit, par exemple, $c=5$, et on obtient $b=-2$ puis $a=3$, ainsi le vecteur $\vec{n}(3\,;-2\,;5)$ est un vecteur normal de (ABC).

(ABC) a donc pour équation cartésienne $3x-2y+5z+d''=0$, où d'' est un réel que l'on détermine à l'aide de la condition $A\in(ABC)$.

$A\in(ABC)$, donc $3x_A-2y_A+5z_A+d''=0$ soit $d''=-2$.

Finalement, $3x-2y+5z-2=0$ est une équation cartésienne de (ABC).

4. $\mathcal{R}\,//\,(ABC)$ donc $\mathcal{R}$ et (ABC) ont les mêmes vecteurs normaux.

Ainsi, $\vec{n}(3\,;-2\,;5)$ est un vecteur normal de $\mathcal{R}$ et $3x-2y+5z+e=0$ est une équation cartésienne de $\mathcal{R}$ avec e un réel que l'on détermine à l'aide de la condition $O\in\mathcal{R}$: $3\times0-2\times0+5\times0+e=0$, donc $e=0$.

Finalement, $3x-2y+5z=0$ est une équation cartésienne de $\mathcal{R}$.

Exercices d'entraînement

7 Coordonnées d'un projeté orthogonal sur une droite

1. Un vecteur directeur de la droite d a pour coordonnées $(1\,;3\,;-1)$ donc tous les vecteurs colinéaires à celui-ci sont des vecteurs normaux au plan cherché. En particulier $(1\,;3\,;-1)$. Donc ce plan a pour équation cartésienne $x+3y-z+d=0$

De plus A appartient à ce plan donc

$1\times x_A+3\times y_A-1\times z_A+d=0 \Leftrightarrow 2-6-3+d=0 \Leftrightarrow d=7$.

Une équation cartésienne du plan cherché est $x+3y-z+7=0$.

> **Réflexe à avoir**
> Un dessin à main levée :
>
> 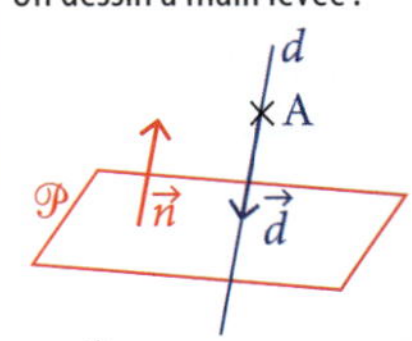
>
>
> $\vec{n}$ et $\vec{d}$ sont colinéaires.

2. $(x ; y ; z)$ les coordonnées de H vérifient le système

$$\begin{cases} x+3y-z+7=0 \\ x=1+t \\ y=-2+3t \\ z=1-t \end{cases}.$$

> **Remarque**
> Un point appartient à une intersection si et seulement si ces coordonnées vérifient les équations des deux objets.

Par substitution, dans la première équation :

$(1+t)+3(-2+3t)-(1-t)+7=0$ donc $11t+1=0$ et $t=-\dfrac{1}{11}$.

Et ainsi $x=1-\dfrac{1}{11}=\dfrac{10}{11}$, $y=-2-\dfrac{3}{11}=-\dfrac{25}{11}$ et $z=1+\dfrac{1}{11}=\dfrac{12}{11}$.

Finalement, $H\left(\dfrac{10}{11} ; -\dfrac{25}{11} ; \dfrac{12}{11}\right)$

8 Équation d'un plan

Dans le repère orthonormé $\left(D ; \dfrac{1}{8}\overrightarrow{DA}, \dfrac{1}{8}\overrightarrow{DC}, \dfrac{1}{8}\overrightarrow{DM}\right)$:

$I(7 ; 1 ; 8)$, $J(5 ; 8 ; 1)$ et $K(4 ; 4 ; 8)$ donc $\overrightarrow{IJ}\begin{pmatrix}-2\\7\\-7\end{pmatrix}$ et $\overrightarrow{IK}\begin{pmatrix}-3\\3\\0\end{pmatrix}$ forme un couple de vecteurs directeurs du plan (IJK).

On note $\vec{n}(x, y, z)$ un vecteur normal de (IJK) :

$$\begin{cases} \vec{n}\cdot\overrightarrow{IJ}=0 \\ \vec{n}\cdot\overrightarrow{IK}=0 \end{cases} \Leftrightarrow \begin{cases} -2x+7y-7z=0 \\ -3x+3y+0z=0 \end{cases} \Leftrightarrow \begin{cases} -2x+7y-7z=0 \\ x=y \end{cases}.$$

En prenant par exemple $x=7$, on obtient $\vec{n}(7 ; 7 ; 5)$. Donc le plan (IJK) a pour équation cartésienne $7x+7y+5z+d=0$.

De plus $I \in (IJK)$ donc $7\times7+7\times1+5\times8+d=0 \Leftrightarrow d=-96$.

Ainsi $(IJK) : 7x+7y+5z-96=0$.

9 Système d'équations

Dans l'espace, chacune des équations du système peut représenter un plan donc résoudre ce système, c'est chercher les coordonnées des points de l'intersection de ces trois plans.

$$\begin{cases} x+y-2z-3=0 \\ x-y+4z+1=0 \\ 2x+y+z+2=0 \end{cases} \Leftrightarrow \begin{cases} x+y-2z-3=0 \\ 2x+2z-2=0 \quad (L_1+L_2) \\ 2x+y+z+2=0 \end{cases}$$

$$\Leftrightarrow \begin{cases} x+y-2z-3=0 \\ 2x+2z-2=0 \\ -x-3z-5=0 \end{cases} \quad (L_1'-L_3') \Leftrightarrow \begin{cases} x+y-2z-3=0 \\ 2x+2z-2=0 \\ -4z-12=0 \end{cases} \quad (L_2''-2L_3'')$$

$$\Leftrightarrow \begin{cases} x+y-2z-3=0 \\ 2x+2z-2=0 \\ z=-3 \end{cases} \quad \Leftrightarrow \begin{cases} y=-7 \\ x=4 \\ z=-3 \end{cases}.$$

Les plans sont sécants en un seul point de coordonnées (4 ; –7 ; –3).

10 Sphère circonscrite à un tétraèdre

1. P milieu de $[AB] \Leftrightarrow \overrightarrow{AP} = \frac{1}{2}\overrightarrow{AB}$ donc $\|\overrightarrow{AP}\| = \left|\frac{1}{2}\right| \times \|\overrightarrow{AB}\| = \frac{1}{2} \times 2 = 1$.

De même $\|\overrightarrow{AQ}\| = \frac{1}{3}\|\overrightarrow{AD}\| = 1$. Puis $\|\overrightarrow{AE}\| = 1$.

De plus $\overrightarrow{AP}$, $\overrightarrow{AQ}$, et $\overrightarrow{AE}$ sont des vecteurs orthogonaux deux à deux.

Ainsi $(A\,;\overrightarrow{AP}, \overrightarrow{AQ}, \overrightarrow{AE})$ **est un repère orthonormé**.

2. Le plan médiateur de $[AB]$ est le plan des points équidistants de A et B donc il passe par P, J et I donc le plan médiateur de $[AB]$ est (PIJ).

$\overrightarrow{AB}(2\,;0\,;0)$ est un vecteur normal de ce plan donc son équation cartésienne est du type $2x+0y+0z+d=0$. De plus $P(1\,;0\,;0) \in (PIJ)$ donc $2 \times 1 + d = 0 \Leftrightarrow d = -2$.

Ainsi, $(PIJ) : 2x - 2 = 0$.

3. • $\vec{n}\begin{pmatrix} 0 \\ 3 \\ -1 \end{pmatrix}$ est un vecteur normal de $\mathcal{P}$ et $\overrightarrow{IJ}\begin{pmatrix} 1-1 \\ 0-3 \\ 1-0 \end{pmatrix}$ soit $\overrightarrow{IJ}\begin{pmatrix} 0 \\ -3 \\ 1 \end{pmatrix}$ est un vecteur directeur de (IJ).

On remarque que $\vec{n} \times (-1) = \overrightarrow{IJ}$ donc $\vec{n}$ et $\overrightarrow{IJ}$ sont colinéaires donc (IJ) et $\mathcal{P}$ sont perpendiculaires.

• De plus, le milieu N de $[IJ]$ a pour coordonnées $\left(\frac{1+1}{2}\,;\frac{3+0}{2}\,;\frac{0+1}{2}\right)$ soit $\left(1\,;\frac{3}{2}\,;\frac{1}{2}\right)$.

Or $3 \times \frac{3}{2} - \frac{1}{2} - 4 = 0$ donc $\mathcal{P}$ passe par le milieu de $[IJ]$.

Ainsi $\mathcal{P}$ **est bien le plan médiateur de $[IJ]$.**

4. $M \in \Delta \Leftrightarrow x_M = 1$, $y_M = t$ et $z_M = 3t - 4$ où $t \in \mathbb{R}$.

Or $2 \times x_M - 2 = 2 \times 1 - 2 = 0$, donc $M \in (PIJ)$.

Et $3 \times t - (3t-4) - 4 = 3t - 3t + 4 - 4 = 0$ donc $M \in \mathcal{P}$.

Ainsi tout point M de Δ appartient à (PIJ) et à $\mathcal{P}$ donc Δ est la droite d'intersection de (PIJ) et P.

5. $S \in \Delta$ donc $x_S = 1$, $y_S = t$ et $z_S = 3t - 4$, c'est-à-dire $S(1\,;t\,;3t - 4)$.

Or $A(0\,;0\,;0)$ et $I(1\,;3\,;0)$ donc $AS = \sqrt{1^2 + t^2 + (3t-4)^2} = \sqrt{10t^2 - 24t + 17}$ et

$SI = \sqrt{(1-1)^2 + (3-t)^2 + (3t-4)^2} = \sqrt{9 - 6t + t^2 + 9t^2 - 24t + 16}$

$SI = \sqrt{10t^2 - 30t + 25}$.

Ainsi $AS = SI \Leftrightarrow AS^2 = SI^2 \Leftrightarrow 10t^2 - 24t + 17 = 10t^2 - 30t + 25 \Leftrightarrow 6t = 8 \Leftrightarrow t = \frac{4}{3}$.

Finalement, $S\left(1\,;\frac{4}{3}\,;0\right)$.

6. $S \in \Delta$ et $\Delta \subset (IJK)$ donc $SA = SB$. De même, $S \in \Delta$ et $\Delta \subset P$ donc $SI = SJ$.

Et d'après la question **5.** $SA = SI$.

Ainsi $SA = SB = SI = SJ$ donc S est le centre de sphère passant par A, B, I et J.

11 Projeté orthogonal sur un plan et Python

1. Comme $\Delta \perp \mathcal{P}$, un vecteur normal de $\mathcal{P}$ est aussi un vecteur directeur de Δ.
$\vec{n}(2\,;-1\,;3)$ est vecteur normal de $\mathcal{P}$ donc directeur de Δ.

De plus $A \in \Delta$, l'une représentation paramétrique de Δ sera $\begin{cases} x = 1 + 2t \\ y = -2 - t \\ z = 5 + 3t \end{cases}$ où $t \in \mathbb{R}$

2.

$$\begin{cases} H \in \Delta \\ H \in \mathcal{P} \\ H(x\,;y\,;z) \end{cases} \Leftrightarrow \begin{cases} x = 1 + 2t \\ y = -2 - t \\ z = 5 + 3t \\ 2x - y + 3z - 5 = 0 \end{cases} \Leftrightarrow \begin{cases} x = 1 + 2t \\ y = -2 - t \\ z = 5 + 3t \\ 2(1+2t) - (-2-t) + 3(5+3t) - 5 = 0 \end{cases}$$

$$\Leftrightarrow \begin{cases} x = 1 + 2t \\ y = -2 - t \\ z = 5 + 3t \\ 14t + 14 = 0 \end{cases} \Leftrightarrow \begin{cases} t = -1 \\ x = -1 \\ y = -1 \\ z = 2 \end{cases}$$. Ainsi, $H(-1\,;-1\,;2)$.

À retenir

En Python :
« = » correspond à une affectation
« = = » correspond à une égalité à tester.

3. $L2$: if $(\boldsymbol{a * x + b * y + c * z + d == 0})$

$L4$: **else**

12 Comme au Bac

1. a. $\vec{n} \cdot \overrightarrow{AC} = 1 \times (-5) + (-1) \times 2 + (-1) \times (-7) = -5 - 2 + 7 = 0$.

$\vec{n} \cdot \overrightarrow{AB} = 1 \times (-3) + (-1) \times (-4) + (-1) \times 1 = -3 + 4 - 1 = 0$

Donc le vecteur $\vec{n}$ est orthogonal aux vecteurs $\overrightarrow{AB}$ et $\overrightarrow{AC}$. Ainsi, le vecteur $\vec{n}$ est orthogonal à deux vecteurs non colinéaires du plan (ABC) et donc le vecteur $\vec{n}$ est un vecteur normal au plan (ABC).

b. Le plan (ABC) est le plan passant par $A(1\,;-2\,;4)$ de vecteur normal $\vec{n}(1\,;-1\,;-1)$.
Une équation cartésienne de ce plan est
$1\times(x-1)-1\times(y-(-2))-1\times(z-4)=0 \Leftrightarrow x-y-z+1=0.$

Une équation cartésienne du plan (ABC) est $x-y-z+1=0$.

Astuce du prof
$M\in(ABC)\Leftrightarrow \overrightarrow{AM}\cdot\vec{n}=0.$

2. a. La droite passant par O est orthogonale au plan (ABC) est la droite passant par O de vecteur directeur $\vec{n}(1;-1;-1)$. Une représentation paramétrique de cette droite est $\begin{cases} x=k \\ y=-k \\ z=-k \end{cases}$ avec $k\in\mathbb{R}$. On note $\mathcal{D}$ cette droite.

Rappel
O centre du repère donc $O(0\,;0\,;0)$.

b. Le point O' est l'intersection de la droite $\mathcal{D}$ et du plan (ABC).
$O'\in\mathcal{D}\Leftrightarrow O'(k;-k;-k)$, où $k\in\mathbb{R}$.
$O'\in(ABC)\Leftrightarrow k-(-k)-(-k)+1=0\Leftrightarrow k=-\dfrac{1}{3}.$

Ainsi $O'\left(-\dfrac{1}{3};\dfrac{1}{3};\dfrac{1}{3}\right)$.

3. a. Soit t le réel tel que $\overrightarrow{BH}=t\overrightarrow{BC}$. On a
$t\,\|\overrightarrow{BC}\|^2 = t\overrightarrow{BC}\cdot\overrightarrow{BC}=\overrightarrow{BH}\cdot\overrightarrow{BC}=(\overrightarrow{BO}+\overrightarrow{OH})\cdot\overrightarrow{BC}=\overrightarrow{BO}\cdot\overrightarrow{BC}+\overrightarrow{OH}\cdot\overrightarrow{BC}.$

Or $\overrightarrow{OH}\perp\overrightarrow{BC}$ donc $t\,\|\overrightarrow{BC}\|^2=\overrightarrow{BO}\cdot\overrightarrow{BC}$ donc $t=\dfrac{\overrightarrow{BO}\cdot\overrightarrow{BC}}{\|\overrightarrow{BC}\|^2}$.

b. $\overrightarrow{BO}\cdot\overrightarrow{BC}=(0-(-2))(-4-(-2))+(0-(-6))(0-(-6))+(0-5)(-3-5)$
$=-4+36+40=72.$

Puis $\|\overrightarrow{BC}\|^2=(-4-(-2))^2+(0-(-6))^2+(-3-5)^2=4+36+64=104.$

Ainsi $t=\dfrac{72}{104}=\dfrac{9}{13}$.

$$\overrightarrow{BH}=t\overrightarrow{BC}\Leftrightarrow\begin{cases} x_H+2=\dfrac{9}{13}(-4+2) \\ y_H+6=\dfrac{9}{13}(0+6) \\ z_H-5=\dfrac{9}{13}(-3-5) \end{cases}\Leftrightarrow\begin{cases} x_H=-\dfrac{44}{13} \\ y_H=-\dfrac{24}{13} \\ z_H=-\dfrac{7}{13} \end{cases}.$$

Ainsi $H\left(-\dfrac{44}{13};-\dfrac{24}{13};-\dfrac{7}{13}\right)$.

CHAPITRE 5

Suites

1 Limite finie ou infinie

1 Suite convergente

- Une **suite u converge vers un réel** lorsqu'il existe un réel ℓ tel que tout intervalle ouvert I centré en ℓ contient tous les termes de la suite à partir d'un certain rang. On écrit : $\lim\limits_{n\to+\infty} u_n = \ell$.

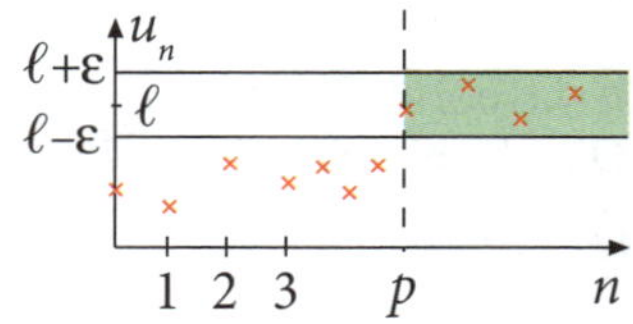

- **Illustration graphique**

Pour $n \geqslant p$, tous les termes de la suite sont dans l'intervalle $]\ell - \varepsilon\,;\ell + \varepsilon[$.

Limites de références : $\lim\limits_{n\to+\infty} \frac{1}{n} = 0$; $\lim\limits_{n\to+\infty} \frac{1}{\sqrt{n}} = 0$; $\lim\limits_{n\to+\infty} \frac{1}{n^2} = 0$; $\lim\limits_{n\to+\infty} \frac{1}{e^n} = 0$.

2 Suite divergente

- Une suite u **diverge vers** $+\infty$ (resp. $-\infty$) si, pour tout réel $A > 0$ (resp. $B < 0$), il existe un rang p à partir duquel tous les termes de la suite sont plus grands que A(resp. plus petits que B).

- **Illustrations graphiques**

$\lim\limits_{n\to+\infty} u_n = +\infty$

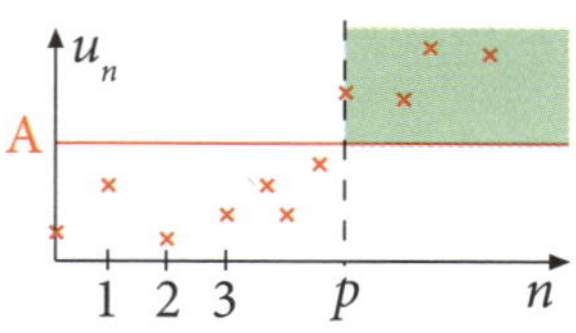

Pour $n \geqslant p$, $u_n > A$.

$\lim\limits_{n\to+\infty} v_n = -\infty$

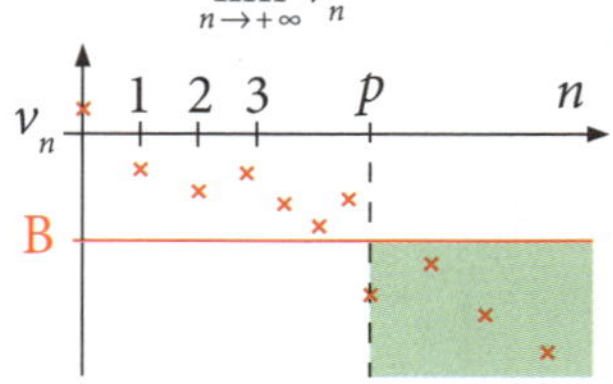

Pour $n \geqslant p$, $v_n < B$.

Limites de références : $\lim\limits_{n\to+\infty} n = +\infty$; $\lim\limits_{n\to+\infty} \sqrt{n} = +\infty$; $\lim\limits_{n\to+\infty} n^2 = +\infty$; $\lim\limits_{n\to+\infty} e^n = +\infty$.

- Une **suite divergente** est une suite qui ne converge pas, c'est-à-dire une suite qui a une limite infinie ($+\infty$, $-\infty$) ou qui n'admet pas de limite.
Exemples de suites n'admettant pas de limite : $((-1)^n)$; $(\cos n)$; $(\sin n)$.

EXERCICES RÉSOLUS

Démontrer qu'une suite converge

ÉNONCÉ

Montrer que la suite u définie sur $\mathbb{N}^*$ par $u_n = \frac{1}{n}$ converge vers 0.

> **Remarque**
> Pour nommer une suite, on écrit soit u (ou v ou w...) soit (u_n) (ou (v_n) ou (w_n)...)

CORRIGÉ

On choisit un intervalle centré en 0.

$u_n \in]-\varepsilon ; +\varepsilon[\Leftrightarrow -\varepsilon < \frac{1}{n} < \varepsilon$. Or, pour tout $n \in \mathbb{N}^*$, $\frac{1}{n} > 0$,
donc $u_n \in]-\varepsilon ; +\varepsilon[\Leftrightarrow 0 < \frac{1}{n} < \varepsilon \Leftrightarrow n > \frac{1}{\varepsilon}$.

En prenant p le plus petit entier supérieur à $\frac{1}{\varepsilon}$,
on aura $n > p$ entraîne $u_n \in]-\varepsilon ; +\varepsilon[$.
D'après la définition, cela signifie que ***u* converge vers 0.**

> **Rappel**
> La fonction inverse est strictement décroissante sur $]0 ; +\infty[$.

Démontrer qu'une suite diverge vers $+\infty$

ÉNONCÉ

Montrer que la suite v définie sur $\mathbb{N}$ par $v_n = n^2$ diverge vers $+\infty$.

CORRIGÉ

On choisit un intervalle $]A ; +\infty[$ avec $A > 0$.

$v_n \in]A ; +\infty[\Leftrightarrow n^2 > A \Leftrightarrow n > \sqrt{A}$.

> **Rappel**
> La fonction racine carrée est strictement croissante sur $]0 ; +\infty[$.

En prenant p le plus petit entier naturel strictement supérieur à $\sqrt{A}$, on aura $n > p$ entraîne $v_n > A$.
D'après la définition, ***v* diverge vers $+\infty$.**

2 Limites et comparaison

• Propriétés

p est un entier naturel. u et v sont deux suites telles que, pour tout entier naturel $n \geqslant p$, $u_n \leqslant v_n$;

- Si $\lim\limits_{n \to +\infty} u_n = +\infty$ alors, $\lim\limits_{n \to +\infty} v_n = +\infty$.
- Si $\lim\limits_{n \to +\infty} v_n = -\infty$ alors, $\lim\limits_{n \to +\infty} u_n = -\infty$.

• Théorème des gendarmes

p est un entier naturel.
Si u, v et w sont trois suites telles que, pour tout entier $\boldsymbol{n \geqslant p}$, $\boldsymbol{u_n \leqslant v_n \leqslant w_n}$ et $\boldsymbol{\lim\limits_{n \to +\infty} u_n = \lim\limits_{n + \infty} w_n} = \ell$, alors la suite v converge aussi vers ℓ.

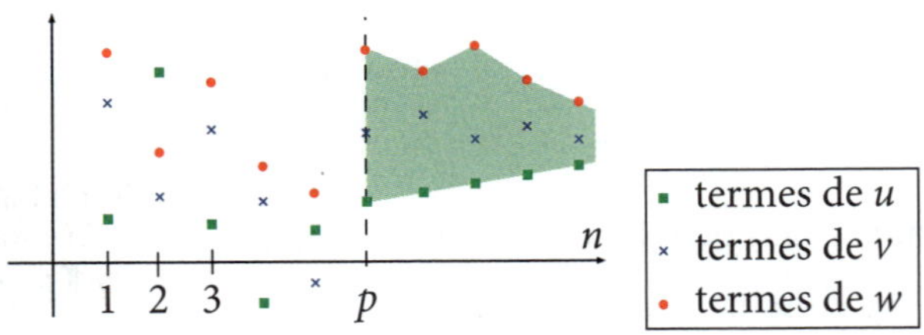

• L'inégalité de Bernoulli

a désigne un réel strictement positif.
Pour tout entier naturel n, $(1+a)^n \geqslant 1 + na$.

Remarque : Cette démonstration est exigible en Terminale ; elle est proposée à l'exercice 9 p. 110.

• Une suite géométrique (q^n)

q désigne un réel :

- Si $q > 1$, alors $\lim\limits_{n \to +\infty} q^n = +\infty$;
- Si $q = 1$, alors $\lim\limits_{n \to +\infty} q^n = 1$;
- Si $-1 < q < 1$, alors $\lim\limits_{n \to +\infty} q^n = 0$;
- Si $q \leqslant -1$, alors la suite $(q^n)_{n \in \mathbb{N}}$ n'a pas de limite.

Remarque : La démonstration est exigible en Terminale, elle est proposée à l'exercice 9 p. 110.

EXERCICES RÉSOLUS

Suite divergente

ÉNONCÉ

Étudier la limite de la suite u définie sur $\mathbb{N}$ par $u_n = (-1)^n - 3n$.

CORRIGÉ

À l'aide de la calculatrice on conjecture que u diverge vers $-\infty$.

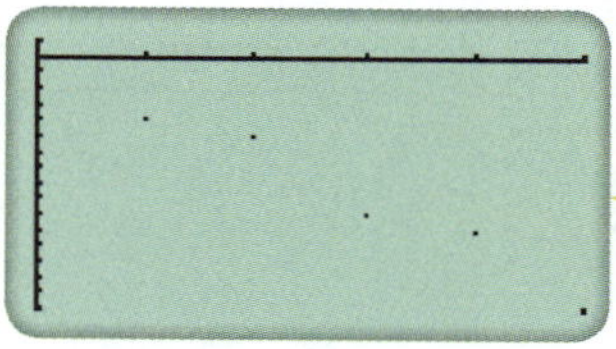

Conseil
Utiliser la calculatrice pour conjecturer la limite.

On cherche donc une suite v telle que $u \leqslant v$, avec $\lim\limits_{n \to +\infty} v_n = -\infty$.

Pour tout entier n, $-1 \leqslant (-1)^n \leqslant 1$, donc on choisit $v_n = 1 - 3n$.

On a, pour tout entier n, $u_n \leqslant v_n$ et $\lim\limits_{n \to +\infty} (1 - 3n) = -\infty$, donc la suite **$u$ diverge aussi vers $-\infty$.**

Utiliser le théorème des gendarmes

ÉNONCÉ

u, v et w sont trois suites définies sur $\mathbb{N}^*$ par :

$$u_n = -\frac{2}{n}\ ;\ w_n = \frac{2}{n} \text{ et } v_n = \frac{2\cos n}{n}.$$

Montrer que la suite v converge vers 0.

CORRIGÉ

Pour tout entier naturel n non nul, on a

$-1 \leqslant \cos n \leqslant 1 \Leftrightarrow -2 \leqslant 2\cos n \leqslant 2$

$$\Leftrightarrow -\frac{2}{n} \leqslant \frac{2\cos n}{n} \leqslant \frac{2}{n}.$$

Donc, pour tout entier n, $u_n \leqslant v_n \leqslant w_n$, de plus $\lim\limits_{n \to +\infty} u_n = \lim\limits_{n \to +\infty} w_n = 0$.

On en déduit, d'après le théorème des gendarmes, que **v converge aussi vers 0.**

Piège à éviter
Diviser une inégalité par un nombre :
- négatif, change le sens de l'inégalité ;
- positif, ne change pas le sens de l'inégalité.

3 Limites et opérations

1 Limite et somme

u et v sont deux suites.

Si $\lim\limits_{n\to+\infty} u_n = \ldots$	ℓ	ℓ	ℓ	$+\infty$	$-\infty$	$+\infty$
et $\lim\limits_{n\to+\infty} v_n = \ldots$	ℓ'	$+\infty$	$-\infty$	$+\infty$	$-\infty$	$-\infty$
alors, $\lim\limits_{n\to+\infty} (u_n + v_n) = \ldots$	$\ell + \ell'$	$+\infty$	$-\infty$	$+\infty$	$-\infty$	FI

2 Limite et produit

u et v sont deux suites.

Si $\lim\limits_{n\to+\infty} u_n = \ldots$	ℓ	$\ell > 0$	$\ell > 0$	$\ell < 0$	$\ell < 0$	$+\infty$	$+\infty$	$-\infty$	0
et $\lim\limits_{n\to+\infty} v_n = \ldots$	ℓ'	$+\infty$	$-\infty$	$+\infty$	$-\infty$	$+\infty$	$-\infty$	$-\infty$	$+\infty$ ou $-\infty$
alors, $\lim\limits_{n\to+\infty} (u_n v_n) = \ldots$	$\ell\ell'$	$+\infty$	$-\infty$	$-\infty$	$+\infty$	$+\infty$	$-\infty$	$+\infty$	FI

3 Limite et quotient

u et v sont deux suites ; v est telle que pour tout entier n, $v_n \neq 0$.

- Si $\lim\limits_{n\to+\infty} v_n \neq 0$.

Si $\lim\limits_{n\to+\infty} u_n = \ldots$	ℓ	ℓ	$+\infty$	$+\infty$	$-\infty$	$-\infty$	$+\infty$ ou $-\infty$
et $\lim\limits_{n\to+\infty} v_n = \ldots$	$\ell' \neq 0$	$+\infty$ ou $-\infty$	$\ell' > 0$	$\ell' < 0$	$\ell' > 0$	$\ell' < 0$	$+\infty$ ou $-\infty$
alors, $\lim\limits_{n\to+\infty} \dfrac{u_n}{v_n} = \ldots$	$\dfrac{\ell}{\ell'}$	0	$+\infty$	$-\infty$	$-\infty$	$+\infty$	FI

- Si $\lim\limits_{n+\infty} v_n = 0$.

Si $\lim\limits_{n\to+\infty} u_n = \ldots$	$\ell > 0$ ou $+\infty$	$\ell < 0$ ou $-\infty$	$\ell > 0$ ou $+\infty$	$\ell < 0$ ou $-\infty$	0
et $\lim\limits_{n\to+\infty} v_n = \ldots$	0 en restant positif	0 en restant positif	0 en restant négatif	0 en restant négatif	0
alors, $\lim\limits_{n\to+\infty} \dfrac{u_n}{v_n} = \ldots$	$+\infty$	$-\infty$	$-\infty$	$+\infty$	FI

FI : signifie « Forme Indéterminée ». Dans ce cas, on ne peut pas conclure avec cette opération et toutes les réponses sont possibles. Il faut lever l'indétermination.

EXERCICES RÉSOLUS

Utiliser les opérations sur les limites

ÉNONCÉ

Déterminer la limite de la suite a définie sur $\mathbb{N}$ par $a_n = \mathrm{e}^{-n} + n^2$.

CORRIGÉ

• $a_n = u_n + v_n$, avec $u_n = \mathrm{e}^{-n} = \dfrac{1}{\mathrm{e}^n}$ et $v_n = n^2$.

On sait que $\lim\limits_{n \to +\infty} u_n = \lim\limits_{n \to +\infty} \dfrac{1}{\mathrm{e}^n} = 0$,

et $\lim\limits_{n \to +\infty} v_n = +\infty$.

Donc, par somme, $\lim\limits_{n \to +\infty} a_n = +\infty$.

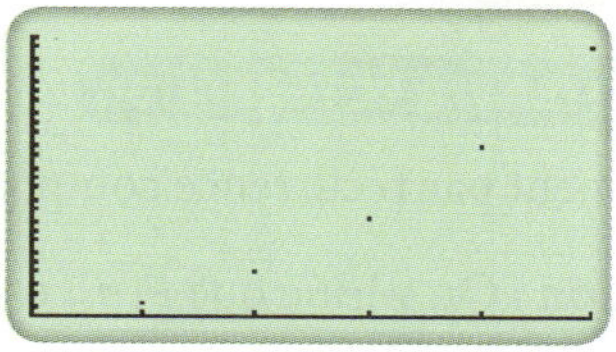

Conseil
Penser à utiliser la calculatrice pour conjecturer ou pour vérifier la limite.

Lever l'indétermination dans une somme ou un quotient

ÉNONCÉ

Déterminer la limite des suites s et t définies sur $\mathbb{N}$ par

$s_n = n^2 - n$ et $t_n = \dfrac{n}{1 + n^2}$.

CORRIGÉ

• s est la somme de deux suites ayant pour limites respectives $+\infty$ et $-\infty$ (forme indéterminée). Pour **lever l'indétermination**, on factorise :
$s_n = n(n - 1)$ et ainsi s prend la forme du produit de deux suites ayant pour limites $+\infty$ et $+\infty$, donc $\lim\limits_{n \to +\infty} s_n = +\infty$.

• t est le quotient de deux suites ayant pour limites respectives $+\infty$ et $+\infty$ (forme indéterminée). Comme précédemment, on factorise le numérateur et le dénominateur, puis on simplifie :

Pour $n \in \mathbb{N}^*$, $t_n = \dfrac{n \times 1}{n \times \left(\dfrac{1}{n} + n\right)} = \dfrac{1}{\dfrac{1}{n} + n}$ et $\lim\limits_{n \to +\infty} 1 = 1$, $\lim\limits_{n \to +\infty} \left(\dfrac{1}{n} + n\right) = +\infty$.

Donc, $\lim\limits_{n \to +\infty} t_n = 0$.

4 Raisonnement par récurrence

1 Principe du raisonnement par récurrence

- **Définition :** Une propriété dépendant d'un entier naturel est **héréditaire** lorsque, si elle est vraie pour un certain rang n, alors elle est vraie pour le rang $n + 1$.

- **Principe du raisonnement par récurrence :** On considère une propriété dépendant d'un entier naturel n. Si cette propriété est vraie pour un rang n_0 et si elle est héréditaire, alors elle est vraie pour tout entier naturel $n \geqslant n_0$.

Remarque : La propriété dépendant de n se note en général $P(n)$. Cette propriété peut être une égalité, une inégalité, une proposition, etc.

2 Mise en œuvre et rédaction

Le raisonnement par récurrence comporte quatre étapes :

- **Initialisation :** On vérifie que $P(n_0)$ est vraie ;

- **Hypothèse de récurrence :** On suppose qu'il existe un entier k tel que $P(k)$ soit vraie ;

- **Hérédité :** On montre que : si $P(k)$ est vraie, alors $P(k + 1)$ est aussi vraie ;

- **Conclusion :** $P(n)$ est vraie pour tout $n \geqslant n_0$.

Schéma du raisonnement

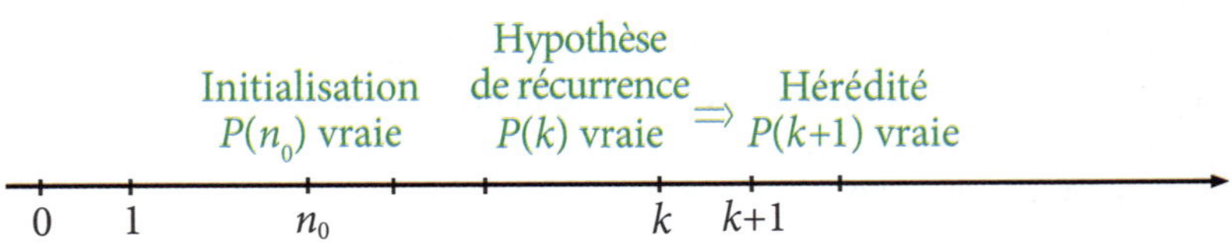

Conclusion : Pour tout $n \geqslant n_0$, $P(n)$ est vraie.

EXERCICE RÉSOLU

Propriété héréditaire

ÉNONCÉ

Démontrer la proposition suivante par récurrence.
Pour tout entier naturel n non nul, on a :

$$1 + 2 + 3 + \ldots + n = \frac{n(n+1)}{2}.$$

CORRIGÉ

Ici $P(n)$ est l'égalité : $1 + 2 + 3 + \ldots + n = \frac{n(n+1)}{2}$.

• **Initialisation :**
Pour $n_0 = 1$: le membre de gauche de $P(1)$ est 1,
le membre de droite de $P(1)$ est $\frac{1(1+1)}{2} = \frac{2}{2} = 1$.
Les 2 membres étant égaux, l'égalité est vraie, c'est-à-dire que **$P(1)$ est vraie.**

• **Hypothèse de récurrence :**
On suppose qu'il existe un entier naturel non nul k tel que $P(k)$ est vraie.

Autrement dit, on suppose que $1 + 2 + 3 + \ldots + k = \frac{k(k+1)}{2}$.

• **Hérédité :**
On va montrer l'implication suivante : si $P(k)$ est vraie, alors $P(k+1)$ est vraie.
Le membre de gauche de $P(k+1)$ est : $1 + 2 + \ldots + k + (k+1)$
Le membre de droite de $P(k+1)$ est : $\frac{(k+1)(k+2)}{2}$.
On a, d'après l'hypothèse de récurrence,

$$\mathbf{1 + 2 + \ldots + \boldsymbol{k}} + (k+1) = \mathbf{\frac{\boldsymbol{k}(\boldsymbol{k}+1)}{2}} + (k+1)$$

$$= \frac{k(k+1)}{2} + \frac{2(k+1)}{2} = \frac{k(k+1) + 2(k+1)}{2} = \frac{(k+2)(k+1)}{2}.$$

Les 2 membres sont égaux, l'égalité est vraie, donc **$P(k+1)$ est vraie.**

• **Conclusion :** Pour tout $n \in \mathbb{N}^*$, $1 + 2 + \ldots + n = \frac{n(n+1)}{2}$.

Savoir utiliser un algorithme pour déterminer un rang

ÉNONCÉ

u est la suite définie sur $\mathbb{N}$ par $u_n = e^{3n+1}$. Écrire en langage Python, puis faire fonctionner un algorithme qui détermine le rang N à partir duquel $u_n \geqslant 10^9$.

MÉTHODE

Il faut utiliser un logiciel (Edu Python, par exemple) permettant d'obtenir rapidement les termes de la suite et introduire dans l'algorithme une condition d'arrêt de type « tant que ».

CORRIGÉ

Script Python :

```
from math import *

# On demande à l'utilisatuer de saisir la valeur du seuil
A = float(input("entrer la valeur seuil"))

# On stocke le premier indice et le premier terme de la suite
n = 0
u = exp(1)

# On calcule en boucle les indices et termes de la suite <= à A
while ( u <= A ):
    n = n+1
    u = exp(3*n+1)

# on affiche à l'écran l'indice du dernier terme <= à A
print(n)
```

Remarque
Dans l'énoncé le seuil est 10^9.

Bon à savoir
En Python, les lignes commençant par # sont des commentaires non éxécutés

Tableau des variables et de la condition pour cet algorithme :

n	0	1	2	3	…	7
u	e	e^4	e^7	e^{10}	…	e^{22}
$u <= A$	V	V	V	V	…	F

La condition du Tant que devient fausse, l'algorithme saute à la ligne Fin tant que

Avec cet algorithme on obtient $u_n \geqslant 10^9$ pour tout $n \geqslant 7$.

Savoir étudier la convergence avec les théorèmes sur les opérations

ÉNONCÉ

Étudier la convergence des suites définies sur $\mathbb{N}^*$ par :

- $u_n = n^2 + 4n$
- $v_n = \dfrac{-5}{2 + e^n}$
- $w_n = 0{,}75^{n-1} + 0{,}8$

MÉTHODE

Pour étudier la convergence d'une suite, essayer d'abord d'appliquer les théorèmes sur les opérations de limites et les suites références.

CORRIGÉ

- $\left.\begin{array}{l}\lim\limits_{n \to +\infty} n^2 = +\infty \\ \lim\limits_{n \to +\infty} 4n = +\infty\end{array}\right\}$ donc, par addition, $\lim\limits_{n \to +\infty} u_n = +\infty$.

- $\left.\begin{array}{l}\lim\limits_{n \to +\infty} -5 = -5 \\ \lim\limits_{n \to +\infty} 2 + e^n = +\infty\end{array}\right\}$ donc, par division, $\lim\limits_{n \to +\infty} v_n = 0$.

- $\left.\begin{array}{l}\lim\limits_{n \to +\infty} 0{,}75^{n-1} = 0 \\ \quad (0 < 0{,}75 < 1) \\ \lim\limits_{n \to +\infty} 0{,}8 = 0{,}8\end{array}\right\}$ donc, par addition, $\lim\limits_{n \to +\infty} w_n = 0{,}8$.

Savoir étudier la convergence autrement

ÉNONCÉ

Étudier la convergence des suites sur $\mathbb{N}^*$ par :

- $u_n = \dfrac{\sin n}{n}$
- $v_n = -n^5 + 3n^2$
- $w_n = \dfrac{2n^2 + 5}{5n^2 - 2}$

MÉTHODE

Pour étudier la convergence d'une suite lorsqu'il y a une forme indéterminée ou pas de limite avec les opérations, on peut :

- transformer l'expression en repérant « le terme dominant » pour utiliser ensuite les opérations sur les limites ;
- reconnaître une suite usuelle que l'on peut majorer ou minorer ;
- étudier sa monotonie pour utiliser une des propriétés des suites monotones.

CORRIGÉ

u est un quotient dont le numérateur n'a pas de limite.

• On va comparer la suite u aux suites a et b définies sur $\mathbb{N}^*$ par $a_n = -\frac{1}{n}$ et $b_n = \frac{1}{n}$.

Pour tout n de $\mathbb{N}^*$, $-1 \leqslant \sin n \leqslant 1$.
Comme n est un entier strictement positif, $-\frac{1}{n} \leqslant \frac{\sin n}{n} \leqslant \frac{1}{n}$.

Donc, pour tout $n \in \mathbb{N}^*$, $a_n \leqslant u_n \leqslant b_n$, et $\lim\limits_{n \to +\infty} a_n = \lim\limits_{n \to +\infty} b_n = 0$.

On en déduit, d'après le théorème des gendarmes, que ***u* converge aussi vers 0.**

• v est la somme de deux suites qui divergent vers $-\infty$ et $+\infty$, il s'agit donc d'une forme indéterminée.

On factorise par le terme dominant n^5.

Pour tout n de $\mathbb{N}^*$, $v_n = n^5\left(-1 + \frac{3n^2}{n^5}\right) = n^5\left(-1 + \frac{3}{n^3}\right)$.
v_n est alors un produit tel que $\lim\limits_{n \to +\infty} n^5 = +\infty$, $\lim\limits_{n \to +\infty} \left(-1 + \frac{3}{n^3}\right) = -1$,

donc $\lim\limits_{n \to +\infty} v_n = -\infty$. ***v* diverge vers $-\infty$.**

• w est le quotient de deux suites qui divergent vers $+\infty$, il s'agit donc d'une forme indéternimée.
On factorise le numérateur et le dénominateur par le terme dominant, puis on simplifie.

Pour tout n de $\mathbb{N}^*$, $w_n = \dfrac{n^2\left(2 + \frac{5}{n^2}\right)}{n^2\left(5 - \frac{2}{n^2}\right)} = \dfrac{2 + \frac{5}{n^2}}{5 - \frac{2}{n^2}}$.

Or, $\lim\limits_{n \to +\infty} 2 + \frac{5}{n} = 2$ et $\lim\limits_{n \to +\infty} 5 - \frac{2}{n^2} = 5$, donc, par quotient, $\lim\limits_{n \to +\infty} w_n = \frac{2}{5}$.

Savoir démontrer à l'aide d'une récurrence

ÉNONCÉ

u est la suite définie par $u_1 = 8$ et, pour tout $n \in \mathbb{N}^*$, $u_{n+1} = 6u_n - 10$.

1. Démontrer, par récurrence, que pour tout $n \in \mathbb{N}^*$, $u_n = 6^n + 2$

2. En déduire que la suite u diverge

MÉTHODE

Pour démontrer par récurrence :

- on initialise la propriété pour un entier n_0 ;
- on montre que la propriété est héréditaire, c'est-à-dire que si la propriété est vraie à un rang k fixé, elle est vraie au rang suivant $k+1$.

CORRIGÉ

1. La propriété $P(n)$ à démontrer est : pour tout n de $\mathbb{N}^*$, $u_n = 6^n + 2$.

• **Initialisation** : (Vérifier que $u_1 = 6^1 + 2$)

Pour $n_0 = 1$: le membre de gauche de $P(1)$: $u_1 = 8$,
le membre de droite de $P(1)$: $6^1 + 2 = 8$.

Les deux membres étant égaux, l'égalité est vraie, $P(1)$ est vraie.

• **Hérédité** :

On va montrer l'implication :

Si $\underbrace{P(k) \text{ est vraie}}_{\text{H.R.}}$ alors $P(k+1)$ est vraie.

Rappel
H.R. signifie Hypothèse de récurrence

Le membre de gauche de $P(k+1)$ est : $u_{k+1} = 6u_k - 10$,

Le membre de droite de $P(k+1)$ est : $6^{k+1} + 2$.

Ainsi $\underbrace{6\boldsymbol{u_k} - 10 = 6(\boldsymbol{6^k + 2})}_{\text{H.R.}} - 10 = 6^{k+1} + 12 - 10 = 6^{k+1} + 2$.

L'égalité $P(k+1)$ est vraie si $P(k)$ est vraie. La propriété est donc héréditaire.

Conclusion : On a montré, par récurrence, que pour tout $n \in \mathbb{N}^*$, $u_n = 6^n + 2$

2. $\lim\limits_{n \to +\infty} 6^n = +\infty$ car $6 > 1$, donc $\lim\limits_{n \to +\infty} u_n = \lim\limits_{n \to +\infty} (6^n + 2) = +\infty$.

Donc la suite u diverge.

Vérifiez vos connaissances

1 Vrai-Faux

Indiquer pour chaque proposition si elle est vraie (V) ou fausse (F).

1. La suite u définie sur $\mathbb{N}^*$ par $u_n = n^2 + (-1)^n$ diverge. ☐ V ☐ F

2. La suite v telle que, pour tout $n > 12$, $v_n > 10^{27}$, diverge. ☐ V ☐ F

3. La propriété $P_n : 5^n \geqslant 2^n + 3^n$ est vraie pour tout entier naturel n. ☐ V ☐ F

4. La suite u définie par $u_n = \dfrac{2n-3}{n}$ pour $n \in \mathbb{N}^*$, est majorée par 2. ☐ V ☐ F

2 QCM

Pour chaque question, une seule réponse proposée (A, B ou C) est exacte.

		A	B	C
1.	La suite u définie sur $\mathbb{N}^*$ par : $u_n = \dfrac{\cos n - 1}{n}$	converge vers 0	n'a pas de limite	diverge vers $-\infty$
2.	La suite u définie par $u_n = (-1)^n + 1$ est :	bornée	croissante	décroissante
3.	La suite w définie sur $\mathbb{N}$ par $w_n = \dfrac{-2}{\sqrt{n}+3}$	diverge vers $+\infty$	converge vers 0	converge vers $-\dfrac{2}{3}$
4.	L'égalité $1 + 3 + 5 + \ldots + (2n+1) = (n+1)^2$ est	vraie pour tout $n \in \mathbb{N}$	vraie pour tout $n \in \mathbb{N}^*$	fausse
5.	u et v sont deux suites telles que $u_n > 0$, $\lim\limits_{n \to +\infty} u_n = 0$ et $v_n = 5 - \dfrac{1}{u_n}$ alors	$\lim\limits_{n \to +\infty} v_n = -\infty$	$\lim\limits_{n \to +\infty} v_n = 5$	$\lim\limits_{n \to +\infty} v_n = +\infty$

Exercices d'application

3 Suite convergente

u est la suite définie sur $\mathbb{N}^*$ par $u_n = \dfrac{7}{n^2}$.

1. Représenter les six premiers termes de cette suite sur votre calculatrice.

2. Conjecturer la limite de la suite u.

3. À l'aide de la définition, démontrer la conjecture émise au **2.**.

4 Règles opératoires

Déterminer la limite de la suite u définie sur $\mathbb{N}$ par :

1. $u_n = n^5 + n^2$

2. $u_n = 3n^2 + \sqrt{n}$

3. $u_n = (\mathrm{e}^n + 1)(-3 + \mathrm{e}^{-n})$

4. $u_n = \dfrac{3}{n+1} \times \mathrm{e}^{-n}$

5 Limite de (q^n)

Dans chacun des cas ci-dessous, déterminer la limite de la suite u définie sur $\mathbb{N}$. Justifier.

1. $u_n = 3 \times \pi^n$;

2. $u_n = -2 \times 0{,}5^n$;

3. $u_n = 4 \times \left(1 + \dfrac{2}{100}\right)^n$;

4. $u_n = \dfrac{-5}{\mathrm{e}^n}$;

5. $u_n = 2 \times \dfrac{1 - 10^n}{1 - 10}$;

6. $u_n = 0{,}3 \times \dfrac{1 - 0{,}3^n}{0{,}7}$.

6 Théorème de convergence

u est une suite telle que pour tout entier naturel n, $0 \leqslant 2 + u_n \leqslant 0{,}3^n$.

Déterminer la limite de u.

7 Indétermination

Déterminer la limite des suites ci-dessous définies sur $\mathbb{N}^*$ par :

1. $u_n = \sqrt{n} - n$;

2. $v_n = 3n^2 - n^3$;

3. $t_n = \sqrt{n+1} - \sqrt{n-1}$;

4. $u_n = \dfrac{3n^2}{n^3 + 1}$;

5. $v_n = \dfrac{\mathrm{e}^{2n} - 5}{\mathrm{e}^n}$;

6. $t_n = \dfrac{2\mathrm{e}^n + 1}{5\mathrm{e}^n + 4}$.

Exercices d'entraînement

8 Modéliser une évolution

Dans un laboratoire médical, on étudie la croissance quotidienne en individus de trois bactéries différentes (notées A, B, C).

Dans le protocole d'expérimentation, il est notifié que :

- les trois populations comptent 5 000 bactéries chacune au départ ;
- le nombre de bactérie de type A augmente de 100 bactéries par jour ;
- le nombre de bactérie de type B augmente de 3 % par jour ;
- le nombre de bactérie de type C subit chaque jour deux évolutions, elle diminue de 2 % puis en fin de journée augmente de 200 bactéries.

1. Donner une expression du nombre de bactéries après n jours d'expérimentation.

On admet que, pour tout n de $\mathbb{N}$, le nombre c_n de bactéries de type C vérifie :
$c_n = 10\,000 - 5\,000 \times 0{,}98^n$.

2. Donner le nombre de jours nécessaires pour que la population de chacune des bactéries dépasse 8 000 individus.

3. Étudier la convergence du nombre de bactéries de chaque espèce.

9 Des démonstrations à connaître

1. Démontrer par récurrence l'inégalité de Bernoulli suivante :
a désigne un réel strictement positif, pour tout $n \in \mathbb{N}$, $(1 + a)^n \geqslant 1 + na$.

2. En déduire que, pour $q > 1$, $\lim\limits_{n \to +\infty} q^n = +\infty$.

10 Démonstration par récurrence

Démontrer par récurrence que, pour tout entier naturel n, le nombre $n\,(2n + 1)\,(7n + 1)$ est un multiple de 6.

Rappel
n multiple de a signifie qu'il existe un entier k tel que $n = a \times k$

11 Encadrer π^2

u et v sont les suites définies sur $\mathbb{N}^*$ par $u_n = 6 + \dfrac{6}{2^2} + \dfrac{6}{3^2} + \cdots + \dfrac{6}{n^2}$ et $v_n = u_n + \dfrac{6}{n}$.

1. a. Écrire un script en langage Python pour calculer les 200 premiers termes de la suite u ; puis conjecturer sa monotonie.
b. Modifier le script pour calculer les 200 premiers termes de la suite v ; puis conjecturer sa monotonie.

2. Démontrer les conjectures précédentes.

3. Justifier que la suite u converge vers un réel l ; puis montrer que pour tout $n \in \mathbb{N}^*$, $u_n \leqslant v_n$.
On admet que $u_n \leqslant l \leqslant v_n$.

4. Leonhard Euler a montré que la limite de u est π^2, donner alors un encadrement à 10^{-3} de π^2.

12 Une modélisation

En mars 2015, Max achète une plante verte mesurant 80 cm. On lui conseille de la tailler tous les ans, au mois de mars, en coupant un quart de sa hauteur. La plante poussera alors de 30 cm au cours des douze mois suivants.

Dès qu'il rentre chez lui, Max taille sa plante.

1. Quelle sera la hauteur de la plante en mars 2016 avant que Max ne la taille ?

2. La taille de la plante en 2015 + n est notée h_n.
a. Justifier que, pour tout entier naturel n, $h_{n+1} = 0{,}75h_n + 30$.

b. Démontrer par récurrence que de la suite h est croissante sur $\mathbb{N}$.

3. v est la suite définie pour tout $n \in \mathbb{N}$ par $v_n = h_n - 120$.

a. Démontrer que v est une suite géométrique de raison $\frac{3}{4}$.

b. En déduire la taille maximale de cette plante si Max suit les conseils indéfiniment.

13 Le choix de l'algorithme

On considère la suite (U_n) définie par $U_0 = \frac{1}{2}$ et, pour tout entier naturel n, $U_{n+1} = \frac{2U_n}{1 + U_n}$.

1. Calculer U_1 que l'on écrira sous la forme d'une fraction irréductible.

2. Démontrer par récurrence que, pour tout entier naturel n, $U_n = \frac{2^n}{1 + 2^n}$.

3. On considère les trois algorithmes suivants dans lesquels les variables n, p et u sont des nombres. Pour un seul de ces trois algorithmes la variable u ne contient pas le terme U_n en fin d'exécution.

Déterminer lequel en justifiant votre choix.

Algorithme 1	Algorithme 2	Algorithme 3
$u \leftarrow \frac{1}{2}$ $i \leftarrow 0$ Tant que $i < n$ $u \leftarrow \frac{2u}{u+1}$ $i \leftarrow i + 1$ Fin Tant que	$u \leftarrow \frac{1}{2}$ Pour i allant de 0 à n $u \leftarrow \frac{2u}{u+1}$ Fin Pour	$p \leftarrow 2^n$ $u \leftarrow \frac{p}{p+1}$

14 Probabilité conditionnelle et suite

Une plateforme informatique propose deux types de jeux vidéo : un jeu de type A et un jeu de type B.

On admet que, dès que le joueur achève une partie, la plateforme lui propose une nouvelle partie selon le modèle suivant :

– si le joueur achève une partie de type A, la plateforme lui propose de jouer à nouveau une partie de type A avec une probabilité de 0,8 ;

– si le joueur achève une partie de type B, la plateforme lui propose de jouer à nouveau une partie de type B avec une probabilité de 0,7.

Pour un entier naturel n supérieur ou égal à 1, on note A_n et B_n les événements :

A_n : « la n-ième partie est une partie de type A » ;

B_n : « la n-ième partie est une partie de type B ».

Pour tout entier naturel n supérieur ou égal à 1, on note a_n la probabilité de l'événement A_n.

Dans la suite de l'exercice, le joueur choisit de façon équitable le jeu A ou B lors de sa première partie. La suite (a_n) est donc définie par : $a_1 = 0,5$ et pour tout entier naturel $n \geqslant 1$, $a_{n+1} = 0,5a_n + 0,3$.

1.a. Recopier et compléter l'arbre pondéré ci-dessous.

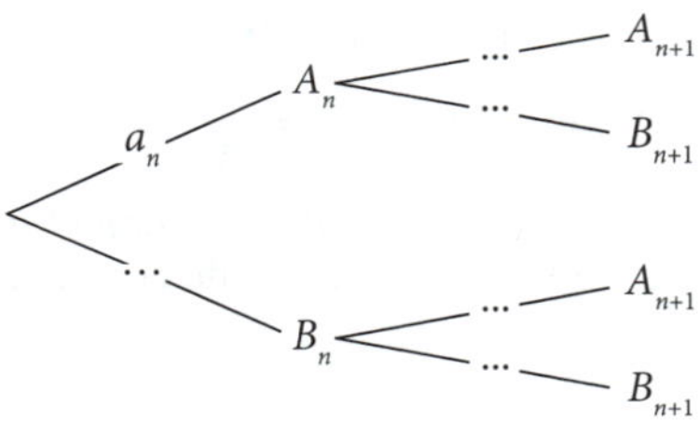

b. Montrer que pour tout entier naturel $n \geqslant 1$, on a : $a_{n+1} = 0,5a_n + 0,3$.

2.a. Montrer par récurrence que, pour tout entier naturel $n \geqslant 1$, on a : $0 \leqslant a_n \leqslant 0,6$.

b. Montrer que la suite (a_n) est croissante.

c. Montrer que la suite (a_n) est convergente et préciser sa limite.

Vérifiez vos connaissances

1 Vrai-Faux

1. Vrai **2.** Faux **3.** Faux **4.** Vrai

2 QCM

1. A **2.** A **3.** B **4.** A **5.** A

Exercices d'application

3 Suite convergente

1. u est une suite du type $u_n = f(n)$, donc :

• Paramétrer la calculatrice pour passer du mode fonction (***Func***) au mode suite. (***Recur*** ou ***Sequence*** ou ***Suite***).

• Saisir l'expression de la suite (il existe une touche spécifique pour n).

• Afficher le graphique représentant la suite.

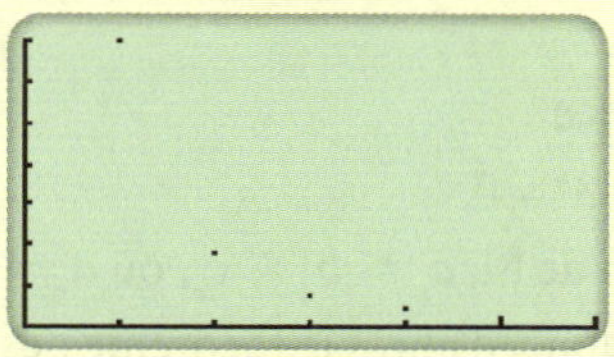

2. ***u* semble converger vers 0.**

3. On choisit un intervalle ouvert et centré en 0 : $]-\varepsilon\,;\varepsilon[$ avec $\varepsilon > 0$.

$u_n \in\ ]-\varepsilon\,;\varepsilon[\ \Leftrightarrow -\varepsilon \leqslant \dfrac{7}{n^2} \leqslant \varepsilon \Leftrightarrow \dfrac{-\varepsilon}{7} \leqslant \dfrac{1}{n^2} \leqslant \dfrac{\varepsilon}{7}.$

Or, pour $n \in \mathbb{N}^*$, $\dfrac{1}{n^2} > 0$ et on a alors :

$u_n \in\ ]-\varepsilon\,;\varepsilon[\ \Leftrightarrow 0 < \dfrac{1}{n^2} \leqslant \dfrac{\varepsilon}{7} \Leftrightarrow n^2 \geqslant \dfrac{7}{\varepsilon} \geqslant 0 \Leftrightarrow n \geqslant \sqrt{\dfrac{7}{\varepsilon}}.$

En prenant p le plus petit entier supérieur à $\sqrt{\dfrac{7}{\varepsilon}}$, $n > p \Rightarrow U_n \in\ ]-\varepsilon\,;\varepsilon[$.

Rappel
Les fonctions inverse et racine carrée sont croissantes sur $]0\,;+\infty[$.

4 Règles opératoires

1. $\lim\limits_{n\to+\infty} n^5 = +\infty$ et $\lim\limits_{n\to+\infty} n^2 = +\infty$, par addition $\lim\limits_{n\to+\infty} u_n = +\infty$.

2. $\lim\limits_{n\to+\infty} 3n^2 = +\infty$ et $\lim\limits_{n\to+\infty} \sqrt{n} = +\infty$, par addition $\lim\limits_{n\to+\infty} u_n = +\infty$.

3. $\lim_{n\to+\infty} e^n + 1 = +\infty$ et $\lim_{n\to+\infty} (-3 + e^{-n}) = \lim_{n\to+\infty}\left(-3 + \frac{1}{e^n}\right) = -3$.

Par produit, $\lim_{n\to+\infty} u_n = -\infty$.

Réflexe à avoir

Vérifier vos réponses à l'aide de votre calculatrice

4. $\lim_{n\to+\infty} \frac{3}{n+1} = 0$ et $\lim_{n\to+\infty} e^{-n} = 0$, par produit $\lim_{n\to+\infty} u_n = 0$.

5 Limite de (q^n)

a. $\pi > 1$, donc $\lim_{n\to+\infty} \pi^n = +\infty$, d'où $\mathbf{\lim_{n\to+\infty} u_n = +\infty}$.

b. $0 < 0{,}5 < 1$, donc $\lim_{n\to+\infty} 0{,}5^n = 0$, d'où $\mathbf{\lim_{n\to+\infty} u_n = 0}$.

c. $1 + \frac{2}{100} > 1$, donc $\lim_{n\to+\infty}\left(1 + \frac{2}{100}\right)^n = +\infty$, d'où $\mathbf{\lim_{n\to+\infty} u_n = +\infty}$.

d. $\frac{1}{e^n} = e^{-n} = (e^{-1})^n$. Or, $0 < e^{-1} < 1$, donc $\lim_{n\to+\infty} (e^{-1})^n = 0$, d'où $\mathbf{\lim_{n\to+\infty} u_n = 0}$.

e. $10 > 1$, donc $\lim_{n\to+\infty} 10^n = +\infty$, donc $\lim_{n\to+\infty} (1 - 10^n) = -\infty$, d'où $\mathbf{\lim_{n\to+\infty} u_n = +\infty}$.

f. $0 < 0{,}3 < 1$, donc $\lim_{n\to+\infty} 0{,}3^n = 0$, donc $\lim_{n\to+\infty} (1 - 0{,}3^n) = 1$, d'où $\mathbf{\lim_{n\to+\infty} u_n = \frac{0{,}3}{0{,}7} = \frac{3}{7}}$.

6 Théorème de convergence

$-1 \leqslant 0{,}3 < 1$, donc $\lim_{n\to+\infty} 0{,}3^n = 0$.

De plus, pour tout entier n de $\mathbb{N}$, $a_n \leqslant b_n \leqslant c_n$, où $a_n = 0$, $b_n = 2 + u_n$ et $c_n = 0{,}3^n$ avec $\lim_{n\to+\infty} a_n = \lim_{n\to+\infty} c_n = 0$, donc, d'après le théorème des gendarmes $\lim_{n\to+\infty} b_n = 0$.

Ainsi, $\lim_{n\to+\infty} (2 + u_n) = 0$.

Finalement, $\mathbf{\lim_{n\to+\infty} u_n = -2}$.

7 Indétermination

1. L'étude de la limite de la somme conduit à une forme indéterminée « $\infty - \infty$ ».

Pour tout $n \in \mathbb{N}^*$, $u_n = n\left(\frac{\sqrt{n}}{n} - 1\right) = n\left(\frac{1}{\sqrt{n}} - 1\right)$.

Réflexe à avoir

Penser à factoriser par le terme de plus haut degré.

Or, $\lim_{n\to+\infty} n = +\infty$ et $\lim_{n\to+\infty} \frac{1}{\sqrt{n}} - 1 = -1$, donc ***u* diverge vers $-\infty$**.

2. On aboutit à la même forme indéterminée « $\infty - \infty$ ».
Pour tout $n \in \mathbb{N}$, $v_n = n^2(3 - n)$.
Or, $\lim_{n\to+\infty} n^2 = +\infty$ et $\lim_{n\to+\infty} (3 - n) = -\infty$, donc ***v* diverge vers $-\infty$**.

3. On aboutit à la même forme indéterminée « ∞ – ∞ ».
Pour tout entier naturel n non nul,

$$t_n = \frac{\left(\sqrt{n+1} - \sqrt{n-1}\right)\left(\sqrt{n+1} + \sqrt{n-1}\right)}{\left(\sqrt{n+1} + \sqrt{n-1}\right)}.$$

$$t_n = \frac{\left(\sqrt{n+1}\right)^2 - \left(\sqrt{n-1}\right)^2}{\sqrt{n+1} + \sqrt{n-1}} = \frac{2}{\sqrt{n+1} + \sqrt{n-1}}.$$

Remarques

$\sqrt{n+1}+\sqrt{n-1}$ est l'expression conjuguée de $\sqrt{n+1}-\sqrt{n-1}$ et $\sqrt{n^2}=n$.

Or, $\lim\limits_{n\to+\infty} 2 = 2$ et $\lim\limits_{n\to+\infty} \left(\sqrt{n+1} + \sqrt{n-1}\right) = +\infty$, donc ***t* converge vers 0.**

4. L'étude de la limite du quotient conduit à une forme indéterminée « $\frac{\infty}{\infty}$ ».

Pour tout $n \in \mathbb{N}^*$, $u_n = \dfrac{3n^2}{n^3+1} = \dfrac{n^2 \times 3}{n^3\left(1+\frac{1}{n^3}\right)} = \dfrac{3}{n\left(1+\frac{1}{n^3}\right)}$.

Or, $\lim\limits_{n\to+\infty} n\left(1+\dfrac{1}{n^3}\right) = +\infty$, donc ***u* converge vers 0.**

Remarque

Penser à simplifier.

5. On aboutit à la même forme indéterminée « $\frac{\infty}{\infty}$ ».

Pour tout $n \in \mathbb{N}$, $v_n = \dfrac{(e^n)^2 - 5}{e^n} = \dfrac{e^n\left(e^n - \frac{5}{e^n}\right)}{e^n} = e^n - \dfrac{5}{e^n}$.

Or, $\lim\limits_{n\to+\infty} e^n = +\infty$ et $\lim\limits_{n\to+\infty} \dfrac{5}{e^n} = 0$, donc ***v* diverge vers + ∞.**

6. On aboutit à la même forme indéterminé « $\frac{\infty}{\infty}$ ».

Pour tout $n \in \mathbb{N}$, $t_n = \dfrac{e^n\left(2+\frac{1}{e^n}\right)}{e^n\left(5+\frac{4}{e^n}\right)} = \dfrac{2+e^{-n}}{5+4e^{-n}}$.

Or, $\lim\limits_{n\to+\infty} e^{-n} = 0$, donc ***t* converge vers $\mathbf{\frac{2}{5}}$.**

Exercices d'entraînement

8 Modéliser une évolution

1. Notons a_n, b_n et c_n le nombre de bactéries A, B et C au n-ième jour.

$a_0 = 5\,000$ et $\mathbf{a_{n+1} = a_n + 100}$;

$b_0 = 5\,000$ et $\mathbf{b_{n+1} = b_n \times \left(1+\frac{3}{100}\right)}$;

$c_0 = 5\,000$ et $\mathbf{c_{n+1}} = c_n \times \left(1-\dfrac{2}{100}\right) + 200 = \mathbf{0{,}98\, c_n + 200}$.

2. Recherchons n tel que $a_n > 10\ 000$

La suite a est la suite arithmétique de 1er terme $a_o = 5\ 000$ et de raison 100 donc pour tout $n \in \mathbb{N}$, $a_n = 5\ 000 + 100n$.

Ainsi $5\ 000 + 100n > 8\ 000 \Leftrightarrow 100n > 3\ 000 \Leftrightarrow \boldsymbol{n > 30}$.

Le nombre de bactéries de type A dépassera 5000 après le 30e jour.

La suite b est une suite géométrique de 1er terme 5 000 et de raison 1,03.

donc pour tout $n \in \mathbb{N}$, $b_n = 5\ 000 \times 1{,}03^n$.

$5\ 000 \times 1{,}03^n > 8\ 000 \Leftrightarrow 1{,}03^n > 1{,}6 \Leftrightarrow n \ln 1{,}03 > \ln 1{,}6$

$\Leftrightarrow n > \dfrac{\ln 1{,}6}{\ln 1{,}03}$. Or $\dfrac{\ln 1{,}6}{\ln 1{,}03} \approx 15{,}9$, donc $n \geqslant 16$

Et le nombre de bactéries de type B dépassera 5 000 le 16e jour.

> **Rappel**
>
> $u_{n+1} = u_n + r$
> $\Leftrightarrow (u_n)$ suite arithmétique

> **Rappel**
>
> $u_{n+1} = u_n \times q$
> $\Leftrightarrow (u_n)$ suite géométrique.

$c_n > 8\ 000 \Leftrightarrow 10\ 000 - 5\ 000 \times 0{,}98^n > 8\ 000 \Leftrightarrow 2\ 000 > 5\ 000 \times 0{,}98^n$

$\Leftrightarrow 0{,}4 > 0{,}98^n \Leftrightarrow \ln 0{,}4 > n \ln 0{,}98 \Leftrightarrow \dfrac{\ln 0{,}4}{\ln 0{,}98} < n$.

Or $\dfrac{\ln 0{,}4}{\ln 0{,}98} \approx 45{,}35$, donc $n \geqslant 46$. Le nombre de bactéries de type C dépassera 5 000 le 46e jour.

> **Rappel**
>
> $\ln x < 0 \Leftrightarrow 0 < x < 1$

3. • a est une suite arithmétique de raison strictement positive donc a diverge vers $+\infty$.

• b est une suite géométrique de raison strictement supérieure à 1 donc b diverge vers $+\infty$.

• Pour tout n de $\mathbb{N}$, $c_n = 10\ 000 - 5\ 000 \times 0{,}98^n$. Or $-1 < 0{,}98 < 1$, donc $\lim\limits_{n \to +\infty} 0{,}98^n = 0$ et $\lim\limits_{n \to +\infty} c_n = 10\ 000$.

9 Des démonstrations à connaître

1. • **Initialisation :** $(1 + a)^0 = 1$ et $1 + a \times 0 = 1$. **$P(0)$ est donc vraie.**

• **Hypothèse de récurrence :** On suppose qu'il existe un entier k tel que $P(k)$ est vraie, c'est-à-dire tel que $(1 + a)^k \geqslant 1 + ka$.

• **Hérédité :** Montrons l'implication : si $P(k)$ est vraie, alors $P(k + 1)$ est vraie.

$(1 + a)^{k+1} = (1 + a)^k (1 + a)$ et on sait que $a > 0$, donc $a + 1 > 0$.

D'après l'hypothèse de récurrence : $(1 + a)^k \geqslant 1 + ka$,

$\Leftrightarrow (1 + a)^k (1 + a) \geqslant (1 + ka)(1 + a)$,

$\Leftrightarrow (1 + a)^{k+1} \geqslant 1 + ka + a + ka^2$,

$\Leftrightarrow (1 + a)^{k+1} \geqslant 1 + (k + 1)a + ka^2$.

Or k et a^2 sont positifs donc $ka^2 \geqslant 0$ donc $1 + (k + 1)a + ka^2 \geqslant 1 + (k + 1)a$, donc $(1 + a)^{k+1} \geqslant 1 + (k + 1)a$, c'est-à-dire que $P(k + 1)$ est vraie.

• **Conclusion :** pour tout entier naturel n, $(1 + a)^n \geqslant 1 + na$.

2. Si $q > 1$, alors il existe un réel $a > 0$ tel que $q = 1 + a$.
Donc, $q^n = (1 + a)^n$.
D'après **1.**, $(1 + a)^n \geqslant 1 + na$ donc $q^n \geqslant 1 + na$.
Or $(1 + na)$ diverge vers $+\infty$, donc (q^n) aussi,
soit $\lim\limits_{n \to +\infty} q^n = +\infty$.

Rappel
Si $u_n \geqslant v_n$ et que $\lim\limits_{n \to +\infty} v_n = +\infty$, alors $\lim\limits_{n \to +\infty} u_n = +\infty$.

10 Démonstration par récurrence

• **Initialisation :**

Pour $n = 0$, $0(2 \times 0 + 1)(7 \times 0 + 1) = 0$ qui est un multiple de 6.

• **Hérédité :**

Hypothèse de récurrence : on suppose qu'à un rang n fixé, $n(2n + 1)(7n + 1)$ est un multiple de 6 autrement dit, il existe k tel que $n(2n + 1)(7n + 1) = 6k$.

Démontrons l'implication :

Si $n(2n + 1)(7n + 1)$ est un multiple de 6 alors $(n + 1)[2(n + 1) + 1][7(n + 1) + 1]$ est un multiple de 6.

$(n + 1)[2(n + 1) + 1][7(n + 1) + 1] = (n + 1)(2n + 3)(7n + 8)$

$= (2n^2 + 5n + 3)(7n + 8) = 14n^3 + 51n^2 + 60n + 24$.

Or $n(2n + 1)(7n + 1) = (2n^2 + n)(7n + 1) = 14n^3 + 9n^2 + n$.

Ainsi $(n+1)[2(n+1)+1][7(n+1)+1] = (14n^3 + 9n^2 + n) + (42n^2 + 60n + 24)$

$= \underset{(H.R.)}{6k} + 6\underbrace{(7n^2 + 10n + 3)}_{\text{un entier que l'on peut noté } k'} = 6(k + k')$.

Ainsi l'hérédité est montrée.

• **Conclusion** : Pour tout $n \in \mathbb{N}$, $n(2n + 1)(7n + 1)$ est un multiple de 6.

11 Encadrer π^2

1. a.

```
#on crée une liste qui contient le premier terme
# et qui contiendra les termes de la suite u
U=[6]

# on crée une boucle itérative, le nombre d'itération est connu
#qui calcule le terme suivant puis l'ajoute à la liste U
for n in range (2,201):
    suivant = U[n-2] + 6/(n**2)
    U.append(suivant)

print(U)
```

Remarque

Dans une liste, le premier élément est situé à l'indice 0

La suite u semble être croissante et converger.

b.

```
#on crée une liste vide qui contiendra les termes de la suite v
V=[]

# on crée une boucle itérative, le nombre d'itération est connu
# qui calcule les termes de la suite v puis l'ajoute à la liste V
for k in range (0,200):
    v = U[k] + 6/(k+1)
    V.append(v)

print(V)
```

Remarque

En Python U[0] correspond au 1er élément de la liste U et U[k] au K+1ième élément

La suite v semble être décroissante et converger.

2. Pour $n \in \mathbb{N}^*$,

• $u_{n+1} - u_n = \left(6 + \dfrac{6}{2^2} + \cdots + \dfrac{6}{n^2} + \dfrac{6}{(n+1)^2}\right) - \left(6 + \dfrac{6}{2^2} + \cdots + \dfrac{6}{n^2}\right) = \dfrac{6}{(n+1)^2}$.

$6 > 0$, $(n+1)^2 > 0$ donc $u_{n+1} - u_n > 0$ cela signifie que la suite u est croissante.

• $v_{n+1} - v_n = \left(u_{n+1} + \dfrac{6}{n+1}\right) - \left(u_n + \dfrac{6}{n}\right) = u_{n+1} - u_n + \dfrac{6}{n+1} - \dfrac{6}{n} = \dfrac{6}{(n+1)^2} + \dfrac{6}{n+1} - \dfrac{6}{n}$

$$= \frac{6n + 6n(n+1) - 6(n+1)^2}{n(n+1)^2} = \frac{-6}{n(n+1)^2}.$$

Or $-6 < 0$, $n > 0$ et $(n+1)^2 > 0$ donc $\dfrac{-6}{n(n+1)^2} < 0$ donc $v_{n+1} - v_n < 0$ cela signifie que la suite v est décroissante.

Reflexe à avoir

- Toute suite croissante et majorée converge.
- Toute suite décroissante et minorée diverge.

3. • Pour tout $n \in \mathbb{N}^*$, $v_n = u_n + \dfrac{6}{n} \Leftrightarrow u_n = v_n - \dfrac{6}{n}$.

Or pour tout $n \in \mathbb{N}^*$, $v_n \leqslant v_0$ et $\dfrac{-6}{n} \leqslant 0$ donc $u_n \leqslant v_0$.

Ainsi u est croissante et majorée donc elle converge.

• Pour tout $n \in \mathbb{N}^*$ $v_n = u_n + \dfrac{6}{n}$, $6 > 0$ et $n > 0$ donc $v_n \geqslant u_n$.

4. En modifiant de nouveau le script.

```
U=[6]
n=0
# On calcule en boucle les indices et termes tant que l'écart de u à pi² >= à 0.001
while ( abs(U[n] - pi**2) >= 0.001 ):
    n = n+1
    suivant = U[n-1] + 6/((n+1)**2)
    U.append(suivant)
# on affiche à l'écran le premier terme qui est la valeur approchée de pi² à 10-3
print(U[n])
```

On obtient $n = 6\,000$ et $9{,}868 \leqslant \pi^2 \leqslant 9{,}869$.

12 Une modélisation

1. En mars 2015, la plante mesure 80 cm lors de l'achat. Dès qu'il rentre chez lui, Max taille sa plante en coupant un quart de sa hauteur. Elle mesure alors

$80 \times \dfrac{3}{4} = \mathbf{60\ cm}$.

La plante pousse de 30 cm au cours des douze mois suivants donc en mars 2016, elle mesure $60 + 30 =$ **90 cm** avant que Max ne la taille à nouveau.

2. a. En mars de l'année $(2015 + n)$, la hauteur de la plante est h_n.

Max taille sa plante en coupant un quart de sa hauteur. Elle mesure donc $h_n \times \dfrac{3}{4} = 0{,}75\, h_n$.

La plante pousse de 30 cm au cours des douze mois suivants donc en mars de l'année $(2015 + n + 1)$, elle mesure $0{,}75\, h_n + 30$ avant que Max ne la taille à nouveau.

Pour tout entier naturel n, $h_{n+1} = 0{,}75\, h_n + 30$.

b. Initialisation : $h_0 = 80$ et $h_1 = 90$ donc $h_1 > h_0$.

Hérédité : On suppose qu'à un rang n fixé, $h_{n+1} > h_n$. Montrons que si $h_{n+1} > h_n$ alors $h_{n+2} > h_{n+1}$.

$h_{n+2} - h_{n+1} = 0{,}75\, h_{n+1} + 30 - (0{,}75\, h_n + 30) = 0{,}75\, (h_{n+1} - h_n)$.

Par hypothèse de recurrence, $h_{n+1} > h_n$ donc $h_{n+1} - h_n > 0$ donc $h_{n+2} - h_{n+1} > 0$ soit $h_{n+2} > h_{n+1}$.

Conclusion : La propriété est initialisée et héréditaire donc pour tout entier naturel n, $h_{n+1} > h_n$. Cela signifie que la suite (h_n) est croissante.

3. a. Pour tout $n \in \mathbb{N}$, $v_{n+1} = h_{n+1} - 120 = 0{,}75h_n + 30 - 120 = 0{,}75h_n - 90 = 0{,}75\,(h_n - 120) = 0{,}75v_n$.

Cela signifie que la **suite v est géométrique de raison 0,75.**

b. Pour tout $n \in \mathbb{N}$, $v_n = v_0 \times 0{,}75^n = 80 \times 0{,}75^n$.

$0 < 0{,}75 < 1$ donc $\lim\limits_{n \to +\infty} 0{,}75^n = 0$ et donc $\lim\limits_{n \to +\infty} v_n = 0$.

Ainsi $\lim\limits_{x \to +\infty} h_n - 120 = 0$ soit $\lim\limits_{n \to +\infty} h_n = 120$. La taille maximale est de 120 cm.

Rappel

Si v est une suite géométrique de raison q alors $v_n = v_p \times q^{n-p}$.

13 Le choix de l'algorithme

1. $U_1 = \dfrac{2U_0}{1 + U_0} = \dfrac{2 \times \frac{1}{2}}{1 + \frac{1}{2}} = \dfrac{1}{\frac{3}{2}} = \dfrac{2}{3}$.

2. On va démontrer par récurrence, pour tout entier naturel n, la propriété :

$$\mathscr{P}(n) :\ U_n = \frac{2^n}{1 + 2^n}.$$

• Initialisation

Pour $n = 0$, $\dfrac{2^n}{1 + 2^n} = \dfrac{2^0}{1 + 2^0} = \dfrac{1}{1 + 1} = \dfrac{1}{2} = U_0$ donc la propriété est vraie au rang 0.

• Hérédité

On suppose la propriété vraie pour un entier naturel n fixé ; on va démontrer que la propriété est vraie au rang $n + 1$.

$$U_{n+1} = \frac{2U_n}{1 + U_n} = \frac{2\dfrac{2^n}{1 + 2^n}}{1 + \dfrac{2^n}{1 + 2^n}} = \frac{2 \times 2^n}{1 + 2^n} \times \frac{1 + 2^n}{1 + 2^n + 2^n} = \frac{2^{n+1}}{1 + 2 \times 2^n} = \frac{2^{n+1}}{1 + 2^{n+1}}$$

Donc la propriété est vraie au rang $n + 1$ si elle est vraie au rang n.

• Conclusion

La propriété est vraie au rang 0 et elle est héréditaire ; donc, d'après le principe de récurrence, la propriété est vraie pour tout entier naturel n.

On a donc démontré que, pour tout entier naturel n, on a $U_n = \dfrac{2^n}{1 + 2^n}$.

3. Dans l'algorithme 2, le nombre i varie entre 0 et n donc prend $n + 1$ valeurs ; la valeur de u en sortie est donc U_{n+1}. L'algorithme 2 ne convient donc pas.

Remarque : Dans un algorithme la variable de boucle d'un « pour » prend toutes les valeurs y compris les bornes, en Python pas la dernière borne.

14 Probabilité conditionnelle et suite

1. a.

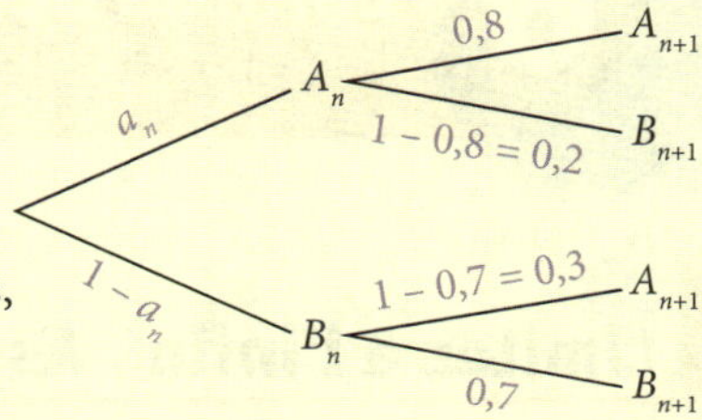

b. D'après la formule des probabilités totales, on a :

$P(A_{n+1}) = P(A_n \cap A_{n+1}) + P(B_n \cap A_{n+1})$

$= 0{,}8a_n + 0{,}3\,(1 - a_n) = 0{,}5a_n + 0{,}3$ donc $a_{n+1} = 0{,}5a_n + 0{,}3$

2. *Étude d'un cas particulier.* Dans cette question, on suppose que $a = 0{,}5$.

a. Montrons par récurrence, que pour tout entier naturel $n \geqslant 1$, on a : $0 \leqslant a_n \leqslant 0{,}6$:

• **Initialisation** : $a_1 = 0{,}5$ donc $0 \leqslant a_1 \leqslant 0{,}6$. Donc la propriété est vraie au rang initial.

• **Hérédité** : on suppose $0 \leqslant a_n \leqslant 0{,}6$ pour une valeur fixée de $n \geqslant 1$. Alors : $0 \leqslant 0{,}5 \times a_n \leqslant 0{,}5 \times 0{,}6$ donc $0 \leqslant 0{,}5a_n \leqslant 0{,}3$ d'où, en ajoutant $0{,}3 \leqslant 0{,}3 + 0{,}5a_n \leqslant 0{,}6$ et par conséquent : $0 \leqslant a_{n+1} \leqslant 0{,}6$.

La propriété est vraie au rang $n + 1$.

La propriété est vraie au rang initial et elle est héréditaire, donc d'après le principe de récurrence, elle est vraie pour tout $n \geqslant 1$.

b. Pour tout $n \geqslant 1$, $a_{n+1} - a_n = 0{,}5a_n + 0{,}3 - a_n = -0{,}5a_n + 0{,}3$.

Or, d'après la question précédente, on a :

$0 \leqslant a_n \leqslant 0{,}6$ donc $0 \leq 0{,}5a_n \leqslant 0{,}3$ d'où $-0{,}3 \leqslant -0{,}5a_n \leqslant 0$ donc $0 \leqslant -0{,}5a_n + 0{,}3 \leqslant 0{,}3$ donc $a_{n+1} - a_n \geqslant 0$.

La suite est donc croissante.

Réflexe à avoir

Vérifier vos réponses à l'aide de votre calculatrice Écran en fin d'exercice

c. La suite est croissante et majorée par 0,6, donc, la suite est convergente vers une limite $\ell \leqslant 0{,}6$.

On sait alors que $\lim\limits_{n \to +\infty} a_n = \ell$; donc $\lim\limits_{n \to +\infty} (0{,}5a_n + 0{,}3) = 0{,}5\ell + 0{,}3$ soit $\lim\limits_{n \to +\infty} a_{n+1} = 0{,}5\ell + 0{,}3$.

Par unicité de la limite, on a : $0{,}5\ell + 0{,}3 = \ell$ donc $0{,}3 = 0{,}5\ell$ qui donne $\ell = 0{,}6$.

La suite (a_n) converge vers 0,6.

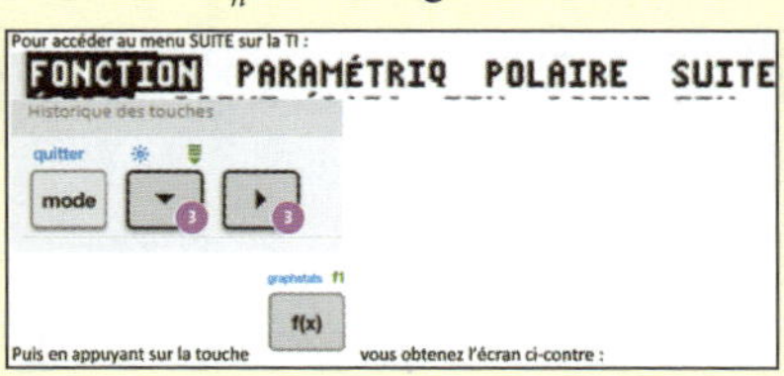

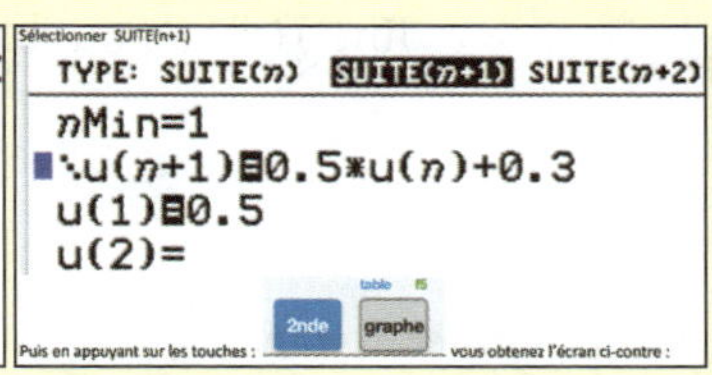

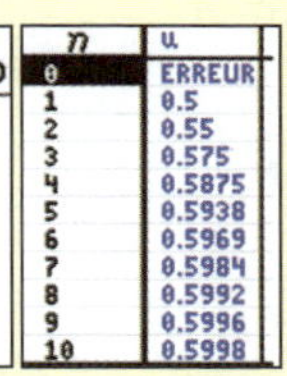

n	u
0	ERREUR
1	0.5
2	0.55
3	0.575
4	0.5875
5	0.5938
6	0.5969
7	0.5984
8	0.5992
9	0.5996
10	0.5998

CHAPITRE 6

Limites des fonctions

1 Limites à l'infini. Asymptote horizontale

1 Limite infinie en + ∞ ou en − ∞

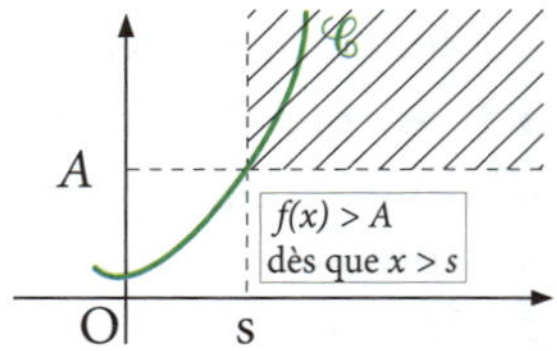

• Dire qu'une fonction f a pour **limite + ∞ en + ∞** signifie que tout intervalle de la forme $]A\ ;\ +\infty[$, où A est un réel, contient toutes les valeurs $f(x)$, pour x assez grand.

On note $\lim\limits_{x \to +\infty} f(x) = +\infty$.

Exemples : pour $n \in \mathbb{N}^*$, $\lim\limits_{x \to +\infty} x^n = +\infty$, $\lim\limits_{x \to +\infty} \sqrt{x} = +\infty$, $\lim\limits_{x \to +\infty} e^x = +\infty$.

Réciproquement, on note $\lim\limits_{x \to +\infty} f(x) = -\infty$.

Remarque : On définit de même $\lim\limits_{x \to -\infty} f(x) = +\infty$ et $\lim\limits_{x \to -\infty} f(x) = -\infty$.

2 Limite finie en + ∞ ou en − ∞

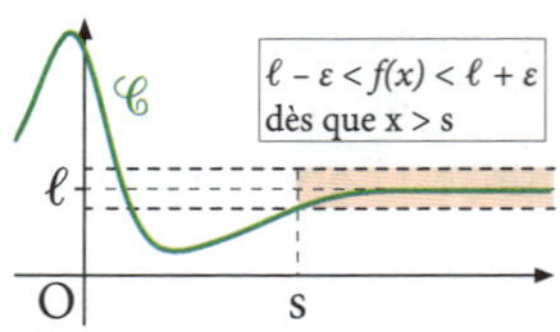

• Dire qu'une fonction ***f* a pour limite un réel ℓ en + ∞**, signifie que tout intervalle ouvert contenant ℓ contient toutes les valeurs $f(x)$, pour x assez grand.

On note $\lim\limits_{x \to +\infty} f(x) = \ell$.

Exemples : pour $n \in \mathbb{N}^*$, $\lim\limits_{x \to -\infty} \frac{1}{x^n} = 0$ et $\lim\limits_{x \to -\infty} e^x = 0$.

• Dire que la droite horizontale D d'équation $\boldsymbol{y = \ell}$ **est asymptote horizontale** à la courbe 𝒞 représentant la fonction f dans un repère signifie que :

$$\lim_{x \to +\infty} f(x) = \ell \text{ ou } \lim_{x \to -\infty} f(x) = \ell.$$

Exemples :

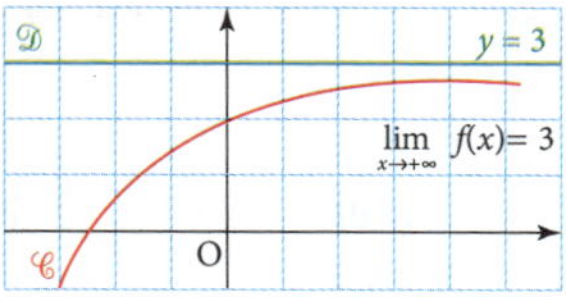

$D : y = 3$ est asymptote horizontale à $\mathscr{C}$

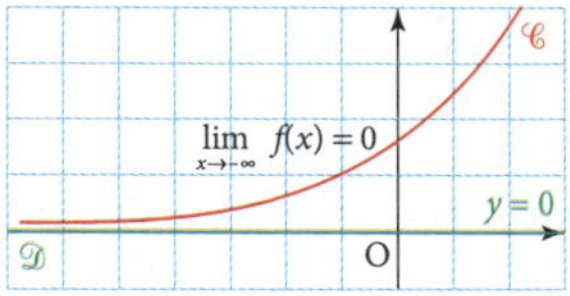

$D : y = 0$ (l'axe des abscisses) est asymptote horizontale à $\mathscr{C}$

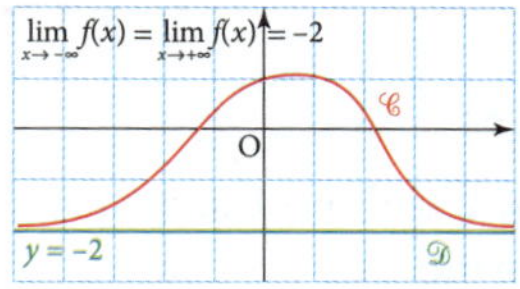

$D : y = -2$ est asymptote horizontale à $\mathscr{C}$ en $-\infty$ et en $+\infty$

EXERCICE RÉSOLU

Démontrer qu'une fonction a une limite finie en $+\infty$

ÉNONCÉ

g est la fonction définie sur $]0\,;+\infty[$ par $g(x) = \dfrac{1}{\sqrt{x}}$.

Démontrer, en utilisant la définition, que g a pour limite 0 en $+\infty$.

CORRIGÉ

ε est un réel strictement positif donné.

$g(x) \in\ ]0 - \varepsilon\,; 0 + \varepsilon[\ \Leftrightarrow -\varepsilon < \dfrac{1}{\sqrt{x}} < \varepsilon$

$\Leftrightarrow 0 < \dfrac{1}{\sqrt{x}} < \varepsilon$ car la fonction g est strictement positive sur $]0\,;+\infty[$,

$\Leftrightarrow \dfrac{1}{\varepsilon} < \sqrt{x}$ car la fonction inverse est strictement décroissante sur $]0\,;+\infty[$,

$\Leftrightarrow \dfrac{1}{\varepsilon^2} < x$ car la fonction carrée est strictement croissante sur $]0\,;+\infty[$.

Donc, l'intervalle $]-\varepsilon\,;+\varepsilon[$, centré en 0, contient toutes les valeurs g(x) pour $x > \dfrac{1}{\varepsilon^2}$ (c'est-à-dire pour x assez grand). Donc, $\mathbf{\lim\limits_{x\to+\infty} g(x) = 0}$.

(On peut alors dire que la droite d'équation $y = 0$ est asymptote horizontale à la courbe représentant g dans un repère.)

2 Limites infinies en une valeur *a*. Asymptote verticale

1 Définition

Dire qu'une fonction f a pour **limite $+\infty$ en a** signifie que tout intervalle de la forme $]A\,;+\infty[$ contient toutes les valeurs $f(x)$, pour x proche de a.

On note $\lim\limits_{x \to a} f(x) = +\infty$.

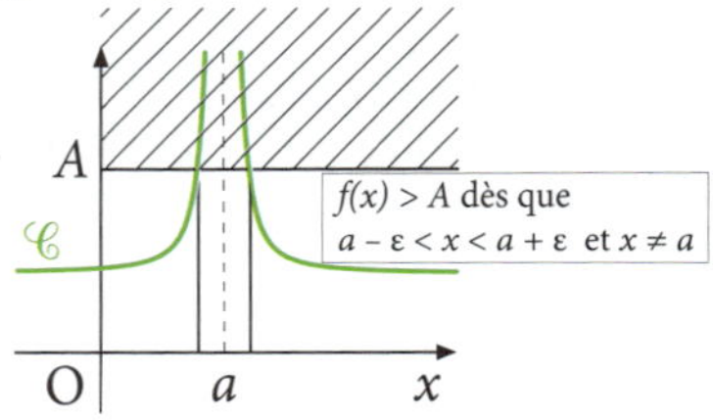

Remarque : On définit de même « f a pour limite $-\infty$ en a ».

Exemples : $\lim\limits_{x \to 0} \dfrac{1}{x^2} = +\infty$, $\lim\limits_{x \to 0} \dfrac{1}{x^4} = +\infty$.

2 Limite à droite, à gauche

Lorsque l'on étudie la limite en a de f, on doit parfois distinguer deux cas :

- $\lim\limits_{\substack{x \to a \\ x < a}} f(x)$, on dit que l'**on s'approche de a par la gauche.**

Remarque : On écrit aussi $\lim\limits_{x \to a^-} f(x)$.

- $\lim\limits_{\substack{x \to a \\ x > a}} f(x)$, on dit que l'**on s'approche de a par la droite.**

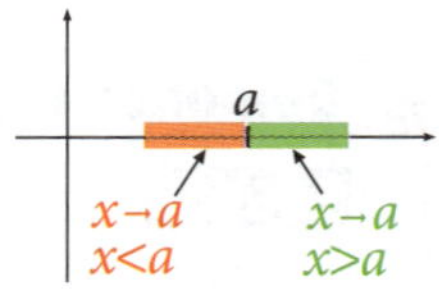

Remarque : On écrit aussi $\lim\limits_{x \to a^+} f(x)$.

Exemples : $\lim\limits_{\substack{x \to 0 \\ x < 0}} \dfrac{1}{x} = -\infty$ et $\lim\limits_{\substack{x \to 0 \\ x > 0}} \dfrac{1}{x} = +\infty$.

3 Interprétation graphique

Dire que la droite verticale D d'équation **$x = a$ est asymptote verticale** à la courbe $\mathscr{C}$ représentant la fonction f dans un repère signifie que :

$$\lim_{x \to a} f(x) = +\infty \text{ ou } \lim_{x \to a} f(x) = -\infty.$$

Exemples :

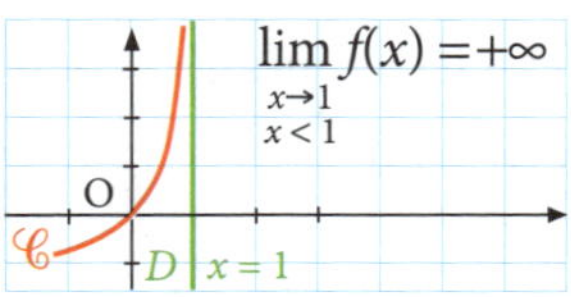

$D : x = 1$ est asymptote verticale à $\mathscr{C}$.

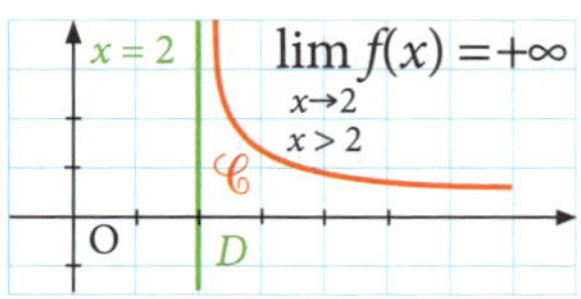

$D : x = 2$ est asymptote verticale à $\mathscr{C}$.

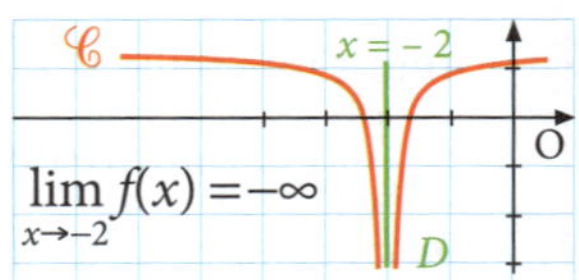

$D : x = -2$ est asymptote verticale à $\mathscr{C}$.

EXERCICE RÉSOLU

Démontrer qu'une fonction a une limite infinie en *a*

ÉNONCÉ

f est la fonction définie sur $]2\,;+\infty[$ par $f(x) = \dfrac{1}{(x-2)^2}$.

1. Conjecturer, à l'aide de la calculatrice, la limite de la fonction f en 2.

2. Démontrer, à l'aide de la définition, la conjecture précédente.

3. Interpréter graphiquement la limite démontrée au **2.**

CORRIGÉ

1. Avec la fenêtre graphique :
$X_{min} = 2$, $X_{max} = 3$ pour être proche de $x = 2$,
$Y_{min} = 0$, $Y_{max} = 50$ pour conjecturer la limite, on obtient l'écran ci-dessous.
On conjecture que $\boldsymbol{\lim\limits_{x \to 2} f(x) = +\infty}$.

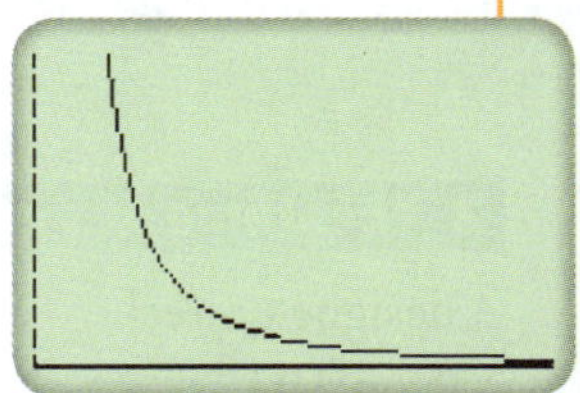

2. Soit A un réel strictement positif.

$f(x) \in\,]A\,;+\infty[\Leftrightarrow \dfrac{1}{(x-2)^2} > A > 0$

$\Leftrightarrow (x-2)^2 < \dfrac{1}{A}$, car $x \mapsto \dfrac{1}{x}$ est strictement décroissante sur $]0\,;+\infty[$

$\Leftrightarrow x - 2 < \dfrac{1}{\sqrt{A}}$, car $x \mapsto \sqrt{x}$ est strictement croissante sur $]0\,;+\infty[$

$\Leftrightarrow x < 2 + \dfrac{1}{\sqrt{A}}$

Ainsi, $f(x) > A$ dès que $x < 2 + \dfrac{1}{A}$.

> **Remarque**
> Dans ce cas $\varepsilon = \dfrac{1}{A}$

Ainsi, **la limite de la fonction f en 2 est $+\infty$.**

3. Dans un repère, la droite d'équation $x = 2$ est **asymptote verticale** à la courbe représentative de la fonction f.

3 Limites et comparaisons

1 Comparaison : limite infinie

A désigne un réel.

f et g sont deux fonctions telles que, pour tout $x > A$, $f(x) \geqslant g(x)$.

- **Propriétés**

1. Si $\lim\limits_{x \to +\infty} f(x) = -\infty$, alors $\lim\limits_{x \to +\infty} g(x) = -\infty$.

2. Si $\lim\limits_{x \to +\infty} g(x) = +\infty$, alors $\lim\limits_{x \to +\infty} f(x) = +\infty$.

Remarque : Ces deux propriétés restent vraies lorsque x tend vers $-\infty$.

Illustration de la propriété 2.

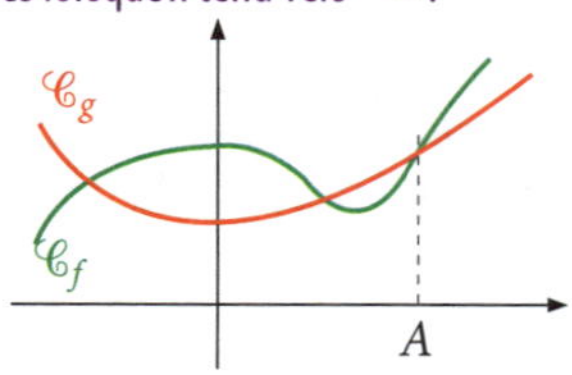

2 Théorème des gendarmes : limite réelle

A désigne un réel.

- **Propriété**

f, g et h sont trois fonctions telles que, pour tout $x > A$, $f(x) \leqslant g(x) \leqslant h(x)$.

Si $\lim\limits_{x \to +\infty} f(x) = \ell$ et $\lim\limits_{x \to +\infty} h(x) = \ell$, alors $\lim\limits_{x \to +\infty} g(x) = \ell$.

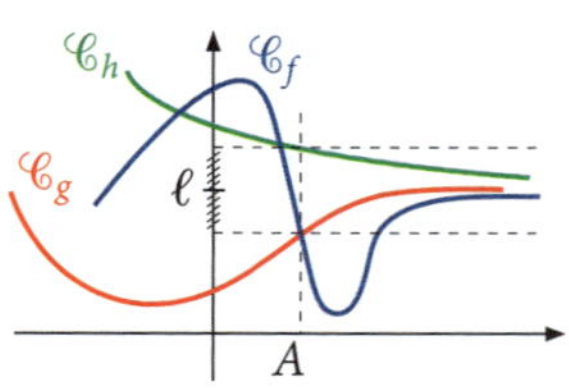

Remarque : Ce théorème reste vrai lorsque x tend vers $-\infty$.

3 Croissance comparée de x^n et de e^x

- **Propriétés**

Pour tout entier naturel n non nul, $\lim\limits_{x \to +\infty} \dfrac{e^x}{x^n} = +\infty$ $\qquad \lim\limits_{x \to -\infty} x^n e^x = 0$

EXERCICES RÉSOLUS

Utiliser le théorème des gendarmes

ÉNONCÉ

f est la fonction définie sur $\mathbb{R}^*$ par $f(x) = \dfrac{\cos x}{x^2}$.

1. Démontrer que, pour tout réel x non nul, $-\dfrac{1}{x^2} \leqslant f(x) \leqslant \dfrac{1}{x^2}$.

2. En déduire la limite de f en $+\infty$.

CORRIGÉ

1. Pour tout réel x non nul, $-1 \leqslant \cos x \leqslant 1$

$\Leftrightarrow -\dfrac{1}{x^2} \leqslant \dfrac{\cos x}{x^2} \leqslant \dfrac{1}{x^2}$

$\Leftrightarrow -\dfrac{1}{x^2} \leqslant f(x) \leqslant \dfrac{1}{x^2}$.

Remarque

Pour tout réel non nul x, $x^2 > 0$ donc on ne change pas le sens des inégalités en divisant par x^2.

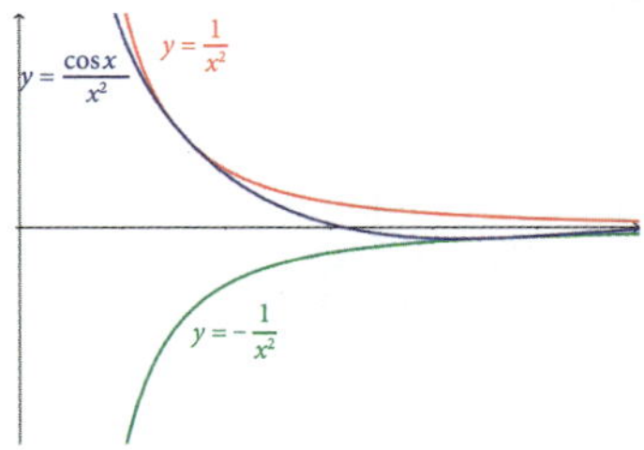

2. On a $\lim\limits_{x \to +\infty} \dfrac{1}{x^2} = 0$ et $\lim\limits_{x \to +\infty} -\dfrac{1}{x^2} = 0$.

Ainsi, d'après le théorème des gendarmes :

$\lim\limits_{x \to +\infty} \dfrac{\cos x}{x^2} = 0$.

Utiliser la croissance comparée de x^n et de e^x

ÉNONCÉ

f est la fonction définie sur $\mathbb{R}^*$ par $f(x) = \dfrac{e^x + 1}{x^3}$.
Déterminer la limite de f en $+\infty$.

CORRIGÉ

On modifie l'expression de $f(x)$ pour se ramener à une des deux croissances comparées du cours.

Pour tout réel x non nul, $f(x) = \dfrac{e^x}{x^3} + \dfrac{1}{x^3}$.

Or $\lim\limits_{x \to +\infty} \dfrac{e^x}{x^3} = +\infty$ et $\lim\limits_{x \to +\infty} \dfrac{1}{x^3} = 0$, ainsi

$\lim\limits_{x \to +\infty} \dfrac{e^x}{x^3} + \dfrac{1}{x^3} = +\infty$ soit $\lim\limits_{x \to +\infty} f(x) = +\infty$.

4 Opérations sur les limites

a désigne un réel ou $-\infty$ ou $+\infty$.

1 Limite de la somme de deux fonctions

$\lim\limits_{x\to a} u(x)$	ℓ	ℓ	ℓ	$+\infty$	$-\infty$	$+\infty$
$\lim\limits_{x\to a} v(x)$	ℓ'	$+\infty$	$-\infty$	$+\infty$	$-\infty$	$-\infty$
$\lim\limits_{x\to a} [u(x)+v(x)]$	$\ell+\ell'$	$+\infty$	$-\infty$	$+\infty$	$-\infty$	FI

Dans la situation notée FI : forme indéterminée, on ne peut pas conclure, toutes les réponses sont envisageables.

2 Limite du produit de deux fonctions

$\lim\limits_{x\to a} u(x)$	ℓ	$\ell \neq 0$	0	∞
$\lim\limits_{x\to a} v(x)$	ℓ'	∞	∞	∞
$\lim\limits_{x\to a} [u(x)\times v(x)]$	$\ell \times \ell'$	∞(*)	FI	∞(*)

Remarque : (*) le signe de la limite s'obtient au moyen de la règle des signes de la multiplication.

3 Limite du quotient de deux fonctions

$\lim\limits_{x\to a} u(x)$	ℓ	$\ell \neq 0$	∞	ℓ	∞	0
$\lim\limits_{x\to a} v(x)$	$\ell' \neq 0$	0	ℓ'	∞	∞	0
$\lim\limits_{x\to a} \dfrac{u(x)}{v(x)}$	$\dfrac{\ell}{\ell'}$	∞(*)	∞(*)	0	FI	FI

Remarque : (*) Le signe de la limite s'obtient au moyen de la règle des signes de la division.

EXERCICES RÉSOLUS

Appliquer les règles opératoires

ÉNONCÉ

f est la fonction définie sur $\mathbb{R}$ par $f(x) = e^x + x$.

g est la fonction définie sur $\mathbb{R}$ par $g(x) = e^x\left(-x^2 + \dfrac{1}{x}\right)$.
Déterminer la limite de f et g en $+\infty$.

CORRIGÉ

Pour *f*

On a $\lim\limits_{x\to+\infty} e^x = +\infty$ et $\lim\limits_{x\to+\infty} x = +\infty$.

Donc, par somme, $\boldsymbol{\lim\limits_{x\to+\infty} e^x + x = +\infty}$.

Pour *g*

On a $\lim\limits_{x\to+\infty} \frac{1}{x} = 0$ et $\lim\limits_{x +\infty} -x^2 = -\infty$.

Donc, par somme, $\lim\limits_{x\to+\infty} -x^2 + \frac{1}{x} = -\infty$.

Puis, $\lim\limits_{x\to+\infty} e^x = +\infty$, donc, par produit, $\boldsymbol{\lim\limits_{x\to+\infty} e^x\left(-x^2 + \frac{1}{x}\right) = -\infty}$.

Réflexe à avoir
Vérifier la cohérence des résultats à la calculatrice

Étudier la limite d'une fonction polynôme

ÉNONCÉ

f est la fonction définie sur $\mathbb{R}$ par $f(x) = x^2 - 4x + 1$.
Déterminer les limites de *f* en $+\infty$ et $-\infty$ puis dresser son tableau de variation sur $\mathbb{R}$.

CORRIGÉ

• **en $+\infty$:**

$f(x) = x^2\left(1 - \frac{4x}{x^2} + \frac{1}{x^2}\right) = x^2\left(1 - \frac{4}{x} + \frac{1}{x^2}\right)$.

On a $\lim\limits_{x\to+\infty} \frac{1}{x} = 0$ et $-4 < 0$ donc $\lim\limits_{x\to+\infty} \frac{-4}{x} = 0$.

On a $\lim\limits_{x\to+\infty} \frac{1}{x^2} = 0$ et $\lim\limits_{x\to+\infty} 1 = 1$ donc, par somme $\lim\limits_{x\to+\infty} 1 - \frac{4}{x} + \frac{1}{x^2} = 1$.

De plus $\lim\limits_{x\to+\infty} x^2 = +\infty$ donc, par produit, $\boldsymbol{\lim\limits_{x\to+\infty} f(x) = +\infty}$

Remarque
Le calcul direct de la limite de *f* comme somme de limites de fonctions usuelles mène à une *F.I.*

• **en $-\infty$:**

$\lim\limits_{x\to-\infty} x^2 = +\infty$ et $\lim\limits_{x\to-\infty} -4x - 1 = +\infty$ donc, par somme, $\boldsymbol{\lim\limits_{x\to-\infty} f(x) = +\infty}$.

• **Tableau de variations de *f* sur $\mathbb{R}$**

x	$-\infty$		2		$+\infty$
$f(x)$	$+\infty$	↘	-3	↗	$+\infty$

f est du second degré avec $a > 0$,

$\alpha = -\frac{b}{2a} = -\frac{-4}{2} = 2$ et $f(2) = -3$.

Savoir lire une limite sur un graphique

ÉNONCÉ

a. Donner, par lecture graphique, les limites de f en $-\infty$, en 1 et en $+\infty$.

b. En déduire les asymptotes à la courbe f.

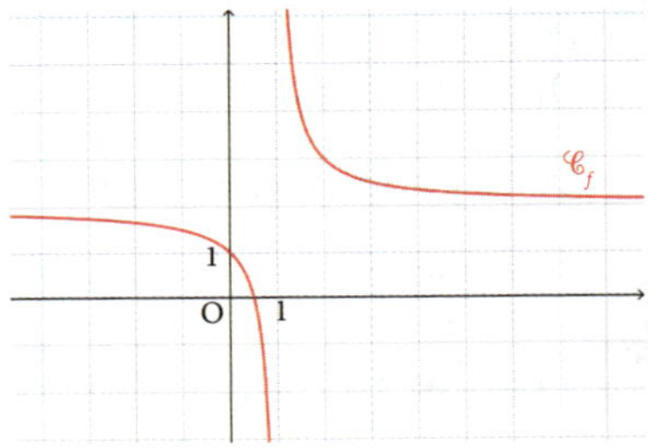

MÉTHODE

Pour déterminer une limite graphiquement, on peut parcourir les abscisses de la droite vers la gauche et observer les images

CORRIGÉ

a. • À gauche du graphique : $\lim\limits_{x \to -\infty} f(x) = 2$.

• À droite du graphique : $\lim\limits_{x \to +\infty} f(x) = 2$.

• Au centre du graphique : $\lim\limits_{x \to 1^-} f(x) = -\infty$ et $\lim\limits_{x \to 1^+} f(x) = +\infty$.

b. Comme $\lim\limits_{x \to -\infty} f(x) = 2$ et que $\lim\limits_{x \to +\infty} f(x) = 2$ la droite horizontale $\mathscr{D}$ d'équation $y = 2$ est asymptote à la courbe de f en $-\infty$ et en $+\infty$.

Comme $\lim\limits_{x \to 1^-} f(x) = -\infty$ et $\lim\limits_{x \to 1^+} f(x) = +\infty$, la droite verticale $x = 1$ est asymptote à la courbe de f.

Savoir déterminer une limite par comparaison

ÉNONCÉ

Déterminer la limite en $-\infty$ de la fonction $f : x \to e^x \sin\left(3x + \frac{\pi}{6}\right)$.

MÉTHODE

Il faut reconnaître une fonction usuelle dans l'expression de $f(x)$ qui peut être majorée, minorée ou bornée. Ensuite on utilise les propriétés de comparaison.

Pour tout réel x, $-1 \leqslant \sin\left(3x+\dfrac{\pi}{6}\right) \leqslant 1$

$$\text{donc } -e^x \leqslant e^x \sin\left(3x+\frac{\pi}{6}\right) \leqslant e^x \ (\text{car } e^x > 0)$$

Or $\lim\limits_{x\to-\infty} -e^x = 0$ et $\lim\limits_{x\to-\infty} e^x = 0$ donc, d'après le théorème des gendarmes

$\lim\limits_{x\to-\infty} e^x \sin\left(3x+\dfrac{\pi}{6}\right) = 0$ c'est-à-dire $\lim\limits_{x\to-\infty} f(x) = 0$.

Savoir utiliser la croissance comparée de e^x et x^n

ÉNONCÉ

Déterminer la limite en $+\infty$ de la fonction f définie sur $]0\,;+\infty[$ par $f(x)=\dfrac{e^x}{x^4+1}$.

MÉTHODE

Lorsque l'on ne peut pas conclure directement en utilisant les règles opératoires, pour une limite utilisant l'exponentielle, il faut transformer l'expression $f(x)$ pour faire apparaître les limites connues entre e^x et x^n.

CORRIGÉ

$\lim\limits_{x\to+\infty} e^x = +\infty$ et $\lim\limits_{x\to+\infty} (x^4+1) = +\infty$ donc on ne peut conclure avec les règles opératoires usuelles.

Pour tout réel x strictement positif, $\dfrac{e^x}{x^4+1} = \dfrac{e^x}{x^4\left(1+\dfrac{1}{x^4}\right)} = \dfrac{e^x}{x^4} \times \dfrac{1}{1+\dfrac{1}{x^4}}$.

Or $\lim\limits_{x\to+\infty} \dfrac{e^x}{x^4} = +\infty$, puis $\lim\limits_{x\to+\infty} \dfrac{1}{x^4} = 0$ donc $\lim\limits_{x\to+\infty} \dfrac{1}{1+\dfrac{1}{x^4}} = 1$.

Ainsi, par produit, $\lim\limits_{x\to+\infty} \dfrac{e^x}{x^4+1} = +\infty$, soit $\lim\limits_{x\to+\infty} f(x) = +\infty$.

Savoir étudier une limite en *a*

ÉNONCÉ

Déterminer la limite en –1 de la fonction g d'expression : $g(x) = \dfrac{-10}{x+1}$.

MÉTHODE

Il faut décomposer en fonctions usuelles dont on connaît les limites puis opérer sur ces limites en étant attentif au signe.

CORRIGÉ

$\lim\limits_{x \to -1} -10 = -10$ et $\lim\limits_{x \to -1} x + 1 = 0$ mais pour conclure il faut connaître le signe de $x + 1$.

x	$-\infty$		-1		$+\infty$
$x+1$		$-$	0	$+$	

Ainsi, par quotient $\lim\limits_{\substack{x \to -1 \\ x < -1}} \dfrac{-10}{x+1} = +\infty$ et $\lim\limits_{\substack{x \to -1 \\ x > -1}} \dfrac{-10}{x+1} = -\infty$.

Savoir factoriser par le terme prépondérant

ÉNONCÉ

Déterminer la limite en $+\infty$ de la fonction suivante : $g(x) = \dfrac{7x^3 + 3}{2x^4 + 5}$.

MÉTHODE

Pour lever une forme indéterminée (F.I.), on peut factoriser l'expression par le terme prépondérant (souvent une puissance de x ou une exponentielle).

CORRIGÉ

$$g(x) = \frac{x^3\left(7 + \dfrac{3}{x^3}\right)}{x^4\left(2 + \dfrac{5}{x^4}\right)} = \frac{7 + \dfrac{3}{x^3}}{x\left(2 + \dfrac{5}{x^4}\right)}.$$

$\lim\limits_{x \to +\infty} \dfrac{1}{x^3} = 0$ donc $\lim\limits_{x \to +\infty} 7 + \dfrac{3}{x^3} = 7$.

Remarque

Pour un quotient, après avoir factorisé, il ne faut pas oublier de simplifier.

$\lim\limits_{x \to +\infty} \frac{1}{x^4} = 0$ donc $\lim\limits_{x \to +\infty} 2 + \frac{5}{x^4} = 2$ et $\lim\limits_{x \to +\infty} x\left(2 + \frac{5}{x^4}\right) = +\infty$.

Ainsi, par quotient, $\lim\limits_{x \to +\infty} \dfrac{-7 + \frac{3}{x^3}}{x\left(2 + \frac{5}{x^4}\right)} = 0$ c'est-à-dire $\mathbf{\lim\limits_{x \to +\infty} g(x) = 0}$.

Savoir déterminer un seuil

ÉNONCÉ

a. Écrire une fonction Python seuil, de paramètre A, qui calcule la plus petite valeur entière de x telle que $10(1 + e^{0,1x^2})$ soit strictement supérieur à A.

b. Quelle ligne inscrire dans la console pour déterminer x tel que $f(x) > 9999$?

MÉTHODE

Pour déterminer un seuil, on doit utiliser une boucle « Tant que » car on ne connaît pas à l'avance le nombre d'itérations de la boucle.

CORRIGÉ

a.

```
from math import*

#le ou les prarmètres d'une fonction se mettent
# dans les parenthèses derrière le nom de la fonction
def seuil(A):
    # 1er antécédent et son image
    x = 0
    y = 20

    # entre parenthèse, la condition à vérifier pour boucler
    while ( y < A  ):
        x = x+1
        y = 10*(1+exp(0.1*x**2))

    # la valeur contenue dans la variable x sera renvoyée
    return x
```

b. Il faut inscrire « seuil(9999) ».
La fonction Python retourne 9.

```
*** Console de processus distant Réinitialisée ***
>>>
>>> seuil(9999)
9
>>>
```

Ainsi, $10(1 + e^{0,1x^2}) > 9999$ dès que $x > 9$.

Vérifiez vos connaissances

1 Vrai-Faux

Indiquer pour chaque proposition si elle est vraie (V) ou fausse (F).

1. $\lim\limits_{x \to +\infty} \dfrac{x^2+1}{x^2+2x-3} = 1.$ ☐ V ☐ F

2. $\lim\limits_{x \to -\infty} x + \cos^2 x = -\infty.$ ☐ V ☐ F

3. Si, pour tout réel $x > 0, f(x) > \dfrac{1}{10}x$, alors $\lim\limits_{x \to +\infty} f(x) = +\infty.$ ☐ V ☐ F

4. Si $\lim\limits_{x \to +\infty} f(x) = 2$, alors $y = 2$ est asymptote à $\mathscr{C}_f$ en $+\infty$. ☐ V ☐ F

2 QCM

Pour chaque question, une seule réponse proposée (A, B ou C) est exacte.

		A	B	C
1.	$f(x) = -2x^3 + x^2$ $\lim\limits_{x \to +\infty} f(x)$ est égale à	0	$-\infty$	$+\infty$
2.	$f(x) = \dfrac{2x^2 - x + 1}{2x - 1}$ $\lim\limits_{x \to +\infty} f(x)$ est égale à	$+\infty$	2	1
3.	$f(x) = -2x + 1 - \dfrac{1}{x-2}$ $\lim\limits_{\substack{x \to 2 \\ x > 2}} f(x)$ est égale à	-3	0	$-\infty$
4.	f est la fonction définie sur $]-\infty\,;1[\,\cup\,]1\,;+\infty[$ par $f(x) = \dfrac{3}{x-1}$	$\lim\limits_{\substack{x \to 1 \\ x < 1}} f(x) = \lim\limits_{\substack{x \to 1 \\ x > 1}} f(x)$	$\lim\limits_{\substack{x \to 1 \\ x < 1}} f(x) = -\lim\limits_{\substack{x \to 1 \\ x > 1}} f(x)$	$\lim\limits_{x \to +\infty} f(x) = -3$
5.	La courbe représentant la fonction f telle que $\lim\limits_{x \to 2} f(x) = -\infty$ admet	une asymptote horizontale d'équation $y = 2$	une asymptote verticale d'équation $x = 2$	une asymptote verticale d'équation $y = 2$

Exercices d'application

3 Conjecture avec la calculatrice

f est la fonction définie sur $]0\,;+\infty[$ par $f(x)=\dfrac{3x-7}{x}$.

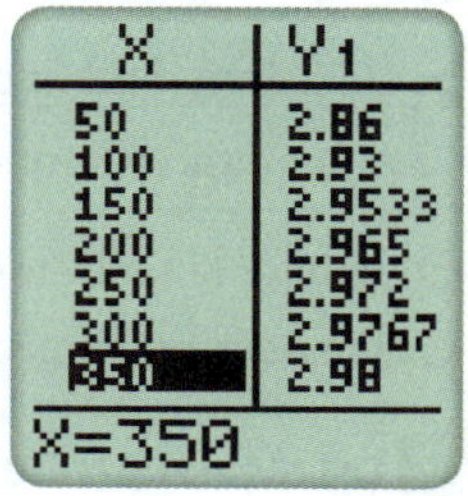

On a obtenu avec la calculatrice le tableau de valeurs de la fonction f ci-contre.

a. Conjecturer la limite de f en $+\infty$.

b. Démontrer cette conjecture à l'aide de la définition.

c. Interpréter graphiquement cette conjecture.

4 Conjecture avec un graphique

f et g sont les fonctions définies sur $\mathbb{R}$ dont les représentations graphiques sont données ci-contre.

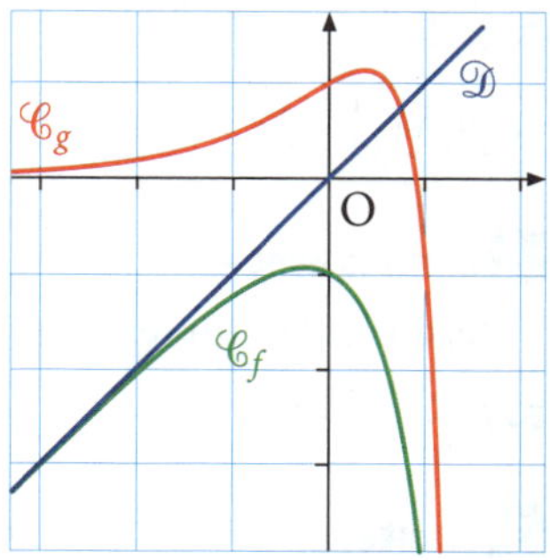

$\mathscr{D}$ est la droite d'équation $y = x$.

a. Conjecturer les limites de f et g en $+\infty$ puis en $-\infty$.

b. Donner l'équation de l'asymptote de la courbe $\mathscr{C}_g$.

5 Les limites sont données

f est la fonction définie sur $]-\infty\,;-2[\,\cup\,]-2\,;+\infty[$ dont le tableau de variation est le suivant :

x	$-\infty$		-2		2		$+\infty$
$f(x)$	3	↗	$+\infty$ ‖ $-\infty$	↗	1	↘	0

a. Donner toutes les limites de f qui sont renseignées dans ce tableau.

b. Dans un repère, $\mathscr{C}_f$ est la courbe représentative de f.

Déterminer les asymptotes de $\mathscr{C}_f$.

c. On précise que $f(-3) = 4$, $f(-1) = 0$.

Tracer une courbe $\mathscr{C}_f$ possible.

6 Avec Python

Voici une fonction tendance écrite en langage Python.

```
from math import *

def tendance(a,n):
    image=[]
    for i in range(1,n+1):
        h=10**(-i)
        y=cos(h)/exp(h)
        image.append(y)
    return image
```

a. Pour $i = 1$, donner la valeur des variables h et y.

b. On a écrit dans la console :

```
>>> tendance (lambda x : cos(x)/exp(x), 0, 3)
```

Compléter le tableau suivant (arrondir au millième).

i	1	2	3
h			
y			

c. Que peut-on conjecturer ? Justifier la réponse.

7 Les règles opératoires à l'infini

Déterminer les limites suivantes :

a. $\lim\limits_{x \to +\infty} (3x^2 + 5x - 9)$;

b. $\lim\limits_{x \to +\infty} (x^2 + \sin x)$;

c. $\lim\limits_{x \to -\infty} \dfrac{7x + 1}{x^4 + 1}$;

d. $\lim\limits_{x \to -\infty} \dfrac{2x - 1}{3 - x}$.

8 Limites avec e^x

Déterminer les limites en $+\infty$ et en $-\infty$ des fonctions suivantes :

a. $f(x) = \dfrac{x + 3}{e^x}$;

b. $g(x) = \dfrac{e^x + 5}{x^4 + 1}$.

9 Limites en a

Étudier la limite de la fonction f en a.

a. $f(x) = \dfrac{4x^2 + 1}{x}$ avec $a = 0$;

b. $f(x) = \dfrac{-5x}{x - 3}$ avec $a = 3$;

c. $f(x) = \dfrac{2x + 3}{-x + 1}$ avec $a = 1$;

d. $f(x) = \dfrac{x^2 + 8}{4 - 2x}$ avec $a = 2$.

Exercices d'entraînement

10 Limite de suite

(u_n) est la suite définie, pour tout entier naturel n, par $u_n = \sqrt{\dfrac{n^2}{e^n}}$

a. Étudier $\lim\limits_{x \to +\infty} \sqrt{\dfrac{x^2}{e^x}}$.

b. En déduire la convergence de la suite (u_n).

11 Encadrement et limites

f est la fonction définie sur $]-\infty\,;0[\cup]0\,;+\infty[$ par $f(x)=5+\dfrac{\sin x}{x^3}$.

1. Déterminer les limites de la fonction f en $+\infty$ et en $-\infty$.

2. La courbe $\mathscr{C}_f$ représentant f dans un repère orthonormé admet-elle des asymptotes parallèles aux axes ?

12 Asymptotes verticales

f est la fonction définie pour $x\neq-1$ et $x\neq1$, par $f(x)=\dfrac{x+2}{x^2-1}$.

1. a. Préciser le signe de x^2-1.

b. Déterminer $\lim\limits_{\substack{x\to-1\\x>-1}}(x^2-1)$, puis $\lim\limits_{\substack{x\to-1\\x<-1}}(x^2-1)$. Préciser leur signe.

c. En déduire les limites de f en -1 et une asymptote à la courbe représentative de f.

2. Avec un raisonnement analogue, déterminer $\lim\limits_{x\to1}f(x)$.

13 Des démonstrations parmi celles à connaître

1. a. Étudier la fonction f définie sur $\mathbb{R}^+$ par $f(x)=e^x-x$.

b. Étudier la fonction g définie sur $\mathbb{R}^+$ par $g(x)=e^x-\dfrac{1}{2}x^2$.

c. En déduire que pour tout $x\in\mathbb{R}_+^*$, $e^x>x$ et $\dfrac{e^x}{x}>\dfrac{x}{2}$.

> **Rappel**
> $\mathbb{R}^+=[0\,;+\infty[$
> $\mathbb{R}_+^*=]0\,;+\infty[$

2. À l'aide de la question précédente montrer que $\lim\limits_{x\to+\infty}e^x=+\infty$.

3. Montrer, d'après **1. c.**, que $\lim\limits_{x\to+\infty}\dfrac{e^x}{x}=+\infty$.

4. a. Démontrer que pour tout $n\in\mathbb{N}^*$, $x\in\mathbb{R}_+^*$, $\dfrac{e^x}{x^n}=\dfrac{1}{n^n}\times\left(\dfrac{e^{\frac{x}{n}}}{\frac{x}{n}}\right)^n$.

b. En déduire que $\lim\limits_{x\to+\infty}\dfrac{e^x}{x^n}=+\infty$ pour $n\in\mathbb{N}^*$.

14 Des asymptotes

f est la fonction définie sur $]-\infty\,;-1[\cup]-1\,;+\infty[$ par $f(x)=\dfrac{2x}{x^3+1}$.

1. Étudier les asymptotes en $+\infty$ et en $-\infty$.

2. Étudier la position de la courbe par rapport à cette asymptote.

3. Montrer que la droite $x=-1$ est une asymptote verticale à la courbe représentative de f.

15 Asymptote et Python

f est une fonction définie sur $]1\ ;+\infty[$ par $f(x)=\dfrac{5x^2-4x}{x-1}$.

1. Montrer que pour tout réel $x \in\ ]1\ ;+\infty[$, $f(x)=5x+1+\dfrac{1}{x-1}$.

2. Représenter sur votre calculatrice les courbes $y = f(x)$ et $y = 5x + 1$. Quelle conjecture pouvez vous faire quand $x \to +\infty$?

3. Après un zoom :

M point de la courbe de $\mathscr{C}$ d'abscisse x.

$\mathscr{D}$ est la droite d'équation $y = 5x + 1$.

H projeté orthogonal de M sur $\mathscr{D}$.

P point de la droite $\mathscr{D}$ d'abscisse x.

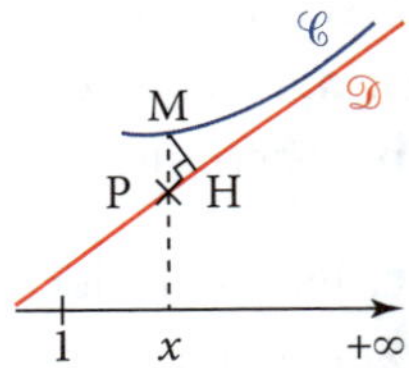

a. À quoi correspond la distance MH ?

b. Comparer MH et MP.

4. a. Compléter les cadres vides de la fonction Python ci-contre afin qu'elle retourne lors de son appel le plus petit entier x à partir duquel la distance MP est inférieure à 10^{-n}.

```
from math import*

def seuil(n):
    x=2
    mp=1
    while (mp>=[          ]):
        x=x+1
        mp=abs([          ])
    return x
```

b. Quelle valeur est retournée pour $n = 5$?

c. Que peut-on dire de la $\lim\limits_{x\to+\infty} MP$? puis de $\lim\limits_{n\to+\infty} MH$?

d. En déduire une interprétation graphique.

Vérifiez vos connaissances

1 Vrai-Faux

1. Vrai **2.** Vrai **3.** Vrai **4.** Vrai

2 QCM

1. B **2.** A **3.** C **4.** B **5.** B

Exercices d'application

3 Conjecture avec la calculatrice

a. On conjecture que la limite de f en $+\infty$ est 3.

b. On a, pour tout réel $x \in]0 ; +\infty[$, $f(x) = \frac{3x}{x} - \frac{7}{x} = 3 - \frac{7}{x}$.

$f(x) \in]3 - \varepsilon ; 3 + \varepsilon[\Leftrightarrow 3 - \varepsilon < 3 - \frac{7}{x} < 3 + \varepsilon \Leftrightarrow -\varepsilon < -\frac{7}{x} < \varepsilon \Leftrightarrow \varepsilon > \frac{7}{x} > -\varepsilon.$

De plus, $x \in]0 ; +\infty[$, donc $\varepsilon > \frac{7}{x} > 0 \quad \Leftrightarrow \frac{1}{\varepsilon} < \frac{x}{7} \quad \Leftrightarrow \frac{7}{\varepsilon} < x.$

(car la fonction inverse est strictement décroissante sur $]0 ; +\infty[$).

Donc, l'intervalle $]3 - \varepsilon ; 3 + \varepsilon[$, centré en 3, contient toutes les valeurs de $f(x)$ pour $x > \frac{7}{\varepsilon}$, c'est-à-dire pour x assez grand. Donc, $\lim\limits_{x \to +\infty} f(x) = 3$.

c. La courbe représentant f dans un repère admet une **asymptote horizontale** d'équation $y = 3$.

4 Conjecture avec un graphique

a. Il semble que $\lim\limits_{x \to +\infty} f(x) = -\infty$; $\lim\limits_{x \to -\infty} f(x) = -\infty$;

$\lim\limits_{x \to +\infty} g(x) = -\infty$; $\lim\limits_{x \to -\infty} g(x) = 0$.

b. L'axe des abscisses d'équation $y = 0$, est asymptote horizontale à $\mathscr{C}_g$ en $-\infty$.

5 Les limites sont données

a. $\lim\limits_{x \to -\infty} f(x) = 3$; $\lim\limits_{\substack{x \to -2 \\ x < -2}} f(x) = +\infty$; $\lim\limits_{\substack{x \to -2 \\ x > -2}} f(x) = -\infty$; $\lim\limits_{x \to +\infty} f(x) = 0$.

b. La courbe $\mathscr{C}_f$ admet une **asymptote verticale** d'équation $\boldsymbol{x = -2}$, une **asymptote horizontale** d'équation $y = 3$ en $-\infty$, et une **asymptote horizontale** d'équation $y = 0$ en $+\infty$.

c. 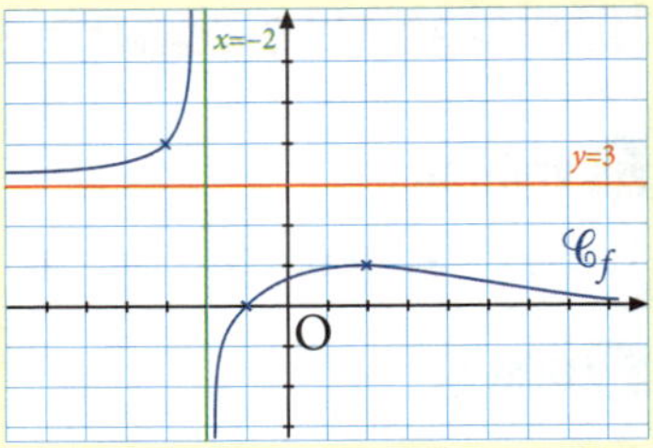

6 Avec Python

a. Pour $i = 1$, $h = 10^{-i} = 10^{-1} = 0{,}1$; $y = \dfrac{\cos(0{,}1)}{e^{0{,}1}} \approx 0{,}9$.

b.

i	1	2	3
h	0,1	0,01	0,001
y	0,900	0,990	0,999

Rappel
i est la variable « compteur » de la boucle for, elle s'incrémente de 1 automatiquement en allant de 1 à n.

c. On conjecture que $\lim\limits_{x \to 0} \dfrac{\cos x}{e^x} = 1$.

$\left.\begin{array}{l}\lim\limits_{x\to 0} \cos x = 1 \\ \lim\limits_{x\to 0} e^x = 1\end{array}\right\}$ Ainsi, $\boxed{\lim\limits_{x \to 0} \dfrac{\cos x}{e^x} = 1}$.

7 Les règles opératoires à l'infini

a. $\lim\limits_{x\to+\infty} 3x^2 = +\infty$, $\lim\limits_{x\to+\infty} 5x = +\infty$ et $\lim\limits_{x\to+\infty} -9 = -9$.

Par addition, $\lim\limits_{x\to+\infty} (3x^2 + 5x - 9) = +\infty$.

b. La fonction sinus oscille entre -1 et 1 donc n'a pas de limite en $+\infty$.

On a $-1 \leqslant \sin x \leqslant 1 \Leftrightarrow x^2 - 1 \leqslant x^2 + \sin x \leqslant x^2 + 1$.

Or, $\lim\limits_{x\to+\infty} (x^2 - 1) = +\infty$, donc par comparaison $\lim\limits_{x\to+\infty} (x^2 + \sin x) = +\infty$.

c. On a $\lim\limits_{x\to-\infty} (7x + 1) = -\infty$ et $\lim\limits_{x\to-\infty} (x^4 + 1) = +\infty$.

On ne peut conclure avec les règles opératoires (FI du type « $\dfrac{\infty}{\infty}$ »).

On a $\dfrac{7x+1}{x^4+1} = \dfrac{x\left(7 + \dfrac{1}{x}\right)}{x^4\left(1 + \dfrac{1}{x^4}\right)} = \dfrac{7 + \dfrac{1}{x}}{x^3\left(1 + \dfrac{1}{x^4}\right)}$.

Or, $\lim\limits_{x\to-\infty} \left(7 + \dfrac{1}{x}\right) = 7$, $\lim\limits_{x\to-\infty} x^3 = -\infty$ et $\lim\limits_{x\to-\infty} \left(1 + \dfrac{1}{x^4}\right) = 1$.

Rappel
Si $n \geqslant 1$, alors $\lim\limits_{x\to\pm\infty} \dfrac{1}{x^n} = 0$.

Cette fois, avec les règles opératoires, on a $\lim\limits_{x \to -\infty} \dfrac{7 + \dfrac{1}{x}}{x^3\left(1 + \dfrac{1}{x^4}\right)} = 0$.

Finalement, $\boxed{\lim\limits_{x \to -\infty} \dfrac{7x + 1}{x^4 + 1} = 0}$.

d. On a $\lim\limits_{x \to -\infty} (2x - 1) = -\infty$ et $\lim\limits_{x \to -\infty} (3 - x) = +\infty$.

On ne peut conclure avec les règles opératoires (FI du type « $\dfrac{\infty}{\infty}$ »).

On a $\dfrac{2x - 1}{3 - x} = \dfrac{x\left(2 - \dfrac{1}{x}\right)}{x\left(\dfrac{3}{x} - 1\right)} = \dfrac{2 - \dfrac{1}{x}}{\dfrac{3}{x} - 1}$.

Or, $\lim\limits_{x \to -\infty} \left(2 - \dfrac{1}{x}\right) = 2$ et $\lim\limits_{x \to -\infty} \left(\dfrac{3}{x} - 1\right) = -1$, par quotient $\lim\limits_{x \to -\infty} \dfrac{2 - \dfrac{1}{x}}{\dfrac{3}{x} - 1} = -2$.

Finalement $\boxed{\lim\limits_{x \to -\infty} \dfrac{2x - 1}{3 - x} = -2}$.

8 Limites avec e^x

a. On a $\lim\limits_{x \to +\infty} (x + 3) = +\infty$ et $\lim\limits_{x \to +\infty} e^x = +\infty$. On obtient une FI du type « $\dfrac{\infty}{\infty}$ ».

On cherche à faire apparaître une croissance comparée entre e^x et x.

$\dfrac{x + 3}{e^x} = \dfrac{x}{e^x} + \dfrac{3}{e^x} = \dfrac{1}{\dfrac{e^x}{x}} + \dfrac{3}{e^x}$.

On sait que $\lim\limits_{x \to +\infty} \dfrac{e^x}{x} = +\infty$, donc $\lim\limits_{x \to +\infty} \dfrac{1}{\dfrac{e^x}{x}} = 0$. Puis, $\lim\limits_{x \to +\infty} e^x = +\infty$, donc $\lim\limits_{x \to +\infty} \dfrac{3}{e^x} = 0$.

Finalement, $\boxed{\lim\limits_{x \to +\infty} \dfrac{x + 3}{e^x} = 0}$.

b. De même, on obtient une FI du type « $\dfrac{\infty}{\infty}$ ».

On cherche à faire apparaître une croissance comparée entre e^x et x^4

$\dfrac{e^x + 5}{x^4 + 1} = \dfrac{e^x}{x^4 + 1} + \dfrac{5}{x^4 + 1} = \dfrac{e^x}{x^4\left(1 + \dfrac{1}{x^4}\right)} + \dfrac{5}{x^4 + 1} = \dfrac{e^x}{x^4} \times \dfrac{1}{1 + \dfrac{1}{x^4}} + \dfrac{5}{x^4 + 1}$.

On sait que $\lim\limits_{x \to +\infty} \dfrac{e^x}{x^4} = +\infty$, $\lim\limits_{x \to +\infty} \left(1 + \dfrac{1}{x^4} = 1\right)$ et $\lim\limits_{x \to +\infty} (x^4 + 1) = +\infty$.

Ainsi $\lim\limits_{x \to +\infty} \frac{e^x}{x^4} \times \left(1 + \frac{1}{x^4}\right) = +\infty$ et $\lim\limits_{x \to +\infty} \frac{1}{x^4 + 1} = 0$. Finalement $\lim\limits_{x \to +\infty} \frac{e^x + 5}{x^4 + 1} = +\infty$.

9 Limites en *a*

a.

x	$-\infty$		0		$+\infty$
x		$-$	0	$+$	

Donc $\lim\limits_{\substack{x \to 0 \\ x < 0}} x = 0^-$ et $\lim\limits_{\substack{x \to 0 \\ x < 0}} (4x^2 + 1) = 1$ d'où $\lim\limits_{\substack{x \to 0 \\ x < 0}} f(x) = -\infty$.

De même, $\lim\limits_{\substack{x \to 0 \\ x > 0}} x = 0^+$ et $\lim\limits_{\substack{x \to 0 \\ x > 0}} (4x^2 + 1) = 1$ d'où $\lim\limits_{\substack{x \to 0 \\ x > 0}} f(x) = +\infty$.

Rappel

si $\lim\limits_{x \to a} u(x) \neq 0$

et $\lim\limits_{x \to a} v(x) = 0$

alors $\lim\limits_{x \to a} \frac{u(x)}{v(x)} = \infty$

et le signe s'obtient au moyen de la règle des signes.

b.

x	$-\infty$		3		$+\infty$
$x - 3$		$-$	0	$+$	

Donc $\lim\limits_{\substack{x \to 3 \\ x < 3}} (x - 3) = 0^-$ et $\lim\limits_{\substack{x \to 3 \\ x < 3}} -5x = -15$ d'où $\lim\limits_{\substack{x \to 3 \\ x < 3}} f(x) = +\infty$.

De même, $\lim\limits_{\substack{x \to 3 \\ x > 3}} (x - 3) = 0^+$ et $\lim\limits_{\substack{x \to 3 \\ x > 3}} -5x = -15$ d'où $\lim\limits_{\substack{x \to 3 \\ x > 3}} f(x) = -\infty$.

c.

x	$-\infty$		1		$+\infty$
$-x + 1$		$+$	0	$-$	

Donc $\lim\limits_{\substack{x \to 1 \\ x < 1}} (-x + 1) = 0^+$ et $\lim\limits_{\substack{x \to 1 \\ x < 1}} (2x + 3) = 5$ d'où $\lim\limits_{\substack{x \to 1 \\ x < 1}} f(x) = +\infty$.

De même, $\lim\limits_{\substack{x \to 1 \\ x > 1}} (x - 3) = 0^-$ et $\lim\limits_{\substack{x \to 1 \\ x > 1}} (2x + 3) = 5$ d'où $\lim\limits_{\substack{x \to 1 \\ x > 1}} f(x) = -\infty$.

Réflexe à avoir

Vérifier vos réponses à l'aide de votre calculatrice.

d.

x	$-\infty$		2		$+\infty$
$4 - 2x$		$+$	0	$-$	

Donc $\lim\limits_{\substack{x \to 2 \\ x < 2}} (4 - 2x) = 0^+$ et $\lim\limits_{\substack{x \to 2 \\ x < 2}} (x^2 + 8) = 12$ d'où $\lim\limits_{\substack{x \to 2 \\ x < 2}} f(x) = +\infty$.

De même, $\lim\limits_{\substack{x \to 2 \\ x > 2}} (4 - 2x) = 0^-$ et $\lim\limits_{\substack{x \to 2 \\ x > 2}} (x^2 + 8) = 12$ d'où $\lim\limits_{\substack{x \to 2 \\ x > 2}} f(x) = -\infty$.

Exercices d'entraînement

10 Limite de suite

a. $\lim\limits_{x\to+\infty}\dfrac{x^2}{e^x}=\lim\limits_{x\to+\infty}\dfrac{1}{\dfrac{e^x}{x^2}}=0$ car $\lim\limits_{x\to+\infty}\dfrac{e^x}{x^2}=+\infty$. Ainsi $\lim\limits_{x\to+\infty}\sqrt{\dfrac{x^2}{e^x}}=0$.

b. Lorsque n tend vers $+\infty$, $\sqrt{\dfrac{n^2}{e^n}}$ tend vers 0 et donc la suite (u_n) converge vers 0.

11 Encadrement et limites

1. On a $-1\leqslant \sin x\leqslant 1$ et si $x\in\,]-\infty\,;0[$ $x^3<0$, si $x\in\,]0\,;+\infty[$ $x^3>0$.

Donc, pour $x\in\,]-\infty\,;0[$, $\dfrac{1}{x^3}\leqslant\dfrac{\sin x}{x^3}\leqslant-\dfrac{1}{x^3}\Leftrightarrow 5+\dfrac{1}{x^3}\leqslant 5+\dfrac{\sin x}{x^3}\leqslant 5-\dfrac{1}{x^3}$

et pour $x\in\,]0\,;+\infty[$, $-\dfrac{1}{x^3}\leqslant\dfrac{\sin x}{x^3}\leqslant\dfrac{1}{x^3}\Leftrightarrow 5-\dfrac{1}{x^3}\leqslant 5+\dfrac{\sin x}{x^3}\leqslant 5+\dfrac{1}{x^3}$.

On a, pour $x<0$: $5+\dfrac{1}{x^3}\leqslant f(x)\leqslant 5-\dfrac{1}{x^3}$ et $\lim\limits_{x\to-\infty}\left(5+\dfrac{1}{x^3}\right)=\lim\limits_{x\to-\infty}\left(5-\dfrac{1}{x^3}\right)=5$.

Donc, d'après le théorème des gendarmes, $\lim\limits_{x-\infty}f(x)=5$.

Puis, pour $x>0$: $5-\dfrac{1}{x^3}\leqslant f(x)\leqslant 5+\dfrac{1}{x^3}$ et $\lim\limits_{x\to+\infty}\left(5-\dfrac{1}{x^3}\right)=\lim\limits_{x\to+\infty}\left(5+\dfrac{1}{x^3}\right)=5$.

Donc, d'après le théorème des gendarmes, $\lim\limits_{x\to+\infty}f(x)=5$.

2. $x=0$ est une valeur interdite, donc **la droite d'équation $x=0$ est une asymptote verticale** à la courbe $\mathscr{C}_f$

Puis, d'après les limites trouvées en **1.**, **la droite d'équation $y=5$ est asymptote horizontale** à $\mathscr{C}_f$ en $-\infty$ et en $+\infty$.

12 Asymptotes verticales

1. a. x^2-1 est un trinôme du second degré.

On remarque que $x^2-1=(x-1)(x+1)$, donc les racines de x^2-1 sont 1 et -1, et on a le tableau de signes suivant :

x	$-\infty$		-1		1		$+\infty$
x^2-1		$+$	0	$-$	0	$+$	

b. $\lim\limits_{\substack{x \to -1 \\ x > -1}} (x^2 - 1) = 0$ et $\lim\limits_{\substack{x \to -1 \\ x > -1}} (x^2 - 1) < 0$ d'après le tableau ci-dessus.

$\lim\limits_{\substack{x \to -1 \\ x < -1}} (x^2 - 1) = 0$ et $\lim\limits_{\substack{x \to -1 \\ x < -1}} (x^2 - 1) > 0$ d'après le tableau ci-dessus.

Rappel
On se place à droite ou à gauche de –1.

c. $\lim\limits_{x \to -1} (x + 2) = 1$, donc, par quotient avec les réponses du **b.**, on obtient :

$\lim\limits_{\substack{x \to -1 \\ x < -1}} \dfrac{x+2}{x^2 - 1} = +\infty$ et $\lim\limits_{\substack{x \to -1 \\ x > -1}} \dfrac{x+2}{x^2 - 1} = -\infty$.

La droite d'équation $x = -1$ est asymptote verticale à la courbe de f.

2. $\lim\limits_{x \to 1}(x + 2) = 3$, $\lim\limits_{\substack{x \to 1 \\ x < 1}}(x^2 - 1) = 0$ et $\lim\limits_{\substack{x \to 1 \\ x < 1}}(x^2 - 1) < 0$, donc $\lim\limits_{\substack{x \to 1 \\ x < 1}} f(x) = -\infty$.

$\lim\limits_{x \to 1}(x + 2) = 3$, $\lim\limits_{\substack{x \to 1 \\ x > 1}}(x^2 - 1) = 0$ et $\lim\limits_{\substack{x \to 1 \\ x > 1}}(x^2 - 1) > 0$, donc $\lim\limits_{\substack{x \to 1 \\ x > 1}} f(x) = +\infty$.

La droite d'équation $x = 1$ est asymptote horizontale à la courbe de f.

13 Des démonstrations parmi celles à connaître

1. a. Sur $\mathbb{R}^+$, f est une somme de deux fonctions dérivables donc elle est dérivable et on a $f'(x) = e^x - 1$.

$e^x - 1 > 0 \Leftrightarrow e^x > 1 \Leftrightarrow e^x > e^0 \Leftrightarrow x > 0$.

Ainsi f est croissante sur $\mathbb{R}^+$, son minimum est $f(0) = 1$, un réel strictement positif.

b. Sur $\mathbb{R}^+$, g est une somme de deux fonctions dérivables donc elle est dérivable et on a $g'(x) = e^x - x$.

D'après a., $\forall\, x \in \mathbb{R}^+\ g'(x) > 0$ donc g est croissante sur $\mathbb{R}^+$ et son minimum est $g(0) = 1$.

c. Pour tout réel positif x :

d'après **a.**, $f(x) \geqslant f(0) \Leftrightarrow e^x - x \geq 1 \Leftrightarrow e^x \geqslant x + 1$.

d'après **b.**, $g(x) \geqslant g(0) \Leftrightarrow e^x - \dfrac{1}{2}x^2 \geqslant 1 \Leftrightarrow e^x \geqslant \dfrac{1}{2}x^2 + 1$.

Or pour $x \in \mathbb{R}^+$, $x + 1 > x$ et $\dfrac{1}{2}x^2 + 1 > \dfrac{1}{2}x^2$.

Ainsi $\boldsymbol{e^x > x}$ et $e^x > \dfrac{1}{2}x^2$ soit $\boldsymbol{\dfrac{e^x}{x} > \dfrac{x}{2}}$ $(x \in \mathbb{R}^+_*)$.

2. Sur $\mathbb{R}^+$, $e^x > x$ et $\lim\limits_{x \to +\infty} x = +\infty$ donc, par comparaison, $\lim\limits_{x \to +\infty} e^x = +\infty$.

3. De même, sur $\mathbb{R}^+_*$ $\dfrac{e^x}{x} > \dfrac{x}{2}$ et $\lim\limits_{x \to +\infty} \dfrac{x}{2} = +\infty$ donc, par comparaison, $\lim\limits_{x \to +\infty} \dfrac{e^x}{x} = +\infty$.

4. a. Pour $n \in \mathbb{N}^*$ et $x \in \mathbb{R}_+^*$,

$$\frac{1}{n^n}\left(\frac{e^{\frac{x}{n}}}{\frac{x}{n}}\right)^n = \frac{1}{n^n} \times \frac{\left(e^{\frac{x}{n}}\right)^n}{\left(\frac{x}{n}\right)^n} = \frac{1}{n^n} \times \frac{e^{\frac{x}{n}\times n}}{\frac{x^n}{n^n}} = \frac{e^x}{n^n \times \frac{x^n}{n^n}} = \frac{e^x}{x^n}.$$

Rappel

$$\left(\frac{a}{b}\right)^n = \frac{a^n}{b^n}$$

$$(e^a)^n = e^{a\times n}$$

b. En posant $X = \frac{x}{n}$, si $x \to +\infty$ et $n \in \mathbb{N}^*$ alors $X \to +\infty$.

On sait que $\lim\limits_{x\to+\infty} \frac{e^x}{x} = +\infty$ donc $\lim\limits_{X\to+\infty} \frac{e^X}{X} = +\infty$.

et donc $\lim\limits_{X\to+\infty} \left(\frac{e^X}{X}\right)^n = +\infty$ c'est à dire $\lim\limits_{x\to+\infty} \left(\frac{e^{\frac{x}{n}}}{\frac{x}{n}}\right)^n = +\infty$.

Finalement $\lim\limits_{x\to+\infty} \frac{1}{n^n}\left(\frac{e^{\frac{x}{n}}}{\frac{x}{n}}\right)^n = +\infty$ soit $\lim\limits_{x\to+\infty} \frac{e^x}{x^n} = +\infty$.

14 Des asymptotes

1. On a $f(x) = \frac{x(2)}{x^3\left(1+\frac{1}{x^3}\right)} = \frac{2}{x^2\left(1+\frac{1}{x^3}\right)}$.

Rappel

Si n ⩾ 1, alors

$$\lim_{x\to\pm\infty} \frac{1}{x^n} = 0.$$

$\lim\limits_{x\to-\infty}\left(1+\frac{1}{x^3}\right) = 1$, donc $\lim\limits_{x\to-\infty} x^2\left(1+\frac{1}{x^3}\right) = +\infty$,

donc $\lim\limits_{x\to-\infty} \frac{2}{x^2\left(1+\frac{1}{x^3}\right)} = 0$.

De même, $\lim\limits_{x\to+\infty} \frac{2}{x^2\left(1+\frac{1}{x^3}\right)} = 0$.

On a $\lim\limits_{x\to-\infty} f(x) = \lim\limits_{x\to+\infty} f(x) = 0$ et alors l'**axe des abscisses** est **asymptote horizontale** en $+\infty$ et en $-\infty$.

2. Dire que la courbe est au-dessus de son asymptote d'équation $x = 0$ signifie que $f(x) > 0$. Il faut donc rechercher le signe de $f(x)$ sur $\mathbb{R}$. Comme f est un quotient, recherchons le signe du numérateur et du dénominateur.

Pour 2x : $2x > 0 \Leftrightarrow x > 0$.

Pour $x^3 + 1$: la fonction $g(x) = x^3 + 1$ est strictement croissante sur $\mathbb{R}$, continue sur $\mathbb{R}$, et $g(0) = +1$ et $g(-2) = -7$. Donc, elle change de signe sur $\mathbb{R}$.

Donc, d'après le théorème des valeurs intermédiaires (voir chapitre 5), $g(x) = 0$ admet une unique solution qui est **– 1**. Donc, $x^3 + 1 > 0 \Leftrightarrow x > -1$.

x	$-\infty$		-1		0		$+\infty$
$2x$		$-$		$-$	0	$+$	
$x^3 + 1$		$-$	0	$+$		$+$	
$f(x)$		$+$	‖	$-$	0	$+$	

Finalement : Sur $]-\infty\,;-1[$ et sur $]0\,;-\infty[$, $\mathscr{C}_f$ est au-dessus de l'axe (Ox).
Sur $]0\,;-1[$, $\mathscr{C}_f$ est en dessous de l'axe (Ox).

3. On a $\lim\limits_{\substack{x \to -1 \\ x < -1}} 2x = -2$ et $\lim\limits_{\substack{x\ -1 \\ x < -1}} (x^3 + 1) = 0$ avec $x^3 + 1 < 0$.

Donc, par quotient, $\lim\limits_{\substack{x \to -1 \\ x < -1}} f(x) = +\infty$.

De même, $\lim\limits_{\substack{x \to -1 \\ x > -1}} 2x = -2$ et $\lim\limits_{\substack{x \to -1 \\ x > -1}} (x^3 + 1) = 0$ avec $x^3 + 1 > 0$.

Donc, par quotient, $\lim\limits_{\substack{x \to -1 \\ x > -1}} f(x) = -\infty$.

$x = -1$ est donc bien **une asymptote verticale à $\mathscr{C}_f$.**

15 Asymptote et Python

1. Pour $x \in\ ]1\,;+\infty[$,

$$5x + 1 + \frac{1}{x-1} = \frac{(5x+1)(x-1)}{x-1} + \frac{1}{x-1} = \frac{5x^2 - 5x + x - 1 + 1}{x-1} = \frac{5x^2 - 4x}{x-1}.$$

2.

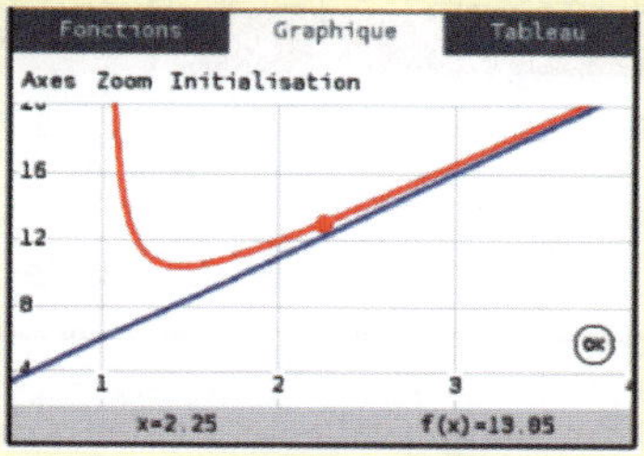

Conjecture : la courbe de f et la droite d'équation $y = 5x + 1$ se rapprochent quand $x \to +\infty$.

3. a. la distance MH est la distance du point M à la droite $\mathscr{D}$ puisque H est le projeté orthogonal de M sur $\mathscr{D}$.

b. MHP est un triangle rectangle en H où MP est l'hypoténuse donc MP > MH.

4. a.

$$\begin{aligned} MP &= y_M - y_P \\ &= f(x) - (5x + 1) \\ &= \frac{1}{x-1}. \end{aligned}$$

```
from math import*

def seuil (n):
    x=2
    mp=1
    while (mp>=10**(-n)):
        x=x+1
        mp=abs(1/(x-1))
    return x
```

b. Lorsque $n = 5$, la valeur obtenue en faisant fonctionner le programme est 100 000.

c. $\lim\limits_{x \to +\infty} \dfrac{1}{x-1} = 0$ donc $\lim\limits_{x \to +\infty} MP = 0$ et $MH > 0$ donc d'après le théorème des gendarmes, $\lim\limits_{x \to +\infty} MH = 0$.

d. la droite $\mathscr{D}$ est une asymptote oblique en $+\infty$ à la courbe de f.

CHAPITRE 7

Compléments sur la dérivation

1 Fonctions composées

Dans ce paragraphe, u est une fonction définie sur un intervalle I et à valeurs dans un intervalle J et v est une fonction définie sur l'intervalle J.

• Définition

La **composée** de u par v est la fonction, notée $\boldsymbol{v \circ u}$, définie sur I par :

$$v \circ u(x) = v(u(x)).$$

On peut schématiser la composition de u par v ainsi :

$$v \circ u : \mathrm{I} \xrightarrow{u} \mathrm{J} \xrightarrow{v} \mathbb{R}$$

$$x \longmapsto u(x) \longmapsto v(u(x)) = v \circ u(x)$$

Piège à éviter

$v \circ u(x) \neq u \circ v(x)$

Exemple : u est la fonction définie sur $\mathbb{R}$ par $u(x) = x^2$
et v est la fonction définie sur $\mathbb{R}$ par $v(x) = \mathrm{e}^x$.

$$v \circ u : \mathbb{R} \longrightarrow \mathbb{R} \longrightarrow \mathbb{R}$$

$$x \longmapsto x^2 \longmapsto v \circ u(x) = v(u(x)) = \mathrm{e}^{x^2}.$$

• Propriété

Si u est dérivable sur I et si v est dérivable sur J, alors, pour tout x de I,

$$(v \circ u)'(x) = v'(u(x)) \times u'(x).$$

Exemple : on reprend l'exemple précédent :
$u(x) = x^2$ donc $u'(x) = 2x$; $v(x) = \mathrm{e}^x$ donc $v'(x) = \mathrm{e}^x$
Ainsi, $(v \circ u)'(x) = v'(u(x)) \times u'(x) = \mathrm{e}^{x^2} \times 2x = 2x\mathrm{e}^{x^2}$.
Autrement dit, $(\mathrm{e}^{x^2})' = 2x\mathrm{e}^{x^2}$.

EXERCICE RÉSOLU

Utiliser les fonctions composées

ÉNONCÉ

u et v sont les fonctions définies sur $\mathbb{R}$ par $u(x) = 5x^2 + 1$ et $v(x) = 3x^7 + 2$.

1. Déterminer l'expression de la fonction composée $v \circ u$.

2. Déterminer l'expression de la dérivée $(v \circ u)'$.

3. Déterminer l'expression de la fonction composée $u \circ v$.

4. Déterminer l'expression de la dérivée $(u \circ v)'$.

CORRIGÉ

1. Pour tout x de $\mathbb{R}$, $v \circ u(x) = v(u(x)) = v(5x^2 + 1) = 3(5x^2 + 1)^7 + 2$.

$$\begin{aligned} v \circ u : \mathbb{R} &\longrightarrow \mathbb{R} \longrightarrow \mathbb{R} \\ x &\longmapsto u(x) \longmapsto v(u(x)) \end{aligned}$$

2. Pour tout x de $\mathbb{R}$, $u(x) = 5x^2 + 1$ donc $u'(x) = 10x$ et $v(x) = 3x^7 + 2$ donc $v'(x) = 21x^6$.

Ainsi, d'après la propriété du paragraphe 1,

$(v \circ u)'(x) = v'(u(x)) \times u'(x) = v'(5x^2 + 1) \times 10x = 21(5x^2 + 1)^6 \times 10x$

$(v \circ u)'(x) = 210x(5x^2 + 1)^6$.

3. Pour tout x de $\mathbb{R}$, $u \circ v(x) = u(v(x)) = u(3x^7 + 2) = 5(3x^7 + 2)^2 + 1$.

$$\begin{aligned} u \circ v : \mathbb{R} &\longrightarrow \mathbb{R} \longrightarrow \mathbb{R} \\ x &\longmapsto v(x) \longmapsto u(v(x)) \end{aligned}$$

4. D'après la propriété du paragraphe 1,

$(u \circ v)'(x) = u'(v(x)) \times v'(x) = u'(3x^7 + 2) \times 21x^6 = 10(3x^7 + 2) \times 21x^6$.

$(u \circ v)'(x) = 210x^6(3x^7 + 2)$.

2 Formules des dérivées

1 Dérivées des fonctions usuelles

a et b sont des réels fixés.

$f(x)$	f est dérivable sur	$f'(x)$
$ax+b$	$\mathbb{R}$	a
x^2	$\mathbb{R}$	$2x$
$x^n (n \in \mathbb{N}^*)$	$\mathbb{R}$	nx^{n-1}
$\frac{1}{x}$	$]-\infty\,;0[$ ou $]0\,;+\infty[$	$-\frac{1}{x^2}$
$\sqrt{x}$	$]0\,;+\infty[$	$\frac{1}{2\sqrt{x}}$
e^x	$\mathbb{R}$	e^x

2 Dérivées et opérations usuelles

u et v sont deux fonctions définies et dérivables sur un même intervalle I.

Fonction de la forme	Fonction dérivée	Condition d'application
$u+v$	$u'+v'$	
ku	ku'	$k \in \mathbb{R}$
$u \times v$	$u' \times v + u \times v'$	
$\frac{1}{v}$	$-\frac{v'}{v^2}$	$v(x) \neq 0$ sur I
$\frac{u}{v}$	$\frac{u' \times v - u \times v'}{v^2}$	$v(x) \neq 0$ sur I

3 Dérivées d'une fonction composée $v \circ u$

a et b sont des réels fixés. u est une fonction sur I, de dérivée u'.

Fonction de la forme	Fonction dérivée	Condition d'application
$u(ax+b)$	$a \cdot u'(ax+b)$	
$\sqrt{u}$	$\frac{u'}{2\sqrt{u}}$	$u(x) > 0$ sur I
u^n	$n \cdot u' \cdot u^{n-1}$	n entier, $n \geqslant 1$
e^u	$u' \cdot e^u$	

EXERCICE RÉSOLU

Rechercher l'expression d'une dérivée

ÉNONCÉ

Déterminer les expressions des dérivées des fonctions f, g et h définies sur $\mathbb{R}$ par :

1. $f(x) = \dfrac{5x+4}{x^2+1}$

2. $g(x) = (5e^x - x^2)^3$

3. $h(x) = \sqrt{3 + e^{4x}}$

CORRIGÉ

1. On remarque que f est de la forme $\dfrac{u}{v}$ avec $u(x) = 5x + 4$ donc $u'(x) = 5$ et $v(x) = x^2 + 1$ donc $v'(x) = 2x$.

On applique la formule de la dérivation $\left(\dfrac{u}{v}\right)' = \dfrac{u'v - uv'}{v^2}$.

Ainsi, $f'(x) = \dfrac{5 \times (x^2+1) - (5x+4) \times 2x}{(x^2+1)^2} = \dfrac{5x^2+5-10x^2-8x}{(x^2+1)^2} = \dfrac{-5x^2-8x+5}{(x^2+1)^2}$

2. On remarque que g est du type u^n avec $u(x) = 5e^x - x^2$ et $n = 3$.
On applique la formule de dérivation : $(u^n)' = nu'u^{n-1}$.
On a $u(x) = 5e^x - x^2$, donc $u'(x) = (5e^x)' - (x^2)' = 5e^x - 2x$.

Ainsi, $g'(x) = 3 \times (5e^x - 2x) \times (5e^x - x^2)^2$.

3. On remarque que h est de la forme $\sqrt{u}$ avec $u(x) = 3 + e^{4x}$ donc $u'(x) = 4e^{4x}$.

On applique la formule de la dérivation : $(\sqrt{u})' = \dfrac{u'}{2\sqrt{u}}$.

Ainsi, $h'(x) = \dfrac{4e^{4x}}{2\sqrt{3+e^{4x}}} = \dfrac{2e^{4x}}{\sqrt{3+e^{4x}}}$.

3 Fonction convexe sur un intervalle

1 Fonction convexe, fonction concave

• Définitions

f est une fonction définie sur un intervalle I de $\mathbb{R}$ et $\mathscr{C}$ est la courbe représentative de f dans un repère.

• La **fonction** f est **convexe** sur I lorsque, sur I, la courbe $\mathscr{C}$ est située au-dessus de chacune de ses tangentes.

• La **fonction** f est **concave** sur I lorsque, sur I, la courbe $\mathscr{C}$ est située au-dessous de chacune de ses tangentes.

Exemples :

La fonction $x \mapsto x^2$ est convexe sur $\mathbb{R}$. La fonction $x \mapsto \sqrt{x}$ est concave sur $[0\,;+\infty[$.

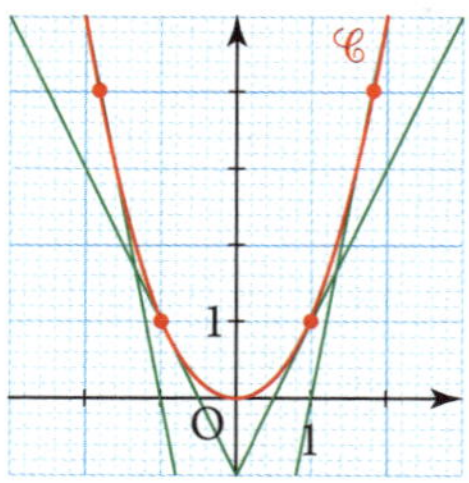

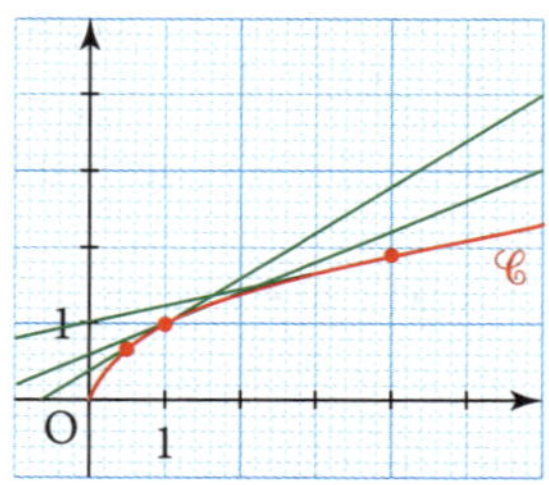

2 Convexité et sens de variation

• Propriétés

f est une fonction dérivable sur un intervalle I.

• f est convexe sur I si, et seulement si, f' est croissante sur I.

• f est concave sur I si, et seulement si, f' est décroissante sur I.

Exemple : f est la fonction définie sur $\mathbb{R}$ par $f(x)=\dfrac{1}{2}x^2+x$.

Pour tout x de $\mathbb{R}$, $f'(x) = x + 1$. Or la fonction $x \mapsto x + 1$ est une fonction affine croissante sur $\mathbb{R}$. On en déduit que la fonction f est convexe sur $\mathbb{R}$.

EXERCICES RÉSOLUS

Lire la convexité ou la concavité d'une fonction sur sa courbe

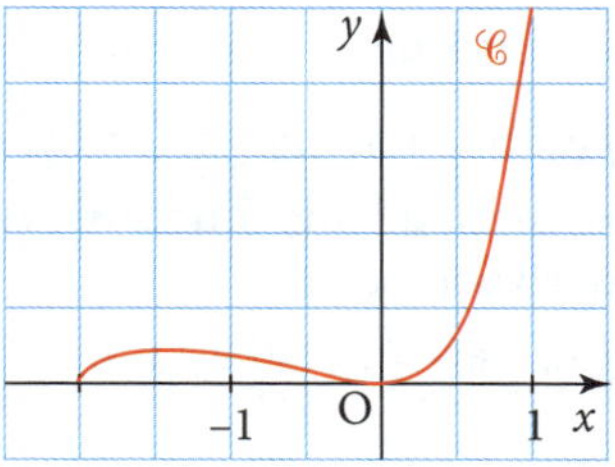

ÉNONCÉ

La courbe $\mathscr{C}$ ci-contre représente une fonction f définie sur $I = [-2\,;\,1]$.

Lire les intervalles sur lesquels :

- f est convexe
- f est concave.

CORRIGÉ

On lit sur le graphique que :

- la courbe $\mathscr{C}$ est située au-dessus de ses tangentes sur l'intervalle $[0\,;\,1]$. Donc f est convexe sur $[0\,;\,1]$.
- la courbe $\mathscr{C}$ est située au-dessous de ses tangentes sur l'intervalle $[-2\,;\,0]$. Donc f est concave sur $[-2\,;\,0]$.

Remarque
Visualiser mentalement quelques tangentes à la courbe $\mathscr{C}$.

Utiliser le sens de variation de la dérivée

ÉNONCÉ

f est la fonction définie sur $\mathbb{R}$ par $f(x) = 3x^2 - 4x - 1$.

g est la fonction définie sur $]0\,;\,+\infty[$ par $g(x) = \ln x$.

Étudier la convexité des fonctions f et g.

CORRIGÉ

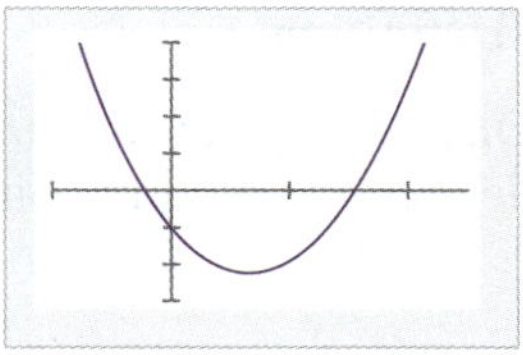

- Pour f : Pour tout x de $\mathbb{R}$, $f'(x) = 6x - 4$. Or la fonction affine $x \mapsto 6x - 4$ est croissante sur $\mathbb{R}$ (car $a = 6 > 0$), donc f est convexe sur $\mathbb{R}$.
- Pour g : Pour tout x de $]0\,;\,+\infty[$, $g'(x) = \dfrac{1}{x}$. Or, la fonction inverse $x \mapsto \dfrac{1}{x}$ est décroissante sur $]0\,;\,+\infty[$, donc g est concave sur $]0\,;\,+\infty[$.

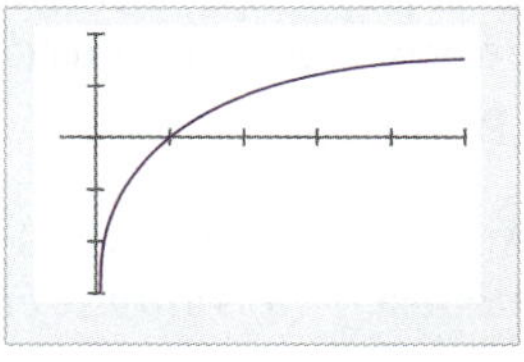

4 Dérivée seconde et point d'inflexion

1 Dérivée seconde et convexité

• Définitions

f est une fonction dérivable sur un intervalle I.

• On dit qu'une **fonction** f est **deux fois dérivable** sur I lorsque sa dérivée f' est dérivable sur I.

• La dérivée de f' est notée f'' et elle est appelée **dérivée seconde** de f.

• Propriétés

f est une fonction deux fois dérivable sur un intervalle I.

• f est convexe sur I si, et seulement si, pour tout x de $\mathbb{R}$, $f''(x) \geqslant 0$.

• f est concave sur I si, et seulement si, pour tout x de $\mathbb{R}$, $f''(x) \leqslant 0$.

Exemple :

f est la fonction définie sur $\mathbb{R}$ par $f(x) = x^3$. Ainsi $f'(x) = 3x^2$ et $f''(x) = 6x$, donc pour $x \in [0\,; +\infty[$, $f''(x) \geqslant 0$.

La fonction $f : x \mapsto x^3$ est convexe sur $[0\,; +\infty[$.

2 Point d'inflexion

Dans ce paragraphe, f est une fonction deux fois dérivable sur un intervalle I, $a \in$ I et $\mathscr{C}$ est la courbe représentative de f dans un repère.

• Définition

Dire que le point $A(a\,; f(a))$ est un **point d'inflexion** de $\mathscr{C}$ signifie qu'au point A, la courbe $\mathscr{C}$ traverse sa tangente.

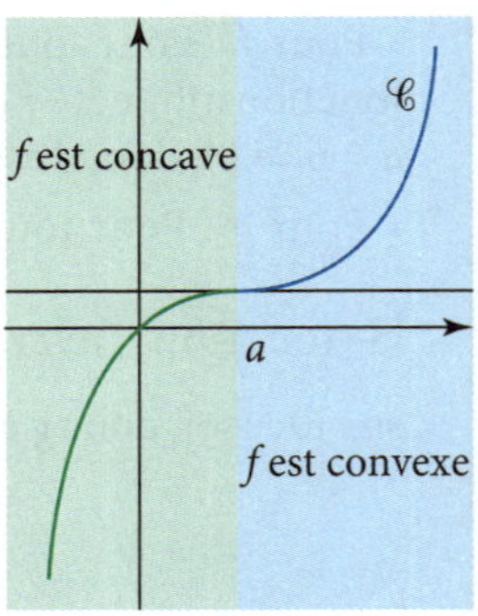

Remarque : Lorsque $A(a\,; f(a))$ est un point d'inflexion, f passe, en a, de convexe à concave ou de concave à convexe.

• Propriété

$A(a\,; f(a))$ est un point d'inflexion de $\mathscr{C}$ si, et seulement si, $f''(a)$ s'annule en changeant de signe.

EXERCICES RÉSOLUS

Déterminer l'expression d'une dérivée seconde

ÉNONCÉ

Déterminer la dérivée seconde sur $\mathbb{R}$ de la fonction g définie par :

$$g(x) = 2\,e^{x^2+1}.$$

CORRIGÉ

Pour tout x de $\mathbb{R}$, $g(x) = 2e^{u(x)}$ avec $u(x) = x^2 + 1$, donc $u'(x) = 2x$.
Ainsi, $g'(x) = 2u'(x)\,e^{u(x)} = 4x\,e^{x^2+1}$.
Donc, $g'(x) = v(x)\,e^{u(x)}$ avec $v(x) = 4x$ et
$g''(x) = v'(x)\,e^{u(x)} + v(x)(e^{u(x)})' = 4\,e^{x^2+1} + 4x \times 2xe^{x^2+1}$.
Finalement, $g''(x) = 4(1+2x^2)\,e^{x^2+1}$.

Réflexe à avoir

On applique les formules de dérivation (à connaître par cœur) vues dans les chapitres précédents.

Déterminer un point d'inflexion

ÉNONCÉ

f est la fonction définie sur $\mathbb{R}$ par $f(x) = x^3 + 6x^2 + 12x - 5$.

On note $\mathscr{C}$ sa courbe représentative dans un repère.

Démontrer que la courbe $\mathscr{C}$ possède un point d'inflexion. Préciser ses coordonnées.

CORRIGÉ

Pour tout x de $\mathbb{R}$, $f'(x) = 3x^2 + 12x + 12$ et $f''(x) = 6x + 12$.

$f''(x) = 0$ si, et seulement si, $6x + 12 = 0$ soit $x = -2$.

Il se peut que $\mathscr{C}$ ait un point d'inflexion en $x = -2$.

On étudie le signe de $f''(x)$ pour le savoir.

x	$-\infty$		-2		$+\infty$
$f''(x) = 6x + 12$		$-$	0	$+$	

Ainsi, $f''(x) \leq 0$ sur $]-\infty\,; -2]$, donc f est concave sur $]-\infty\,; -2]$ et $f''(x) \geqslant 0$ sur $[-2\,; +\infty[$ donc f est convexe sur $[-2\,; +\infty[$.

Finalement, $\mathscr{C}$ possède un point d'inflexion A$(-2\,; -13)$ (car $f(-2) = -13$).

Savoir trouver l'expression d'une fonction composée

ÉNONCÉ

u et v sont les fonctions définies sur $\mathbb{R}$ par $u(x) = \ln(1 + x^2)$ et $v(x) = 5x^3 - 1$.

1. Déterminer l'expression de la fonction composée $v \circ u$.

2. Déterminer l'expression de la fonction composée $u \circ v$.

MÉTHODE

- Appliquer le schéma du cours : $v \circ u : \mathrm{I} \xrightarrow{u} \mathrm{J} \xrightarrow{v} \mathbb{R}$

$$x \longmapsto u(x) \longmapsto v(u(x)) = v \circ u(x).$$

- Attention au sens : $v \circ u \neq u \circ v$.

CORRIGÉ

1. $v \circ u : \mathbb{R} \xrightarrow{u} \mathbb{R} \xrightarrow{v} \mathbb{R}$

$$x \longmapsto \ln(1 + x^2) \longmapsto v(\ln(1 + x^2)) = 5(\ln(1 + x^2))^3 - 1 = v \circ u(x).$$

2. $u \circ v : \mathbb{R} \xrightarrow{v} \mathbb{R} \xrightarrow{u} \mathbb{R}$

$$x \longmapsto (5x^3 - 1) \longmapsto u(5x^3 - 1) = \ln(1 + (5x^3 - 1)^2) = u \circ v(x).$$

Savoir trouver l'expression d'une dérivée

ÉNONCÉ

f et g sont les fonctions définies sur $\mathbb{R}$ par : $f(x) = 5x\mathrm{e}^{2x^3-1}$ et $g(x) = \sqrt{3x^2 + 4}$.

MÉTHODE

- Reconnaître la forme de $f\left(u \cdot v\ ; \dfrac{u}{v}\ ; \mathrm{e}^u\ ; u^n\ ; \ldots\right)$.
- Déceler les fonctions usuelles dans l'expression de $f(x^n\ ;\ \sqrt{x}\ ; \mathrm{e}^x\ ; \ldots)$.
- Utiliser les tableaux du cours.

CORRIGÉ

• **Pour *f* :** Pour tout x de $\mathbb{R}$, $f(x) = u(x) \times v(x)$ avec $u(x) = 5x$ donc $u'(x) = 5$ et $v(x) = e^{2x^3-1}$ donc $v'(x) = 6x^2e^{2x^3-1}$.

Ainsi, $f'(x) = u'(x)v(x) + u(x)v'(x) = 5e^{2x^3-1} + 5x \times 6x^2e^{2x^3-1} = e^{2x^3-1}(5+30x^3)$.

• **Pour *g* :** Pour tout x de $\mathbb{R}$, $g(x) = v \circ u(x) = v(u(x))$ avec $u(x) = 3x^2 + 4$ donc $u'(x) = 6x$ et $v(x) = \sqrt{x}$ donc $v'(x) = \dfrac{1}{2\sqrt{x}}$.

Ainsi, $g'(x) = (v \circ u)'(x) = v'(u(x)) \times u'(x) = v'(3x^2+4) \times 6x$

$$= \frac{1}{2\sqrt{3x^2+4}} \times 6x = \frac{3x}{\sqrt{3x^2+4}}.$$

Remarque : Ce calcul peut également se faire grâce à la dérivée de $\sqrt{u}$ (tableau du paragraphe 2.3).

Savoir lire la convexité ou un point d'inflexion sur une courbe

ÉNONCÉ

f est la fonction définie sur [–5 ; 3] et représentée par la courbe $\mathscr{C}$ dans le repère ci-contre.

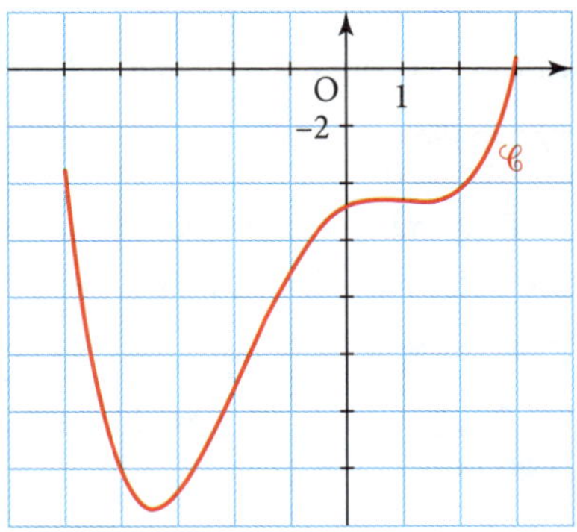

a. Préciser sur quel intervalle la fonction *f* est :

• convexe • concave.

b. La courbe $\mathscr{C}$ possède-t-elle des points d'inflexion ? Si oui, préciser leurs coordonnées approximatives.

MÉTHODE

• Revoir la définition de la convexité et de la concavité d'une fonction et la définition d'un point d'inflexion.

• Tracer mentalement quelques tangentes à la courbe $\mathscr{C}$ afin de lire les différentes informations selon l'intervalle.

CORRIGÉ

a. On lit, grâce aux tangentes tracées en vert, que : f est convexe sur les intervalles $[-5\,;-2]$ et $[1\,;3]$.
On lit, grâce à la tangente tracée en noir, que : f est concave sur l'intervalle $[-2\,;1]$.
b. On lit, grâce aux tangentes tracées en bleu et à ce qui précède que $\mathscr{C}$ possède deux points d'inflexion :
$A(-2\,;-11)$ et $B(1\,;-4{,}7)$ (car $f(1) \simeq -4{,}7$).

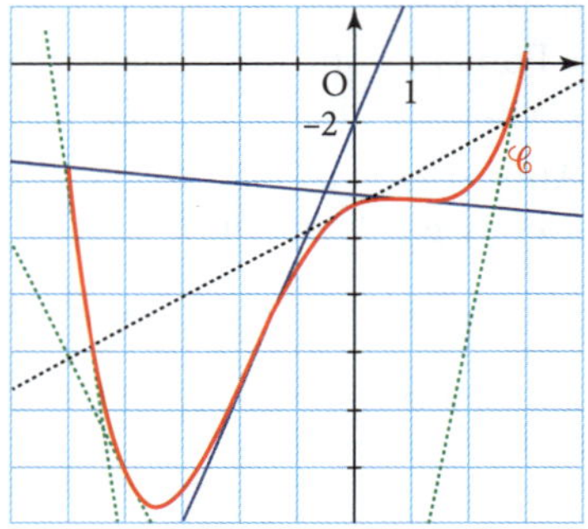

Savoir déduire la convexité des variations de la dérivée

ÉNONCÉ

f est la fonction définie sur $]0\,;+\infty[$ par :
$f(x) = -5x\ln x + 1 + 5x$.
Étudier la convexité de la fonction f sur $]0\,;+\infty[$.

Réflexe à avoir
Étudier la convexité d'une fonction, c'est indiquer sur quel intervalle elle est convexe ou concave.

MÉTHODE

- Déterminer l'expression de la dérivée de la fonction f.
- Déterminer les variations de la fonction dérivée f' de f sur I, en utilisant par exemple, les fonctions usuelles ($x \mapsto x^2\,; x \mapsto x^3\,; x \mapsto \dfrac{1}{x}\,; x \mapsto e^x\,; x \mapsto \ln x$).
- En déduire la convexité ou la concavité de f grâce à la propriété du paragraphe 1.2.

CORRIGÉ

Pour tout x de $]0\,;+\infty[$, $f'(x) = (-5x)'\ln x - 5x(\ln x)' + (1 + 5x)'$

$$f'(x) = -5\ln x - 5x \times \frac{1}{x} + 5 = -5\ln x - 5 + 5 = -5\ln x.$$

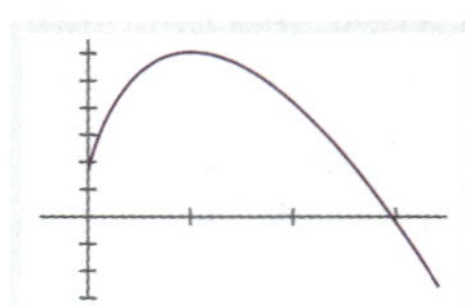

Or la fonction $x \mapsto \ln x$ est croissante sur $]0\,;+\infty[$, donc la fonction $f' : x \mapsto -5\ln x$ est décroissante sur $]0\,;+\infty[$.
Ainsi, la fonction f est concave sur $]0\,;+\infty[$.

Remarque : Même si cela n'est pas demandé, penser à vérifier la cohérence des résultats à la calculatrice.

Savoir utiliser la dérivée seconde

ÉNONCÉ

f est la fonction définie sur $\mathbb{R}$ par $f(x) = x^4 + 2x^3 - 36x^2 + 48x - 12$.

a. Étudier la convexité de f sur $\mathbb{R}$.

b. La courbe $\mathscr{C}$ représentative de f dans un repère admet-elle des points d'inflexion ? Si oui, préciser leurs coordonnées.

MÉTHODE

- Utiliser les formules de dérivation vues dans les chapitres précédents afin de déterminer la dérivée f' de f; puis sa dérivée seconde f''.
- Étudier le signe de $f''(x)$ afin d'en déduire la convexité ou la concavité de f grâce à la propriété du paragraphe 2.1.
- Utiliser la propriété du paragraphe 2.2 pour étudier l'existence d'éventuels points d'inflexion.

CORRIGÉ

a. Pour tout x de $\mathbb{R}$, $f'(x) = 4x^3 + 6x^2 - 72x + 48$ et $f''(x) = 12x^2 + 12x - 72$.
On étudie le signe de $f''(x)$ grâce au discriminant.
$\Delta = 12^2 - 4 \times 12 \times (-72) = 3\,600 > 0$.
Donc l'équation $f''(x) = 0$ admet deux solutions :

$$x_1 = \frac{-12 - \sqrt{3\,600}}{2 \times 12} = -3 \text{ et } x_2 = \frac{-12 + \sqrt{3\,600}}{2 \times 12} = 2.$$

On en déduit le signe de $f''(x)$.

x	$-\infty$		-3		2		$+\infty$
signe de $f''(x)$		+	0	−	0	+	

Ainsi, $f''(x) \geqslant 0$ sur $]-\infty\,;-3] \cup [2\,;+\infty[$, donc f est convexe sur $]-\infty\,;-3] \cup [2\,;+\infty[$ et $f''(x) \leqslant 0$ sur $[-3\,;2]$, donc f est concave sur $[-3\,;2]$.

b. Grâce au tableau ci-dessus, on sait que $f''(x) = 0$ en changeant de signe lorsque $x = -3$ et lorsque $x = 2$. Or $f(-3) = -453$ et $f(2) = -28$.
Donc la courbe $\mathscr{C}$ admet deux points d'inflexion : A(−3 ; −453) et B(2 ; −28).

Vérifiez vos connaissances

1 Vrai-Faux

Indiquer pour chaque proposition si elle est vraie (V) ou fausse (F).

1. Si $u(x) = 2x + 3$ et $v(x) = 5x^2$, alors $v \circ u(x) = 10x^2 + 3$. ☐ V ☐ F

2. Si $u(x) = 1 + 4x^2$ et $v(x) = 5\sqrt{x}$ alors $(v \circ u)'(x) = \dfrac{20x}{\sqrt{1 + 4x^2}}$. ☐ V ☐ F

3. Si $f(x) = (x + 1)\mathrm{e}^x$, alors $f'(x) = (x + 2)\mathrm{e}^x$. ☐ V ☐ F

4. La fonction logarithme népérien $x \mapsto \ln x$ est concave sur $\mathbb{R}$. ☐ V ☐ F

5. f est la fonction définie sur $\mathbb{R}$ par $f(x) = 5x^2 - 10x + 1$.
La dérivée seconde de f est la fonction g définie sur $\mathbb{R}$ par $g(x) = 10x$. ☐ V ☐ F

6. Si $g''(a) = 0$ alors la courbe $\mathscr{C}$ de g admet toujours le point $\mathrm{A}(a\,;g(a))$ comme point d'inflexion. ☐ V ☐ F

2 QCM

Pour chaque question, une seule réponse proposée (A, B ou C) est exacte.

		A	B	C
1.	$u(x) = \ln x$ et $v(x) = 1 + 5x^2$. $v \circ u(x)$ est égal à :	$\ln(1 + 5x^2)$	$1 + 5\ln x^2$	$1 + 5(\ln x)^2$
2.	$u(x) = 1 + 2x$ et $v(x) = 3\mathrm{e}^x$. $(v \circ u)'(x)$ est égal à :	$(2x + 7)\mathrm{e}^x$	$6\mathrm{e}^{1+2x}$	$1 + 6\mathrm{e}^x$
3.	$f(x) = (x^2 - 1)\,\mathrm{e}^{x^2}$. $f'(x)$ est égal à :	$4x^2\mathrm{e}^{x^2}$	$(1 + x)\,\mathrm{e}^{x^2}$	$2x^3\mathrm{e}^x$
4.	Pour tout x de $\mathbb{R}$, on donne $f''(x) = 2x - 3$. On en déduit que :	f est convexe sur $\mathbb{R}$	f est concave sur $\left]-\infty\,;\dfrac{3}{2}\right]$	f est convexe sur $\left]-\infty\,;\dfrac{3}{2}\right]$
5.	La courbe $\mathscr{C}$ de la fonction f ci-dessus possède :	aucun point d'inflexion	un seul point d'inflexion	deux points d'inflexion

Exercices d'application

3 Composées de fonctions

u, v et w sont les fonctions définies sur $\mathbb{R}$ par :

- $u(x) = 3e^x$
- $v(x) = \ln(5 + x^2)$
- $w(x) = 2x^4$.

Déterminer l'expression de chacune des fonctions composées suivantes :

1. $v \circ u$ **2.** $u \circ v$ **3.** $v \circ w$

4. $w \circ v$ **5.** $u \circ w$ **6.** $w \circ u$

4 Dérivées de fonctions composées

u, v et w sont les fonctions définies sur $\mathbb{R}$ par :

- $u(x) = e^x$
- $v(x) = \sqrt{1 + x^2}$
- $w(x) = 10x^2$

Déterminer l'expression de la dérivée de chacune des fonctions suivantes :

1. $v \circ u$ **2.** $u \circ v$ **3.** $v \circ w$

4. $w \circ v$ **5.** $u \circ w$ **6.** $w \circ u$

5 Des fonctions dérivées

Déterminer l'expression de la dérivée des fonctions ci-dessous :

- $f(x) = \sqrt{x^2 + x}$
- $g(x) = (2x^2 - x + 1)^6$.
- $h(x) = e^{2x^2+1}$
- $i(x) = (e^x + 3x - 1)^2$.

6 Lecture graphique

f est une fonction définie sur $[-1\,;3]$.

La courbe $\mathscr{C}$ représentative de f a été tracée dans le repère ci-contre.

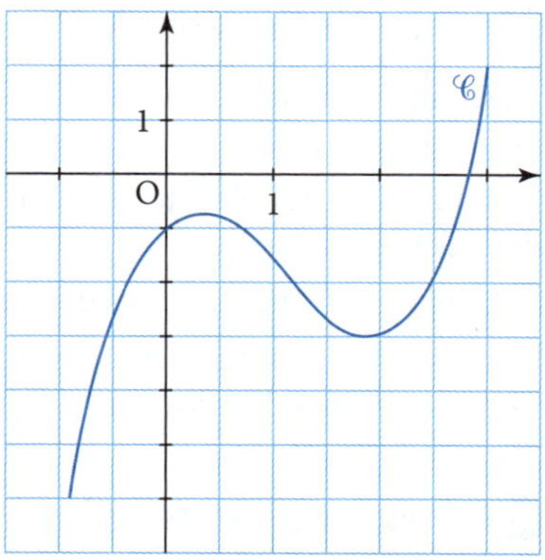

Indiquer, par lecture graphique :

a. l'intervalle sur lequel f est convexe.

b. l'intervalle sur lequel f est concave.

c. les coordonnées du point d'inflexion de $\mathscr{C}$.

7 Tableau de variation de f'

f est une fonction dérivable sur $[-10\,;10]$.

Le tableau de variation de sa dérivée f' est donné ci-dessous.

x	-10		-5		2		3		10
$f'(x)$	$+\infty$	↘	-1	↗	3	↘	-4	↗	$+\infty$

1. Étudier la convexité de f sur $[-10\,;\,10]$.

2. $\mathscr{C}$ est la courbe représentative de f dans un repère et T est la tangente à $\mathscr{C}$ au point d'abscisse 1. On admet que T a pour équation $y = x + 1$.

Justifier que, pour tout x de $[-5\,;\,2]$, $f(x) \geqslant x + 1$.

8 Tableau de signes de $f''(x)$

f est une fonction deux fois dérivable sur $\mathbb{R}$.

Le tableau de signes de la dérivée seconde $f''(x)$ est donné ci-dessous.

x	$-\infty$		-2		1		$+\infty$
$f''(x)$		$+$	0	$-$	0	$+$	

a. Étudier la convexité de f sur $[-5\,;\,5]$.

b. La courbe représentative $\mathscr{C}$ de f possède-t-elle des points d'inflexion ?

9 Courbe représentative de f''

f est une fonction deux fois dérivable sur $[-4\,;\,8]$.

La courbe $\mathscr{C}_{f''}$ représentée ci-contre est celle de la dérivée seconde f'' de f.

a. Étudier la convexité de f sur $[-4\,;\,8]$.

b. La courbe $\mathscr{C}_f$ représentative de f possède-t-elle des points d'inflexion ?

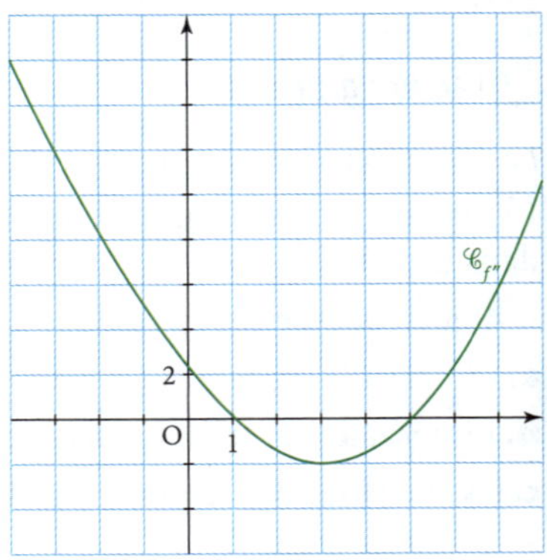

10 Calculs de dérivées secondes

Déterminer les dérivées secondes sur I des fonctions suivantes.

a. $f(x) = 7x^5 - x^3 + 2x - 1$, $\mathrm{I} = \mathbb{R}$ **b.** $f(x) = 4\,\mathrm{e}^{x^2-1}$, $\mathrm{I} = \mathbb{R}$

c. $f(x) = \ln(2x - 3)$, $I = \left]\frac{3}{2} ; +\infty\right[$ **d.** $f(x) = (4x - 5)^2$, $I = \mathbb{R}$.

11 Utilisation de la convexité

f est la fonction deux fois dérivables sur $]0 ;+\infty[$ définie par :
$f(x) = -1 + 2x + x^2\ln x$.
$\mathscr{C}$ est la courbe représentative de f dans un repère.

1. a. Déterminer $f''(x)$.

b. Étudier le signe de $f''(x)$; en déduire la convexité de f suivant les valeurs de x.

2. Déterminer une équation de la tangente à $\mathscr{C}$ au point d'abscisse 1.

3. Démontrer que, pour tout x de $\left[e^{\frac{3}{2}} ; +\infty\right[$, $f(x) \geqslant 3x - 2$.

Exercices d'entraînement

12 Courbes de f' et de f''

f est une fonction deux fois dérivable et définie sur $[-3 ; 4]$.

Les courbes ci-contre sont celles de sa dérivée f' et de sa dérivée seconde f''.

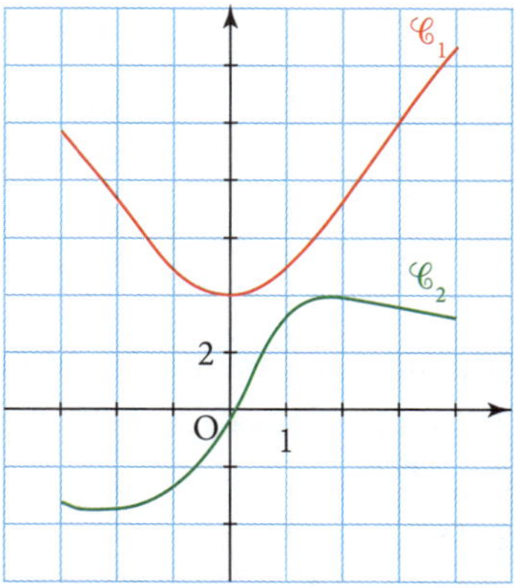

1. À quelle courbe correspond f' ? f'' ?

2. a. Étudier la convexité de f

b. La courbe $\mathscr{C}$ représentative de f possède-t-elle des points d'inflexion ?

13 Des expressions compliquées

u et v sont les fonctions définies sur $\mathbb{R}$ par : $u(x) = 5x\,e^{5x}$ et $v(x) = \ln(x^2 + 5)$.

Déterminer l'expression des fonctions :

1. $v \circ u$ **2.** $(v \circ u)'$

14 Démonstrations d'inégalités

1. f est la fonction définie sur $\mathbb{R}$ par $f(x) = e^{1+x^2}$.

$\mathscr{C}$ est la courbe représentative de f dans un repère.

a. Étudier la convexité de f sur $\mathbb{R}$.

b. Déterminer une équation de la tangente à $\mathscr{C}$ en 1.

c. Démontrer que, pour tout x de $\mathbb{R}$, $e^{1+x^2} \geqslant 2e^2x - e^2$.

2. Démontrer que, pour tout x de $[1\,;+\infty[$, $\ln(1 + x^2) \leqslant x - 1 + \ln 2$.

Ainsi : Utiliser la tangente en 1 à la courbe de la fonction $x \mapsto \ln(1 + x^2)$.

15 Savoir lire beaucoup d'informations

Dans le repère ci-dessous, on note $\mathscr{C}_f$ la courbe représentative d'une fonction f définie sur l'intervalle $[-10\,; 2]$. On a placé les points A(0 ; 2), B(2 ; 0) et C(–2 ; 0).

On dispose des renseignements suivants :

- Le point B appartient à la courbe $\mathscr{C}_f$.
- La droite (AC) est tangente en A à la courbe $\mathscr{C}_f$.
- La tangente à la courbe $\mathscr{C}_f$ au point d'abscisse 1 est une droite horizontale.

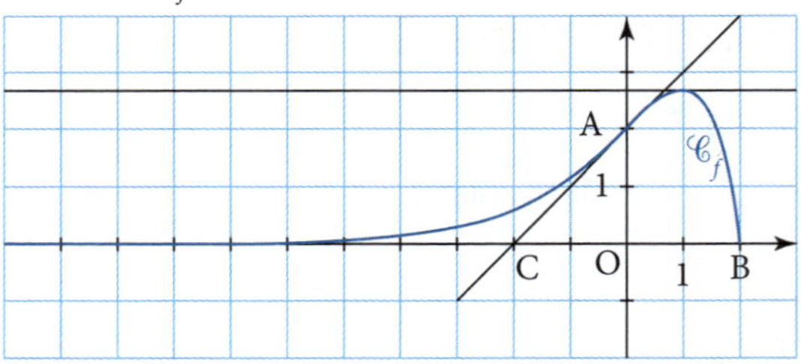

Répondre aux questions suivantes par lecture graphique.

1. Indiquer les valeurs de $f(0)$ et de $f(2)$.

2. Indiquer la valeur de $f'(1)$.

3. Donner une équation de la tangente à la courbe $\mathscr{C}_f$ au point A.

4. Indiquer le nombre de solutions de l'équation $f(x) = 1$ dans l'intervalle $[-10\,; 2]$.

5. Indiquer les variations de la fonction f sur l'intervalle $[-10\,; 2]$.

6. Déterminer l'intervalle sur lequel la fonction f est convexe, et celui sur lequel elle est concave.

Vérifiez vos connaissances

1 Vrai-Faux

1. Faux **2.** Vrai **3.** Vrai **4.** Vrai **5.** Faux **6.** Faux

2 QCM

1. C **2.** B **3.** C **4.** B **5.** B

Exercices d'application

3 Composées de fonctions

1. On utilise le schéma du paragraphe 1 du cours.

$$v \circ u : \mathbb{R} \xrightarrow{u} \mathbb{R} \xrightarrow{v} \mathbb{R}$$

$$x \longmapsto 3e^x \longmapsto v(3e^x) = \ln(5 + (3e^x)^2) = \ln(5 + 9e^{2x}) = v \circ u(x).$$

On procède de la même façon pour les questions suivantes et on trouve.

2. $u \circ v(x) = u(\ln(5 + x^2)) = 3e^{\ln(5+x^2)} = 3(5 + x^2).$

3. $v \circ w(x) = v(2x^4) = \ln(5 + (2x^4)^2) = \ln(5 + 4x^8).$

4. $w \circ v(x) = w(\ln(5 + x^2)) = 2(\ln(5 + x^2))^4.$

5. $u \circ w(x) = u(2x^4) = 3e^{2x^4}.$

6. $w \circ u(x) = w(3e^x) = 2(3e^x)^4 = 162e^{4x}.$

Piège à éviter

En général, $u \circ v(x) \neq v \circ u(x)$. Il faut donc faire attention à l'ordre.

4 Dérivées de fonctions composées

Pour tout x de $\mathbb{R}$, $u(x) = e^x$, donc $u'(x) = e^x$; $v(x) = \sqrt{1 + x^2}$

donc $v'(x) = \dfrac{2x}{2\sqrt{1 + x^2}} = \dfrac{x}{\sqrt{1 + x^2}}$; $w(x) = 10x^2$ donc $w'(x) = 20x$.

1. $(v \circ u)'(x) = v'(u(x)) \times u'(x) = v'(e^x) \times e^x$

$$= \frac{e^x}{\sqrt{1 + (e^x)^2}} \times e^x = \frac{e^{2x}}{\sqrt{1 + e^{2x}}}.$$

Réflexe à avoir

Appliquer la propriété du paragraphe 1 : $(v \circ u)'(x) = v'(u(x)) \times u'(x)$.

2. $(u \circ v)'(x) = u'(v(x)) \times v'(x) = u'\left(\sqrt{1 + x^2}\right) \times \dfrac{x}{\sqrt{1 + x^2}}$

$$= e^{\sqrt{1+x^2}} \times \frac{x}{\sqrt{1 + x^2}}.$$

3. $(v \circ w)'(x) = v'(w(x)) \times w'(x) = v'(10x^2) \times 20x = \dfrac{10x^2}{\sqrt{1+(10x^2)^2}} \times 20x$

$$= \frac{200x^3}{\sqrt{1+100x^4}}.$$

4. $(w \circ v)'(x) = w'(v(x)) \times v'(x) = w'\left(\sqrt{1+x^2}\right) \times \dfrac{x}{\sqrt{1+x^2}}$

$$= 20\sqrt{1+x^2} \times \frac{x}{\sqrt{1+x^2}} = 20x.$$

5. $(u \circ w)'(x) = u'(w(x)) \times w'(x) = u'(10x^2) \times 20x = e^{10x^2} \times 20x.$

6. $(w \circ u)'(x) = w'(u(x)) \times u'(x) = w'(e^x) \times e^x = 20e^x \times e^x = 20e^{2x}.$

5 Des fonctions dérivées

• **Pour f :**

f est du type $\sqrt{u}$, avec $u(x) = x^2 + x$, donc $u'(x) = 2x + 1$ et $f'(x) = \dfrac{2x+1}{2\sqrt{x^2+x}}$.

• **Pour g :**

g est du type u^6, avec $u(x) = 2x^2 - x + 1$, donc $u'(x) = 4x - 1$
et $g'(x) = 6(4x - 1)(2x^2 - x + 1)^5$.

• **Pour h :**

h est de type e^u, avec $u(x) = 2x^2 + 1$, donc $u'(x) = 4x$ et $h'(x) = 4xe^{2x^2+1}$.

• **Pour i :**

i est du type u^2, avec $u(x) = e^x + 3x - 1$, donc $u'(x) = e^x + 3$.
Ainsi, $i'(x) = 2(e^x + 3)(e^x + 3x - 1)$.

Rappel
On utilise les formules des tableaux du paragraphe 2 du cours.

6 Lecture graphique

a. $\mathscr{C}$ est située au-dessus de ses tangentes sur [1 ; 3], donc f est convexe sur [1 ; 3].

b. $\mathscr{C}$ est située au-dessous de ses tangentes sur [–1 ; 1], donc f est concave sur [–1 ; 1].

c. Le point d'inflexion a pour coordonnées (1 ; –2).

7 Tableau de variation de f'

Réflexe à avoir
Penser à utiliser la propriété du paragraphe 1 du cours.

1. La fonction dérivée f' de f est :

• croissante sur [–5 ; 2] ∪ [3 ; 10], on en déduit que la fonction f est convexe sur [–5 ; 2] ∪ [3 ; 10].

• décroissante sur [–10 ;–5] ∪ [2 ; 3], on en déduit que la fonction f est concave sur [–10 ; –5] ∪ [2 ; 3].

2. La fonction f est convexe sur [–5 ; 2], donc $\mathcal{C}$ est situé au-dessus de toutes ses tangentes, en particulier de sa tangente T.

Ainsi, pour tout x de [–5 ; 2], $f(x) \geqslant x + 1$.

8 Tableau de signes de $f''(x)$

a. • $f''(x) \geqslant 0$ pour $x \in]-\infty ; -2] \cup [1 ; +\infty[$, donc f est convexe sur $]-\infty ; -2] \cup [1 ; +\infty[$.

• $f''(x) \leqslant 0$ pour $x \in [-2 ; 1]$, donc f est concave sur [–2 ; 1].

b. $f''(x) = 0$ en changeant de signe pour $x = -2$ et pour $x = 1$.

$\mathcal{C}$ possède donc deux points d'inflexion A et B tels que $x_A = -2$ et $x_B = 1$.

Réflexe à avoir

Utiliser les deux propriétés du paragraphe 2 du cours.

9 Courbe représentative de f''

a. • $\mathcal{C}_{f''}$ est située au-dessus de l'axe des abscisses sur [–4 ; 1] ∪ [5 ; 8], donc $f''(x) \geqslant 0$ sur [–4 ; 1] ∪ [5 ; 8].

Ainsi, f est convexe sur [–4 ; 1] ∪ [5 ; 8].

• $\mathcal{C}_{f''}$ est située au-dessous de l'axe des abscisses sur [1 ; 5], donc $f''(x) \leqslant 0$ sur [1 ; 5].

Ainsi, f est concave sur [1 ; 5].

b. $f''(x) = 0$ en changeant de signe pour $x = 1$ et pour $x = 5$.

$\mathcal{C}$ possède donc deux points d'inflexion A et B tels que $x_A = 1$ et $x_B = 5$.

Rappel

La dérivée seconde de f est notée f'' : c'est la dérivée de f'.

10 Calculs de dérivées secondes

a. Pour tout x de $\mathbb{R}$, $f'(x) = 35x^4 - 3x^2 + 2$

donc $f''(x) = 140x^3 - 6x$.

b. Pour tout x de $\mathbb{R}$, $f'(x) = 4 \times 2x\mathrm{e}^{x^2-1} = 8x\mathrm{e}^{x^2-1} = u(x)\,v(x)$ avec $u(x) = 8x$ donc $u'(x) = 8$ et $v(x) = \mathrm{e}^{x^2-1}$ donc $v'(x) = 2x\mathrm{e}^{x^2-1}$.

Ainsi, $f''(x) = 8\mathrm{e}^{x^2-1} + 8x \times 2x\,\mathrm{e}^{x^2-1} = (8 + 16x^2)\mathrm{e}^{x^2-1}$.

c. Pour tout x de I, $f'(x) = \dfrac{2}{2x-3} = 2 \times \dfrac{1}{u(x)}$ avec $u(x) = 2x - 3$ donc $u'(x) = 2$.

Ainsi, $f''(x) = 2 \times \dfrac{-u'(x)}{u(x)^2} = \dfrac{-4}{(2x-3)^2}$.

d. Pour tout x de $\mathbb{R}$, $f(x) = u(x)^2$ avec $u(x) = 4x - 5$ donc $u'(x) = 4$.

D'où $f'(x) = 2 \times u'(x)\, u(x) = 8\,(4x - 5) = 32x - 40$. Ainsi, $f''(x) = 32$.

11 Utilisation de la convexité

1. a. Pour tout x de $]0\,;+\infty[$, $f'(x) = 2 + 2x\ln x + x^2 \times \dfrac{1}{x} = 2 + x + 2x\ln x$.

Ainsi, $f''(x) = 1 + 2\ln x + 2x \times \dfrac{1}{x} = 3 + 2\ln x$.

b. $3 + 2\ln x \geqslant 0$ équivaut successivement à $2\ln(x) \geqslant -3$; $\ln(x) \geqslant -\dfrac{3}{2}$; $x \geqslant e^{-\frac{3}{2}}$.

D'où le tableau de signes de $f''(x)$.

x	0		$e^{-\frac{3}{2}}$		$+\infty$
$f''(x)$	‖	$-$	0	$+$	

$f''(x) \leqslant 0$ sur $\left]0\,; e^{-\frac{3}{2}}\right]$, donc f est concave sur $\left]0\,; e^{-\frac{3}{2}}\right]$.

$f''(x) \geqslant 0$ sur $\left[e^{-\frac{3}{2}}\,; +\infty\right[$, donc f est convexe sur $\left[e^{-\frac{3}{2}}\,; +\infty\right[$.

2. $f(1) = -1 + 2 \times 1 + 1^2 \ln 1 = 1$

$f'(1) = 2 + 1 + 2 \times 1 \ln 1 = 3$.

Ainsi, T : $y = 3(x - 1) + 1$ d'où T : $y = 3x - 2$.

> **Réflexe à avoir**
> Équation de la tangente à $\mathscr{C}_f$ en a : $y = f'(a)(x - a) + f(a)$.

3. Comme f est convexe sur $\left[e^{-\frac{3}{2}}\,; +\infty\right[$, c'est que la courbe $\mathscr{C}$ est située au-dessus de toutes ses tangentes, en particulier de la tangente T.

Ainsi, pour tout x de $\left[e^{-\frac{3}{2}}\,; +\infty\right[$, $f(x) \geqslant 3x - 2$.

Exercices d'entraînement

> **Réflexe à avoir**
> • Le signe d'une dérivée donne les variations de la fonction.
> • f'' est la dérivée de f'.

12 Courbes de f' et de f''

1. Le signe de $\mathscr{C}_2$ correspond aux variations de $\mathscr{C}_1$.

Donc $\mathscr{C}_2$ est la courbe représentant f'' et $\mathscr{C}_1$ est la courbe représentant f'.

2. a. D'après la courbe $\mathscr{C}_2$, $f''(x) \leqslant 0$ sur $[-3\,;0]$ et $f''(x) \geqslant 0$ sur $[0\,;4]$, donc f est concave sur $[-3\,;0]$ et convexe sur $[0\,;4]$.

b. D'après la courbe $\mathscr{C}_2$, $f''(x) = 0$ en changeant de signe pour $x = 0$, donc la courbe $\mathscr{C}$ de f possède un point d'inflexion d'abscisse 0.

13 Des expressions compliquées

1. Pour tout x de $\mathbb{R}$,

$v \circ u(x) = v(u(x)) = v(5x\mathrm{e}^{5x}) = \ln((5x\mathrm{e}^{5x})^2 + 5) = \ln(25x^2\mathrm{e}^{10x} + 5)$.

2. Pour tout x de $\mathbb{R}$, $u(x) = 5x\mathrm{e}^{5x}$ donc $u'(x) = 5\mathrm{e}^{5x} + 5x \times 5\mathrm{e}^{5x} = (5 + 25x)\mathrm{e}^{5x}$ et $v(x) = \ln(x^2 + 5)$ donc $v'(x) = \dfrac{2x}{x^2+5}$.

Pour tout x de $\mathbb{R}$,

$(v \circ u)'(x) = v'(u(x)) \times u'(x) = v'(5x\mathrm{e}^{5x}) \times (5 + 25x)\mathrm{e}^{5x}$

$$(v \circ u)'(x) = \frac{2 \times 5x\mathrm{e}^{5x}}{(5x\mathrm{e}^{5x})^2 + 5} \times (5 + 25x)\mathrm{e}^{5x} = \frac{10x\mathrm{e}^{5x}}{25x^2\mathrm{e}^{10x} + 5} \times (5 + 25x)\mathrm{e}^{5x}$$

$$(v \circ u)'(x) = \frac{10x(5 + 25x)\mathrm{e}^{10x}}{25x^2\mathrm{e}^{10x} + 5}.$$

14 Démonstrations d'inégalités

1. a. Pour tout x de $\mathbb{R}$, $f(x) = \mathrm{e}^{1+x^2}$, donc $f'(x) = 2x\mathrm{e}^{1+x^2}$

et $f''(x) = (2x)'\,\mathrm{e}^{1+x^2} + 2x(\mathrm{e}^{1+x^2})' = 2\mathrm{e}^{1+x^2} + 2x \times 2x\,\mathrm{e}^{1+x^2} = (2 + 4x^2)\,\mathrm{e}^{1+x^2}$.

Or, $2 + 4x^2 \geqslant 0$ et $\mathrm{e}^{1+x^2} \geqslant 0$, donc $f''(x) \geqslant 0$ pour tout x de $\mathbb{R}$.

Ainsi, la fonction f est convexe sur $\mathbb{R}$.

b. $f(1) = \mathrm{e}^{1+1^2} = \mathrm{e}^2$ et $f'(1) = 2 \times 1\mathrm{e}^{1+1^2} = 2\mathrm{e}^2$.

Ainsi, la tangente T a pour équation : $y = 2\mathrm{e}^2(x - 1) + \mathrm{e}^2$ soit $y = 2\mathrm{e}^2x - \mathrm{e}^2$.

c. Comme f est convexe sur $\mathbb{R}$, on en déduit que $\mathscr{C}$ est situé au-dessus de toutes ses tangentes, en particulier au-dessus de T.

Ainsi, pour tout x de $\mathbb{R}$, $f(x) \geqslant 2\mathrm{e}^2x - \mathrm{e}^2$ soit $\mathrm{e}^{1+x^2} \geqslant 2\mathrm{e}^2x - \mathrm{e}^2$.

2. On utilise le même raisonnement qu'à la question **1.**, c'est-à-dire :
- on étudie la convexité de f,
- on détermine l'équation de la tangente en 1,
- on utilise la convexité ou la concavité de f pour conclure.

Pour tout x de $\mathbb{R}$, $f(x) = \ln(1 + x^2)$, donc $f'(x) = \dfrac{2x}{1+x^2}$ et

$$f''(x) = \frac{2(1+x^2) - 2x \times 2x}{(1+x^2)^2} = \frac{2 + 2x^2 - 4x^2}{(1+x^2)^2} = \frac{2 - 2x^2}{(1+x^2)^2} = \frac{2(1-x^2)}{(1+x^2)^2}.$$

On en déduit le signe de $f''(x)$.

x	$-\infty$		-1		1		$+\infty$
$2(1-x^2)$		$-$	0	$+$	0	$-$	
$(1+x^2)^2$		$+$	|	$+$	|	$+$	
$f''(x)$		$-$	0	$+$	0	$-$	

Ainsi, $f''(x) \leqslant 0$ sur $]-\infty ; -1\,] \cup [1 ; +\infty[$, donc f est concave sur $]-\infty ; -1] \cup [1 ; +\infty[$ et $f''(x) \geqslant 0$ sur $[-1 ; 1]$, donc f est convexe sur $[-1 ; 1]$.

La tangente en 1 a pour équation :

$y = 1(x - 1) + \ln 2$ (car $f(1) = \ln(1 + 1^2) = \ln 2$ et $f'(1) = \dfrac{2 \times 1}{1 + 1^2} = 1$).

Soit $y = x - 1 + \ln 2$.

Or f est concave sur $[1 ; +\infty[$, donc $\mathscr{C}$ est situé au-dessous de toutes les tangentes sur $[1 ; +\infty[$, en particulier sous sa tangente en $x = 1$, donc, pour tout x de $[1 ; +\infty[$, $f(x) \leqslant x - 1 + \ln 2$ soit $\ln(1 + x^2) \leqslant x - 1 + \ln 2$.

15 Savoir lire beaucoup d'informations

1. $f(0) = 2$; $f(2) = 0$ (car $A(0 ; 2) \in \mathscr{C}_f$ et $B(2 ; 0) \in \mathscr{C}_f$).

2. La tangente à $\mathscr{C}_f$ au point d'abscisse 1 est une droite horizontale, donc $f'(1) = 0$.

3. Le coefficient directeur de la tangente en A à $\mathscr{C}_f$, c'est-à-dire de la droite (AC) est :

$$a = \frac{y_C - y_A}{x_C - x_A} = \frac{0 - 2}{-2 - 0} = 1.$$

Ainsi, (AC) a pour équation : $y = x + b$.

De plus, $A(0 ; 2) \in (AC)$ donc $y_A = x_A + b$ d'où $2 = 0 + b$ donc $b = 2$.

Ainsi, la droite (AC) a pour équation $y = x + 2$.

4. L'équation $f(x) = 1$ possède deux solutions ($x_1 \in [-2\,;-1]$ et $x_2 \in [1\,;2]$)

5. f est croissante sur $[-10\,;1]$ et décroissante sur $[1\,;2]$.

6. La tangente (AC) traverse la courbe $\mathcal{C}_f$

On en déduit que f est convexe sur $[-10\,;0]$ et concave sur $[0\,;2]$.

CHAPITRE 8

Continuité des fonctions d'une variable réelle

1 Continuité d'une fonction

1 Définitions

f est une fonction définie sur un intervalle I et $a \in I$.

- f est **continue en a** lorsque f a une limite en a égale à $f(a)$.
Ainsi, $\lim\limits_{x \to a} f(x) = f(a)$.

- f est **continue sur I** lorsque f est continue en tout réel de I.

Graphiquement : Une fonction est continue en a si en se déplaçant sur la courbe en s'approchant de a, il n'y a pas de « lever de crayon » en a.

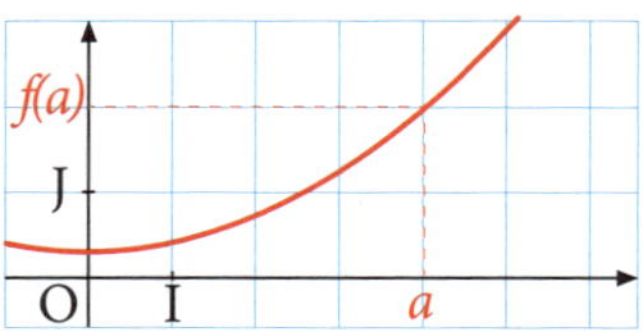

Il n'y a pas de rupture en a.
$\lim\limits_{x \to a} f(x) = f(a)$,

donc, f est continue en a.

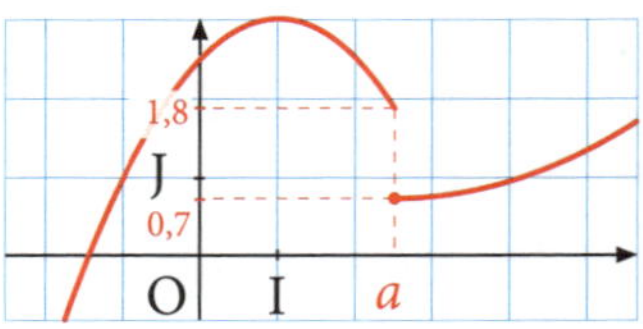

Il y a une rupture en a.
$\lim\limits_{\substack{x \to a \\ x < a}} f(x) = 1{,}8 \neq f(a) = 0{,}7$,

donc, f n'est pas continue en a.

2 Continuité des fonctions usuelles

- **Propriété**

Toute fonction dérivable sur I est continue sur I.

Remarques :

→ Les fonctions polynômes, exponentielles et trigonométriques sont continues sur $\mathbb{R}$.

→ Les fractions rationnelles (quotient de deux fonctions polynômes) sont continues là où elles sont définies.

→ La fonction racine carrée est continue sur $[0 ; +\infty[$.

3 Image d'une suite convergente

• Théorème

u est une suite définie par son premier terme et une relation du type $u_{n+1} = f(u_n)$.
Si la suite converge vers un réel ℓ et si f est continue en ℓ alors ℓ vérifie l'égalité $f(\ell) = \ell$.

EXERCICE RÉSOLU

Étudier la continuité d'une fonction définie par morceaux

ÉNONCÉ

f est la fonction définie sur $[-3\,;5]$ par $f(x) = \begin{cases} x+3 & \text{si} \quad x<1 \\ 2 & \text{si} \quad 1 \leqslant x \leqslant 3. \\ -x+5 & \text{si} \quad x>3 \end{cases}$

1. Représenter f sur $[-3\,;5]$ dans un repère orthogonal.

2. Étudier la continuité de f en 1 puis en 3.

CORRIGÉ

1. Sur $[-3\,;1[$, $f(x) = x + 3$. Elle est représentée par la droite de coefficient directeur 1 passant par le point de coordonnées $(0\,;3)$.
De même sur $[1\,;3]$, $f(x) = 2$ et sur $]3\,;5]$, $f(x) = -x + 5$.

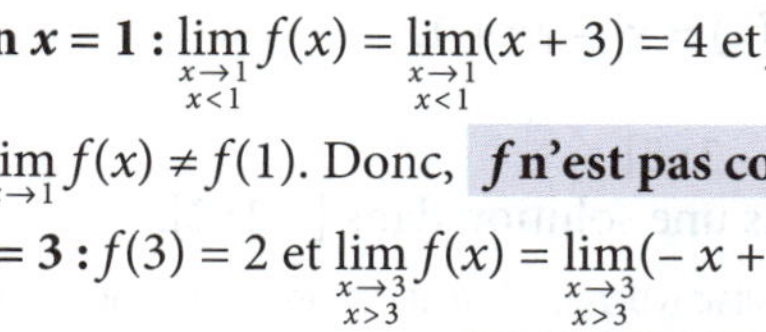

Remarque
On appelle cette fonction, une fonction affine par morceaux.

2. • **En $x = 1$:** $\lim\limits_{\substack{x\to 1\\ x<1}} f(x) = \lim\limits_{\substack{x\to 1\\ x<1}} (x+3) = 4$ et $f(1) = 2$.

Ainsi, $\lim\limits_{x\to 1} f(x) \neq f(1)$. Donc, **$f$ n'est pas continue en 1**.

• **En $x = 3$:** $f(3) = 2$ et $\lim\limits_{\substack{x\to 3\\ x>3}} f(x) = \lim\limits_{\substack{x\to 3\\ x>3}} (-x+5) = 2$.

Ainsi, $\lim\limits_{\substack{x\to 3\\ x>3}} f(x) = f(3)$. Donc, **$f$ est continue en 3**.

2 Théorème des valeurs intermédiaires

1 Théorème

f est une fonction **continue** sur un intervalle I. a et b deux réels de I.
Pour tout réel $\boldsymbol{k}$ **compris entre** $\boldsymbol{f(a)}$ **et** $\boldsymbol{f(b)}$, il existe au moins un réel c compris entre a et b tel que $f(c) = k$.

Généralisation : Lorsque $a = -\infty$ ou $b = +\infty$,
$f(a)$ ou $f(b)$ deviennent $\lim\limits_{x \to a} f(x)$ ou $\lim\limits_{x \to b} f(x)$.

2 Illustration graphique

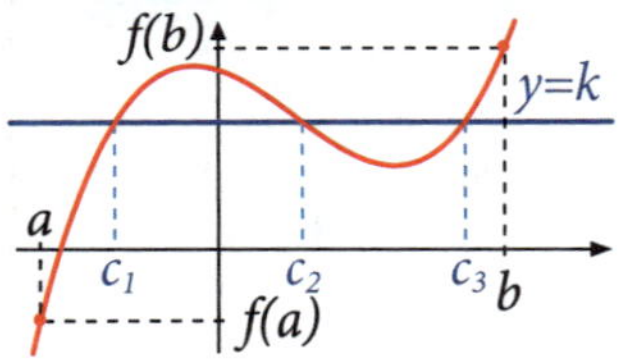

La droite d'équation $y = k$ coupe au moins une fois la courbe $\mathscr{C}$ représentant f sur $[a\ ;\ b]$.

3 Conséquence

Si, de plus, $\boldsymbol{f(a)}$ **et** $\boldsymbol{f(b)}$ **sont de signes contraires**, alors il existe au moins un réel c compris entre a et b tel que $f(c) = 0$.

4 Application aux équations

f est une fonction continue sur un intervalle I. a et b deux réels de I.
Pour tout réel k compris entre $f(a)$ et $f(b)$, l'équation $f(x) = k$ admet au moins une solution dans $[a\ ;\ b]$.

Exemple :
f est la fonction définie sur $\mathbb{R}$ par $f(x) = x^3 - 2x + 1$.
→ *f* est continue sur $[-2\ ;\ 2]$.
→ $f(-2) = -3$, $f(2) = 5$, donc $0 \in [-3\ ;\ 5]$.
L'équation $f(x) = 0$ admet au moins une solution dans $[-2\ ;\ 2]$.

Remarque : Le théorème des valeurs intermédiaires permet de montrer l'existence d'au moins une solution d'une équation du type $f(x) = k$ dans un intervalle $]a\ ;\ b[$ donné.

EXERCICES RÉSOLUS

Appliquer le théorème des valeurs intermédiaires

ÉNONCÉ

Démontrer que l'équation $x^2 - 9x\sqrt{x} = 11$ admet une solution dans $[0 ; 100]$.

CORRIGÉ

Cette équation est du type $f(x) = k$ sur l'intervalle $[a ; b]$ avec $f(x) = x^2 - 9x\sqrt{x}$, $a = 0$, $b = 100$ et $k = 11$.

• f est la somme de deux fonctions continues sur $[0 ; 100]$, donc **f est continue sur $[0 ; 100]$.**

• $f(0) = 0$, $f(100) = 1\,000$ donc **$11 \in [f(0) ; f(100)]$.**

D'après le théorème des valeurs intermédiaires, il existe au moins un nombre réel $c \in [0 ; 100]$ tel que $f(c) = 11$.

L'équation $x^2 - 9x\sqrt{x} = 11$ admet au moins une solution sur $[0 ; 100]$.

Montrer l'existence d'une solution pour l'équation $f(x) = 0$

ÉNONCÉ

1. Démontrer que l'équation $x^3 - 4x^2 + 3 = 0$ admet au moins une solution dans $[-1 ; 4]$.

2. À l'aide de la calculatrice, déterminer une valeur approchée de la (ou des) solution(s).

CORRIGÉ

1. f est la fonction définie sur $\mathbb{R}$ par $f(x) = x^3 - 4x^2 + 3$.

• f est une fonction polynôme donc **f continue sur $\mathbb{R}$.**

• $f(-1) = (-1)^3 - 4(-1)^2 + 3 = -2$ et $f(4) = 3$, donc **$f(-1)$ et $f(4)$ sont de signes contraires.**

Il existe alors au moins un réel $s \in [-1 ; 4]$ tel que $s^3 - 4s^2 + 3 = 0$,

donc s est une solution de l'équation dans $[-1 ; 4]$.

2. À l'aide du mode TRACE, on visualise trois solutions de l'équation $f(x) = 0$: $-0{,}75$; 1 et $3{,}8$.

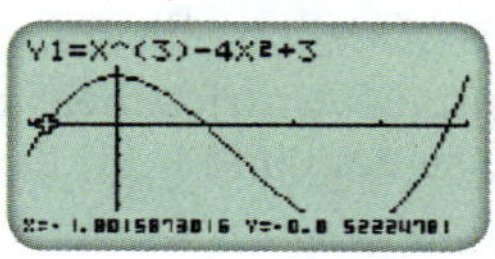

L'astuce du prof

Pour une meilleure lecture graphique, avant d'activer TRACE, il faut bien choisir la fenêtre.

3 Fonction continue et strictement monotone

1 Propriété

f est une fonction **continue et strictement monotone** sur l'intervalle $[a\,;b]$.
Pour tout nombre réel k compris entre $f(a)$ et $f(b)$, l'équation $f(x) = k$ admet une **solution unique** α dans $[a\,;b]$.

Ce résultat est illustré par l'un des tableaux de variation ci-dessous.

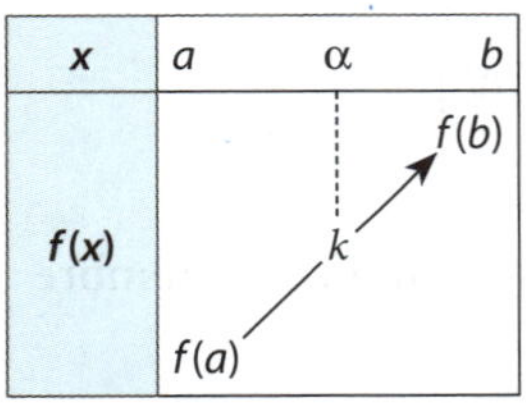

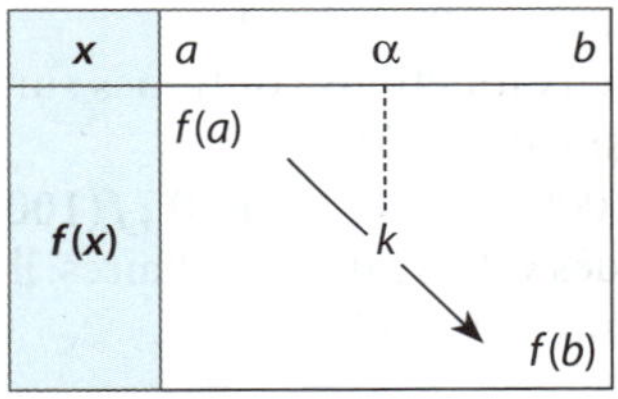

Remarque

Par convention, les flèches obliques d'un tableau de variation indiquent que la fonction est continue et strictement monotone.

Généralisation

Lorsque $a = -\infty$ ou $b = +\infty$, $f(a)$ et $f(b)$ deviennent $\lim\limits_{x \to -\infty} f(x)$ ou $\lim\limits_{x \to +\infty} f(x)$

Lorsque a ou b est une valeur en laquelle *f* n'est pas définie, $f(a)$ ou $f(b)$ deviennent $\lim\limits_{x \to a^+} f(x)$ ou $\lim\limits_{x \to b^-} f(x)$.

2 Exemple

f est une fonction définie sur $[-1\,;+\infty[$, dont le tableau de variation est :

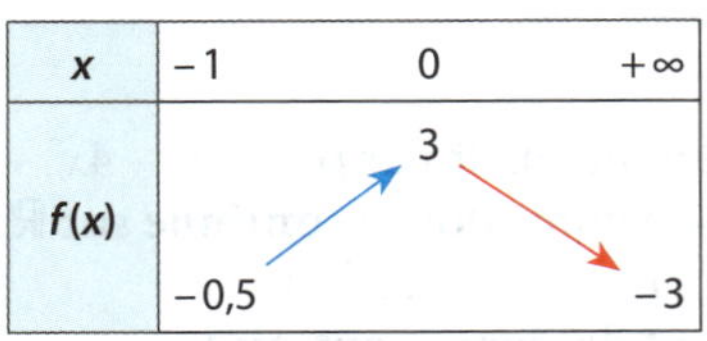

Montrer que l'équation $f(x) = 0$ admet exactement deux solutions dans $[-1\,;+\infty[$.

Sur $[-1\,;0]$: D'après le tableau de variation, *f* est continue et strictement croissante. De plus, $f(-1)$ et $f(0)$ sont de signes contraires, donc l'équation $f(x) = 0$ admet une unique solution $\alpha \in [-1\,;0]$.

Sur $[0\,;+\infty[$: *f* est continue et strictement décroissante. De plus, $f(0) = 3$ et $\lim\limits_{x \to +\infty} f(x) = -3$ sont de signes contraires, donc l'équation $f(x) = 0$ admet une unique solution $\beta \in [0\,;+\infty[$.

Finalement, l'équation $f(x) = 0$ admet exactement deux solutions α et β.

EXERCICE RÉSOLU

Déterminer le nombre de solutions d'une équation

ÉNONCÉ

f est la fonction définie sur $\mathbb{R}$ par $f(x) = x^3 - 6x^2 + 3$.

1. Montrer que l'équation $f(x) = 0$ a une unique solution négative. On la note α.

2. Déterminer une valeur approchée au centième de α à l'aide de la calculatrice.

CORRIGÉ

1. f est une fonction polynôme, donc continue et dérivable sur $\mathbb{R}$.
Pour tout réel x, $f'(x) = 3x^2 - 12x = x(3x - 12)$.

$f'(x) = 0 \Leftrightarrow x = 0$ ou $(3x - 12) = 0 \Leftrightarrow x = 0$ ou $x = 4$.

$f'(x)$ est une expression du second degré, avec $a = 3$ (positif), d'où :

x	$-\infty$		0		4		$+\infty$
$f'(x)$		$+$	0	$-$	0	$+$	
$f(x)$	$-\infty$	↗	3	↘	-29	↗	$+\infty$

L'astuce du prof
Pensez à vérifier le tableau de variation en utilisant le graphique sur la calculatrice.

$f(4) = 4^3 - 6 \times 4^2 + 3 = -29$.

$f(x) = x^3\left(1 - \dfrac{6}{x} + \dfrac{3}{x^3}\right)$ donc $\lim\limits_{x \to +\infty} f(x) = +\infty$ et $\lim\limits_{x \to -\infty} f(x) = -\infty$.

Ainsi, f est strictement monotone, continue et change de signe sur chaque intervalle $]-\infty\,;0[$; $]0\,;4[$ et $]4\,;+\infty[$.

D'après le théorème des valeurs intermédiaires, l'équation $f(x) = 0$ admet donc une unique solution sur chacun de ces intervalles.

Il n'y a donc qu'une seule solution négative, que l'on note α.

2. À l'aide de la calculatrice, on obtient $\alpha \approx -0{,}67$.

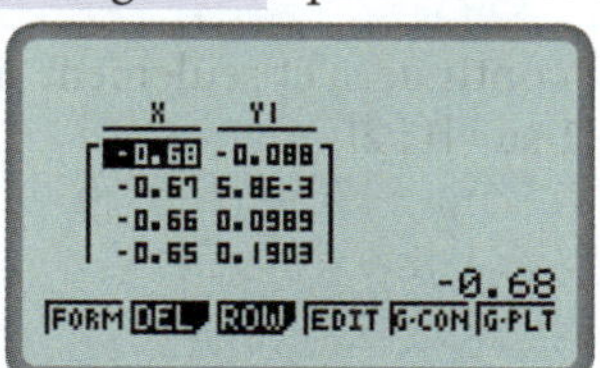

Savoir interpréter graphiquement la continuité

ÉNONCÉ

La trajectoire d'un mobile est donnée par la fonction f définie sur $[0;3]$ par :

$$f(x)=\begin{cases}2x & \text{sur } [0\,;1]\\ ax^2+bx+1 & \text{sur }]1\,;2[\\ x^2-2x+1 & \text{sur } [2\,;3]\end{cases}$$

Choisir les nombres a et b pour que cette trajectoire soit continue.

MÉTHODE

Pour étudier la continuité d'une fonction en x_0 :

• graphiquement, au point d'abscisse x_0, la continuité de f se traduit par le tracé de sa courbe sans lever le crayon.

• Par le calcul, on vérifie que $\lim\limits_{x\to x_0} f(x)=f(x_0)$.

CORRIGÉ

$f(1)=2\times 1=2$.
$f(2)=2^2-2\times 2+1=1$.

La trajectoire sera continue si et seulement si la partie de la parabole d'équation $y=ax^2+bx+1$ qui représente f sur l'intervalle $]1\,;2[$ a pour extrémités les points A(1 ; 2) et B(2 ; 1).

Il faut résoudre le système $\begin{cases}a\times 1^2+b\times 1+1=2\\ a\times 2^2+b\times 2+1=1\end{cases}$.

$$\begin{cases}a+b+1=2\\ 4a+2b+1=1\end{cases}\Leftrightarrow\begin{cases}a+b=1\\ 2a+b=0\end{cases}\Leftrightarrow\begin{cases}a+b=1\\ 2a+(1-a)=0\end{cases}\Leftrightarrow\begin{cases}b=2\\ a=-1\end{cases}.$$

La trajectoire est continue si et seulement si $f(x)=-x^2+2x+1$ sur $]1\,;2[$.

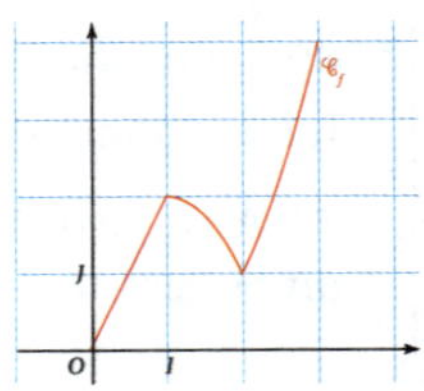

Voici la courbe obtenue

Savoir utiliser le théorème des valeurs intermédiaires

ÉNONCÉ

f est la fonction définie sur $\mathbb{R}$ par $f(x) = 1 + xe^{-x}$.
Montrer que l'équation $f(x) = 0$ admet une unique solution $\alpha \in [-2\,;0]$.

MÉTHODE

Pour résoudre une équation de type $f(x) = 0$:

• soit on peut résoudre cette équation par le calcul et trouver le nombre de solutions de l'équation ainsi que leur(s) valeur(s) exacte(s) ;

• soit on utilise le théorème des valeurs intermédiaires pour montrer l'existence de solution(s) à cette équation puis à l'aide de la calculatrice ou d'un algorithme, on détermine la(ou les) valeur(s) approchée(s) de la(ou des) solution(s).

CORRIGÉ

• La fonction $x \mapsto xe^{-x}$ est le produit de $x \mapsto x$ et $x \mapsto e^{-x}$, deux fonctions continues sur $\mathbb{R}$, donc f est continue sur $\mathbb{R}$, et en particulier sur $[-2\,;0]$.

On a $f(-2) = 1 + (-2)e^{-(-2)} = 1 - 2e^2$.

Or, $e > 2 \Leftrightarrow e^2 > 4 \Leftrightarrow 2e^2 > 8 \Leftrightarrow -2e^2 < -8 \Leftrightarrow 1 - 2e^2 < -7$, donc $f(-2) < 0$.

De plus, $f(0) = 1 + 0e^{-0} = 1 + 0 \times 1 = 1$, donc $f(1) > 0$.

f est continue sur $[-2\,;0]$, f change de signe sur $[-2\,;0]$, donc, d'après le théorème des valeurs intermédiaires, il existe au moins un réel $\alpha \in [-2\,;0]$ tel que $f(\alpha) = 0$.

• Pour tout x de $\mathbb{R}$, $f'(x) = 1 \times e^{-x} + x \times (-e^{-x}) = e^{-x} - xe^{-x} = (1 - x)\,e^{-x}$.

Or, $e^{-x} > 0$ et $1 - x > 0$ sur $]-\infty\,;1[$, on en déduit le tableau de variation ci-dessous.

x	-2		α		0
$f'(x)$		$+$		$+$	
$f(x)$	$1 - 2e^2$	↗	0	↗	1

Ainsi, l'équation $f(x) = 0$ admet une unique solution $\alpha \in [-2\,;0]$.

Savoir utiliser un algorithme

ÉNONCÉ

On reprend l'équation $1 + xe^{-x} = 0$ étudiée dans la méthode précédente.

1. Quel est le rôle du script, écrit en langage Python, ci-dessous ?

```
from math import *
a=float(input("borne inf de I"))
b=float(input("borne sup de I"))
p=float(input("precision"))

m=(a+b)/2
while (b-a)>p:
    m=(a+b)/2
    if ((1+a*exp(-a))*(1+m*exp(-m))<0):
        b=m
    else:
        a=m
print (a,"< alpha <",b)
```

Remarque

- $f(m) \times f(a) > 0 \Leftrightarrow f(m)$ et $f(a)$ sont de même signe.
- $f(m) \times f(a) < 0 \Leftrightarrow f(m)$ et $f(a)$ sont de signe contraire.
- m étant le centre de l'intervalle $[a\,;b]$ à chaque étape, ce raisonnement s'appelle : **la dichotomie.**

2. Saisir et exécuter ce programme avec $[a\,;b] = [-2\,;0]$ et $p = 10^{-2}$ afin d'obtenir un encadrement de α à 10^{-2} près.

MÉTHODE

Pour déterminer une valeur approchée d'une solution α d'une équation sur $[a\,;b]$:

- on se ramène à une équation du type $f(x) = 0$;
- on réduit pas à pas (à l'aide d'une condition de type tant que) l'intervalle $[a\,;b]$ qui contient α en testant le signe du produit des images de chaque borne du nouvel intervalle.

CORRIGÉ

1. Ce script affiche les bornes d'un intervalle $[a; b]$ d'amplitude p dans lequel se trouve la solution α de l'équation $f(x) = 0$.

2. En faisant fonctionner le programme ci-dessus à l'aide de la calculatrice ou d'un logiciel, on obtient : $-0{,}57 < \alpha < -0{,}56$.

Savoir étudier une suite définie par $u_{n+1} = f(u_n)$

ÉNONCÉ

u est la suite à termes positifs définie par $u_0 = 1$ et pour tout $n \in \mathbb{N}$: $u_{n+1} = \sqrt{u_n + 1}$.
On admet que la suite u est décroissante.

1. a. Démontrer que la suite u est minorée par 0.

b. En déduire qu'elle converge vers un réel ℓ.

2. Montrer que $f : x \mapsto \sqrt{x+1}$ est continue sur $\mathbb{R}^+$.

3. En déduire la valeur de ℓ.

MÉTHODE

Pour prouver la monotonie d'une suite définie par une relation du type $u_{n+1} = f(u_n)$ on peut utiliser un raisonnement par récurrence. Puis pour prouver sa convergence, on peut utiliser le théorème des suites monotones et bornées. Enfin pour déterminer cette limite si f est continue on résout l'équation $f(\ell) = \ell$.

CORRIGÉ

1. a. $\forall x \in \mathbb{R}^+, \sqrt{x} \geqslant 0$ donc pour tout $n \in \mathbb{N}, \sqrt{u_n + 1} \geqslant 0$ soit $u_n \geqslant 0$.

b. La suite u est décroissante et elle est minorée par 0 donc elle converge vers un réel positif ℓ.

2. La fonction $x \mapsto x + 1$ est affine donc continue sur $\mathbb{R}$. De plus si $x \in \mathbb{R}^+$ alors $x + 1 \geqslant 1$ donc f est définie et continue sur $\mathbb{R}^+$.

3. u est définie par une relation de récurrence $u_{n+1} = f(u_n)$ et converge vers ℓ un réel positif. De plus f est continue en ℓ donc ℓ vérifie l'égalité $\ell = f(\ell)$.

Or, $f(\ell) = \ell \Leftrightarrow \sqrt{\ell + 1} = \ell \Rightarrow \ell + 1 = \ell^2 \Rightarrow \ell^2 - \ell - 1 = 0$.

Équation du second degré avec $\Delta = 5$, $\ell_1 = \dfrac{1 - \sqrt{5}}{2}$ et $\ell_2 = \dfrac{1 + \sqrt{5}}{2}$.

Comme $\dfrac{1 - \sqrt{5}}{2} < 0$, $\ell = \dfrac{1 + \sqrt{5}}{2}$.

Réflexe à avoir

- Toute suite croissante et majorée est convergente.
- Toute suite décroissante et minorée est convergente.

Vérifiez vos connaissances

1 Vrai-Faux

Indiquer pour chaque proposition si elle est vraie (V) ou fausse (F).

f est une fonction dont le tableau de variation est donné ci-contre :

x	$-\infty$		-1		1		$+\infty$
$f(x)$	1	↘	-2	↗	$+\infty$ || $-\infty$	↗	0

1. f est continue sur $]-\infty\,;0]$. ☐ V ☐ F

2. f est continue sur $[-1\,;+\infty[$. ☐ V ☐ F

3. Il existe au moins un réel k tel que l'équation $f(x) = k$ n'admette aucune solution. ☐ V ☐ F

4. Il existe au moins un réel k tel que l'équation $f(x) = k$ admette au moins trois solutions distinctes. ☐ V ☐ F

5. L'équation $f'(x) = 0$ admet au moins une solution. ☐ V ☐ F

2 QCM

Pour chaque question, une seule réponse proposée (A, B ou C) est exacte.

		A	B	C
1.	La fonction définie par : $f(x)=\begin{cases} x+1 \text{ si } x<0 \\ -2x+3 \text{ si } x\in[0\,;2] \\ -\dfrac{2}{x} \text{ si } x>2 \end{cases}$ est continue :	en 0 mais pas en 2	en 2 mais pas en 0	en 2 et en 0
2.	Le nombre de solutions de l'équation $e^{2x}-2x-5=0$ est :	une	deux	aucune
3.	L'équation $x^3 = k$ admet	1 solution pour $k \in \mathbb{R}$	aucune solution pour $k \in \mathbb{R}$	2 solutions pour $k \in \mathbb{R}$
4.	Si $f : x \mapsto \dfrac{e^x}{e^x - x}$ est définie sur $\mathbb{R}$ alors l'équation	$f(x) = e$ n'a pas de solution	$f(x) = 1$ a exactement 2 solutions	$f(x) = -1$ a au moins une solution

Exercices d'application

3 Discontinuité graphique

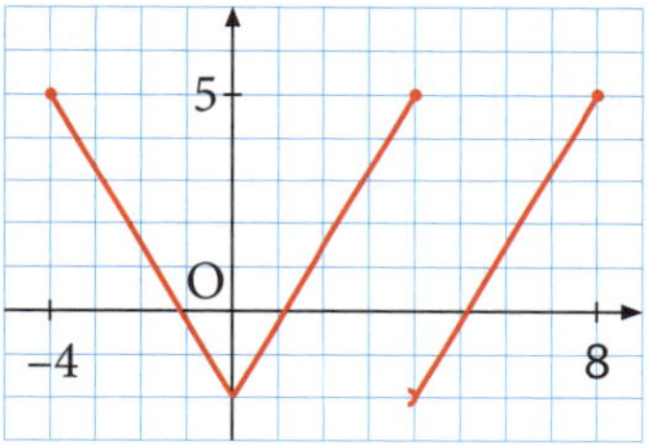

f est la fonction représentée ci-contre.

1. f est-elle continue en $x = 4$?

2. f est-elle continue en $x = 0$?

3. Sur quel(s) intervalle(s) est-elle continue ?

4 Fonction définie par intervalles

f est la fonction définie sur $\mathbb{R}$ par $f(x) = \begin{cases} 0 & \text{si} \quad x < 0 \\ x & \text{si} \quad 0 \leqslant x \leqslant 2. \\ 2 & \text{si} \quad x > 2 \end{cases}$

1. Montrer que f est continue en 0 et en 2.

2. Représenter cette fonction sur $\mathbb{R}$.

5 Fonction affine par morceaux

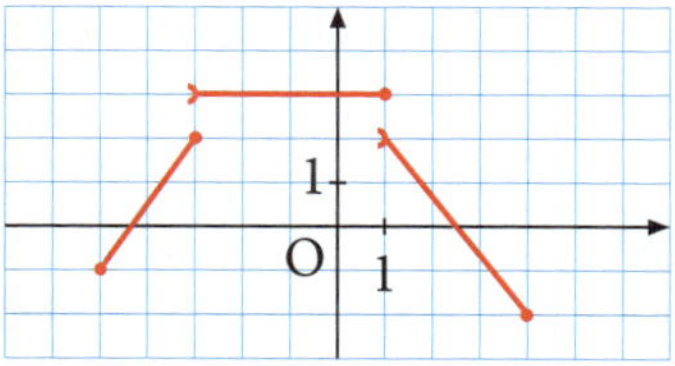

f est la fonction représentée ci-contre.
Déterminer l'expression de $f(x)$.

6 Suite du type $u_{n+1} = f(u_n)$

u est la suite définie sur $\mathbb{N}$ par $u_0 = 1$ et pour tout entier naturel n, $u_{n+1} = \dfrac{1}{2} u_n^{\,2}$.

1. Voici un écran de calculatrice qui permet de construire les premiers termes. Quelles sont les courbes représentées ?

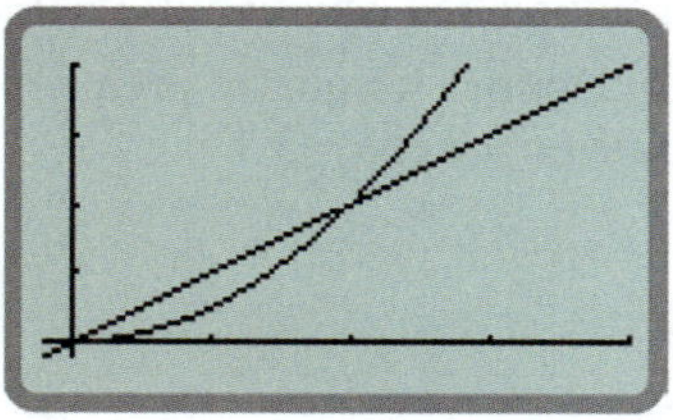

2. Donner les valeurs de u_0, u_1, u_2 et u_3.

3. Montrer, par récurrence, que pour tout $n \in \mathbb{N}$, $0 \leqslant u_n \leqslant 2$.

4. Exprimer $u_{n+1} - u_n$. Que peut-on en déduire ?

5. Justifier que la suite u converge vers un réel positif ℓ.

6. Montrer que $f : x \mapsto \dfrac{1}{2}x^2$ est continue sur $[0\,;2]$ et en déduire la valeur de ℓ.

7 Tableau de variation et équation

On donne ci-dessous le tableau de variation d'une fonction f.

x	$-\infty$	-2	3	$+\infty$
$f(x)$	$-\infty$ ↗	-3 ↘	$-\infty$ ‖ $-\infty$	↗ 5

1. Quel est le nombre de solutions de l'équation $f(x) = 0$?

2. Quel est le nombre de solutions de l'équation $f(x) = -5$?

8 Avec un algorithme

f est la fonction définie sur $\mathbb{R}$ par $f(x) = x^3 - 6x - 9$.

```
Saisir a
Saisir b
p = 0,00001
Tant que b – a > p
   m = (a + b)/2
   si f(m) × f(b) > 0 alors
   …
   sinon
   …
afficher a, b
```

1. Étudier les variations de f puis dresser le tableau de variation.

2. Déterminer le nombre de solutions de l'équation $f(x) = 0$.

3. a. Compléter l'algorithme ci-dessus pour déterminer un encadrement de la solution de l'équation $f(x) = 0$.

b. Donner les quatre premiers encadrements obtenus avec cet algorithme si on saisit $a = 2$ et $b = 3{,}5$.

Exercices d'entraînement

9 Intersection de deux courbes

Dans un repère, $\mathscr{C}$ est la courbe représentant la fonction f définie sur $\mathbb{R}$ par $f(x) = 3 - 2x^2$ et $\mathscr{C}'$ est la courbe représentant la fonction g définie sur $[0\ ;+\infty[$ par $g(x) = \sqrt{7x}$.

Quel est le nombre de points d'intersection de $\mathscr{C}$ et $\mathscr{C}'$? Justifier.

10 Une suite de solutions

f est une fonction continue sur $\mathbb{R}^+$ et son tableau de variations est le suivant :

x	0		1		$+\infty$
$f(x)$	1	↘	0	↗	1

1. Justifier que pour un entier naturel n supérieur ou égal à 2, l'équation $f(x) = \dfrac{1}{n}$ a deux solutions distinctes.

Pour une valeur de n choisie, ces deux solutions seront notées u_n et v_n telles que $u_n \leqslant v_n$.

2. Déterminer le sens de variations des suites u et v.

3. En déduire qu'elles convergent.

11 Équation dépendant d'un paramètre

Pour tout réel m, (E_m) est l'équation d'inconnue le réel x : $e^{2x} - 2e^x = m$.

1. Étudier la fonction $f(x) = e^{2x} - 2e^x$ sur $\mathbb{R}$.

2. Déterminer, en fonction de m, le nombre de solutions de l'équation (E_m).

12 Une suite récurrente comme modèle

Un biologiste souhaite étudier l'évolution de la population d'une espèce animale dans une réserve.

Cette population est estimée à 12 000 individus en 2016. Les contraintes du milieu naturel font que la population ne peut pas dépasser les 60 000 individus.

Partie A : un premier modèle

Dans une première approche, le biologiste estime que la population croît de 5 % par an.

L'évolution annuelle de la population est ainsi modélisée par une suite (v_n) où v_n représente le nombre d'individus, exprimé en milliers, en 2016+n. On a donc $v_0 = 12$.

1. Déterminer la nature de la suite (v_n) et donner l'expression de v_n en fonction de n.

2. Ce modèle répond-il aux contraintes du milieu naturel ?

Partie B : un second modèle

Le biologiste modélise ensuite l'évolution annuelle de la population par une suite (u_n) définie par $u_0 = 12$ et, pour tout entier naturel n, $u_{n+1} = -\frac{1,1}{605}u_n^{\,2} + 1,1u_n$.

1. On considère la fonction g définie sur $\mathbb{R}$ par $g(x) = -\frac{1,1}{605}x^2 + 1,1x$.

a. Justifier que g est croissante sur $[0 ; 60]$.

b. Résoudre dans $\mathbb{R}$ l'équation $g(x) = x$.

2. On remarquera que $u_{n+1} = g(u_n)$.

a. Calculer la valeur arrondie à 10^{-3} de u_1. Interpréter.

b. Démontrer par récurrence que, pour tout entier naturel n, $0 \leqslant u_n \leqslant 55$.

c. Démontrer que la suite (u_n) est croissante.

d. En déduire que la suite (u_n) est convergente.

e. Calculer la limite ℓ de la suite (u_n) et l'interpréter dans le contexte de l'exercice.

3. Le biologiste souhaite déterminer le nombre d'années à partir duquel la population dépassera les 50 000 individus avec ce second modèle.

Il utilise le script suivant :

```
from math import *

n=0
u=12
while u<50:
    u=...
    n=...
print(n)
```

Recopier et compléter les pointillés de ce script afin qu'il affiche en sortie le plus petit entier r tel que $u_r \geqslant 50$.

Interpréter ce résultat.

Vérifiez vos connaissances

1 Vrai-Faux

1. Vrai **2.** Faux **3.** Faux **4.** Vrai **5.** Vrai

2 QCM

1. B **2.** B **3.** A **4.** A

Exercices d'application

3 Discontinuité graphique

1. ***f* n'est pas continue en 4.** $\left(f(4) = 5 \text{ et } \lim\limits_{\substack{x \to 4 \\ x > 4}} f(x) = -2\right)$.

2. $\lim\limits_{\substack{x \to 0 \\ x < 0}} f(x) = -2$; $\lim\limits_{\substack{x \to 0 \\ x > 0}} f(x) = -2$ et $f(0) = -2$, donc $\lim\limits_{x \to 0} f(x) = f(0)$.

Ainsi, f est continue en 0.

3. f est continue sur $]-4\,;4[$ puis sur $]4\,;8[$.

4 Fonction définie par intervalles

1. • Continuité de *f* en 0 :

Si $x < 0$, $f(x) = 0$, donc $\lim\limits_{\substack{x \to 0 \\ x < 0}} f(x) = \mathbf{0}$

Si $0 \leqslant x \leqslant 2$, $f(x) = x$, donc $f(0) = \mathbf{0}$

} f est donc continue en 0.

• Continuité de *f* en 2 :

Si $x > 2$, $f(x) = 2$, donc $\lim\limits_{\substack{x \to 2 \\ x > 2}} f(x) = 2$

Si $0 \leqslant x \leqslant 2$, $f(x) = x$, donc $f(2) = 2$

} f est donc continue en 2.

L'astuce du prof

f est définie en 0, donc $\lim\limits_{\substack{x \to 0 \\ x > 0}} f(x) = f(0) = 0$.

2. **Représentation graphique de f**

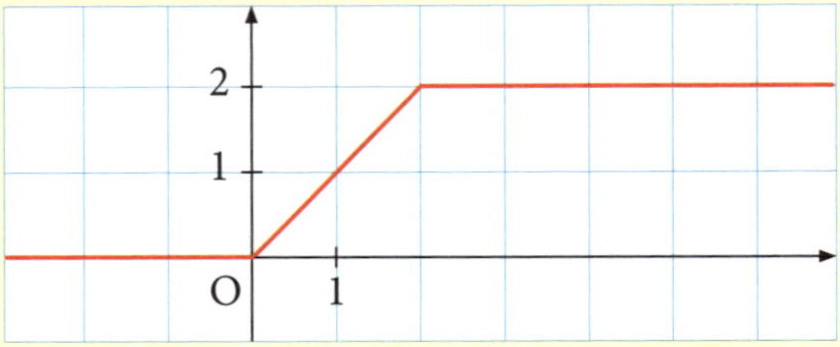

5 Fonction affine par morceaux

Sur $[-5\,;-3]$, f est une fonction affine telle que $f(-5) = -1$ et $f(-3) = 2$,

donc $a = \dfrac{f(-5) - f(-3)}{-5-(-3)} = \dfrac{-1-2}{-5+3} = \dfrac{3}{2}$.

Or, $f(x) = ax + b$ avec $f(-3) = 2$ et $a = \dfrac{3}{2}$ donc $2 = \dfrac{3}{2} \times (-3) + b \Leftrightarrow b = 6{,}5$.

Sur $[-5\,;-3]$, $f(x) = \dfrac{3}{2}x + 6{,}5$.

Sur $]-3\,;1]$, f est une fonction constante : **$f(x) = 3$.**

Sur $]1\,;4]$, f est affine avec $a = -\dfrac{4}{3}$ et $b = \dfrac{10}{3}$, donc **$f(x) = -\dfrac{4}{3}x + \dfrac{10}{3}$.**

6 Suite du type $u_{n+1} = f(u_n)$

1. $u_{n+1} = \dfrac{1}{2}u_n^{\,2} \Leftrightarrow u_{n+1} = f(u_n)$ où f est la fonction définie sur $\mathbb{R}$ par $f(x) = \dfrac{1}{2}x^2$.

La courbe de f est représentée et la droite $y = x$.

2. $u_0 = 1$ donc $u_1 = \mathbf{0{,}5}$, $u_2 = f(0{,}5) = \mathbf{0{,}125}$ et $u_3 = f(0{,}125) = \mathbf{0{,}0078125}$.

3. Initialisation : pour $n = 0$

$u_0 = 0{,}5$ et $0 \leqslant 0{,}5 \leqslant 2$, donc $0 \leqslant u_0 \leqslant 2$.

Hérédité :

Supposons que, pour un n fixé, $u_n \in [0\,;2]$ et montrons que $u_{n+1} \in [0\,;2]$.

D'après l'hypothèse de récurrence : $0 \leqslant u_n \leqslant 2$

$\Leftrightarrow 0^2 \leqslant u_n^{\,2} \leqslant 2^2$ (la fonction carré est croissante sur $[0\,;2]$)

$\Leftrightarrow \dfrac{1}{2} \times 0 \leqslant \dfrac{1}{2}u_n^{\,2} \leqslant \dfrac{1}{2} \times 4$

$\Leftrightarrow 0 \leqslant u_{n+1} \leqslant 2$.

La propriété est héréditaire.

Conclusion : Pour tout $n \in \mathbb{N}$, $0 \leqslant u_n \leqslant 2$.

4. Pour tout $n \in \mathbb{N}$,

$$u_{n+1} - u_n = \frac{1}{2} u_n^{\,2} - u_n = u_n\left(\frac{1}{2} u_n - 1\right).$$

D'après **3.** $u_n \geqslant 0$ et comme $u_n \in [0\,;2]$, $\frac{1}{2}u_n \in [0\,;1]$ et $\frac{1}{2}u_n - 1 \in [-1\,;0]$.

Ainsi $u_n\left(\frac{1}{2} u_n - 1\right) \leqslant 0 \Leftrightarrow u_{n+1} - u_n \leqslant 0 \Leftrightarrow u_{n+1} \leqslant u_n$.

Cela signifie que (u_n) est décroissante.

5. (u_n) est une suite décroissante et minorée par 0 donc **elle converge vers un réel ℓ.**

6. La fonction f est une fonction polynôme donc continue sur $\mathbb{R}$, en particulier en ℓ.

Ainsi ℓ vérifie $\ell = f(\ell) \Leftrightarrow \ell = \frac{1}{2}\ell^2 \Leftrightarrow \frac{1}{2}\ell^2 - \ell = 0 \Leftrightarrow \ell\left(\frac{1}{2}\ell - 1\right) = 0 \Leftrightarrow \ell = 0$ ou $\ell = 2$.

Puisque (u_n) est décroissante et que $u_0 = 1$, c'est que $\ell = 0$.

7 Tableau de variation et équation

1. Sur $]-\infty\,;3[$, le maximum de f est -3, donc

l'équation $f(x) = 0$ n'a pas de solution.

Sur $]3\,;+\infty[$, f est continue, strictement croissante et $0 \in\,]-\infty\,;5[$,

donc, $f(x) = 0$ admet une unique solution.

2. Sur $]-\infty\,;-2[$, f est continue strictement croissante et $-5 \in\,]-\infty\,;-3[$, donc $f(x) = -5$ admet une unique solution sur $]-\infty\,;-2[$.

De même, sur $]-2\,;3[$, puis sur $]3\,;+\infty[$.

Finalement, $f(x) = -5$ admet exactement trois solutions réelles.

8 Avec un algorithme

1. f est une fonction polynôme dérivable sur $\mathbb{R}$ et $f'(x) = 3x^2 - 6$.

$3x^2 - 6 > 0 \Leftrightarrow x^2 > 2 \Leftrightarrow x < -\sqrt{2}$ ou $x > \sqrt{2}$.

x	$-\infty$		$-\sqrt{2}$		$\sqrt{2}$		$+\infty$
f	$-\infty$	↗	$4\sqrt{2} - 9$	↘	$-4\sqrt{2} - 9$	↗	$+\infty$

Astuce du prof

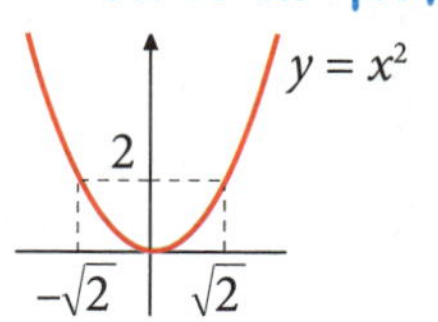

$x^3 - 6x - 9 = x^3\left(1 - \frac{6}{x^2} - \frac{9}{x^3}\right)$.

Ainsi par produit $\lim_{x \to -\infty} f(x) = -\infty$ et $\lim_{x \to +\infty} f(x) = +\infty$.

2. $4\sqrt{2} - 9 < 0$ donc sur $]-\infty ; \sqrt{2}[$, $f(x) < 0$.

Sur $[\sqrt{2} ; +\infty[$, f est continue, strictement croissante, $f(\sqrt{2}) < 0$ et $\lim_{x \to +\infty} f = +\infty$ donc, d'après le théorème des valeurs intermédiaires, **$f(x) = 0$ admet une unique solution.**

3. a. si $f(m) \times f(b) > 0$ alors
$b = m$;
sinon
$a = m$;

b. Tableau des variables et des conditions

$b - a > p$	V	V	V	V
$f(m) \times f(b)$	F	V	F	V
b	3,5	3,125	3,125	
a	2,75	2,75	2,9375	

Encadrements succesifs : [2 ; 3,5], [2,75 ; 3,5], [2,75 ; 3,125] et [2,9375 ; 3,125].

Exercices d'entraînement

9 Intersection de deux courbes

Rechercher le nombre de points d'intersection entre $\mathscr{C}$ et $\mathscr{C}'$, c'est rechercher les abscisses x telles que $f(x) = g(x)$.

$f(x) = g(x) \Leftrightarrow 3 - 2x^2 = \sqrt{7x} \Leftrightarrow 3 - 2x^2 - \sqrt{7x} = 0$. On pose $h(x) = 3 - 2x^2 - \sqrt{7x}$.

• h est la différence de deux fonctions $x \mapsto 3 - 2x^2$ et $x \mapsto \sqrt{7x}$ qui sont continues sur $[0 ; +\infty[$, donc **h est continue sur $[0 ; +\infty[$.**

• $\lim_{x \to 0} h(x) = 3$
$\lim_{x \to +\infty} h(x) = \lim_{x \to +\infty} (3 - 2x^2) + \lim_{x \to +\infty} -\sqrt{7x} = -\infty$
ainsi h change de signe sur $[0 ; +\infty[$.

D'après le théorème des valeurs intermédiaires, il existe au moins un réel de $[0 ; +\infty[$ tel que $h(x) = 0$. Il y a donc au moins un point d'intersection .

• Pour savoir exactement combien il y a de points d'intersection, il faut étudier la stricte monotonie de h sur $[0 ; +\infty[$.

Pour cela, on calcule, pour $x \in\ ]0\,;+\infty[$,

$h'(x) = -4x - \dfrac{7}{2\sqrt{7x}}$.

On sait que $x \in\ ]0\,;+\infty[$, donc $-4x < 0$ et $-\dfrac{7}{2\sqrt{7x}} < 0$.

Donc, pour $x \in\ ]0\,;+\infty[$, $h'(x) < 0$, ainsi ***h* est strictement décroissante sur $]0\,;+\infty[$**.

Il existe exactement une solution pour l'équation $h(x) = 0$ sur $]0\,;+\infty[$.

De plus, $h(0) = 3$ ($\neq 0$), donc il y a exactement une solution sur $]0\,;+\infty[$.

Finalement, $\mathscr{C}$ et $\mathscr{C}'$ n'ont qu'un point d'intersection.

Rappel

$(\sqrt{u})' = \dfrac{u'}{2\sqrt{u}}$ si $u > 0$.

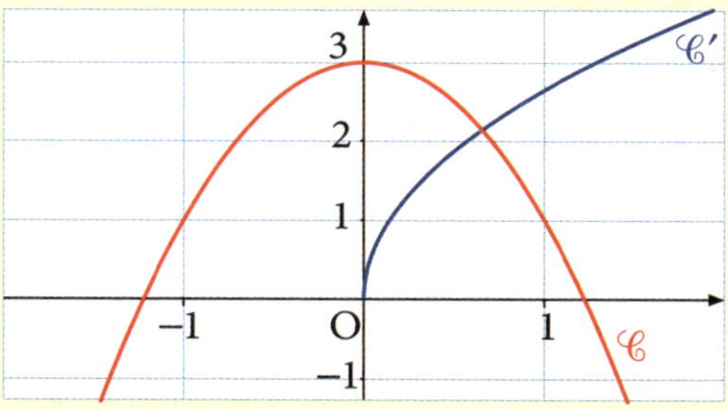

Réflexe à avoir

Pensez à vérifier à la calculatrice.

10 Une suite de solutions

1. n est un entier naturel supérieur ou égal à deux donc $0 < \dfrac{1}{n} \leqslant \dfrac{1}{2}$ (la fonction inverse est décroissante sur $]0\,;+\infty[$

• f est strictement décroissante sur $[0\,;1]$, continue sur $[0\,;1]$ et comme $\left]0\,;\dfrac{1}{2}\right]$ est inclus dans $[0\,;1]$, $\dfrac{1}{n} \in [0\,;1]$ donc, d'après le corollaire du théorème des valeurs intermédiaires. il existe un unique réel $\alpha \in [0\,;1]$ tel que $f(\alpha) = \dfrac{1}{n}$.

• De même sur $[1\,;+\infty[$, f est continue, strictement croissante et $\dfrac{1}{n} \in [0\,;1[$ donc il existe un unique réel $\beta \in [1\,;+\infty[$ tel que $f(\beta) = \dfrac{1}{n}$.

Finalement, **l'équation $f(x) = \dfrac{1}{n}$ pour $n \geqslant 2$ admet deux solutions sur $\mathbb{R}^+$.**

2. • Pour un entier supérieur à deux quelconque,

$n < n+1 \Leftrightarrow \dfrac{1}{n} > \dfrac{1}{n+1} \Leftrightarrow f(u_n) > f(u_{n+1})$.

Or sur $[0\,;1]$ f est décroissante donc $u_n \leqslant u_{n+1}$.

Remarque

u_p solution de $f(x) = \dfrac{1}{p}$ donc $f(u_n) = \dfrac{1}{n}$ et $f(u_{n+1}) = \dfrac{1}{n+1}$.

Cela signifie que la suite u est croissante.

• De même,

Sur $[1\,;+\infty[$, f est croissante donc

Cela signifie que la suite v est décroissante.

3. • Pour $n \in \mathbb{N}$ et $n \geqslant 2$, u_n est la solution de $f(x)=\dfrac{1}{n}$ où $x \in [0\,;1]$ donc $u_n \in [0\,;1]$.

Ainsi u est croissante et majorée par 1 donc u converge.

• De même, v_n est la solution de $f(x)=\dfrac{1}{n}$ où $x \in [1\,;+\infty[$ donc $v_n \in [1\,;+\infty[$.

Ainsi v est décroissante et minorée par 1 donc v converge.

Rappel

f croissante sur I si, et seulement si, des réels a et b de I et leurs images $f(a)$ et $f(b)$ sont rangés dans le même ordre.

11 Équation dépendant d'un paramètre

1. La fonction f est la différence de deux fonctions exponentielles donc elle est continue et dérivable sur $\mathbb{R}$.

Pour tout $x \in \mathbb{R}$, $f'(x) = (e^{2x})' - (2e^{x})'$

$= (2x)'\, e^{2x} - 2(e^{x})'$

$= 2e^{2x} - 2e^{x}$

$= 2(e^{x})^2 - 2e^{x}$

$= 2e^{x}(e^{x} - 1)$.

Le signe de $f'(x)$ est celui de $e^{x} - 1$ puisque $2e^{x} > 0$.

$e^{x} - 1 > 0 \Leftrightarrow e^{x} > 1 \Leftrightarrow e^{x} > e^{0} \Leftrightarrow x > 0$.

On en déduit le tableau de signes de $f'(x)$:

x	$-\infty$		0		$+\infty$
$f'(x)$		$-$	0	$+$	

Rappel

• $(u+v)' = u' + v'$
• $(ku)' = ku'$
• $(e^{u})' = u'\, e^{u}$

• $\lim\limits_{x\to-\infty} e^{x} = 0$ et $\lim\limits_{x\to-\infty} e^{2x} = 0$ donc $\lim\limits_{x\to-\infty} f(x) = 0$.

• $f(0) = e^{2\times 0} - 2e^{0} = 1 - 2 = -1$.

• Avec les opérations, on obtient une F. I. «$\infty - \infty$» en $+\infty$ on utilise la technique « du terme prépondérant » :

Pour $x \in \mathbb{R}^{+}$, $f(x) = (e^{x})^2 - 2e^{x} = e^{x}(e^{x} - 2)$.

Or $\lim\limits_{x\to+\infty} e^{x} = +\infty$ donc $\lim\limits_{x\to+\infty} e^{x}(e^{x} - 2) = +\infty$

c'est-à-dire $\lim\limits_{x\to+\infty} f(x) = +\infty$.

Astuce du prof

Pensez à vérifier sur votre calculatrice.

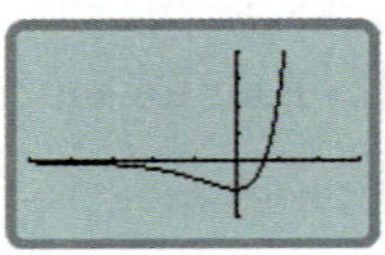

Tableau de variations de f :

x	$-\infty$		0		$+\infty$
$f(x)$	0	$\searrow$	-1	$\nearrow$	$+\infty$

2. • **Pour $m < -1$** : le minimum de f étant -1, l'équation $f(x) = m$ n'a pas de solution.

• **Pour $m = -1$** : $f(x) = m$ admet une unique solution $x = 0$.

• **Pour $m \in\ ]-1\,;0[$** :

$\left.\begin{array}{l} f \text{ est continue et décroissante sur }]-\infty\,;0[\\ m \in\ ]f(0)\,;\ \lim\limits_{x \to -\infty} f(x)[\end{array}\right\}$ donc $f(x) = m$ admet une unique solution.

De même sur $]0\,;+\infty[$, $f(x) = m$ admet une unique solution.

Ainsi, $f(x) = m$ admet donc deux solutions pour $m \in\ ]-1\,;0[$.

• **Pour $m \in [0\,;+\infty[$** :

Il n'y a pas de solution dans $]-\infty\,;0[$ puisque pour $x \in\ ]-\infty\,;0[$, $f(x) \in [-1\,;0[$ donc $f(x) < 0$.

$\left.\begin{array}{l} f \text{ est continue, croissante sur }]0\,;+\infty[\\ m \in\ ]f(0)\,;\ \lim\limits_{x \to +\infty} f(x)[\end{array}\right\}$ donc l'équation $f(x) = m$ une unique solution sur $[0\,;+\infty[$.

12 Une suite récurrente comme modèle

Partie A :

1. Augmenter de 5 %, c'est multiplier par $1 + \dfrac{5}{100} = 1{,}05$; la suite (v_n) est donc géométrique de premier terme $v_0 = 12$ et de raison $q = 1{,}05$.

Donc, pour tout n, on a : $v_n = v_0 \times q^n = 12 \times 1{,}05^n$.

2. Il faut regarder si ce modèle permet de limiter la population à 60 000 individus, autrement dit chercher n tel que $v_n > 60$; on résout l'inéquation :

$v_n > 60 \Leftrightarrow 12 \times 1{,}05^n > 60 \Leftrightarrow 1{,}05^n > 5 \Leftrightarrow \ln(1{,}05^n) > \ln(5)$

$\Leftrightarrow n\ln(1{,}05) > \ln(5) \Leftrightarrow n > \dfrac{\ln(5)}{\ln(1{,}05)}$.

$\dfrac{\ln(5)}{\ln(1{,}05)} \approx 32{,}99$ donc pour $n = 33$ c'est-à-dire en 2049, la population dépassera 60 000 individus.

Ce modèle ne répond donc pas aux contraintes du milieu naturel.

Partie B :

1. On considère la fonction g définie sur $\mathbb{R}$ par $g(x) = -\dfrac{1{,}1}{605}x^2 + 1{,}1x$.

a. La fonction g est dérivable sur $\mathbb{R}$ et $g'(x) = -\dfrac{1{,}1}{605} \times 2x + 1{,}1 = -\dfrac{2{,}2}{605}x + 1{,}1$.

$$g'(x) > 0 \Leftrightarrow -\frac{2{,}2}{605}x + 1{,}1 > 0 \Leftrightarrow 1{,}1 > \frac{2{,}2}{605}x \Leftrightarrow \frac{1{,}1 \times 605}{2{,}2} > x \Leftrightarrow x < 302{,}5$$

Donc $g'(x) > 0$ sur $[0 ; 60]$ donc g est croissante sur $[0 ; 60]$.

b. Résolution dans $\mathbb{R}$ de l'équation $g(x) = x$:

$$g(x) = x \Leftrightarrow -\frac{1{,}1}{605}x^2 + 1{,}1x = x \Leftrightarrow -\frac{1{,}1}{605}x^2 + 0{,}1x = 0 \Leftrightarrow x\left(-\frac{1{,}1}{605}x + 0{,}1\right) = 0$$

$$\Leftrightarrow x = 0 \text{ ou } -\frac{1{,}1}{605}x + 0{,}1 = 0 \Leftrightarrow x = 0 \text{ ou } 0{,}1 = \frac{1{,}1}{605}x$$

$$\Leftrightarrow x = 0 \text{ ou } 0{,}1 \times \frac{605}{1{,}1} = x$$

$$\Leftrightarrow x = 0 \text{ ou } x = 55$$

2. On remarquera que $u_{n+1} = g(u_n)$.

a. $u_1 = g(u_0) = g(12) \approx 12{,}938$

Avec ce modèle, on peut estimer la population à 12 938 individus en 2017.

b. On démontre par récurrence la propriété : pour tout n de $\mathbb{N}$, $0 \leqslant u_n \leqslant 55$.

• **Initialisation**

Pour $n = 0$, $u_0 = 12$ et $0 \leqslant 12 \leqslant 55$ donc la propriété est vraie au rang 0.

• **Hérédité**

On suppose que la propriété est vraie à un rang n fixé, c'est-à-dire que $0 \leqslant u_n \leqslant 55$; c'est l'hypothèse de récurrence.

Or $0 \in [0 ; 60]$ et $55 \in [0 ; 60]$; de plus on sait que la fonction g est croissante sur $[0 ; 60]$ donc de $0 \leqslant u_n \leqslant 55$, on peut déduire que $g(0) \leqslant g(u_n) \leqslant g(55)$.

Les nombres 0 et 55 sont solutions de l'équation $g(x) = x$ donc $g(0) = 0$ et $g(55) = 55$; de plus, $g(u_n) = u_{n+1}$.

Donc $g(0) \leqslant g(u_n) \leqslant g(55)$ équivaut à $0 \leqslant u_{n+1} \leqslant 55$ et on a donc démontré que la propriété était vraie au rang $n + 1$.

• **Conclusion**

La propriété est vraie au rang 0 et elle est héréditaire pour tout $n \geqslant 0$; d'après le principe de récurrence, elle est vraie pour tout $n \geqslant 0$.

On a donc démontré par récurrence que, pour tout entier naturel n, $0 \leqslant u_n \leqslant 55$.

c. Pour tout n de $\mathbb{N}$,

$$u_{n+1} - u_n = -\frac{1,1}{605}u_n^2 + 1,1u_n - u_n = -\frac{1,1}{605}u_n^2 + 0,1u_n = u_n\left(-\frac{1,1}{605}u_n - 0,1\right)$$

$$= u_n \times \frac{1,1}{605}\left(-u_n + 0,1 \times \frac{605}{1,1}\right) = \frac{1,1}{605}u_n(55 - u_n)$$

On sait que $0 \leqslant u_n \leqslant 55$ donc $55 - u_n \geqslant 0$ donc $\frac{1,1}{605}u_n(55 - u_n) \geqslant 0$.

On a donc démontré que $u_{n+1} - u_n \geqslant 0$ pour tout n donc la suite (u_n) est croissante.

d. La suite (u_n) est croissante et majorée par 55 donc, d'après le théorème de la convergence monotone, la suite (u_n) est convergente.

e. La limite ℓ de la suite (u_n) vérifie $g(\ell) = \ell$ donc elle est solution de l'équation $g(x) = x$ puisque g est une fonction continue sur $\mathbb{R}$.

D'après le **1. b.** l'équation $g(x) = x$ n'admet que deux solutions : 0 et 55.

La suite (u_n) est croissante et $u_0 = 12$ donc la limite de la suite est supérieure ou égale à 12.

On en déduit donc que $\ell = 55$, ce qui signifie que, selon ce modèle, la population va tendre vers 55 000 individus dans un grand nombre d'années.

3.

```
from math import *

n=0
u=12
while u<50:
    u=(-1.1/605)*u**2+1.1*u
    n=n+1
print(n)
```

L'algorithme affiche 36.

Ainsi, pour $n \geqslant 36$, c'est-à-dire à partir de 2052, la population de cette espèce animale dépassera 50 000 individus.

CHAPITRE

9 La fonction logarithme népérien

1 La fonction logarithme népérien

1 Lien avec la fonction exponentielle

Pour tout réel $b \in \,]0\,;+\infty[$, l'équation $e^x = b$ admet une unique solution. On la note $\ln b$.

• **Définition**

La fonction définie sur $]0\,;+\infty[$ par $x \mapsto \ln x$ est appelée **fonction logarithme népérien** (c'est la fonction réciproque de la fonction exponentielle).

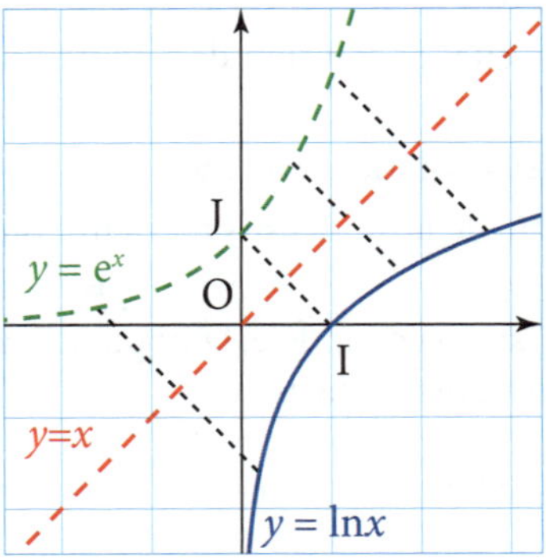

• **Propriété :** Dans un repère orthonormé, les courbes représentatives des fonctions exponentielle et logarithme népérien sont symétriques par rapport à la droite d'équation $y = x$.

• **Conséquences**

- Pour tout réel x et tout réel $y \in \,]0\,;+\infty[$, $e^x = y \Leftrightarrow x = \ln y$.
- $\ln(1) = 0$ et $\ln(e) = 1$.
- Pour tout réel x, $\ln e^x = x$.
- Pour tout réel y strictement positif, $e^{\ln y} = y$.

2 Sens de variation de la fonction ln

• **Propriété :** La fonction logarithme népérien est strictement croissante sur $]0\,;+\infty[$.

• **Conséquences :** Pour a, $b > 0$, $\ln a = \ln b \Leftrightarrow a = b$ et $\ln a < \ln b \Leftrightarrow a < b$.

EXERCICES RÉSOLUS

Résoudre une équation du type $\ln x = b$ ou $e^x = b$

ÉNONCÉ

Résoudre dans $\mathbb{R}$ les équations suivantes :

• $\ln x = -3$; • $e^{5x} = 8$.

CORRIGÉ

• $\ln x = -3 \Leftrightarrow e^{\ln x} = e^{-3} \Leftrightarrow x = e^{-3}$.
Donc, la solution de l'équation $\ln x = -3$ est $\mathbf{e^{-3}}$.

• $e^{5x} = 8 \Leftrightarrow \ln(e^{5x}) = \ln 8 \Leftrightarrow 5x = \ln 8 \Leftrightarrow x = \dfrac{\ln 8}{5}$.

Donc, la solution de l'équation $e^{5x} = 8$ est $\mathbf{\dfrac{\ln 8}{5}}$.

Résoudre une inéquation du type $\ln x > b$ ou $e^x > b$

ÉNONCÉ

Résoudre dans $\mathbb{R}$ les inéquations suivantes :

• $\ln(2x - 1) < 4$; • $e^{7x+4} > 5$.

CORRIGÉ

• Cette inéquation a un sens lorsque :

$$2x - 1 > 0 \Leftrightarrow \boldsymbol{x > \frac{1}{2}}.$$

> **Remarque**
> Avant de résoudre une équation ou une inéquation, il faut s'assurer qu'elle a un sens.

Si $x > \dfrac{1}{2}$: $\ln(2x - 1) < 4 \Leftrightarrow e^{\ln(2x-1)} < e^4 \Leftrightarrow 2x - 1 < e^4 \Leftrightarrow \boldsymbol{x < \dfrac{e^4 + 1}{2}}$.

L'intervalle solution de l'inéquation est $\left]\dfrac{1}{2} ; \dfrac{1 + e^4}{2}\right[$.

• $e^{7x+4} > 5 \Leftrightarrow \ln(e^{7x+4}) > \ln 5 \Leftrightarrow 7x + 4 > \ln 5 \Leftrightarrow x > \dfrac{\ln 5 - 4}{7}$.

L'intervalle solution de l'inéquation est $\left]\dfrac{\ln 5 - 4}{7} ; +\infty\right[$.

2 Propriétés algébriques

1 Relation fonctionnelle

Pour tous réels $a > 0$ et $b > 0$, $\ln(ab) = \ln a + \ln b$.

2 Propriétés

- Pour tout réel $a > 0$, $\ln\left(\frac{1}{a}\right) = -\ln a$.
- Pour tous réels $a > 0$ et $b > 0$, $\ln\left(\frac{a}{b}\right) = \ln a - \ln b$.
- Pour tout réel $a > 0$ et tout entier $n \geqslant 0$, $\ln(a^n) = n\ln a$ et $\ln(\sqrt{a}) = \frac{1}{2}\ln a$.

3 Étude de la fonction ln

- **Théorème**

La fonction logarithme népérien est **continue et dérivable sur]0 ; +∞[.**

Pour tout réel $x \in]0\,;+\infty[$, $(\ln x)' = \frac{1}{x}$.

- **Propriétés**

  - $\lim\limits_{x \to +\infty} \ln x = +\infty$
  - $\lim\limits_{x \to 0} \ln x = -\infty$

- **Tableau de variation**

x	0	$+\infty$
$\ln x$	$-\infty$ ↗	$+\infty$

Remarques :

$\ln x < 0 \Leftrightarrow 0 < x < 1$.

$\ln x > 0 \Leftrightarrow x > 1$.

- **Représentation graphique**

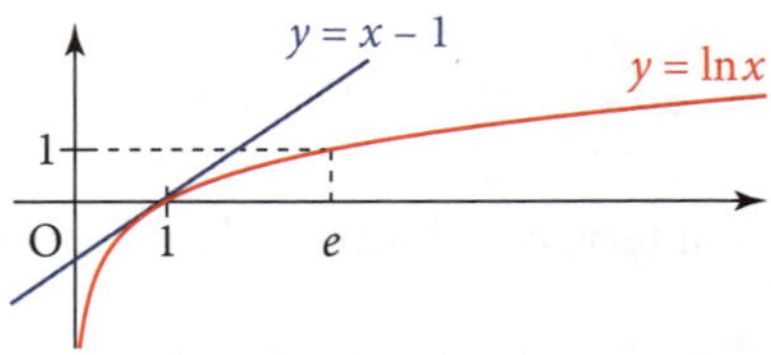

Remarque :

L'axe des ordonnées est asymptote verticale.

$y = x - 1$ est l'équation de sa tangente en 1.

EXERCICES RÉSOLUS

Utiliser les propriétés algébriques de ln

ÉNONCÉ

Exprimer les nombres suivants en fonction de ln 2 :

• $\ln\sqrt{32}$; • $\ln\frac{1}{8}$; • $\ln 12 - \ln 3$.

CORRIGÉ

• $\ln\sqrt{32} = \frac{1}{2}\ln 32 = \frac{1}{2}\ln(2^5) = \frac{5}{2}\ln 2$.

• $\ln\frac{1}{8} = -\ln 8 = -\ln(2^3) = -3\ln 2$.

• $\ln 12 - \ln 3 = \ln(2^2 \times 3) - \ln 3 = \ln(2^2) + \ln 3 - \ln 3 = 2\ln 2$.

Étudier une fonction comportant ln *x*

ÉNONCÉ

f est la fonction définie sur $]0\,;+\infty[$ par $f(x) = 2x + \ln x$.
Dresser, en justifiant, le tableau de variation de f.

CORRIGÉ

• f est la somme de la fonction linéaire $x \mapsto 2x$ et de la fonction logarithme népérien $x \mapsto \ln x$, qui sont toutes deux strictement croissantes sur $]0\,;+\infty[$, donc f est strictement croissante sur $]0\,;+\infty[$.

• $\lim\limits_{\substack{x\to 0\\x>0}}(2x+\ln x) = \lim\limits_{\substack{x\to 0\\x>0}} 2x + \lim\limits_{\substack{x\to 0\\x>0}} \ln x = -\infty$.

• $\lim\limits_{x\to+\infty}(2x+\ln x) = \lim\limits_{x\to+\infty} 2x + \lim\limits_{x\to+\infty} \ln x = +\infty$.

On obtient ainsi le tableau de variation de f.

x	0	$+\infty$
$f(x)$	$-\infty$ ↗	$+\infty$

Réflexe à avoir
Vérifier la cohérence des résultats à la calculatrice.

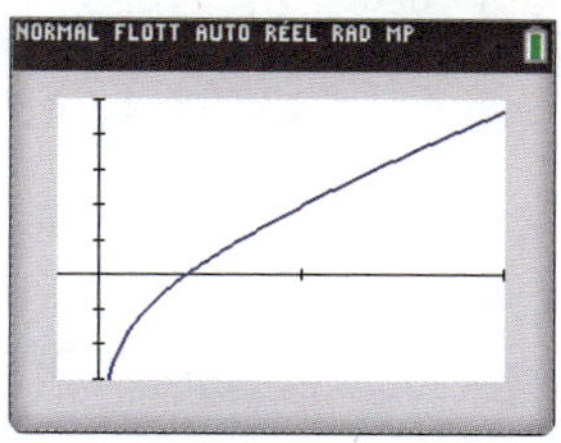

4 Compléments sur la fonction ln

1 Les fonctions $x \mapsto \ln(u(x))$

● **Propriétés**

Si u est une fonction strictement positive et dérivable sur un intervalle I, alors :

- $\ln u$ est dérivable sur I
- $(\ln u)' = \dfrac{u'}{u}$

Conséquence :

Puisque u est strictement positive sur I, $(\ln u)'$ et u' sont de même signe et donc les fonctions u et $\ln u$ ont les mêmes variations sur I.

2 Croissance comparée avec $x \mapsto x^n$

● **Propriétés**

Pour tout entier naturel n non nul,

- $\lim\limits_{x \to 0} x^n \ln x = 0$
- $\lim\limits_{x \to +\infty} \dfrac{\ln x}{x^n} = 0$

Illustrations :

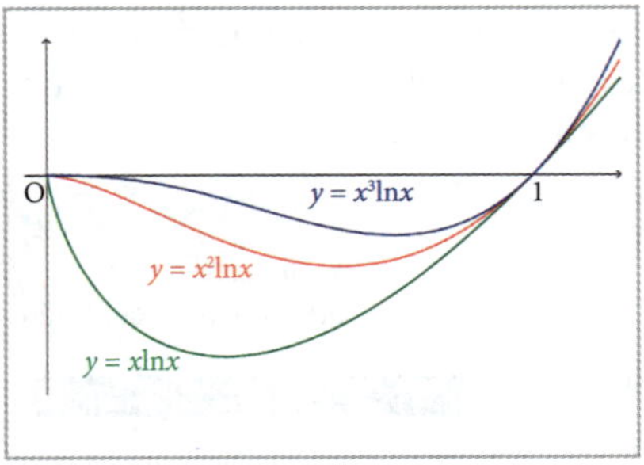

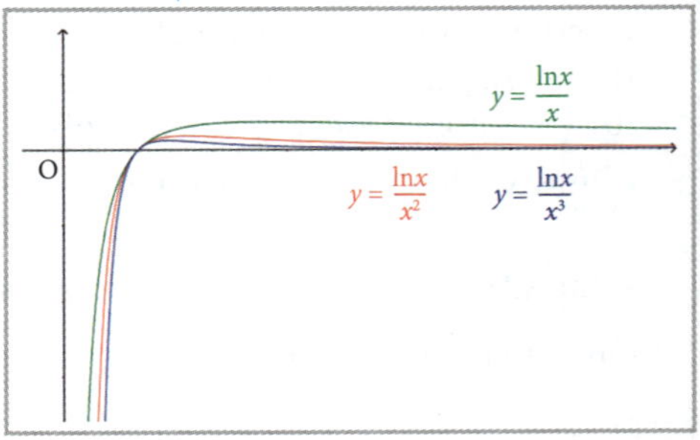

EXERCICES RÉSOLUS

Dériver une fonction du type ln *u*

ÉNONCÉ

Déterminer la dérivée sur $\mathbb{R}$ de la fonction $x \mapsto \ln(e^x + 1)$.

CORRIGÉ

La fonction u définie sur $\mathbb{R}$ par $u(x) = e^x + 1$ est strictement positive sur $\mathbb{R}$, donc, pour tout réel x, $\left(\ln(e^x + 1)\right)' = \dfrac{(e^x + 1)'}{e^x + 1}$.

Finalement, pour tout réel x, $\mathbf{\left(\ln(e^x + 1)\right)' = \dfrac{e^x}{e^x + 1}}$.

Utiliser les croissances comparées

ÉNONCÉ

Déterminer les limites suivantes.

- $\lim \lim\limits_{x \to 0} x^3(x + \ln x)$
- $\lim\limits_{x \to +\infty} \ln x - x^2$

CORRIGÉ

- $\lim\limits_{x \to 0} x^3 = 0$ et $\lim\limits_{x \to 0} x + \ln x = -\infty$ donc par produit, on obtient une « Forme indéterminée ».

Or, pour tout réel $x > 0$, $x^3(x + \ln x) = x^4 + x^3 \ln x$.

$\lim\limits_{x \to 0} x^4 = 0$ et $\lim\limits_{x \to 0} x^3 \ln x = 0$ par croissance comparée.

Ainsi $\lim\limits_{x \to 0} x^4 + x^3 \ln x = 0$ c'est-à-dire $\mathbf{\lim\limits_{x \to 0} x^3(x + \ln x) = 0}$.

- De même par somme, on obtient une « FI du type $+\infty - \infty$ »

Or pour tout réel $x > 0$, $\ln x - x^2 = x^2\left(\dfrac{\ln x}{x^2} - 1\right)$.

$\lim\limits_{x \to +\infty} \dfrac{\ln x}{x^2} = 0$ par croissance comparée. Donc $\lim\limits_{x \to +\infty} \left(\dfrac{\ln x}{x^2} - 1\right) = -1$ et

$\lim\limits_{x \to +\infty} x^2\left(\dfrac{\ln x}{x^2} - 1\right) = -\infty$. Ainsi $\mathbf{\lim\limits_{x \to +\infty} \ln x - x^2 = -\infty}$.

Savoir utiliser les propriétés algébriques de ln

ÉNONCÉ

1. Simplifier l'expression algébrique $4\ln(x^2) - \ln(x^4)$.

2. Exprimer en fonction de ln 3 le réel $\ln\frac{1}{2} + \ln\frac{2}{3}$.

MÉTHODE

Utiliser les formules algébriques du cours :

- $\ln(ab) = \ln a + \ln b$
- $\ln\frac{a}{b} = \ln a - \ln b$
- $\ln a^n = n \ln a$

CORRIGÉ

1. Pour $x > 0$, $4\ln(x^2) - \ln(x^4) = 4 \times 2\ln x - 4\ln x = 4\ln x$.

2. $\ln\frac{1}{2} + \ln\frac{2}{3} = \ln\left(\frac{1}{2} \times \frac{2}{3}\right) = \ln\left(\frac{1}{3}\right) = -\ln 3$.

Savoir résoudre une équation avec un ln

ÉNONCÉ

Résoudre dans $\mathbb{R}$ l'équation : $\ln(8x) = 4 - \ln(2x)$.

MÉTHODE

Pour résoudre une équation ou inéquation avec ln, il faut :

1. Rechercher l'intervalle où cette équation ou inéquation est valable en utilisant le fait que $\ln X$ a un sens si et seulement si $X > 0$.

2. Utiliser les propriétés algébriques de ln pour se ramener à une équation du type $\ln A = B$ ou $\ln A = \ln B$, qui est équivalente respectivement à $A = e^B$ ou $A = B$.

CORRIGÉ

L'équation $\ln(8x) = 4 - \ln(2x)$ a un sens lorsque $8x > 0$ et $2x > 0$, c'est-à-dire pour $x > 0$.

$\ln(8x) = 4 - \ln(2x) \Leftrightarrow \ln(8x) + \ln(2x) = 4 \Leftrightarrow \ln(16x^2) = 4$

$\Leftrightarrow e^{\ln(16x^2)} = e^4 \Leftrightarrow 16x^2 = e^4 \Leftrightarrow x^2 = \frac{e^4}{16} \Leftrightarrow x^2 = \left(\frac{e^2}{4}\right)^2 \Leftrightarrow x = \frac{e^2}{4}$ ou $x = -\frac{e^2}{4}$.

En tenant compte de l'ensemble de validité de cette équation, on conclut que l'unique solution est $\frac{1}{4}e^2$.

Savoir trouver l'expression d'une dérivée

ÉNONCÉ

Déterminer l'expression de la dérivée f' de f pour les fonctions suivantes :

1. f définie sur $]0 ; +\infty[$ par $f(x) = x \ln x$.

2. f définie sur $\mathbb{R}$ par $f(x) = \ln(x^2 + x + 1)$.

MÉTHODE

Utiliser les formules de dérivation du cours :

• si $x > 0$, $(\ln x)' = \frac{1}{x}$; • si $u > 0$, $(\ln u)' = \frac{u'}{u}$.

CORRIGÉ

1. f est le produit de $u : x \mapsto x$ et $v : x \mapsto \ln x$.
Or, v est dérivable sur $]0 ; +\infty[$ et u aussi,

donc, $f'(x) = 1 \times \ln x + x \times \frac{1}{x} = \ln x + 1$.

Rappel

$(uv)' = u'v + uv'$.

2. f est du type $\ln u$ avec $u(x) = x^2 + x + 1$.
Il faut déterminer sur quel intervalle $u(x) > 0$.
Cette inéquation du second degré se résout avec le discriminant, $\Delta = -3$.

Donc, $u(x)$ est du signe de $a = 1$ sur $\mathbb{R}$, c'est-à-dire strictement positif.

Ainsi, f est dérivable sur $\mathbb{R}$ et $f'(x) = \frac{u'(x)}{u(x)}$.

Finalement, pour tout réel x, $f'(x) = \frac{2x + 1}{x^2 + x + 1}$.

Savoir déterminer des limites avec ln

ÉNONCÉ

Conjecturer la limite suivante, puis retrouver cette conjecture par le calcul.

$$\lim_{x \to +\infty} (x^2 - \ln x).$$

MÉTHODE

Pour conjecturer une limite, on peut, dans une fenêtre correctement choisie, utiliser la représentation graphique de la fonction *f* obtenue à la calculatrice.

Pour déterminer les limites d'une fonction avec ln, on se sert :

- des limites de références (pages 198 et 200) ;
- des opérations sur les limites (vues au chapitre 6).

CORRIGÉ

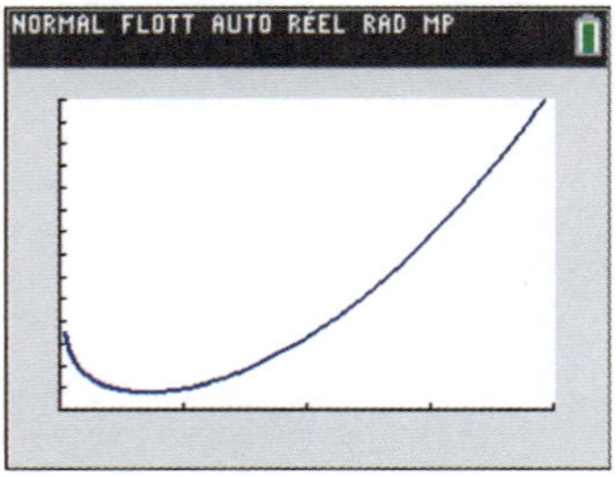

On conjecture que $\lim_{x \to +\infty} (x^2 - \ln x) = +\infty$.
On est en présence d'une forme indéterminée de type « $\infty - \infty$ ».

On factorise par x^2 pour pouvoir utiliser la limite de référence $\frac{\ln x}{x^2}$ en $+\infty$.

On a $x^2 - \ln x = x^2\left(1 - \frac{\ln x}{x^2}\right)$.

Or, $\lim_{x \to +\infty} x^2 = +\infty$ et $\lim_{x \to +\infty} \frac{\ln x}{x^2} = 0$.

D'où $\lim_{x \to +\infty} \left(1 - \frac{\ln x}{x^2}\right) = 1$, donc $\lim_{x \to +\infty} x^2\left(1 - \frac{\ln x}{x^2}\right) = +\infty$.

Ainsi, $\lim_{x \to +\infty} (x^2 - \ln x) = +\infty$.

Astuce du prof

Dans les FI, lorsque x tend vers $-\infty$ ou $+\infty$ avec x^n et ln x, on factorise par x^n.

Vérifiez vos connaissances

1 Vrai-Faux

Indiquer pour chaque proposition si elle est vraie (V) ou fausse (F).

1. Pour $x \in]0\,;1[$, les nombres $\ln(1+x)$ et $\ln(1-x)$ sont de signes contraires. ☐ V ☐ F

2. Pour $x \in]0\,;+\infty[$, $\ln(e^x + x) - x = \ln\left(1 + \dfrac{x}{e^x}\right)$. ☐ V ☐ F

3. L'équation $\ln x = -3$ n'a pas de solution dans $\mathbb{R}$. ☐ V ☐ F

4. Si $g(x) = \ln(x^2+1)$, alors $g'(x) = 2x\ln(x^2+1)$. ☐ V ☐ F

5. $\lim\limits_{x \to +\infty} \dfrac{x^3}{\ln x} = +\infty$. ☐ V ☐ F

2 QCM

Pour chaque question, une seule réponse proposée (A, B ou C) est exacte.

		A	B	C
1.	La fonction f d'expression $f(x) = \ln\left(\dfrac{1}{x+1}\right)$ est définie sur	$]-\infty\,;-1[$	$]0\,;+\infty[$	$]-1\,;+\infty[$
2.	f est définie sur $]0\,;+\infty[$ par $f(x) = x + 2 - 2\ln x$	f est croissante sur $]0\,;+\infty[$	$\lim\limits_{x\to 0} f(x) = 2$	la courbe de f admet une asymptote verticale
3.	La limite, quand x tend vers 0, de $\dfrac{1}{\ln x}$	est égale à 0	n'existe pas	est égale à $+\infty$
4.	Si $f(x) = \ln(x^4 + x^2)$, alors, pour $x \neq 0$, $f'(x)$ est égale à :	$\dfrac{1}{x^4+x^2}$	$\dfrac{4}{x^4+x^2}$	$\dfrac{4x^2+2}{x^3+x}$
5.	Une équation de la tangente en $x = 2$ à la courbe d'équation $y = \ln\left(1 - \dfrac{1}{x}\right)$ est	$y = \dfrac{1}{2}x - 1 - \ln 2$	$y = \dfrac{1}{2}x - \ln 2$	$y = 2x - \ln 2$

Exercices d'application

3 Exprimer en fonction de ln 5

Exprimer en fonction de ln 5 les réels A et B.

$A = 3\ln 5 - \ln 10 + \ln 25 + \ln 2.$

$B = 4\ln 20 - \ln 256 + \ln(25\sqrt{5})$

4 Réduire des expressions

Réduire les expressions littérales suivantes :

1. $A(x) = e^{2\ln x} - 5\ln(e^x)$;

2. $B(x) = \ln(e^x + 1) - x$;

3. $C(x) = \ln(e^{2x} - 1) - \ln(e^x + 1)$.

5 Réduire une somme

u est la suite définie, pour tout $n \in \mathbb{N}^*$, par $u_n = \ln\left(\dfrac{n+1}{n}\right)$.

Pour tout entier $n \in \mathbb{N}^*$, $S_n = u_1 + u_2 + \ldots + u_n$.

1. Calculer S_1, S_2 et S_3.

2. Démontrer par récurrence que, pour tout $n \in \mathbb{N}^*$, $S_n = \ln(n+1)$.

6 Calculs de limites

Étudier les limites ci-dessous. Justifier ; puis vérifier les résultats à la calculatrice.

1. $\lim\limits_{\substack{x \to 0 \\ x > 0}} \left(\ln x - \dfrac{1}{x}\right)$;

2. $\lim\limits_{\substack{x \to 0 \\ x > 0}} \ln(5x + e^{-x})$;

3. $\lim\limits_{x \to +\infty} \dfrac{x^2}{\ln x}$.

Rappel

Lorsqu'on trouve une forme indéterminée :

→ En 0, faire apparaître $x^n \ln x$

→ En $+\infty$, faire apparaître $\dfrac{\ln x}{x^n}$ ou $\dfrac{x^n}{\ln x}$.

7 Dérivées

Déterminer l'expression de la dérivée des fonctions ci-dessous :

1. $x^3 \ln x$;

2. $\ln\left(1 + \dfrac{1}{x}\right)$;

3. $\ln(1 + e^x)$;

4. $\ln\left(\dfrac{2-x}{x+4}\right)$.

8 Résoudre des équations ou des inéquations

Résoudre les équations ou inéquations suivantes :

1. $3\ln x + 2 = 0$; **2.** $2\ln x + 1 \geqslant 0$;

3. $\ln(x + 1) - \ln 12 \leqslant \ln(x - 2)$; **4.** $(\ln x)^2 - 3\ln x + 1 = 0$.

Astuce du prof

Penser à poser « $X = \ln x$ » si nécessaire.

Exercices d'entraînement

9 Étude d'une fonction

f est la fonction représentée par la courbe $\mathscr{C}$ ci-dessous.

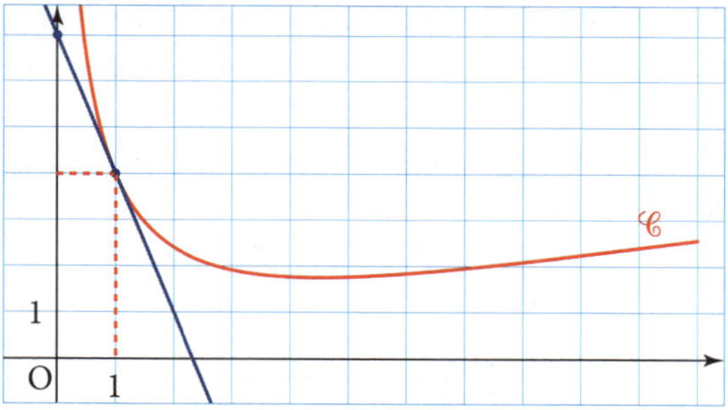

1. Conjecturer les limites de f aux bornes de l'intervalle $]0\,;+\infty[$, les variations sur $]0\,;+\infty[$ et l'équation de la tangente à $\mathscr{C}$ en $x = 1$.

2. Sur $]0\,;+\infty[$, $f(x) = (\ln x)^2 - 3\ln x + 4$.

Démontrer les conjectures précédentes.

10 Positions relatives

L'unité du repère ci-contre est le millier de km.

Deux trajectoires de comètes sont modélisées par les courbes ci-contre dans le plan du repère.

$\mathscr{C}$ et $\mathscr{C}'$ ont pour équations :

$y = \ln(2x + e^x)$ et $y = \ln(x + e^x)$.

1. Les trajectoires se coupent-elles ?

2. $x \in \mathbb{R}^+$. M et N sont les points appartenant à $\mathscr{C}$ et $\mathscr{C}'$ d'abscisse x.

Quelle est la limite de MN lorsque x tend vers $+\infty$?

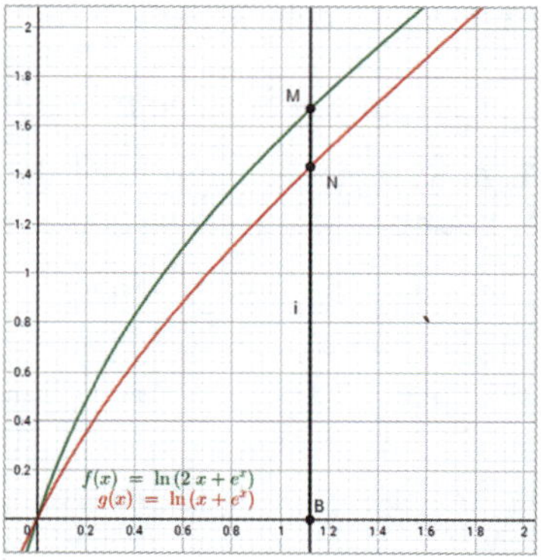

3. Compléter le script pour déterminer le plus petit entier x, tel que les comètes soient distantes de moins de 0,001 millier de km.

```
from math import*
x=1
f=log(2*x+exp(x))
g=log(x+exp(x))
while(_ _ _ - _ _ _ > _ _ _ _):
    x=_ _ _
    f=log(2*x+exp(x))
    g=log(x+exp(x))
print(x)
```

11 Suite géométrique et seuil.

En 2010, la population d'un insecte en voie d'extinction avait été estimée à 75 000.

Chaque année, on observe une baisse de 5 % de la population par rapport à l'année précédente.

1. Compléter le script ci-dessous pour estimer en quelle année la population sera de moins de 1 000 individus.

```
pop=75000
n=0

while(_ _ _ _ _ _ _ _ _ _):
    pop=_ _ _ _ _ _
    n= _ _ _ _

annee=2010+5*n
print(annee)
```

2. Déterminer exactement cette année.

12 Avec un algorithme

v est la suite définie par $v_1 = \ln(2)$ et, pour tout $n \in \mathbb{N}^*$, $v_{n+1} = \ln(2 - e^{-v_n})$.

S_n est la suite définie, pour tout $n \in \mathbb{N}^*$, par $S_n = \sum_{k=1}^{n} v_k = v_1 + v_2 + \ldots + v_n$.

1. a. Recopier et compléter l'algorithme suivant qui calcule et affiche la valeur de S_n pour une valeur de n choisie par l'utilisateur.

```
Saisir n
v ←...
s ←...
Pour k allant de... à...
        ... ← ...
        ... ← ...
Fin Pour
Afficher S
```

b. Recopier et compléter le tableau ci-dessous si l'utilisateur saisit 5 : (arrondi à 10^{-3})

V					
S					
K					

c. Faire fonctionner cet algorithme pour émettre une conjecture sur la limite de (S_n).

2. u_n est la suite définie par $u_1 = 2$ et, pour tout $n \in \mathbb{N}^*$ $u_n = e^{v_n}$.

Démontrer que, par récurrence pour tout $n \in \mathbb{N}^*$, $u_n = \dfrac{n+1}{n}$.

3. a. Pour tout $n \in \mathbb{N}^*$, exprimer v_n en fonction de u_n puis en fonction de n.

b. Pour tout $n \in \mathbb{N}^*$, exprimer S_n en fonction de n. En déduire que (S_n) diverge.

13 Étude d'une fonction à l'aide d'une fonction auxiliaire

Partie A

u est la fonction définie sur $]0 ; +\infty[$ par $u(x) = \ln x + x - 3$.

1. Justifier que la fonction u est strictement croissante sur l'intervalle $]0 ; +\infty[$.

2. Démontrer que l'équation $u(x) = 0$ admet une unique solution α comprise entre 2 et 3.

3. En déduire le signe de $u(x)$ en fonction de x.

Partie B

f est la fonction définie sur l'intervalle $]0 ; +\infty[$ par $f(x) = \left(1 - \dfrac{1}{x}\right)(\ln x - 2) + 2$.

On appelle $\mathscr{C}$ la courbe représentative de la fonction f dans un repère orthogonal.

1. Déterminer la limite de la fonction f en 0.

2. a. Démontrer que, pour tout réel x de l'intervalle $]0 ; +\infty[$, $f'(x) = \dfrac{u(x)}{x^2}$ où u est la fonction définie dans la partie A.

b. En déduire le sens de variation de la fonction f sur l'intervalle $]0 ; +\infty[$.

Partie C

On note $\mathscr{C}'$ la courbe d'équation $y = \ln x$.

Démontrer que, pour tout réel x de l'intervalle $]0 ; +\infty[$, $f(x) - \ln x = \dfrac{2 - \ln x}{x}$.

En déduire que les courbes $\mathscr{C}$ et $\mathscr{C}'$ ont un seul point commun dont on déterminera les coordonnées.

Vérifiez vos connaissances

1 Vrai-Faux

1. Vrai **2.** Vrai **3.** Faux **4.** Faux **5.** Vrai

2 QCM

1. C **2.** C **3.** A **4.** C **5.** A

Exercices d'application

3 Exprimer en fonction de ln 5

$A = 3\ln 5 - \ln(2 \times 5) + \ln(5^2) + \ln 2 = 3\ln 5 - \ln 2 - \ln 5 + 2\ln 5 + \ln 2 = \mathbf{4\ln 5}.$

$B = 4\ln(4 \times 5) - \ln(4^4) + \ln(25 \times \sqrt{5}) = 4\ln 4 + 4\ln 5 - 4\ln 4 + \ln 25 + \ln(\sqrt{5})$

$= 4\ln 5 + \ln(5^2) + \ln(5^{\frac{1}{2}}) = 4\ln 5 + 2\ln 5 + \frac{1}{2}\ln 5 = \mathbf{\frac{13}{2}\ln 5}.$

4 Réduire des expressions

1. $A(x) = e^{\ln(x^2)} - 5x = \boldsymbol{x^2 - 5x}.$

2. $B(x) = \ln(e^x + 1) + (-x) = \ln(e^x + 1) + \ln(e^{-x})$

$= \ln[(e^x + 1)(e^{-x})] = \mathbf{\ln(1 + e^{-x})}.$

3. $C(x) = \ln((e^x)^2 - (1)^2) - \ln(e^x + 1) = \ln\left(\frac{(e^x)^2 - (1)^2}{e^x + 1}\right)$

$= \ln\left(\frac{(e^x - 1) \times (e^x + 1)}{e^x + 1}\right) = \mathbf{\ln(e^x - 1)}$

> **Rappel**
> Pour $X > 0$, $e^{\ln X} = X$.

> **Rappel**
> Pour tout réel X, $\ln e^X = X$.

5 Réduire une somme

1. $S_1 = u_1 = \ln\left(\frac{1 + 1}{1}\right) = \mathbf{\ln 2}.$

$S_2 = u_1 + u_2 = \ln 2 + \ln\left(\frac{2 + 1}{2}\right) = \ln\left(2 \times \frac{3}{2}\right) = \mathbf{\ln 3}.$

$S_3 = u_1 + u_2 + u_3 = S_2 + u_3 = \ln 3 + \ln\left(\frac{3 + 1}{3}\right) = \ln 3 + \ln\left(\frac{4}{3}\right) = \ln\left(3 \times \frac{4}{3}\right) = \mathbf{\ln 4}.$

2. Démontrons par récurrence la propriété P_n :

« pour tout $n \in \mathbb{N}^*$, $S_n = \ln(n + 1)$ ».

• Initialisation :

Pour $n = 1$, $S_1 = \ln(2)$, d'après **1.** et $\ln(1 + 1) = \ln(2)$.
Donc, pour $n = 1$, **P_1 est vraie.**

• Hypothèse et hérédité :

On suppose que P_k est vraie pour un entier $k > 0$ et on va montrer que P_{k+1} est vraie.

$S_{k+1} = u_1 + u_2 + \dots + u_k + u_{k+1} = S_k + u_{k+1}$.

Or, d'après l'hypothèse de récurrence, $S_k = \ln(k + 1)$.

Ainsi, $S_{k+1} = \ln(k+1) + \ln\left(\dfrac{k+1+1}{k+1}\right) = \ln\left((k+1) \times \dfrac{k+2}{k+1}\right) = \ln(k+2)$.

On a montré l'implication : **(P_k vraie) $\Rightarrow$ (P_{k+1} vraie).**

• Conclusion :

Pour tout entier $n > 0$, P_n est vraie, soit $S_n = \ln(n + 1)$.

Rappel

Pour démontrer par récurrence, on procède en 3 étapes : initialisation, hérédité et conclusion.

6 Calculs de limites

1. On sait que $\lim\limits_{\substack{x \to 0 \\ x > 0}} \ln x = -\infty$ et $\lim\limits_{\substack{x \to 0 \\ x > 0}} \dfrac{1}{x} = +\infty$.

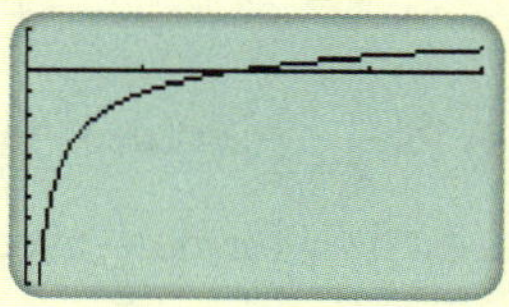

Ainsi, en utilisant les règles opératoires des limites, $\lim\limits_{\substack{x \to 0 \\ x > 0}} \left(\ln x - \dfrac{1}{x}\right) = -\infty$.

2. $\lim\limits_{\substack{x \to 0 \\ x > 0}} 5x = 0^+$ et $\lim\limits_{\substack{x \to 0 \\ x > 0}} e^{-x} = 0^+$ donc $\lim\limits_{\substack{x \to 0 \\ x > 0}} 5x + e^{-x} = 0^+$

Or $\lim\limits_{x \to 0^+} \ln(x) = -\infty$ donc $\lim\limits_{\substack{x \to 0 \\ x > 0}} \ln(5x + e^{-x}) = -\infty$.

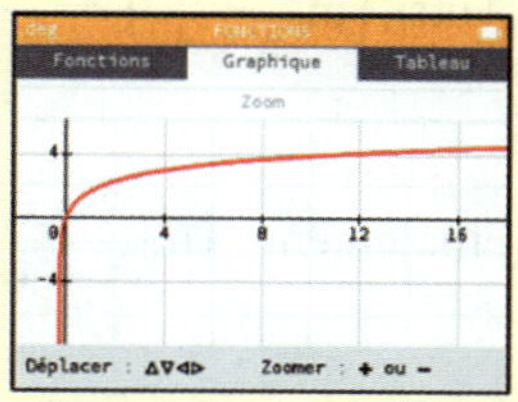

3. Avec les règles opératoires sur les limites,on obtient une F.I du type « $\dfrac{\infty}{\infty}$ », puisque $\lim\limits_{x \to +\infty} x^2 = +\infty$ et $\lim\limits_{x \to +\infty} \ln x = +\infty$.

Avec la croissance comparée de $\ln x$ avec x^2,

on a $\lim\limits_{x \to +\infty} \dfrac{\ln x}{x^2} = 0$, par inverse $\lim\limits_{x \to +\infty} \dfrac{x^2}{\ln x} = +\infty$.

(puisque si $x \to +\infty$ alors $\ln x > 0$ et $x^2 > 0$ et alors $\dfrac{x^2}{\ln x} > 0$)

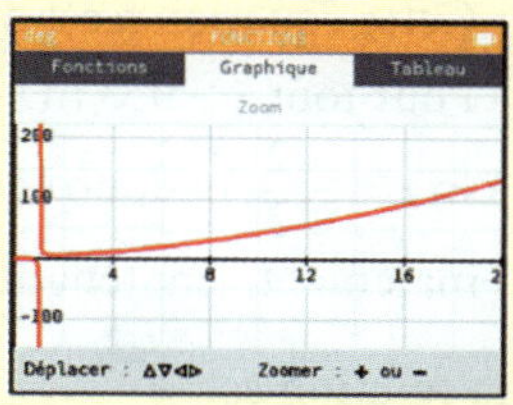

7 Dérivées

1. $x^3 \ln(x)$ est de la forme $u \times v$, avec $u(x) = x^3$, donc $u'(x) = 3x^2$ et $v(x) = \ln x$, donc, $v'(x) = \frac{1}{x}$.

Ainsi, $(x^3 \ln x)' = 3x^2 \times \ln x + x^3 \times \frac{1}{x}$.

Finalement, $(x^3 \ln x)' = x^2(3 \ln x + 1)$.

Rappel
$(u \times v)' = u'v + uv'$.

2. $\ln\left(1 + \frac{1}{x}\right)$ est de la forme $\ln u$ avec $u(x) = 1 + \frac{1}{x}$, donc, $u'(x) = -\frac{1}{x^2}$.

Ainsi, $\left(\ln\left(1 + \frac{1}{x}\right)\right)' = \frac{-\frac{1}{x^2}}{1 + \frac{1}{x}} = \frac{-\frac{1}{x^2}}{\frac{x+1}{x}} = -\frac{1}{x(x+1)}$.

3. $\ln(1 + e^x)$ est de la forme $\ln u$ avec $u(x) = 1 + e^x$, donc, $u'(x) = e^x$.

Ainsi, $\left(\ln(1 + e^x)\right)' = \frac{e^x}{1 + e^x}$.

Rappel
$(e^x)' = e^x$

4. $\ln\left(\frac{2-x}{x+4}\right)$ est de la forme $\ln u$ avec $u(x) = \frac{2-x}{x+4}$.

u est de la forme $\frac{f}{g}$ avec $f(x) = 2 - x$, donc $f'(x) = -1$ et $g(x) = x + 4$, donc, $g'(x) = 1$.

Ainsi, $\left(\ln\left(\frac{2-x}{x+4}\right)\right)' = \frac{\frac{-1(x+4)-(2-x)\times 1}{(x+4)^2}}{\frac{2-x}{x+4}} = \frac{-6}{(x+4)^2} \times \frac{x+4}{2-x}$.

Finalement, $\left(\ln\left(\frac{2-x}{x+4}\right)\right)' = \frac{-6}{(x+4)(2-x)}$.

8 Résoudre des équations ou des inéquations

1. $3 \ln x + 2 = 0$.

- Cette équation n'est définie que si $\boldsymbol{x > 0}$.
- Pour tout $x > 0$, $3 \ln x + 2 = 0$ est équivalente à $\ln x = -\frac{2}{3}$, et donc équivalente à $x = e^{-\frac{2}{3}}$.

Rappel
Pour $a > 0$,
$\ln a = b \Leftrightarrow a = e^b$.

Finalement, en tenant compte de l'ensemble de validité de cette équation, la solution est $e^{-\frac{2}{3}}$.

2. $2\ln x + 1 \geqslant 0$.

• Cette inéquation n'est définie que si $\boldsymbol{x > 0}$.

• Pour tout $x > 0$, $2\ln x + 1 \geqslant 0$ est équivalente à $\ln x \geqslant -\frac{1}{2}$ soit $x \geqslant e^{-\frac{1}{2}}$.

Finalement, en tenant compte de l'ensemble de validité de cette inéquation, l'ensemble solution est $\left[e^{-\frac{1}{2}} ; +\infty\right[$.

3. $\ln(x+1) - \ln 12 \leqslant \ln(x-2)$.

• Cette inéquation n'est définie que si $x + 1 > 0$ et $x - 2 > 0$,
soit pour $x > -1$ et $x > 2$, c'est-à-dire pour $\boldsymbol{x > 2}$.

• Pour tout $x > 2$, $\ln(x+1) - \ln 12 \leqslant \ln(x-2)$ est successivement équivalente à
$\ln(x+1) - \ln(x-2) \leqslant \ln 12$; $\ln\left(\frac{x+1}{x-2}\right) \leqslant \ln 12$; $\frac{x+1}{x-2} \leqslant 12$;
$x + 1 \leqslant 12(x-2)$ (car $x - 2 > 0$).
Donc, $\ln(x+1) - \ln 12 \leqslant \ln(x-2)$ est équivalente à
$25 \leqslant 11x$, soit à $x \geqslant \frac{25}{11}$.

> **Rappel**
> Pour $a, b > 0$,
> $\ln a \leqslant \ln b \Leftrightarrow a \leqslant b$.

Finalement, en tenant compte de l'ensemble de validité de cette inéquation, l'ensemble solution est $\left[\frac{25}{11} ; +\infty\right[$.

4. $(\ln x)^2 - 3\ln x + 1 = 0$.

• Cette équation n'est définie que pour $x > 0$.

• En posant $X = \ln x$, $(\ln x)^2 - 3\ln x + 1 = X^2 - 3X + 1$.

$X^2 - 3X + 1 = 0$ est une équation du second degré de discriminant $\Delta = 5$.

Ainsi, les deux solutions sont $X_1 = \frac{3-\sqrt{5}}{2}$ et $X_2 = \frac{3+\sqrt{5}}{2}$.

Finalement, on a $\ln x = \frac{3-\sqrt{5}}{2}$ ou $\ln x = \frac{3+\sqrt{5}}{2}$,

soit, $x = e^{\frac{3-\sqrt{5}}{2}}$ ou $x = e^{\frac{3+\sqrt{5}}{2}}$.

Finalement, en tenant compte de l'ensemble de validité de cette équation, les solutions sont $e^{\frac{3-\sqrt{5}}{2}}$ et $e^{\frac{3+\sqrt{5}}{2}}$.

Exercices d'entraînement

9 Étude d'une fonction

1. On peut conjecturer que $\lim\limits_{\substack{x \to 0 \\ x>0}} f(x) = +\infty$ et $\lim\limits_{x \to +\infty} f(x) = +\infty$.

De plus, f semble être **décroissante puis croissante**.
Enfin, l'équation de la tangente T est $\boldsymbol{y = -3x + 7}$.

2. Pour tout réel $x > 0$, $f(x) = \ln x\,(\ln x - 3) + 4$.

- $\lim\limits_{\substack{x \to 0 \\ x>0}} \ln x = -\infty$ et $\lim\limits_{\substack{x \to 0 \\ x>0}} (\ln x - 3) = -\infty$.

Ainsi, $\lim\limits_{\substack{x \to 0 \\ x>0}} f(x) = +\infty$.

- $\lim\limits_{x \to +\infty} \ln x = +\infty$ et $\lim\limits_{x \to +\infty} (\ln x - 3) = +\infty$.

Ainsi, $\lim\limits_{x \to +\infty} f(x) = +\infty$.

Puis, $f(x) = (\ln x)^2 - 3\ln x + 4$.

Donc, $f'(x) = 2 \times \dfrac{1}{x} \times \ln x - 3 \times \dfrac{1}{x} = \dfrac{2\ln x - 3}{x}$.

Comme $x > 0$, $f'(x)$ a le même signe que $2\ln x - 3$.

$2\ln x - 3 > 0 \Leftrightarrow \ln x > \dfrac{3}{2} \Leftrightarrow x > e^{\frac{3}{2}}$.

Rappel
$(u^2)' = 2u'u$.

Rappel
Pour étudier le signe de $A(x)$, on peut résoudre l'inéquation $A(x) > 0$ puis conclure par contraposée.

Tableau de variation de f sur $]0\,;+\infty[$

x	0		$e^{\frac{3}{2}}$		$+\infty$
$f(x)$	‖ $+\infty$	↘	$\frac{7}{4}$	↗	$+\infty$

$f\left(e^{\frac{3}{2}}\right) = \left(\ln e^{\frac{3}{2}}\right)^2 - 3\ln\left(e^{\frac{3}{2}}\right) + 4,$

$= \left(\dfrac{3}{2}\right)^2 - 3\left(\dfrac{3}{2}\right) + 4 = \dfrac{7}{4}.$

Équation de T :

On a $a = 1$, $f'(1) = \dfrac{2\ln 1 - 3}{1} = -3$ et $f(1) = 4$.

Ainsi, T a pour équation $y = -3(x-1) + 4$,

soit $y = -3x + 7$.

Rappel
équation de la tangente à $\mathscr{C}_f$ en a :
$y = f'(a)(x-a) + f(a)$.

10 Position relative

1. Il faut déterminer s'il existe un point d'intersection.

M(x; y) est un point d'intersection $\begin{cases} x \in \mathbb{R}^+ \\ \ln(2x + e^x) = \ln(x + e^x) \end{cases}$

• Pour $x \in \mathbb{R}^+$, $2x + e^x > 0$ et $x + e^x > 0$ donc l'équation peut se résoudre sur $\mathbb{R}^+$.

$\ln(2x + e^x) = \ln(x + e^x) \Leftrightarrow 2x + e^x = x + e^x \Leftrightarrow 2x + e^x - x - e^x = 0 \Leftrightarrow x = 0$.

Il n'y a donc qu'un point d'intersection (0; 0) mais il correspond au départ. **Les comètes ne se croiseront plus.**

2. $MN = |\ln(2x + e^x) - \ln(x + e^x)| = \left|\ln\left(\dfrac{2x + e^x}{x + e^x}\right)\right|$

Pour $x \in \mathbb{R}^+$, $\dfrac{2x + e^x}{x + e^x} = \dfrac{e^x\left(2\dfrac{x}{e^x} + 1\right)}{e^x\left(\dfrac{x}{e^x}\right) + 1} = \dfrac{2\dfrac{x}{e^x} + 1}{\dfrac{x}{e^x} + 1}$.

D'après la croissance comparée de $x \mapsto e^x$ avec $x \mapsto x$, on a : $\lim\limits_{x \to +\infty} \dfrac{e^x}{x} = +\infty$, par inverse, $\lim\limits_{x \to +\infty} \dfrac{x}{e^x} = 0$.

Ainsi $\lim\limits_{x \to +\infty} \dfrac{2\dfrac{x}{e^x} + 1}{\dfrac{x}{e^x} + 1} = 1$ et donc $\lim\limits_{x \to +\infty} MN = 0$.

Rappel
$\ln 1 = 0$

3.

```
from math import*

x=1
f=log(2*x+exp(x))
g=log(x+exp(x))

while( f - g > 0.001 ):
    x= x+1
    f=log(2*x+exp(x))
    g=log(x+exp(x))

print(x)
```

on obtient $x = 10$.

11 Suite géométrique et seuil

1.
```
pop=75000
n=0

while( pop > 1000 ):
    pop=pop*0.95
    n=n+1

annee=2010+n
print(annee)
```

Rappel

Une baisse de 5 % correspond à un coefficient multiplicateur de $\left(1-\frac{1}{100}\right)$

2. • Cette évolution peut-être modélisée par une suite où u_n représente le nombre d'insectes en 2010 + n.

Ainsi $u_0 = 75\,000$, $u_1 = 75000 \times \left(1 - \frac{5}{100}\right) = 75000 \times 0{,}95 = 71250$

et $u_2 = u_1 \times 0{,}95 = 67\,687{,}5$.

• La suite u peut être définie par $\begin{cases} u_0 = 75000 \\ u_{n+1} = 0{,}95\, u_n \end{cases}$, c'est une suite géométrique de

1er terme $u_0 = 75\,000$ et de raison 0,95

ainsi pour tout $n \in \mathbb{N}$ $u_n = 75\,000 \times 0{,}95^n$.

Rappel

u suite géométrique donc $u_n = u_0 \times q^n$

• Il faut maintenant résoudre $u_n < 1\,000$ où n est l'inconnue.

$$75000 \times 0{,}95^n < 1000 \Leftrightarrow 0{,}95^n < \frac{1}{75} \Leftrightarrow \ln(0{,}95^n) < \ln\left(\frac{1}{75}\right)$$

$$\Leftrightarrow n\ln(0{,}95) < -\ln(75) \Leftrightarrow n > -\frac{\ln(75)}{\ln(0{,}95)}.$$

Rappel

$0 < x < 1$

$\Updownarrow$

$\ln x < 0$

Avec la calculatrice, $\frac{\ln(75)}{\ln(0{,}95)} \approx 84{,}2$ donc $n \geqslant 85$

La population d'insecte sera inférieure à 1 000 en 2 095.

12 Avec un algorithme

1. a.

```
Saisir n
v ← ln 2
S ← 0
Pour k allant de 1 à n faire
    | S ← S + v
    | v ← ln (2 – e^(–v))
Fin Pour
Afficher S
```

b. $\ln 2 + \ln\left(\frac{3}{2}\right) = \ln 2 + \ln 3 - \ln 2 = \ln 3$

S	0	$\ln 2$	$\ln 3$	$\ln 4$	$\ln 5$
v	$\ln 2$	$\ln\left(\frac{3}{2}\right)$	$\ln\left(\frac{4}{3}\right)$	$\ln\left(\frac{5}{4}\right)$	$\ln\left(\frac{6}{5}\right)$
k	1	2	3	4	5

c. S_n semble être égale à $\ln(n + 1)$ donc S_n diverge vers $+\infty$.

2. Montrons par récurrence que, pour tout entier naturel n non nul, $u_n = \frac{n+1}{n}$:

Initialisation, si $n = 1$, $\frac{n+1}{n} = \frac{2}{1}$ et $u_1 = e^{v_1} = 2$, la propriété est vérifiée pour $n = 1$.

Hérédité, montrons pour un entier naturel n non nul, que si $u_n = \frac{n+1}{n}$ alors $u_{n+1} = \frac{n+2}{n+1}$.

$u_{n+1} = e^{v_{n+1}} = e^{\ln(2-e^{-v_n})} = 2 - \frac{1}{u_n}$ or par hypothèse $u_n = \frac{n+1}{n}$

donc $u_{n+1} = 2 - \frac{n}{n+1} = \frac{2(n+1) - n}{n+1}$

donc $u_{n+1} = \frac{n+2}{n+1}$.

La propriété est héréditaire.

Conclusion : La propriété est héréditaire et initialisée donc **pour tout entier naturel n non nul, $u_n = \frac{n+1}{n}$.**

3. a. Pour tout entier naturel n non nul, $u_n = e^{v_n}$ donc $\boldsymbol{v_n = \ln(u_n)}$ or $u_n = \dfrac{n+1}{n}$ donc $v_n = \ln\left(\dfrac{n+1}{n}\right)$ soit $v_n = \ln(n+1) - \ln(n)$.

b.

$$\begin{aligned} v_1 &= \cancel{\ln(2)} - \ln(1) \\ v_2 &= \cancel{\ln(3)} - \cancel{\ln(2)} \\ v_3 &= \cancel{\ln(4)} - \cancel{\ln(3)} \\ &\dots \\ v_{n-1} &= \cancel{\ln(n)} - \cancel{\ln(n-1)} \\ v_n &= \ln(n+1) - \cancel{\ln(n)} \end{aligned}$$

Rappel
$\ln(1) = 0$

donc par addition terme à terme : $S_n = \ln(n+1)$, or $\lim\limits_{n \to +\infty} \ln n = +\infty$ donc $\lim\limits_{x \to +\infty} S_n = +\infty$.

13 Étude d'une fonction à l'aide d'une fonction auxiliaire

Partie A

1. Les fonctions $x \mapsto \ln x$ et $x \mapsto x - 3$ sont strictement croissantes sur l'intervalle $]0\,;+\infty[$ donc leur somme $\boldsymbol{u}$ **est strictement croissante sur l'intervalle $]0\,;+\infty[$.**

2. $\lim\limits_{x \to 0^+} \ln x = -\infty$ et $\lim\limits_{x \to 0} x - 3 = -3$ donc $\lim\limits_{x \to 0} u(x) = -\infty$

$\lim\limits_{x \to +\infty} \ln x = +\infty$ et $\lim\limits_{x \to +\infty} x - 3 = +\infty$ donc $\lim\limits_{x \to +\infty} u(x) = +\infty$

La fonction u est continue et strictement croissante sur $]0\,;+\infty[$, $\lim\limits_{x \to 0} u(x) = -\infty$ et $\lim\limits_{x \to +\infty} u(x) = +\infty$ donc d'après le théorème des valeurs intermédiaires l'équation **$u(x) = 0$ admet une unique solution α.**

• $u(2) = \ln 2 - 1$ donc $u(2) < 0$ c'est-à-dire $u(2) < u(\alpha)$ or u est strictement croissante sur l'intervalle $]0\,;+\infty[$ donc **$2 < \alpha$.**

• $u(3) = \ln 3$ donc $u(3) > 0$ c'est-à-dire $u(3) > u(\alpha)$ or u est strictement croissante sur l'intervalle $]0\,;+\infty[$ donc $\alpha < 3$.

Ainsi, l'équation $u(x) = 0$ admet une unique solution α comprise entre 2 et 3.

Remarque : On pouvait aussi démontrer que la fonction u s'annulait une seule fois sur $[2\,;3]$ mais il fallait ensuite justifier qu'elle ne s'annulait ni sur $]-\infty\,;2[$ ni sur $]3\,;+\infty[$.

3. La fonction u est continue et strictement croissante sur $]0\,;+\infty[$, $u(\alpha) = 0$ donc si $x < \alpha$ alors $u(x) < 0$, si $x > \alpha$ alors $u(x) > 0$.

Partie B

1. $\lim\limits_{x \to 0^+} \ln x = -\infty$ et $\lim\limits_{x \to 0^+} \left(1 - \dfrac{1}{x}\right) = -\infty$ donc $\lim\limits_{x \to 0^+} f(x) = +\infty$

2. a. On pose $\begin{cases} w(x) = 1 - \dfrac{1}{x} \\ v(x) = \ln x - 2 \end{cases}$ donc $\begin{cases} w'(x) = \dfrac{1}{x^2} \\ v'(x) = \dfrac{1}{x} \end{cases}$

donc $f'(x) = \dfrac{1}{x^2}(\ln x - 2) + \left(1 - \dfrac{1}{x}\right) \times \dfrac{1}{x}$.

$f'(x) = \dfrac{\ln x - 2}{x^2} + \dfrac{x - 1}{x^2} = \dfrac{\ln x + x - 3}{x^2}$.

Donc, pour tout réel x l'intervalle $]0\,; +\infty[$, $f'(x) = \dfrac{u(x)}{x^2}$.

b. Pour tout réel x de l'intervalle $]0\,; +\infty[$, le dénominateur de $f'(x)$ est strictement positif donc $f'(x)$ est du signe de $u(x)$. Ainsi d'après **A. 3.**,

x	0		α		$+\infty$
$u(x)$	||	$-$	0	$+$	
f	|| $-\infty$	↘	$f(\alpha)$	↗	

Partie C

Pour tout réel x de l'intervalle $]0\,; +\infty[$, $f(x) = \ln x - 2 - \dfrac{\ln x - 2}{x} + 2 = \dfrac{2 - \ln x}{x} + \ln x$.

Donc $f(x) - \ln x = \dfrac{2 - \ln x}{x}$.

Chercher les points d'intersection des courbes $\mathscr{C}$ et $\mathscr{C}'$ revient à résoudre $f(x) - \ln x = 0$ soit $2 - \ln x = 0$.

$2 - \ln x = 0 \Leftrightarrow \ln x = 2 \Leftrightarrow x = e^2$. Les courbes $\mathscr{C}$ et $\mathscr{C}'$ ont un seul point commun de coordonnées $(e^2\,; 2)$.

CHAPITRE

10 Fonctions sinus et cosinus

1 Dérivabilité

● **Propriétés**

Les fonctions cosinus et sinus sont dérivables sur $\mathbb{R}$ et, pour tout réel x,

• $(\cos x)' = -\sin x$ • $(\sin x)' = \cos x$

Remarque : Les fonctions cosinus et sinus sont donc continues sur $\mathbb{R}$.

● **Propriétés**

Si u est une fonction dérivable sur I, alors les fonctions $\cos u$ et $\sin u$ aussi, et pour tout réel $x \in I$,

• $(\cos(u(x)))' = -u'(x) \times \sin(u(x))$ • $(\sin(u(x)))' = u'(x) \times \cos(u(x))$

2 Variations

● Tableaux de variation sur $[-\pi ; \pi]$:

x	$-\pi$		0		π
$(\cos x)' = -\sin x$		+	0	−	
$\cos(x)$	−1	↗	1	↘	−1

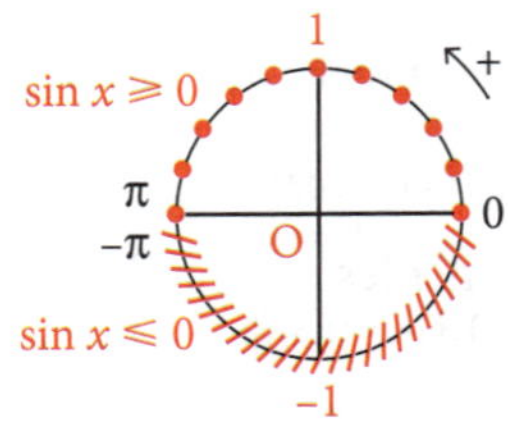

Remarque : Le signe des dérivées s'obtient par lecture sur le cercle trigonométrique

x	$-\pi$		$-\frac{\pi}{2}$		$\frac{\pi}{2}$		π
$(\sin x)' = \cos x$		−	0	+	0	−	
$\sin(x)$	0	↘	−1	↗	1	↘	0

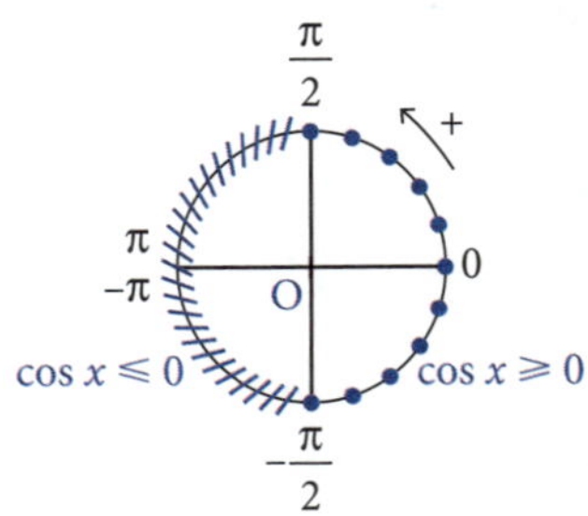

EXERCICE RÉSOLU

Étude d'une fonction avec sinus

ÉNONCÉ

f est la fonction définie sur $]-\pi\,;\pi]$ par $f(x) = \dfrac{\sin x}{2+\sin x}$

1. Calculer $f'(x)$ pour $x \in\,]-\pi\,;\pi]$.
2. Étudier le signe de $f'(x)$ sur $]-\pi\,;\pi]$.
3. En déduire les variations de f sur $]-\pi\,;\pi]$.

CORRIGÉ

1. f est un quotient et, $(\sin x)' = \cos x$ et $(2+\sin x)' = 0+\cos x$ donc

$$f'(x) = \frac{\cos x(2+\sin x)-(\cos x)(\sin x)}{(2+\sin x)^2}$$
$$= \frac{2\cos x+\sin x\cos x-\sin x\cos x}{(2+\sin x)^2} = \frac{2\cos x}{(2+\sin x)^2}.$$

Rappel
$$\left(\frac{u}{v}\right)' = \frac{u'v-uv'}{v^2}$$

2. Pour tout réel x, $(2+\sin x)^2 > 0$.

Puis, pour $x \in \left]-\pi\,;-\dfrac{\pi}{2}\right]$, $\cos x \leqslant 0$

pour $x \in \left[-\dfrac{\pi}{2}\,;\dfrac{\pi}{2}\right]$, $\cos x \geqslant 0$

pour $x \in \left[\dfrac{\pi}{2}\,;\pi\right]$, $\cos x \leqslant 0$

Ainsi le quotient $f(x)$ est positif sur $\left[-\dfrac{\pi}{2}\,;\dfrac{\pi}{2}\right]$ et négatif ailleurs.

Astuce du prof
L'étude du signe d'un quotient s'effectue grâce à l'étude du signe du numérateur et du dénominateur.

3. Tableau de variation de f sur $]-\pi\,;\pi]$:

x	$-\pi$		$-\frac{\pi}{2}$		$\frac{\pi}{2}$		π
$f'(x)$		$-$	0	$+$	0	$-$	
$f(x)$	0	↘	-1	↗	$\frac{1}{3}$	↘	0

$$f(-\pi) = \frac{\sin(-\pi)}{2+\sin(-\pi)} = \frac{0}{2} = 0$$

De même, $f\left(-\dfrac{\pi}{2}\right) = -1$, $f\left(\dfrac{\pi}{2}\right) = \dfrac{1}{3}$ et $f(\pi) = 0$.

3 Courbes représentatives

1 Parité et périodicité

Propriétés

- Pour tout réel x, $\cos(x + 2\pi) = \cos x$ et $\sin(x + 2\pi) = \sin x$.

Cela signifie que les fonctions cosinus et sinus sont **2π-périodiques**.

- Pour tout réel x, $\cos(-x) = \cos x$ et $\sin(-x) = -\sin x$.

Cela signifie que la fonction cosinus est **paire** et la fonction sinus **impaire**.

2 Courbes des fonctions cosinus et sinus

Pour représenter les fonctions cosinus et sinus, il suffit de les représenter sur $[0 ; \pi]$ puis d'utiliser les conséquences graphiques de la périodicité et la parité de ces fonctions.

Fonction sinus

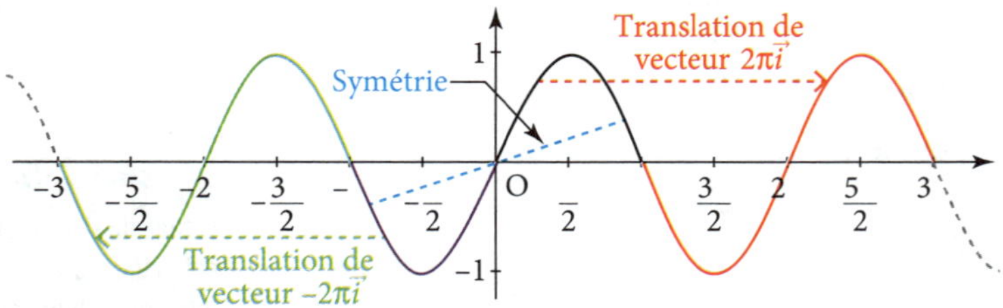

Fonction cosinus

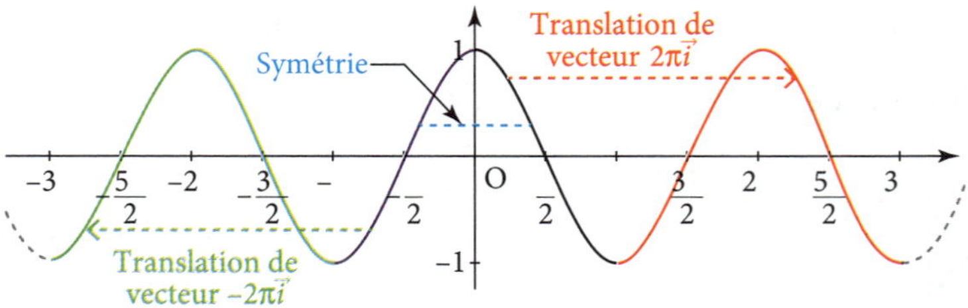

EXERCICE RÉSOLU

Expression et représentation d'une fonction

ÉNONCÉ

f, g et h sont les fonctions définies sur $\mathbb{R}$ par :

$$f(x) = x \sin x \qquad g(x) = x^2 \sin x \qquad h(x) = \cos x \times \sin x.$$

1. Étudier la parité de chacune de ces fonctions sur $\mathbb{R}$.

2. Voici la représentation d'une de ces trois fonctions, déterminer laquelle en justifiant.

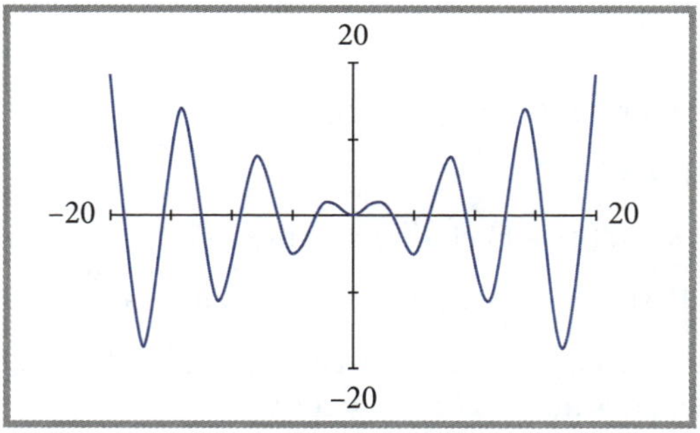

CORRIGÉ

1. Pour tout réel x,

$f(-x) = -x \sin(-x) = -x(-\sin x) = x \sin x = f(x)$

$g(-x) = (-x)^2 \times \sin(-x) = -x^2 \sin x = -g(x)$.

$h(-x) = \cos(-x) \times \sin(-x) = \cos x(-\sin x) = -h(x)$.

Ainsi, sur $\mathbb{R}$, g et h sont impaires et f est paire.

2. La représentation graphique donnée admet un axe de symétrie or seule la fonction f est paire donc la courbe est la représentation graphique de f.

Savoir dériver une fonction trigonométrique

ÉNONCÉ

Déterminer la dérivée des fonctions f définies et dérivables sur $\mathbb{R}$ suivantes :

a. $f(x) = \cos\left(2x + \frac{\pi}{4}\right)$. **b.** $f(x) = \sin^2 x$.

MÉTHODE

Reconnaître la forme de f ($u \times v$; $u(ax + b)$; $\frac{u}{v}$; u^n ; $v \circ u$…), puis utiliser les dérivées des fonctions sinus et cosinus.

CORRIGÉ

a. On reconnaît la forme $f(x) = u(ax + b)$,

avec $u(x) = \cos(x)$, $a = 2$ et $b = \frac{\pi}{4}$.

Or, $(u(ax + b))' = a \times u'(ax + b)$ et $u'(x) = -\sin x$.

Ainsi, $f'(x) = 2 \times \left[-\sin\left(2x + \frac{\pi}{4}\right)\right]$, soit $f'(x) = -2\sin\left(2x + \frac{\pi}{4}\right)$.

b. On reconnaît la forme $f(x) = u(x)^n$, avec $u(x) = \sin x$ et $n = 2$.

Or, $(u(x)^n)' = n \times u'(x) \times u(x)^{n-1}$ et $u'(x) = \cos x$.

Ainsi, $f'(x) = 2 \times \cos x \times \sin(x)^{2-1}$, soit $f'(x) = 2\cos x \sin x$.

Savoir étudier une fonction trigonométrique

ÉNONCÉ

g est la fonction définie sur $\mathbb{R}$ par $g(x) = \frac{2\cos x}{2 + \cos x}$.

Déterminer le minimum sur $[0 ; 2\pi]$ de la fonction g.

MÉTHODE

Déterminer la fonction dérivée, puis dresser le tableau de variation de la fonction avant de conclure. Attention, la condition $g'(x_0) = 0$ ne suffit pas pour faire de $g(x_0)$ un minimum.

CORRIGÉ

> **Rappel**
> La dérivée de $\frac{u}{v}$ est $\frac{u'v - uv'}{v^2}$.

g est du type $\frac{u}{v}$, avec $u(x) = 2\cos x$ et $v(x) = 2 + \cos x$.

On a $u'(x) = -2\sin x$ et $v'(x) = -\sin x$, donc $g'(x) = \frac{-4\sin x}{(2+\cos x)^2}$.

Pour tout réel x, $(2+\cos x)^2 > 0$, donc $g'(x)$ et $\sin x$ sont de signe contraire.

Or,

x	0		π		2π
$\sin x$		+	0	−	

Donc,

x	0		π		2π
$g'(x)$		−	0	+	
$g(x)$		↘	-2	↗	

Ainsi, $g'(x)$ s'annule en π, en changeant de signe, et donc g admet un minimum sur $[0\,;2\pi]$ en π. Ce minimum vaut $g(\pi) = \frac{2\cos\pi}{2+\cos\pi} = -2$.

Savoir résoudre une équation du type cos *x* = *a*

ÉNONCÉ

Résoudre dans $\mathbb{R}$ les équations suivantes :

a. $\cos x = -\frac{\sqrt{2}}{2}$; **b.** $\sin x = \frac{1}{2}$.

MÉTHODE

- Placer sur le cercle trigonométrique les deux points A et A' d'abscisse a (pour une équation du type $\cos x = a$) ou d'ordonnée a (pour une équation du type $\sin x = a$).
- Déterminer une mesure des angles $(\vec{i}\,;\overrightarrow{OA})$ et $(\vec{i}\,;\overrightarrow{OA'})$.
- Donner l'ensemble des solutions en utilisant la périodicité.

CORRIGÉ

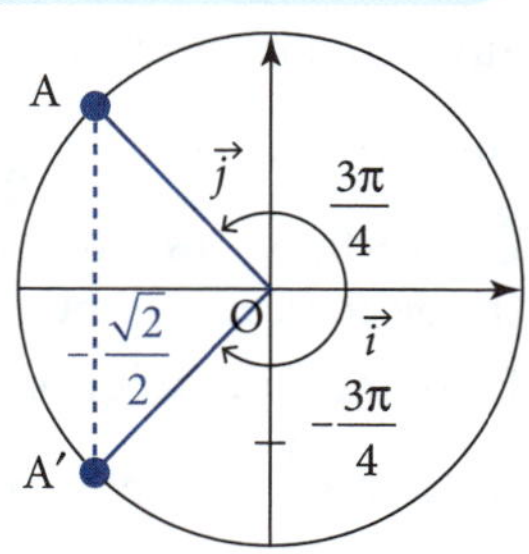

a. A et A' sont les deux points du cercle trigonométrique d'abscisse $-\frac{\sqrt{2}}{2}$.

$(\vec{i}\,;\overrightarrow{OA}) = \frac{3\pi}{4}$ et $(\vec{i}\,;\overrightarrow{OA'}) = -\frac{3\pi}{4}$

Ainsi l'ensemble des solutions de l'équation $\cos x = -\frac{\sqrt{2}}{2}$ est

$$\left\{\frac{3\pi}{4} + k \times 2\pi\ ;\ -\frac{3\pi}{4} + k \times 2\pi \text{ où } k \in \mathbb{R}\right\}.$$

b. B et B' sont les deux points du cercle trigonométrique d'ordonnée $\frac{1}{2}$; donc $(\vec{i}\ ;\ \overrightarrow{OB}) = \frac{\pi}{3}$ et $(\vec{i}\ ;\ \overrightarrow{OB'}) = \frac{2\pi}{3}$.

Ainsi l'ensemble des solutions de l'équation $\sin x = \frac{1}{2}$ est $\left\{\frac{\pi}{3} + k \times 2\pi\ ;\ \frac{2\pi}{3} + k \times 2\pi \text{ où } k \in \mathbb{Z}\right\}$

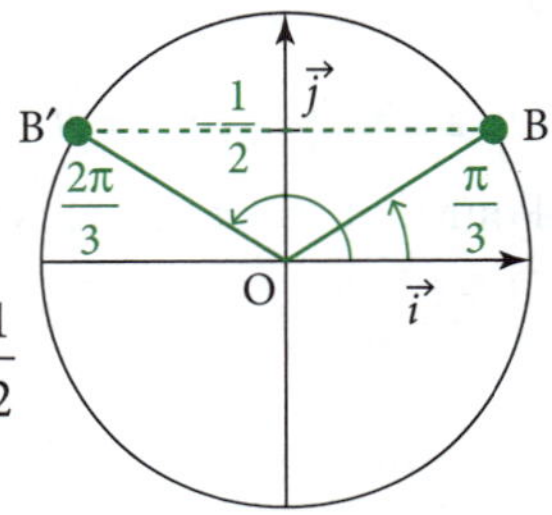

Savoir résoudre une inéquation du type cos *x* ⩽ *a* sur [–π ; π]

ÉNONCÉ

Résoudre dans $[-\pi ; \pi]$ l'inéquation $\cos x \leqslant \frac{\sqrt{3}}{2}$.

MÉTHODE

- Placer les points *A* et *A'* comme dans la méthode précédente et hachurer la partie de l'axe utilisé qui correspond à l'inégalité donnée.
- Surligner l'arc du cercle trigonométrique correspondant.
- Donner l'ensemble des solutions incluses dans [– π ; π].

CORRIGÉ

A et A' sont les points du cercle trigonométrique d'abscisse $\frac{\sqrt{3}}{2}$.

Sur l'axe des abscisses on hachure la partie qui correspond à $\cos x \leqslant \frac{\sqrt{3}}{2}$.

On surligne les points du cercle trigonométrique correspondant.

L'ensemble des solutions dans $[-\pi ; \pi]$ de $\cos x \leqslant \frac{\sqrt{3}}{2}$ est l'intervalle $\left[-\pi\ ;\ -\frac{\pi}{6}\right] \cup \left[\frac{\pi}{6}\ ;\ \pi\right]$.

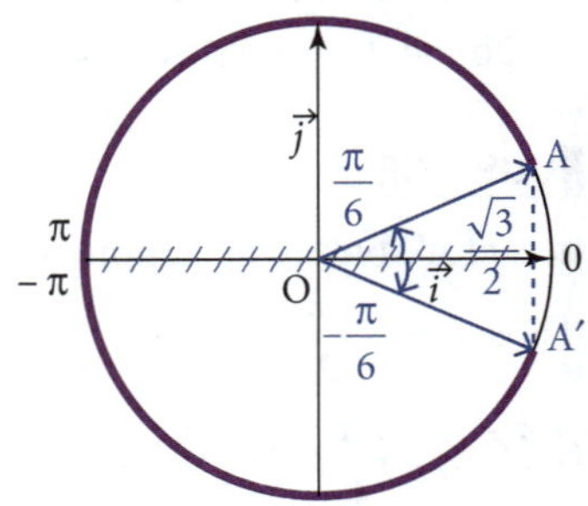

Vérifiez vos connaissances

1 Vrai-Faux

Indiquer pour chaque proposition si elle est vraie (V) ou fausse (F).

1. La fonction dérivée de $f(x) = \sin\left(2x + \frac{\pi}{4}\right)$ est $f'(x) = 2\cos\left(2x + \frac{\pi}{4}\right)$. ☐ V ☐ F

2. La fonction dérivée de $g(x) = \cos x \times \sin x$ est $g'(x) = \cos^2 x - \sin^2 x$. ☐ V ☐ F

3. Les réels x de $[0 ; 2\pi]$ tels que $\cos x = \frac{1}{2}$ sont $\frac{\pi}{4}$ et $\frac{7\pi}{4}$. ☐ V ☐ F

4. Les réels x de $[-\pi ; \pi]$ tels que $\cos x > \frac{\sqrt{2}}{2}$ sont dans l'intervalle $\left]-\frac{\pi}{4} ; \frac{\pi}{4}\right[$. ☐ V ☐ F

2 QCM

Pour chaque question, une seule réponse proposée (A, B ou C) est exacte.

f est la fonction définie sur $\mathbb{R}$ par $f(x) = 2\cos\left(x - \frac{\pi}{4}\right)$.

		A	B	C
1.	$f'(x)$ est égale à	$2\sin\left(x - \frac{\pi}{4}\right)$	$-\sin\left(x - \frac{\pi}{4}\right)$	$-2\sin\left(x - \frac{\pi}{4}\right)$
2.	Sur $\left[-\frac{\pi}{4} ; \frac{\pi}{4}\right]$, f est	croissante	décroissante	change de variation
3.	Le point I indiqué est un centre de symétrie de la courbe $\mathscr{C}$ de f	$\text{I}\left(-\frac{\pi}{4} ; 0\right)$	$\text{I}(0 ; 0)$	$\text{I}\left(\frac{\pi}{4} ; 2\right)$
4.	$f(x) > 0$ a pour solution sur $[-\pi ; \pi]$	$x \in \left]-\frac{\pi}{2} ; \frac{\pi}{2}\right[$	$x \in]0 ; \pi[$	$x \in \left]-\frac{\pi}{4} ; \frac{3\pi}{4}\right[$
5.	$f(x) = \sqrt{2}$ a pour solution sur $[0 ; \pi]$	$x = 0$ et $x = \frac{\pi}{2}$	$x = \frac{\pi}{4}$ et $x = -\frac{\pi}{4}$	$x = 2k\pi$ ($k \in \mathbb{Z}$)

Exercices d'application

3 Dérivées de fonctions trigonométriques

Déterminer les dérivées des fonctions suivantes :

a. $f(x) = \sin 5x$. **b.** $f(x) = x \cos x$. **c.** $f(x) = 5\cos\left(\frac{\pi}{5} - x\right)$.

d. $f(x) = 3\sin x + 5\cos x$. **e.** $f(x) = \frac{\sin x}{\cos^2 x}$. **f.** $f(x) = e^{\sin^3 x}$.

4 Relation entre *f* et *f″*

f est la fonction définie sur $\mathbb{R}$ par $f(x) = 2\sin\left(8x - \frac{\pi}{3}\right)$.

Déterminer une relation indépendante de x entre $f(x)$ et $f''(x)$.

Remarque
$f''(x) = (f'(x))'$.

5 Représentation graphique

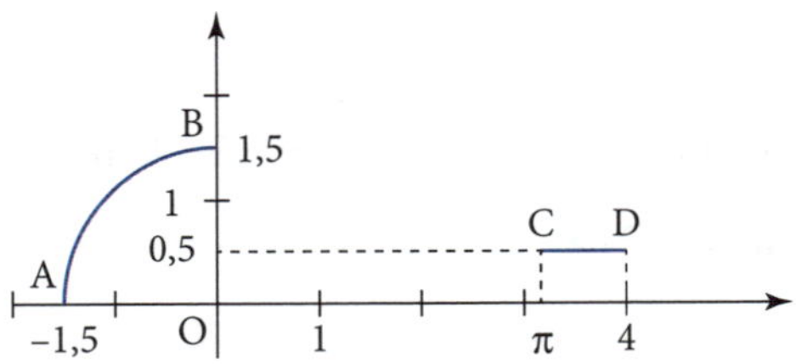

a. Vérifier que la courbe d'équation $y = 1 + \frac{1}{2}\cos x$ avec $x \in [0\,;\pi]$ permet de raccorder l'arc $\widehat{AB}$ au segment [CD].

b. Vérifier que cette courbe admet en B la même tangente que le cercle et la même tangente en C que le segment.

6 Équations

Résoudre dans $\mathbb{R}$ les équations suivantes :

• $\cos x = -\frac{\sqrt{3}}{2}$ • $\sin x = \frac{\sqrt{2}}{2}$

7 Inéquations

Résoudre sur $[-\pi\,;\pi]$ les inéquations suivantes :

• $\sin x < -0{,}5$ • $\cos x \geqslant \frac{1}{\sqrt{2}}$

Exercices d'entraînement

8 Équations – Inéquations

1. Résoudre dans $\mathbb{R}$ les équations suivantes :

a. $2\cos x - \sqrt{3} = 0$ **b.** $2\sin x - 1 = 0$.

2. Résoudre sur $]-\pi\,;\pi]$ les inéquations suivantes :

a. $-2\cos x + 1 \geqslant 0$ **b.** $4\sin x + \sqrt{12} > 0$.

9 Étude d'une fonction trigonométrique

f est la fonction définie sur $\mathbb{R}$ par $f(x) = \sin x - 0{,}5\sin(2x)$.

1. a. Montrer que f est 2π-périodique.

b. Que peut-on en conclure pour la représentation graphique de f ?

2. Démontrer que, pour tout réel x, $f'(x) = -(\cos x - 1)(2\cos x + 1)$

3. a. Étudier le signe de $2\cos x + 1$ pour $x \in [0\,;\pi]$.

b. Dresser le tableau de variation de f sur $[0\,;\pi]$.

4. Tracer la courbe représentant f sur $[-\pi\,;\pi]$.

10 Approximation par dichotomie

1. a. Encadrer $\sin x - 3x - 1$ par deux fonctions affines.

b. En déduire les limites de $\sin x - 3x - 1$ en $+\infty$ et en $-\infty$.

2. Montrer que l'équation $\sin x = 3x + 1$ admet une solution unique α sur $\mathbb{R}$.

3. a. Compléter le programme ci-dessous pour qu'il affiche un encadrement de la solution α de l'équation $f(x) = 0$ à 10^{-1} près.

```
from math import*

a = [      ]
b = [      ]

while ([            ]):
    m=(a+b)/2
    if (sin(m)>3*m+1):
        a = [      ]
    else:
        b = [      ]

print(a,b)
```

b. Présenter dans un tableau l'évolution des valeurs des variables a, b et m et des deux conditions utilisées dans le programme en arrondissant les valeurs au centième si nécessaire.

11 L'aire du logo

Un publicitaire souhaite imprimer le logo ci-dessous sur un T-shirt.

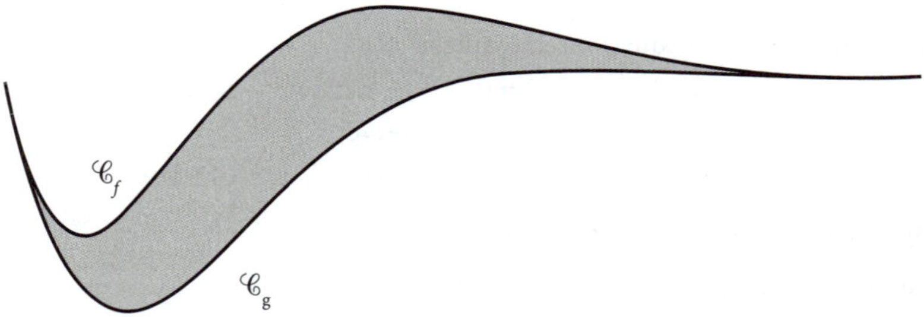

Il dessine ce logo à l'aide des courbes de deux fonctions f et g définies sur $\mathbb{R}$ par :
$f(x) = e^{-x}(-\cos x + \sin x + 1)$ et $g(x) = -e^{-x}\cos x$.
On admet que les fonctions f et g sont dérivables sur $\mathbb{R}$.

Partie A – Étude de la fonction *f*

1. Justifier que, pour tout $x \in \mathbb{R}$: $-e^{-x} \leqslant f(x) \leqslant 3e^{-x}$.

2. En déduire la limite de f en $+\infty$.

3. Démontrer que, pour tout $x \in \mathbb{R}$, $f'(x) = e^{-x}(2\cos x - 1)$.

4. Dans cette question, on étudie la fonction f sur l'intervalle $[-\pi ; \pi]$.

a. Déterminer le signe de $f'(x)$ pour x appartenant à l'intervalle $[-\pi ; \pi]$.

b. En déduire les variations de f sur $[-\pi ; \pi]$.

Partie B – Aire du logo

On note $\mathscr{C}_f$ et $\mathscr{C}_g$ les représentations graphiques des fonctions f et g dans un repère orthonormé $(O ; \vec{i}, \vec{j})$. L'unité graphique est de 2 centimètres. Ces deux courbes sont tracées ci-dessus.

1. Étudier la position relative de la courbe $\mathscr{C}_f$ par rapport à la courbe $\mathscr{C}_g$ sur $\mathbb{R}$.

2. a. On note H la fonction définie sur $\mathbb{R}$ par :

$$H(x) = \left(-\frac{\cos x}{2} - \frac{\sin x}{2} - 1\right)e^{-x}.$$

Montrer que H est une primitive de $h = f - g$ sur $\mathbb{R}$.

b. Calculer l'aire du domaine grisé, c'est-à-dire l'intégrale $\int_{-\frac{\pi}{2}}^{\frac{3\pi}{2}}(f(x) - g(x))dx$.

Vérifiez vos connaissances

1 Vrai-Faux

1. Vrai **2.** Vrai **3.** Faux **4.** Vrai

2 QCM

1. C **2.** A **3.** A **4.** C **5.** A

Exercices d'application

3 Dérivées des fonctions trigonométriques

a. $f(x) = u(ax + b)$ avec $a = 5$ et $b = 0$, $u(x) = \sin x$, donc $u'(x) = \cos x$.

$f'(x) = a \times u(ax + b) = 5 \times \cos(5x) = \boxed{5\cos(5x)}$.

b. $f(x) = u(x) \times v(x)$ où $u(x) = x$, donc $u'(x) = 1$ et $v(x) = \cos x$, donc $v'(x) = -\sin x$.

Ainsi, $f'(x) = 1 \times \cos x + x \times (-\sin x) = \boxed{\cos x - x\sin x}$.

c. $f(x) = k \times u(ax + b)$ où $k = 5$, $a = -1$, $b = \dfrac{\pi}{5}$ et $u(x) = \cos x$, donc $u'(x) = -\sin x$.

Ainsi, $f'(x) = k \times a \times u'(ax + b)$

$= 5 \times (-1) \times \left(-\sin\left(-x + \dfrac{\pi}{5}\right)\right)$,

soit $f'(x) = \boxed{5\sin\left(\dfrac{\pi}{5} - x\right)}$.

Rappel
$k \in \mathbb{R}$, f fonction, $(kf)' = kf'$.

d. $f(x) = k_1\, u(x) + k_2\, v(x)$ avec $k_1 = 3$, $k_2 = 5$, $u(x) = \sin x$, donc $u'(x) = \cos x$ et $v(x) = \cos x$, donc $v'(x) = -\sin x$.

Ainsi, $f(x) = k_1\, u'(x) + k_2\, v'(x) = \boxed{3\cos x - 5\sin x}$.

e. $f(x) = \dfrac{u(x)}{v(x)}$ où $u(x) = \sin x$, donc $u'(x) = \cos x$ et $v(x) = \cos^2 x$,

donc $v'(x) = 2 \times (-\sin x) \times (\cos x)^{2-1} = -2\sin x\cos x$.

Ainsi, $f'(x) = \dfrac{\cos x \times \cos^2 x - \sin x \times (-2 \sin x \cos x)}{(\cos^2 x)^2}$.

$= \boxed{\dfrac{\cos^3 x + 2 \sin^2 x \cos x}{\cos^4 x}}$.

Rappel

$\left(\dfrac{u}{v}\right)' = \dfrac{u'v - uv'}{v^2}$.

f. $f(x) = e^{u(x)}$, où $u(x) = \sin^3 x = v(x)^3$, où $v(x) = \sin x$.

Donc, $v'(x) = \cos x$,

puis $u'(x) = 3 \times v'(x) \times v(x)^{3-1} = 3 \times \cos x \times \sin^2 x$.

Ainsi, $f'(x) = u'(x) \times e^{u(x)} = \boxed{3 \cos x \sin^2 x e^{\sin^3 x}}$.

Rappel

$(u^n)' = nu'n^{n-1}$.

4 Relation entre f et f'

$f(x) = k \times u(ax + b)$ où $k = 2$, $a = 8$, et $b = -\dfrac{\pi}{3}$ et $u(x) = \sin x$,

donc $u'(x) = \cos x$.

Ainsi, $f'(x) = k \times a \times u'(ax + b) = 2 \times 8 \cos\left(8x - \dfrac{\pi}{3}\right) = 16 \cos\left(8x - \dfrac{\pi}{3}\right)$.

Puis, $f''(x) = (f'(x))' = 16 \times 8 \times \left[-\sin\left(8x - \dfrac{\pi}{3}\right)\right] = -128 \sin\left(8x - \dfrac{\pi}{3}\right)$.

On a donc, pour tout $x \in \mathbb{R}$, $\boxed{f''(x) = -64 f(x)}$.

5 Représentation graphique

a. • $B(0 ; 1,5)$

or si $x = 0$, $y = 1 + \dfrac{1}{2} \cos 0 = 1 + 0,5 = 1,5$.

On a donc $\boxed{B \in \mathscr{C}}$.

• $C(\pi ; 0,5)$

or si $x = \pi$, $y = 1 + \dfrac{1}{2} \cos \pi = 1 + \dfrac{1}{2} \times (-1) = 0,5$.

On a donc $\boxed{C \in \mathscr{C}}$.

Rappel

$A(x_A ; y_A) \in \mathscr{C}f$

$\Leftrightarrow y_A = f(x_A)$

b. • La tangente en B du cercle est une droite horizontale passant par B (perpendiculaire au rayon $[OB]$) donc d'équation $y = 1,5$.

• La tangente en B à $\mathscr{C}$ a pour équation $y = f'(0)(x - 0) + f(0)$ avec $f : x \mapsto 1 + \dfrac{1}{2} \cos x$.

Or $f'(x) = (1)' + \left(\dfrac{1}{2} \cos x\right)' = 0 + \dfrac{1}{2} \times (\cos x)' = -\dfrac{1}{2} \sin x$.

Ainsi l'équation de cette tangente est $y = \left(-\frac{1}{2}\sin 0\right)x + \left(1 + \frac{1}{2}\cos 0\right)$ c'est-à-dire $y = 1 + \frac{1}{2}$ soit $y = 1{,}5$.

Donc **cette courbe a la même tangente en *B* que le cercle.**

• La tangente à $\mathscr{C}$ au point C a pour équation $y = \left(-\frac{1}{2}\sin \pi\right) \times (x - \pi) + \left(1 + \frac{1}{2}\cos \pi\right)$ soit $y = \left(-\frac{1}{2} \times (0)\right)(x - \pi) + \left(1 + \frac{1}{2} \times (-1)\right)$ c'est-à-dire $y = 0{,}5$.

Puis la droite (*CD*) est horizontale d'équation $y = 0{,}5$.

Finalement **cette courbe a la même tangente en *C* que la droite (*CD*).**

6 Équations

• $\mathbf{\cos x = -\frac{\sqrt{3}}{2}}$ **:**

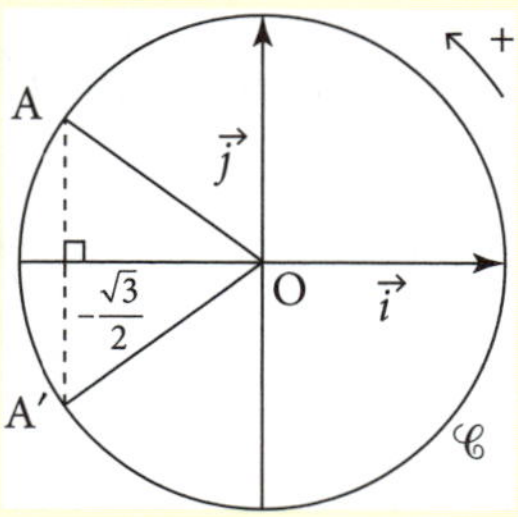

Les points *A* et *A'* appartiennent à $\mathscr{C}$ et ont pour abscisse $-\frac{\sqrt{3}}{2}$.

$(\vec{i}\,;\overrightarrow{OA}) = \frac{5\pi}{6} + k \times 2\pi$ avec $k \in \mathbb{Z}$

$(\vec{i}\,;\overrightarrow{OA'}) = \frac{7\pi}{6} + k' \times 2\pi$ et $k' \in \mathbb{Z}$

Ainsi l'ensemble des solutions de cette équation est :

$$\left\{\frac{5\pi}{6} + k \times 2\pi\,;\frac{7\pi}{6} + k \times 2\pi \text{ où } k \in \mathbb{Z}\right\}$$

• $\mathbf{\sin x = \frac{\sqrt{2}}{2}}$ **:**

De même, les points *B* et *B'* appartenant à $\mathscr{C}$ et d'ordonnée $\frac{\sqrt{2}}{2}$ sont tels que $(\vec{i}\,;\overrightarrow{OB}) = \frac{\pi}{4} + k \times 2\pi$ et $(\vec{i}\,;\overrightarrow{OB'}) = \frac{3\pi}{4} + k' \times 2\pi$ avec $k \in \mathbb{Z}$ et $k' \in \mathbb{Z}$.

Ainsi, l'ensemble des solutions de cette équation est :

$$\left\{\frac{\pi}{4} + k \times 2\pi\,;\frac{3\pi}{4} + k \times 2\pi \text{ où } k \in \mathbb{Z}\right\}$$

7 Inéquations

- $\sin x < -0{,}5$:

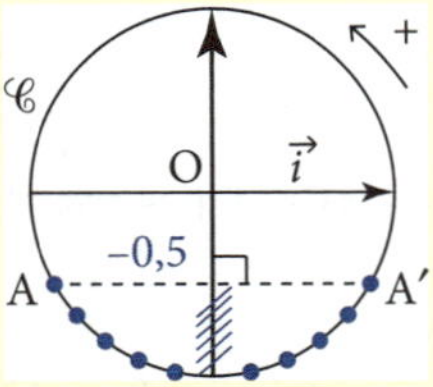

Les points A et A' sont tels que : $(\vec{i}\,;\overrightarrow{OA}) = -\dfrac{5\pi}{6}$ dans $[-\pi\,;\pi]$ et $(\vec{i}\,;\overrightarrow{OA'}) = -\dfrac{\pi}{6}$ dans $[-\pi\,;\pi]$.

L'ensemble des solutions de cette inéquation dans l'intervalle $[-\pi\,;\pi]$ est $\left]-\dfrac{5\pi}{6}\,;-\dfrac{\pi}{6}\right[$.

- $\cos x \geqslant \dfrac{1}{\sqrt{2}} \Leftrightarrow \cos x \geqslant \dfrac{\sqrt{2}}{2}$.

Réflexe à avoir

$\dfrac{1}{\sqrt{2}} = \dfrac{1\times\sqrt{2}}{\sqrt{2}\times\sqrt{2}} = \dfrac{\sqrt{2}}{2}$

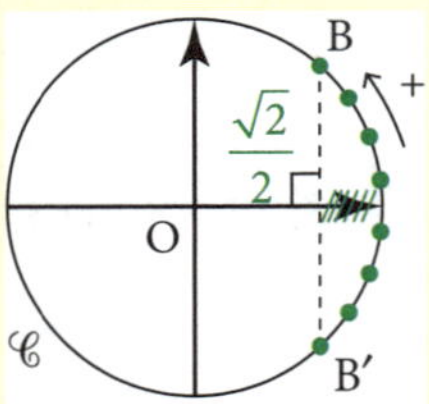

Les points B et B' sont tels que :

$(\vec{i}\,;\overrightarrow{OB'}) = -\dfrac{\pi}{4}$ dans $[-\pi\,;\pi]$;

$(\vec{i}\,;\overrightarrow{OB}) = \dfrac{\pi}{4}$ dans $[-\pi\,;\pi]$.

L'ensemble des solutions de cette inéquation dans l'intervalle $[-\pi\,;\pi]$ est $\left[-\dfrac{\pi}{4}\,;\dfrac{\pi}{4}\right]$.

Exercices d'entraînement

8 Équations – Inéquations

1. a. $2\cos x - \sqrt{3} = 0 \Leftrightarrow \cos x = \dfrac{\sqrt{3}}{2}$.

Les points A et A' du cercle trigonométrique et d'abscisse $\dfrac{\sqrt{3}}{2}$ sont tels que $(\vec{i}\,;\overrightarrow{OA}) = \dfrac{\pi}{6} + k\times 2\pi$ avec $k \in \mathbb{Z}$ et $(\vec{i}\,;\overrightarrow{OA}) = -\dfrac{\pi}{6} + k'\times 2\pi$ avec $k' \in \mathbb{Z}$.

L'ensemble des solutions est $\left\{\dfrac{\pi}{6} + k\times 2\pi\,;-\dfrac{\pi}{6} + k\times 2\pi \text{ avec } k\in\mathbb{Z}\right\}$.

b. $2\sin x - 1 = 0 \Leftrightarrow \sin x = \dfrac{1}{2}$.

Les points B et B' du cercle trigonométrique d'ordonnée $\dfrac{1}{2}$ sont tels que $(\vec{i}\,;\overrightarrow{OB}) = \dfrac{\pi}{6} + k\times 2\pi$ et $(\vec{i}\,;\overrightarrow{OB'}) = \dfrac{5\pi}{6} + k'\times 2\pi$ avec k et k' entiers relatifs.

Ainsi l'ensemble des solutions de cette équation est

$$\left\{\frac{\pi}{6}+k\times 2\pi\,;\,\frac{5\pi}{6}+k\times 2\pi \text{ où } k\in\mathbb{Z}\right\}.$$

Rappel
Diviser chaque membre d'une inéquation par un réel strictement négatif change l'ordre

2. a. $-2\cos x+1 \geqslant 0 \Leftrightarrow -2\cos x \geqslant -1 \Leftrightarrow \cos x \leqslant \frac{1}{2}$.

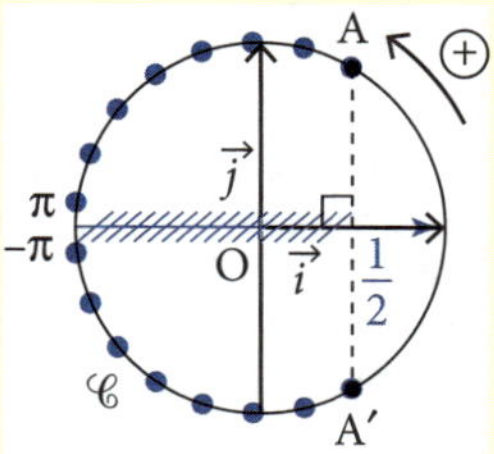

$(\vec{i}\,;\overrightarrow{OA}) = \frac{\pi}{3}$ dans $[-\pi\,;\pi]$.

$(\vec{i}\,;\overrightarrow{OA'}) = -\frac{\pi}{3}$ dans $[-\pi\,;\pi]$.

L'ensemble solution de cette inéquation est :

$$\left[-\pi\,;-\frac{\pi}{3}\right]\cup\left[\frac{\pi}{3}\,;\pi\right].$$

b. $4\sin x+\sqrt{12}>0 \Leftrightarrow \sin x > -\frac{\sqrt{12}}{4} \Leftrightarrow \sin x > -\frac{\sqrt{3}}{2}$.

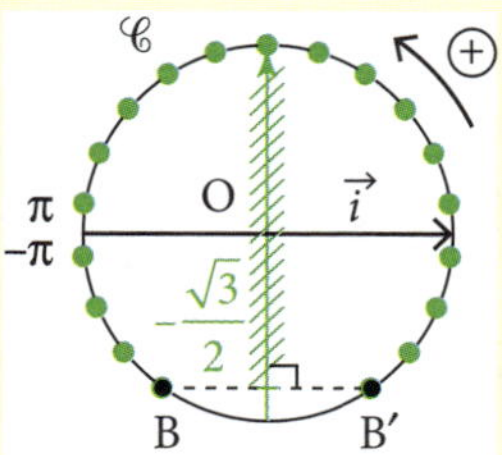

$(\vec{i}\,;\overrightarrow{OB}) = -\frac{2\pi}{3}$ dans $[-\pi\,;\pi]$;

$(\vec{i}\,;\overrightarrow{OB'}) = -\frac{\pi}{3}$ dans $[-\pi\,;\pi]$.

L'ensemble des solutions de cette inéquation est :

$$\left[-\pi\,;-\frac{2\pi}{3}\right]\cup\left[-\frac{\pi}{3}\,;\pi\right].$$

9 Étude d'une fonction trigonométrique

1. a. Pour $x \in \mathbb{R}$, il suffit de montrer l'égalité $f(x+2\pi)=f(x)$.

$f(x+2\pi) = \sin(x+2\pi) - 0{,}5\sin(2(x+2\pi))$

$= \sin x - 0{,}5\sin(2x+4\pi) = \sin x - 0{,}5\sin(2x+2\pi\times 2)$

$= \sin x - 0{,}5\sin(2x) = f(x)$.

Ainsi l'égalité est prouvée pour un réel quelconque x cela signifie que **f est 2π-périodique sur ℝ**.

Rappel
f est 2π-périodique sur ℝ signifie que pour tout x de ℝ, $f(x+2\pi)=f(x)$

b. Si l'on a tracé une partie de la courbe de f sur un intervalle d'amplitude 2π, avec des translations de vecteur $(k\times 2\pi)\vec{i}$ avec $k\in\mathbb{Z}$, on obtient la courbe sur ℝ.

2. Pour tout réel x,

$f'(x) = (\sin x)' - (0{,}5\sin(2x))' = \cos x - 0{,}5(\sin(2x))'$

$f'(x) = \cos x - 0{,}5 \times (2x)' \sin'(2x) = \cos x - \cos(2x)$.

Or pour tout réel x, $\cos(2x) = 2\cos^2 x - 1$

donc $f'(x) = \cos x - (2\cos^2 x - 1) = -2\cos^2 x + \cos x + 1$.

De plus pour tout $x \in \mathbb{R}$, $-(\cos x - 1)(2\cos x + 1) = -(2\cos^2 x + \cos x - 2\cos x - 1) = -2\cos^2 x + \cos x + 1$.

Ainsi, pour tout $x \in \mathbb{R}$, $f'(x) = -(\cos x - 1)(2\cos x + 1)$.

Rappel
$\cos 2x = 2\cos^2 x - 1$.
$\sin 2x = 2\sin x \cos x$.

3. a. Résolvons dans $[0\,;\pi]$, l'inéquation $2\cos x + 1 \geqslant 0$:

$2\cos x + 1 \geqslant 0 \Leftrightarrow \cos \geqslant -\frac{1}{2}$.

Astuce du prof
Étudier le signe de l'expression $A(x)$ revient à résoudre une des inéquations $A(x) \geqslant 0$ ou $A(x) \leqslant 0$

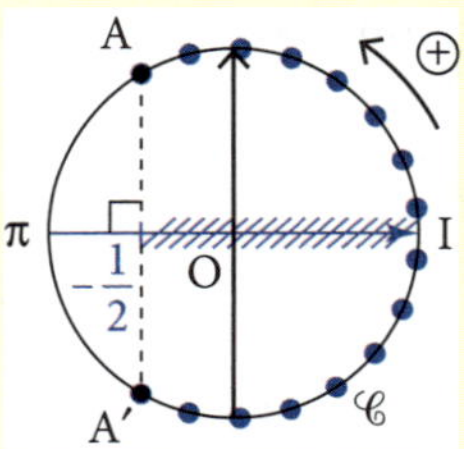

Ici, l'arc du cercle trigonométrique correspondant aux points associés aux réels x solution est $\overset{\frown}{IA}$.

L'ensemble des solutions de cette inéquation dans $[0\,;\pi]$ est $\left[0\,;\frac{2\pi}{3}\right]$.

On peut dresser le tableau de signes suivant :

x	0		$\frac{2\pi}{3}$		π
$2\cos x + 1$		$+$	0	$-$	

b. Le tableau de signes de $f'(x)$ sur $[0\,;\pi]$ est :

x	0		$\frac{2\pi}{3}$		π	
$2\cos x + 1$		$+$	0	$-$		(d'après **a.**)
-1			$-$			$(-1 < 0)$
$\cos x - 1$	0		$-$			$\left(-1 \leqslant \cos x \leqslant 1 \Leftrightarrow -2 \leqslant \cos x - 1 \leqslant 0\right)$
$f'(x)$	0	$+$	0	$-$		

Ainsi le tableau de variation de f sur $[0\,;\pi]$ est :

x	0		$\frac{2\pi}{3}$		π
$f(x)$	0	↗	$\frac{3\sqrt{3}}{4}$	↘	0

$f\left(\frac{2\pi}{3}\right) = \frac{\sqrt{3}}{2} - 0{,}5 \times \left(-\frac{\sqrt{3}}{2}\right) = \frac{3\sqrt{3}}{4}$

$f(0) = 0 - 0{,}5 \times 0 = 0$.

$f(\pi) = 0 - 0{,}5 \times 0 = 0$.

4. Représentation graphique de f sur $[-\pi ; \pi]$:

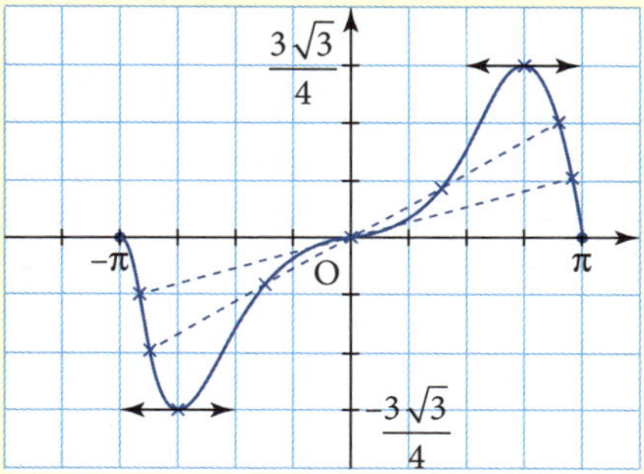

Rappel
Si $f(x) = -f(-x)$ alors f est impaire et $\mathscr{C}$ est symétrique par rapport à O.

Parité de f :
On remarque que, pour tout x de $\mathbb{R}$,
$f(-x) = \sin(-x) - 0{,}5\sin(-2x)$
$= -\sin x - 0{,}5(-\sin(2x))$
$= -f(x)$.

10 Approximation par dichotomie

1. a. Pour tout réel x, $-1 \leqslant \sin x \leqslant 1$ donc
$-1 - 3x - 1 \leqslant \sin x - 3x - 1 \leqslant 1 - 3x - 1$ soit
$\mathbf{-3x - 2 \leqslant \sin x - 3x - 1 \leqslant -3x}$.

b. $\lim\limits_{x \to -\infty} -3x - 2 = +\infty$, par comparaison $\lim\limits_{x \to +\infty} \mathbf{\sin x - 3x - 1 = +\infty}$.
$\lim\limits_{x \to +\infty} -3x = -\infty$, par comparaison $\lim\limits_{x \to -\infty} \mathbf{\sin x - 3x - 1 = -\infty}$.

2. $\sin x = 3x + 1 \Leftrightarrow \sin x - 3x - 1 = 0$.

Rappel
On utilise le théorème des valeurs intermédiaires.

On pose $f(x) = \sin x - 3x - 1$, f est définie, continue, dérivable sur $\mathbb{R}$ et on a $f'(x) = \cos x - 3$.

Pour tout réel x, $-1 \leqslant \cos x \leqslant 1 \Leftrightarrow -4 \leqslant \cos x - 3 \leqslant -2$.

Ainsi, f' est strictement négative sur $\mathbb{R}$, donc f strictement décroissante sur $\mathbb{R}$.

De plus, $\lim\limits_{x \to +\infty} f(x) = -\infty$ et $\lim\limits_{x \to -\infty} f(x) = +\infty$.

Comme f est continue, strictement décroissante sur $\mathbb{R}$ et change de signe, elle s'annule une unique fois sur $\mathbb{R}$ en α.

Finalement, l'équation **$f(x) = 0$ possède une unique solution α sur $\mathbb{R}$**, donc l'équation $\sin x = 3x + 1$ aussi.

3. a.

```
from math import*

a = -pi
b = 0

while (b-a >0.1):
    m=(a+b)/2
    if (sin(m)>3*m+1):
        a = m
    else:
        b = m

print(a,b)
```

b. Valeurs successives prises par les variables et les conditions :

a	$-\pi$	$-\frac{\pi}{2}$	$-\frac{\pi}{4}$	$-\frac{\pi}{4}$	$-\frac{3\pi}{16}$	$-\frac{5\pi}{32}$
b	0	0	0	$-\frac{\pi}{8}$	$-\frac{\pi}{8}$	$-\frac{\pi}{8}$
$b - a > 0{,}1$	F	F	F	F	F	V
m	$-\frac{\pi}{2}$	$-\frac{\pi}{4}$	$-\frac{\pi}{8}$	$-\frac{3\pi}{16}$	$-\frac{5\pi}{32}$	
$\sin m > 3m + 1$	F	F	V	F	F	

Affichage : $-\frac{5\pi}{32}$ et $-\frac{\pi}{8}$. **La solution α appartient à $\left[-\frac{5\pi}{32} ; -\frac{\pi}{8}\right]$.**

11 L'aire du logo

Partie A

1. Pour tout réel x on a $-1 \leqslant \cos x \leqslant 1$ donc $-1 \leqslant -\cos x \leqslant 1$. On a également $-1 \leqslant \sin x \leqslant 1$, par conséquent :

$$-1 - 1 + 1 \leqslant -\cos x + \sin x + 1 \leqslant 1 + 1 + 1 \Leftrightarrow -1 \leqslant -\cos x + \sin x + 1 \leqslant 3.$$

En multipliant membre à membre le dernier encadrement par e^{-x} (qui est strictement positif) on obtient alors :

$$-e^{-x} \leqslant f(x) \leqslant 3e^{-x}.$$

2. On a $\lim\limits_{x \to +\infty} e^{-x} = 0$. Comme $-e^{-x} \leqslant f(x) \leqslant 3e^{-x}$, le théorème « des gendarmes » permet alors de conclure que $\lim\limits_{x \to +\infty} f(x) = 0$.

3. Par dérivation d'un produit :

$$\begin{aligned} f'(x) &= e^{-x}(-(-\sin x) + \cos x) + (-e^{-x})(-\cos x + \sin x + 1) \\ &= e^{-x}(\sin x + \cos x) + e^{-x}(\cos x - \sin x - 1) \\ &= e^{-x}(\sin x + \cos x + \cos x - \sin x - 1) \\ &= e^{-x}(2\cos x - 1). \end{aligned}$$

4. a. Pour tout réel x, $e^{-x} > 0$ donc $f(x)$ est du même signe que $2\cos x - 1$. Sur l'intervalle $[-\pi ; \pi]$, et en s'aidant d'un cercle trigonométrique :

$$2\cos x - 1 \geqslant 0 \Leftrightarrow \cos x \geqslant \frac{1}{2}$$

$$\Leftrightarrow -\frac{\pi}{3} \leqslant x \leqslant \frac{\pi}{3}.$$

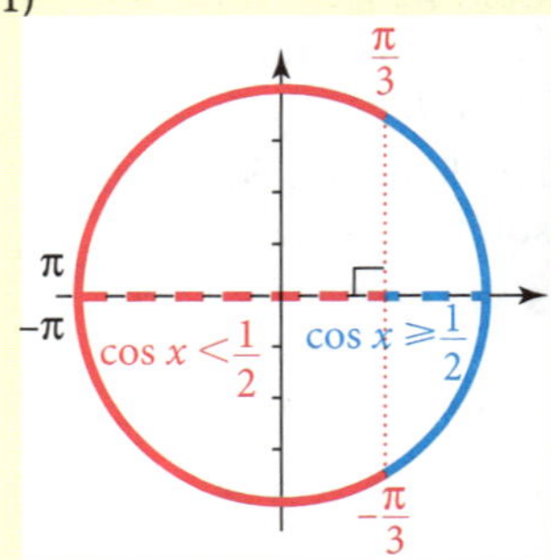

Par conséquent :

- pour $\left[-\pi\,;-\frac{\pi}{3}\right[$, $f'(x)<0$;
- pour $\left]-\frac{\pi}{3}\,;\frac{\pi}{3}\right[$, $f'(x)>0$;
- pour $\left]\frac{\pi}{3}\,;\pi\right]$, $f'(x)<0$;
- pour $-\frac{\pi}{3}$ et $\frac{\pi}{3}$, $f'(x)=0$.

b. On déduit de la question précédente que f est croissante sur $\left]-\frac{\pi}{3}\,;\frac{\pi}{3}\right]$ et décroissante sur $\left[-\pi\,;-\frac{\pi}{3}\right[\cup\left]-\frac{\pi}{3}\,;\pi\right]$.

Partie B

1. Pour tout réel x :

$f(x)-g(x)=e^{-x}(-\cos x+\sin x+1)-(-e^{-x})\cos x=e^{-x}(-\cos x+\sin x+1+\cos x)$
$=e^{-x}(\sin x+1)$.

Or, pour tout réel x, $e^{-x}>0$, et $-1\leqslant\sin x\leqslant 1$ donc $\sin x+1\geqslant 0$.

On a donc, pour tout réel x, $f(x)-g(x)\geqslant 0$, ce qui signifie que la courbe $\mathscr{C}_f$ est au-dessus de la courbe $\mathscr{C}_g$ sur $\mathbb{R}$.

2. a. Pour tout x de $\mathbb{R}$, $H'(x)=\left(-\frac{\cos x}{2}-\frac{\sin x}{2}-1\right)'e^{-x}+\left(-\frac{\cos x}{2}-\frac{\sin x}{2}-1\right)(e^{-x})'$

$$H'(x)=\left(\frac{\sin x}{2}-\frac{\cos x}{2}\right)e^{-x}+\left(-\frac{\cos x}{2}-\frac{\sin x}{2}-1\right)(-e^{-x})$$

$$=e^{-x}\left(\frac{\sin x}{2}-\frac{\cos x}{2}+\frac{\cos x}{2}-\frac{\sin x}{2}+1\right).$$

Ainsi $H'(x)=e^{-x}(\sin x+1)=f(x)-g(x)$. Donc H est une primitive de $f-g$ sur $\mathbb{R}$.

b. L'aire grisée est $\mathscr{A}=\int_{-\frac{\pi}{2}}^{\frac{3\pi}{2}}(f(x)-g(x))dx=[H(x)]_{-\frac{\pi}{2}}^{\frac{3\pi}{2}}=H\left(\frac{3\pi}{2}\right)-H\left(-\frac{\pi}{2}\right)=-\frac{1}{2}\left(e^{-\frac{3\pi}{2}}-e^{\frac{\pi}{2}}\right)$.

De plus, l'unité du graphique est de 2 cm, donc l'unité d'aire est de 4 cm² et l'aire grisée est égale à $4\mathscr{A}$ cm².

CHAPITRE 11 Primitives et équations différentielles

1 Primitives d'une fonction

1 Solution d'une équation différentielle

• **Définitions**

f désigne une fonction continue sur un intervalle I.

• **Résoudre** sur I **l'équation différentielle** $y' = f$, d'inconnue y, c'est trouver toutes les fonctions y dérivables sur I telles que, pour tout x de I, $y'(x) = f(x)$.

• Une telle fonction y est appelée **solution de l'équation différentielle** $y' = f$.

2 Primitives d'une fonction

• **Définition**

f désigne une fonction continue sur un intervalle I.

On dit que la fonction F est une **primitive de f sur I** lorsque, F est dérivable sur I et que F est une solution de l'équation différentielle $y' = f$.

Exemple : f est la fonction définie sur $\mathbb{R}$ pour $f(x) = 2x - 1$.

La fonction F définie sur $\mathbb{R}$ par $F(x) = x^2 - x + 3$ est une primitive de f sur $\mathbb{R}$. En effet, F est dérivable sur $\mathbb{R}$ et $F'(x) = 2x - 1 = f(x)$, donc F est solution de l'équation différentielle $y' = f$.

• **Propriété**

f désigne une fonction continue sur un intervalle I et F est une primitive de f sur I.

Toutes les primitives de f sur I sont les fonctions G définies sur I par :

$G(x) = F(x) + C$ où C est un nombre réel.

Exemple : on reprend l'exemple précédent.

Toutes les primitives de f sur $\mathbb{R}$ sont les fonctions définies par :
$G(x) = F(x) + C = x^2 - x + 3 + C$ avec $C \in \mathbb{R}$.

EXERCICES RÉSOLUS

Vérifier qu'une fonction est solution d'une équation différentielle

ÉNONCÉ

(E) est l'équation différentielle donnée sur $]0\,;+\infty[$ par : $y'(x) = \ln x$.
Vérifier si les fonctions f et g ci-dessous sont solutions de (E).

- $f(x) = x\ln x - x$
- $g(x) = (1 + x)\ln x$

CORRIGÉ

- Pour tout x de $]0\,;+\infty[$,

$$f'(x) = 1\times\ln x + x\times\frac{1}{x} - 1 = \ln x + 1 - 1 = \ln x.$$

Ainsi, f est solution de (E) sur $]0\,;+\infty[$ puisqu'elle vérifie $y' = \ln x$.

- Pour tout x de $]0\,;+\infty[$,

$$g'(x) = 1\times\ln x + (1+x)\times\frac{1}{x} = \ln x + \frac{1+x}{x} \neq \ln x.$$

Donc, g n'est pas une solution de (E).

> **Remarque**
> $f = u\times v + w$
> donc
> $f' = u'v + uv' + w'$

Vérifier qu'une fonction est une primitive

ÉNONCÉ

f est la fonction définie sur $\mathbb{R}$ par $f(x) = (2x + 3)e^x$.

a. Vérifier que la fonction F définie sur $\mathbb{R}$ par $F(x) = (2x + 1)e^x$ est une primitive de f sur $\mathbb{R}$.

b. En déduire toutes les primitives de f sur $\mathbb{R}$.

c. Déterminer la primitive de f qui prend la valeur 2 en 0.

CORRIGÉ

a. Pour tout x de $\mathbb{R}$, $F'(x) = 2e^x + (2x + 1)e^x = (2x + 3)e^x = f(x)$.
Ainsi, la fonction F est solution de l'équation différentielle $y' = f$; c'est donc une primitive de f sur $\mathbb{R}$ c'est à dire $G(x) = (2x + 1)e^x + C$.

b. D'après la propriété, les primitives de f sont de la forme : $G(x) = F(x) + C$ avec $C \in \mathbb{R}$ c'est-à-dire $G(x) = (2x + 1)e^x + C$.

c. $G(0) = 2$ équivaut à $(2\times 0 + 1)e^0 + C = 2$
c'est-à-dire $1 + C = 2$ donc $C = 1$.
La primitive cherchée est : $G(x) = (2x + 1)e^x + 1$.

> **Astuce du prof**
> G prend la valeur 2 en 0 signifie que $G(0) = 2$.

2 Tableaux des primitives

- **Propriétés**

F et G sont des primitives sur I de deux fonctions f et g . $\alpha \in \mathbb{R}$.
- F + G est alors une primitive sur I de la fonction $f + g$.
- αF est alors une primitive sur I de la fonction αf.

1 Primitives de fonctions de référence

Fonction : $f(x) =$	Primitive : $F(x) =$	Intervalle I
k	$kx + C$	$\mathbb{R}$
x	$\frac{1}{2}x^2 + C$	$\mathbb{R}$
x^n	$\frac{1}{n+1}x^{n+1} + C$	$\mathbb{R}$
$\frac{1}{x}$	$\ln x + C$	$]0 ; +\infty[$
$-\frac{1}{x^2}$	$\frac{1}{x} + C$	$]0 ; +\infty[$
$\frac{1}{2\sqrt{x}}$	$\sqrt{x} + C$	$]0 ; +\infty[$
e^x	$e^x + C$	$\mathbb{R}$
$\cos x$	$\sin x + C$	$\mathbb{R}$
$\sin x$	$-\cos x + C$	$\mathbb{R}$

2 Primitives de formes usuelles

u désigne une fonction dérivable sur un intervalle I.

Fonction : $f(x) =$	Primitive : $F(x) =$	Condition
$nu'u^{n-1}$	$u^n + C$	$n \in \mathbb{N}^*$
$\frac{u'}{u}$	$\ln u + C$	$u > 0$ sur I
$u'e^u$	$e^u + C$	

EXERCICES RÉSOLUS

Déterminer une primitive d'une fonction de référence

ÉNONCÉ

Déterminer une primitive sur $\mathbb{R}$ de la fonction f définie par :

$f(x) = 7x^5 + 5 + 2e^x$.

CORRIGÉ

Une primitive de $x \mapsto x^5$ est $x \mapsto \frac{1}{6}x^6$.

Une primitive de $x \mapsto 5$ est $x \mapsto 5x$.

Une primitive de $x \mapsto e^x$ est $x \mapsto e^x$.

Donc une primitive de $f : x \mapsto 7 \times x^5 + 5 + 2 \times e^x$ est $F : x \mapsto \frac{7}{6}x^6 + 5x + 2e^x$.

Déterminer la primitive d'une fonction

ÉNONCÉ

f est la fonction définie sur $\mathbb{R}$ par $f(x) = (2x - 3)(4x^3 - 12x + 3)$.
Déterminer la primitive G de f sur $\mathbb{R}$ telle que $G(1) = 0$.

CORRIGÉ

On pose $u(x) = 4x^2 - 12x + 3$ donc $u'(x) = 8x - 12$, d'où $u'(x) = 4(2x - 3)$.

Ainsi, $f(x) = \frac{1}{4}u'(x)\,u(x)$.

La fonction F définie sur $\mathbb{R}$ par $F(x) = \frac{1}{4}\,u(x)^2 = \frac{1}{4}(4x^2 - 12x + 3)^2$ est donc une primitive de f sur $\mathbb{R}$.

Les primitives de f sur $\mathbb{R}$ sont donc de la forme :

$G(x) = \frac{1}{4}(4x^2 - 12x + 3)^2 + C$ avec $C \in \mathbb{R}$.

On cherche C tel que $G(1) = 0$ c'est-à-dire $\frac{1}{4}(4 \times 1^2 - 12 \times 1 + 3)^2 + C = 0$
d'où $\frac{25}{4} + C = 0$ donc $C = -\frac{25}{4}$.

Finalement, la fonction cherchée est $G : x \mapsto \frac{1}{4}(4x^2 - 12x + 3)^2 - \frac{25}{4}$.

3 Équations différentielles de la forme $y' = ay + b$

Dans toute cette partie, a et b désignent des réels non nuls.

1 Équations différentielles de la forme $y' = ay$

• Propriété

Les solutions sur $\mathbb{R}$ de l'équation différentielle $y' = ay$ sont les fonctions définies sur $\mathbb{R}$ par : $f_k(x) = ke^{ax}$ avec k un nombre réel fixé.

2 Équations différentielles de la forme $y' = ay + b$

• Propriétés

• La fonction constante $f_c : x \mapsto -\dfrac{b}{a}$ est une solution particulière de l'équation différentielle $y' = ay + b$.

• Les solutions sur $\mathbb{R}$ de l'équation différentielle $y' = ay + b$ sont les fonctions $y_k = f_k + f_c$ où f_k sont les solutions sur $\mathbb{R}$ de l'équation différentielle $y' = ay$.

Allure des solutions

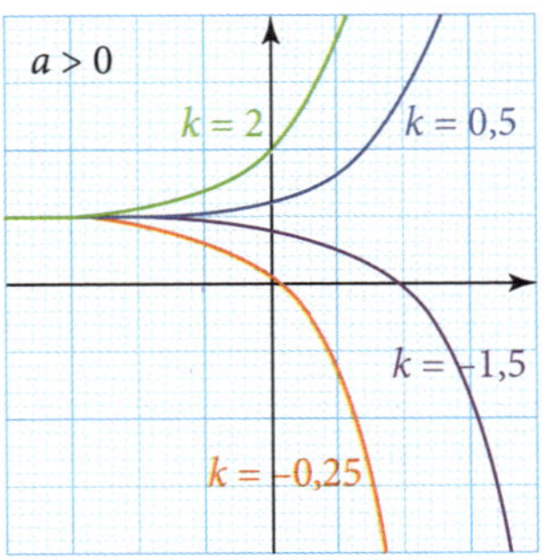

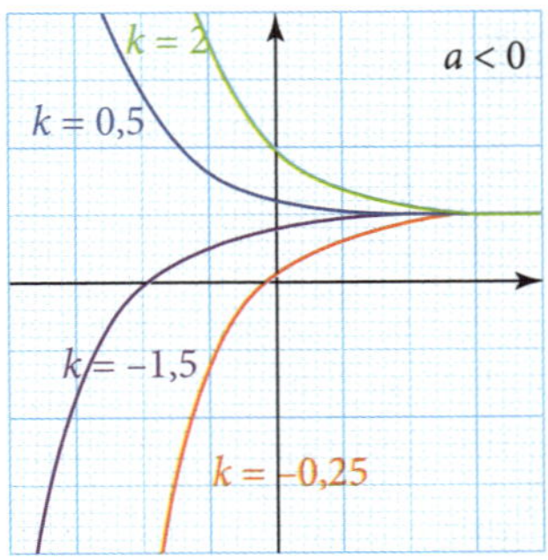

• Propriété – Définition

• Pour tout couple $(x_0 ; y_0)$ de nombres réels, l'équation différentielle $y' = ay + b$ admet une unique solution g sur $\mathbb{R}$ qui vérifie $y_0 = g(x_0)$.

• Le couple $(x_0 ; y_0)$ (ou la condition $y_0 = g(x_0)$) est appelée **condition initiale** de l'équation différentielle.

3 Équations différentielles de la forme $y' = ay + f$

Principe : Pour résoudre une équation différentielle (E) : $y' = ay + f$ (où a est un nombre réel et f une fonction) :

- on détermine une solution particulière h_o de (E) (grâce à l'énoncé),
- on donne les solutions de (E′) : $y' = ay$ c'est-à-dire les fonctions : $f_k(x) = k\mathrm{e}^{ax}$, $k \in \mathbb{R}$,
- on en déduit que toutes les solutions de (E) sont les fonctions telles que : $h_k(x) = f_k(x) + h_o(x)$. (voir exercices 12 et 17).

EXERCICE RÉSOLU

Résoudre une équation différentielle de la forme $y' = ay + b$

ÉNONCÉ

(E) est l'équation différentielle $y' = 2y - 6$.

a. Déterminer les solutions de l'équation différentielle (E′) : $y' = 2y$.
b. Déterminer la solution particulière constante de (E).
c. En déduire les solutions de (E).
d. Déterminer la solution de (E) qui vérifie la condition initiale (0 ; 2).

CORRIGÉ

a. $a = 2$. Donc les solutions de (E′) sont les fonctions :
$f_k : x \mapsto k\,\mathrm{e}^{2x}$ avec $k \in \mathbb{R}$.

b. $a = 2$ et $b = -6$ donc $-\dfrac{b}{a} = 3$. Ainsi, la solution particulière constante de (E) est la fonction :

$$f_c : x \mapsto 3.$$

c. On déduit des réponses précédentes que les solutions de (E) sont les fonctions :

$$g_k : x \mapsto k\,\mathrm{e}^{2x} + 3 \text{ avec } k \in \mathbb{R}.$$

d. On cherche k tel que $g(0) = 2$.
Or $g(0) = 2$ équivaut à $k\,\mathrm{e}^0 + 3 = 2$ c'est-à-dire $k + 3 = 2$ d'où $k = -1$.
La solution cherchée est donc la fonction g définie sur $\mathbb{R}$ par $g(x) = -\,\mathrm{e}^{2x} + 3$.

Remarque
Les questions a) et b) servent à déterminer toutes les solutions de (E) : voir la première propriété du paragraphe 2.

Savoir justifier qu'une fonction est solution d'une équation différentielle $y' = f$

ÉNONCÉ

(E) est l'équation différentielle donnée sur $\mathbb{R}$ par : $y'(x) = 3x^2 + 6x + 2$
Justifier que l'une des deux fonctions définies sur $\mathbb{R}$ ci-dessous est solution de (E).

- $g(x) = (x + 1)^3 - x$
- $h(x) = x^3 + 3x^2 - x + 2$

MÉTHODE

Pour justifier qu'une fonction g est solution d'une équation différentielle de la forme $y' = f$, il suffit de vérifier si, pour tout x, $g'(x) = f(x)$ (si, pour tout x, $g'(x) \neq f(x)$, c'est que g n'est pas solution).

CORRIGÉ

- Pour tout x de $\mathbb{R}$, $g(x) = u(x)^3 - x$ donc $g'(x) = 3u'(x)u(x)^2 - 1$ d'où
$g'(x) = 3 \times 1 \times (x + 1)^2 - 1 = 3(x^2 + 2x + 1) - 1 = 3x^2 + 6x + 2 = f(x)$.
Ainsi, g est solution de (E).
- Pour tout x de $\mathbb{R}$, $h'(x) = 3x^2 + 6x - 1$. Or $3x^2 + 6x - 1 \neq f(x)$. Ainsi, h n'est pas solution de (E).

Savoir justifier qu'une fonction F est une primitive d'une fonction f

ÉNONCÉ

f est la fonction définie sur $]2\,; +\infty[$ par $f(x) = 2x + \dfrac{1}{x - 2}$.

Justifier que la fonction F définie sur $]2\,; +\infty[$ par $F(x) = x^2 + \ln(2x - 4)$ est une primitive de f sur $]2\,; +\infty[$.

MÉTHODE

Pour justifier qu'une fonction F est une primitive d'une fonction f sur un intervalle I, il suffit de vérifier que, pour tout x de I, $F'(x) = f(x)$.

CORRIGÉ

Pour tout x de $]2\,;+\infty[$, $F'(x) = 2x + \dfrac{2}{2x-4} = 2x + \dfrac{2}{2(x-2)} = 2x + \dfrac{1}{x-2} = f(x)$.

Donc F est une primitive de f sur $]2\,;+\infty[$.

Savoir déterminer les primitives, puis la primitive d'une fonction *f*

ÉNONCÉ

On reprend la situation précédente.

a. Déterminer toutes les primitives sur $]2\,;+\infty[$ de la fonction f.

b. Déterminer la primitive de f qui vaut 10 en $\dfrac{5}{2}$.

MÉTHODE

• Lorsque F est une primitive de f, toutes les primitives de f sont de la forme : $G(x) = F(x) + C$ où C est une constante.

• Pour déterminer la primitive de f qui vérifie $G(x_0) = y_0$, on résout l'équation $G(x_0) = y_0$; c'est-à-dire $F(x_0) + C = y_0$ afin de trouver la valeur de C.

CORRIGÉ

a. Puisqu'on sait que la fonction F telle que $F(x) = x^2 + \ln(2x-4)$ est une primitive de f sur $]2\,;+\infty[$, on en déduit que toutes les primitives de f sur $]2\,;+\infty[$ sont de la forme : $G(x) = F(x) + C$ où $C \in \mathbb{R}$, c'est-à-dire : $G(x) = x^2 + \ln(2x-4) + C$ où $C \in \mathbb{R}$.

b. La condition « qui vaut 10 en $\dfrac{5}{2}$ » se traduit par $G\left(\dfrac{5}{2}\right) = 10$, c'est-à-dire

$\left(\dfrac{5}{2}\right)^2 + \ln\left(2\left(\dfrac{5}{2}\right) - 4\right) + C = 10$ donc $\left(\dfrac{25}{4}\right) + \ln(5-4) + C = 10$

d'où $\left(\dfrac{25}{4}\right) + C = 10$ et $C = 10 - \dfrac{25}{4}$, ainsi $C = \dfrac{15}{4}$.

La primitive cherchée est la fonction définie sur $]2\,;+\infty[$ par :

$$G(x) = x^2 + \ln(2x-4) + \frac{15}{4}.$$

Savoir utiliser les tableaux des primitives

ÉNONCÉ

Déterminer une primitive sur $\mathbb{R}$ de chacune des fonctions suivantes.

a. $f(x) = 5x^2 - x + 2$ **b.** $g(x) = (x + 1)(x^2 + 2x - 3)$

c. $h(x) = (6x - 6)e^{x^2-2x+4}$

MÉTHODE

Pour déterminer une primitive d'une fonction *f*, il faut écrire *f* sous la forme :

- d'une somme de fonctions de référence (tableau 1 paragraphe 2.1),
- d'une des formes usuelles : $2uu'$; $\frac{u'}{u}$; $u'e^u$ (tableau 2 paragraphe 2.2), quitte à adapter avec un coefficient multiplicatif.

CORRIGÉ

a. f s'écrit sous la forme d'une somme de puissances de x.

$F(x) = 5 \times \frac{1}{3}x^3 - \frac{1}{2}x^2 + 2x$ est une primitive de f sur $\mathbb{R}$.

b. g s'écrit presque sous la forme $2u'u$ avec $u(x) = x^2 + 2x - 3$ donc $u'(x) = 2x + 2 = 2(x + 1)$.

Ainsi, $g(x) = \frac{1}{4} \times 2u'(x)\,u(x)$ donc

$G(x) = \frac{1}{4}u(x)^2 = \frac{1}{4}(x^2 + 2x - 3)^2$ est une primitive de g sur $\mathbb{R}$.

c. h s'écrit presque sous la forme $u'e^u$ avec $u(x) = x^2 - 2x + 4$ donc $u'(x) = 2x - 2$.

Ainsi, $h(x) = 3u'(x)e^{u(x)}$ donc $H(x) = 3e^{u(x)} = 3e^{x^2-2x+4}$ est une primitive de h sur $\mathbb{R}$.

Remarque

Penser à adapter avec un coefficient multiplicatif ($k = \frac{1}{2}$ pour le **b**); et $k = 3$ pour le **c**) afin de donner la forme exacte de la fonction.

Savoir déterminer les solutions d'une équation différentielle de la forme $y' = ay + b$

ÉNONCÉ

Résoudre l'équation différentielle (E) : $y' + 3y = -6$.

MÉTHODE

1. Si ce n'est pas le cas, commencer par écrire (E) sous la forme $y' = ay + b$ ou $y' = ay$.

2. Utiliser la propriété du paragraphe 3.1 pour donner les solutions de l'équation différentielle $y' = ay$: $f_k(x) = ke^{ax}$ avec $k \in \mathbb{R}$.

3. Si (E) est de la forme $y' = ay + b$, poursuivre le raisonnement en utilisant la première propriété du paragraphe 3.2 :

- donner la solution particulière constante de (E) : $f_c(x) = -\dfrac{b}{a}$,
- en déduire les solutions de (E) : $g_k(x) = k\mathrm{e}^{ax} - \dfrac{b}{a}$ avec $k \in \mathbb{R}$.

CORRIGÉ

1. (E) : $y' + 3y = -6$ équivaut à $y' = -3y - 6$
Donc (E) est de la forme $y' = ay + b$ avec $a = -3$ et $b = -6$.

2. Les solutions de (E′) sont de la forme $f_k(x) = k\mathrm{e}^{-3x}$ avec $k \in \mathbb{R}$.

3. a. $-\dfrac{b}{a} = -\dfrac{-6}{-3} = -2$. La solution particulière constante de (E) est $f_c(x) = -2$.

b. Les solutions de (E) sont donc de la forme $g_k(x) = k\mathrm{e}^{-3x} - 2$ avec $k \in \mathbb{R}$.

Savoir déterminer la solution qui vérifie une condition initiale

ÉNONCÉ

On reprend l'équation différentielle précédente.
Déterminer la solution de (E) qui vérifie la condition initiale $y(0) = 2$.

MÉTHODE

Pour déterminer la solution qui vérifie $y(x_0) = y_0$, on résout l'équation $g_k(x_0) = y_0$; c'est-à-dire $k\mathrm{e}^{-ax_0} - \dfrac{b}{a} = y_0$ afin de trouver la valeur de k.

CORRIGÉ

La condition initiale $y(0) = 2$ se traduit par $g_k(0) = 2$ c'est-à-dire $ke^{-3 \times 0} - 2 = 2$, soit $ke^0 - 2 = 2$ d'où $k = 4$.
Ainsi, la solution cherchée est la fonction définie sur $\mathbb{R}$ par $g(x) = 4e^{-3x} - 2$.

Savoir déterminer la solution d'une équation différentielle associé à une courbe

ÉNONCÉ

Une solution de l'équation différentielle (E) : $y' = -0{,}2y$, est représentée à l'écran de calculatrice ci-contre.
Déterminer l'expression de cette solution.

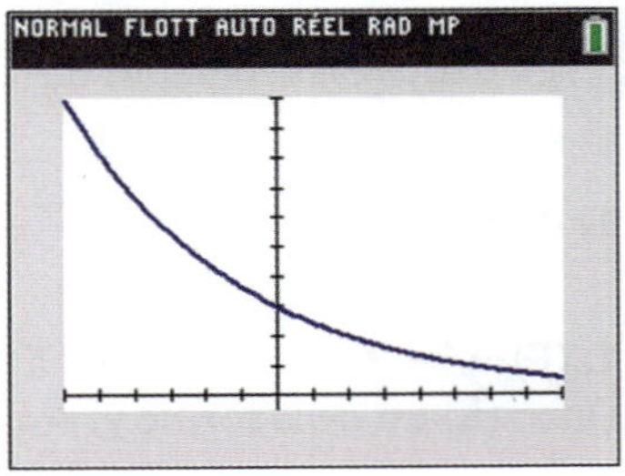

MÉTHODE

- Donner l'expression de toutes les solutions de l'équation différentielle (E).
- Lire sur le graphique les coordonnées d'un point $A(x_0 ; y_0)$ de la courbe.
- En déduire la valeur de la constante k.

CORRIGÉ

Les solutions sur $\mathbb{R}$ de l'équation différentielle (E) sont de la forme :
$f_k(x) = ke^{-0{,}2x}$ avec $k \in \mathbb{R}$.
Or le point A(0 ; 3) appartient à la courbe, donc $f_k(0) = 3$ ainsi $ke^{-0{,}2\times 0} = 3$ d'où $k = 3$.
La solution cherchée est donc la fonction définie sur $\mathbb{R}$ par $f(x) = 3e^{-0{,}2x}$.

Vérifiez vos connaissances

1 Vrai-Faux

Indiquer pour chaque proposition si elle est vraie (V) ou fausse (F).

1. $g(x) = e^{x^2-3}$ est solution de l'équation différentielle $y' = 2xe^{x^2-3}$ ☐ V ☐ F

2. $F(x) = 2x + 1$ est une primitive sur $\mathbb{R}$ de la fonction $f(x) = x^2 + x + 5$. ☐ V ☐ F

3. $h(x) = \frac{1}{x} - \frac{1}{x^2}$ admet pour primitive sur $]0\,;+\infty[$ la fonction

$H(x) = 5 + \frac{1}{x} + \ln x$. ☐ V ☐ F

4. $k(x) = 10e^{4x}$ est une solution de l'équation différentielle
(E) : $y' - 4y = 0$. ☐ V ☐ F

2 QCM

Pour chaque question, une seule des réponses proposées A, B ou C est exacte.

		A	B	C
1.	$f(x) = \ln(1 + e^{2x})$ est solution de l'équation différentielle	$y'(x) = \frac{2x}{1+e^{2x}}$	$y'(x) = \frac{2e^{2x}}{1+e^{2x}}$	$y'(x) = \frac{e^{2x}}{1+e^{2x}}$
2.	$G(x) = 3x^2e^{2x} - 5$ est une primitive sur $\mathbb{R}$ de $g(x)$	$6x(1 + x)\,e^{2x}$	x^3e^{2x-5}	$12xe^{2x-5}$
3.	Une primitive sur $]0\,;+\infty[$ de $h(x) = 1 + \frac{4}{\sqrt{x}} + x^7$ est $H(x) =$	$x - \frac{4}{2\sqrt{x}} + \frac{1}{8}x^8$	$x + 2\sqrt{x} + 7x^6$	$\frac{1}{8}x^8 + x + 8\sqrt{x}$
4.	La solution particulière constante de (E) : $y' = 2y + 5$ est	$f_c(x) = -\frac{5}{2}$	$f_c(x) = \frac{5}{2}$	$f_c(x) = -\frac{2}{5}$
5.	Les solutions de (F) : $y' + y = 0$ sont les fonctions $f_k(x) =$	ke^x (avec $k \in \mathbb{R}$)	ke^{-x} (avec $k \in \mathbb{R}$)	$ke^{-x} - 1$ (avec $k \in \mathbb{R}$)

Exercices d'application

3 Solutions d'une équation différentielle $y' = f$

(E) est l'équation différentielle donnée sur $\mathbb{R}$ par : $y'(x) = 3(x^2 + 4x + 4)$.

Parmi les fonctions ci-dessous, indiquer celles qui sont solutions de (E) :

- $f(x) = (x + 2)^3$
- $g(x) = x^3 + 2x^2 + 3$
- $h(x) = x^3 + 6x(x + 2)$.

4 Primitives d'une fonction

f est la fonction définie sur $\mathbb{R}$ par $f(x) = \dfrac{4x}{2x^2 + 1}$.

1. Vérifier que la fonction F définie par $F(x) = \ln(4x^2 + 2)$ est une primitive de f sur $\mathbb{R}$.

2. En déduire toutes les primitives de F sur $\mathbb{R}$.

3. Représenter à la calculatrice trois primitives de f.

5 Primitives de fonctions de référence

Déterminer une primitive sur I de chacune des fonctions f ci-dessous.

a. $f(x) = x^5 - 3x^2 + x - 7$; $I = \mathbb{R}$

b. $f(x) = \dfrac{2}{x} + \dfrac{4}{x^2}$; $I =]0 ; +\infty[$

c. $f(x) = \dfrac{10}{\sqrt{x}} - x^6$; $I =]0 ; +\infty[$

d. $f(x) = 2\cos x - 5\sin x$; $I = \mathbb{R}$.

6 Primitives de formes usuelles

Déterminer une primitive sur $\mathbb{R}$ de chacune des fonctions f ci-dessous.

a. $f(x) = 2(2x - 1)(x^2 - x + 5)$

b. $f(x) = \dfrac{x + 2}{x^2 + 4x + 5}$

c. $f(x) = x\mathrm{e}^{x^2+1}$

d. $f(x) = \mathrm{e}^{3x}(1 + \mathrm{e}^{3x})^5$.

7 La primitive d'une fonction

1. Déterminer toutes les primitives sur $]0 ; +\infty[$ de la fonction f définie par :

$$f(x) = \frac{x^2 - 1}{x}$$

2. Déterminer la primitive de f qui vaut 5 en 1.

8 Variations de primitives

Les courbes représentatives de deux fonctions f et g définies respectivement sur $[-4\,;4]$ et sur $[-4\,;2]$ sont tracées ci-dessous.

F est la primitive de f telle que : $F(-4) = F(3) = -3$ et $F(-3) = F(4) = 4$.

G est la primitive de g telle que : $G(-4) = G(-1{,}5) = G(2) = 1$ et $G(-3) = G(1{,}6) = -5$.

Dresser le tableau de variation des fonctions F et G sur $[-4\,;4]$.

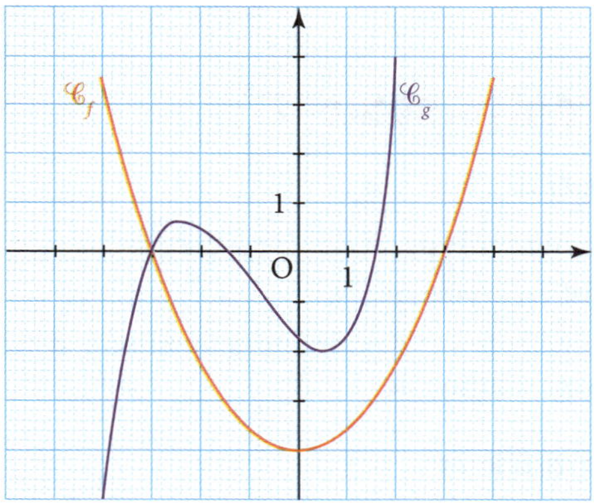

9 Équations différentielles de la forme $y' = ay$

Résoudre les équations différentielles suivantes.

a. (E) : $y' = -\dfrac{1}{4}y$ **b.** (F) : $y' + 5y = 0$.

10 Équations différentielles de la forme $y' = ay + b$

Résoudre les équations différentielles suivantes.

a. (E) : $y' = 2y + 3$ **b.** (F) : $2y' - y + 1 = 0$.

11 Condition particulière

(E) est l'équation différentielle : $y' + 4y = -10$.

1. Résoudre (E).

2. Déterminer la solution de (E) qui vérifie la condition initiale $y(0) = 5$.

12 Solutions de $y' = ay + f$

(E) est l'équation différentielle sur $\mathbb{R}$ donnée par : $y'(x) = 5y(x) + 2e^{5x}$.

1. Vérifier que la fonction $f_0 : x \mapsto 2xe^{5x}$ est une solution de (E).

2. Résoudre l'équation différentielle (E′) : $y' = 5y$.

3. Démontrer que h est solution de (E) si, et seulement si, $h - f_0$ est solution de (E′).

4. En déduire toutes les solutions de (E).

Exercices d'entraînement

13 Calcul de coefficients

f est la fonction définie sur $\mathbb{R}$ par $f(x) = (3x - 2)e^{-2x}$.

(E) est l'équation différentielle : $y' = f$.

Déterminer les coefficients a et b pour que la fonction F définie sur $\mathbb{R}$ par $F(x) = (ax + b)e^{-2x}$ soit solution de (E).

14 Des solutions particulières

(E) est l'équation différentielle $2y' + y = 2$.

1. Résoudre (E).

2. Dans le repère ci-contre, on a représenté quatre solutions g_1, g_2, g_3, g_4 par leur courbe respective $\mathscr{C}_1$, $\mathscr{C}_2$, $\mathscr{C}_3$, $\mathscr{C}_4$.

Déterminer l'expression de chacune des fonctions g_1 à g_4.

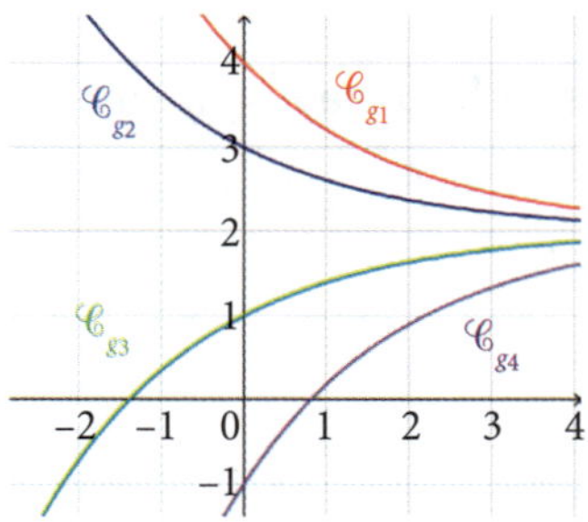

15 Une solution particulière

Dresser le tableau de variation de la solution de l'équation différentielle (E) : $\frac{1}{3}y' + y = 0$ qui vérifie la condition initiale $y(1) = 2$.

16 La primitive

f est la fonction définie sur $]0\,;+\infty[$ par $f(x) = 3x + 4 + (6x + 4)\ln x$.

1. Déterminer les coefficients a et b pour que la fonction F définie par :
$F(x) = (ax^2 + bx)\ln x$ soit une primitive de f sur $]0\,;+\infty[$.

2. En déduire la primitive de f qui vaut -3 en 1.

17 Une solution particulière

(E) est l'équation différentielle donnée sur $\mathbb{R}$ par : $y'(x) + 2y(x) = 3e^{-3x}$.

1. Vérifier que la fonction $f_0 : x \mapsto -3e^{-3x}$ est solution de (E).

2. Résoudre l'équation différentielle (E′) : $y' + 2y = 0$.

3. Démontrer que h est solution de (E) si, et seulement si, $h - f_0$ est solution de (E′).

4. En déduire toutes les solutions de (E).

5. a. Déterminer la solution de (E) qui vérifie la condition initiale $y(0) = 1$.

b. Étudier les limites en $-\infty$ et $+\infty$ de cette solution.

c. Dresser le tableau de variation de cette solution et représenter sa courbe à la calculatrice.

Vérifiez vos connaissances

1 Vrai-Faux

1. Vrai **2.** Faux **3.** Vrai **4.** Vrai

2 QCM

1. B **2.** A **3.** C **4.** A **5.** B

Exercices d'application

3 Solutions d'une équation différentielle $y' = f$

• Pour tout x de $\mathbb{R}$, $f(x) = u(x)^3$ avec $u(x) = x + 2$ donc $u'(x) = 1$.
Ainsi, $f'(x) = 3 \times 1 \times (x + 2)^2 = 3(x + 2)^2 = 3(x^2 + 4x + 4)$.
Donc f est solution de (E).
• Pour tout x de $\mathbb{R}$, $g'(x) = 3x^2 + 4x \neq 3(x^2 + 4x + 4)$.
Donc g n'est pas solution de (E).
• Pour tout x de $\mathbb{R}$, $h(x) = x^3 + 6x^2 + 12x$ donc $h'(x) = 3x^2 + 12x + 12$ ainsi, $h'(x) = 3(x^2 + 4x + 4)$.
Donc h est solution de (E).

4 Primitives d'une fonction

1. Pour tout x de $\mathbb{R}$, $\mathrm{F}(x) = \ln(u(x))$ avec $u(x) = 4x^2 + 2$ donc $u'(x) = 8x$.

Donc $\mathrm{F}'(x) = \dfrac{8x}{4x^2+2} = \dfrac{2 \times 4x}{2(2x^2+1)} = \dfrac{4x}{2x^2+1} = f(x)$.

Ainsi, F est une primitive de f sur $\mathbb{R}$.

Réflexe à avoir
Il suffit de vérifier que $\mathrm{F}' = f$.

2. Les primitives G de f sur $\mathbb{R}$ sont donc de la forme :
$\mathrm{G}(x) = \mathrm{F}(x) + \mathrm{C}$ où $\mathrm{C} \in \mathbb{R}$, c'est à dire $\mathrm{G}(x) = \ln(4x^2 + 2) + \mathrm{C}$ où $\mathrm{C} \in \mathbb{R}$.

3. On choisit, par exemple :
$\mathrm{C} = 0 : y_1(x) = \ln(4x^2 + 2)$
$\mathrm{C} = 2 : y_2(x) = \ln(4x^2 + 2) + 2$
$\mathrm{C} = -1 : y_3(x) = \ln(4x^2 + 2) - 1$
Et la fenêtre graphique : $-5 \leqslant \mathrm{X} \leqslant 5$ et $-1 \leqslant \mathrm{Y} \leqslant 6$.

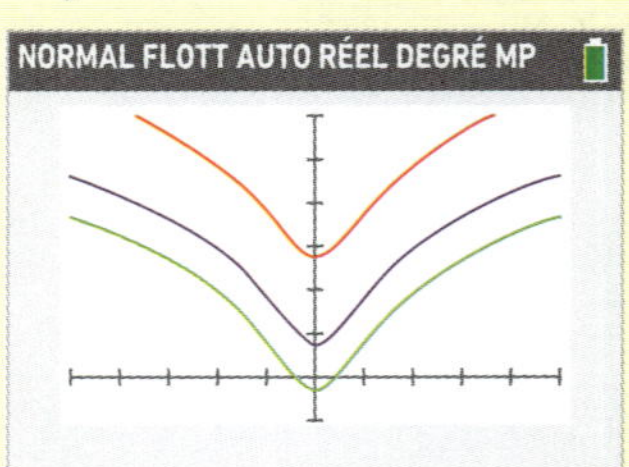

5 Primitives de fonctions de référence

a. $f(x) = x^5 - 3x^2 + x - 7$ donc $F(x) = \frac{1}{6}x^6 - x^3 + \frac{1}{2}x^2 - 7x$ est une primitive de f sur $\mathbb{R}$.

> **Remarque**
> On utilise le tableau du paragraphe 2.1.

b. $f(x) = 2 \times \frac{1}{x} - 4 \times \left(-\frac{1}{x^2}\right)$ donc $F(x) = 2\ln x - 4 \times \left(\frac{1}{x}\right)$ est une primitive de f sur $\mathbb{R}$.

c. $f(x) = 20 \times \frac{1}{2\sqrt{x}} - x^6$ donc $F(x) = 20\sqrt{x} - \frac{1}{7}x^7$ est une primitive de f sur $\mathbb{R}$.

d. $f(x) = 2\cos x - 5\sin x$
donc $F(x) = 2\sin x - 5(-\cos x) = 2\sin x + 5\cos x$ est une primitive de f sur $\mathbb{R}$.

6 Primitives de formes usuelles

a. Pour tout x de $\mathbb{R}$, $f(x) = 2u'(x)\,u(x)$
avec $u(x) = x^2 - x + 5$ et $u'(x) = 2x - 1$.
Donc : $f(x) = 2u'(x)u(x) = 2(2x - 1)(x^2 - x + 5)$ ainsi
$F(x) = u(x)^2 = (x^2 - x + 5)^2$ est une primitive de f sur $\mathbb{R}$.

> **Remarque**
> On utilise le tableau du paragraphe 2.2.

> **Astuce du prof**
> Quand on utilise le tableau du paragraphe 2.2 écrire :
> $f = ku'u$ ou $f = k\frac{u'}{u}$ ou
> $f = ku'e^u$ puis trouver k.

b. Pour tout x de $\mathbb{R}$, $f(x) = k\frac{u'(x)}{u(x)}$

avec $u(x) = x^2 + 4x + 5$ et $u'(x) = 2x + 4$.

Donc $f(x) = \frac{1}{2} \times \frac{u'(x)}{u(x)} = \frac{1}{2} \times \frac{2x+4}{x^2+4x+5}$ et

$F(x) = \frac{1}{2}\ln(x^2 + 4x + 5)$ est une primitive de f sur $\mathbb{R}$.

c. Pour tout x de $\mathbb{R}$, $f(x) = ku'(x)e^{u(x)}$ avec $u(x) = x^2 + 1$ et $u'(x) = 2x$.

Donc $f(x) = \frac{1}{2} \times u'(x)e^{u(x)} = \frac{1}{2} \times 2x\,e^{x^2+1}$.

Ainsi $F(x) = \frac{1}{2}e^{x^2+1}$ est une primitive de f sur $\mathbb{R}$.

d. Pour tout x de $\mathbb{R}$, $f(x) = k\,n\,u'(x)\,u(x)^{n-1}$
avec $n = 6$; $u(x) = 1 + e^{3x}$ et donc $u'(x) = 3e^{3x}$.

Donc $f(x) = \frac{1}{18} \times n \times u'(x) \times u(x)^{n-1} = \frac{1}{18} \times 6 \times 3e^{3x}(1 + e^{3x})^5$ et

$F(x) = \frac{1}{18}(1 + e^{3x})^6$ est une primitive de f sur $\mathbb{R}$.

7 La primitive d'une fonction

1. Pour tout x de $]0\,;+\infty[$, $f(x)=\dfrac{x^2}{x}-\dfrac{1}{x}=x-\dfrac{1}{x}$.

Donc $F(x)=\dfrac{1}{2}x^2-\ln x$ est une primitive de f sur $]0\,;+\infty[$.

Ainsi, les primitives de f sur $]0\,;+\infty[$ sont les fonctions G d'expression :

$G(x)=\dfrac{1}{2}x^2-\ln x+C$ où $C\in\mathbb{R}$.

2. $G(1)=5$ équivaut successivement à $\dfrac{1}{2}\times 1^2-\ln 1+C=5$; $\dfrac{1}{2}-0+C=5$; $C=5-\dfrac{1}{2}$; $C=\dfrac{9}{2}$.

Ainsi, la primitive cherchée est définie sur $]0\,;+\infty[$ par : $G(x)=\dfrac{1}{2}x^2-\ln x+\dfrac{9}{2}$.

Astuce du prof

Traduire la condition « qui vaut 5 en 1 » par G(1) = 5.

8 Variations de primitives

On lit le signe de chacune des fonctions f et g grâce aux courbes représentatives $\mathscr{C}_f$ et $\mathscr{C}_g$.

On complète les tableaux de variation grâce aux valeurs de F et G données dans l'énoncé.

Astuce du prof

La dérivée de F est $F'=f$. Or, le signe de la dérivée (ici f) donne les variations de la fonction (ici F).

x	-4		-3		3		4
$F'(x)=f(x)$		+	0	−	0	+	
$F(x)$	-3	↗	4	↘	-3	↗	4

x	-4		-3		$-1{,}5$		$1{,}6$		2
$G'(x)=g(x)$		−	0	+	0	−	0	+	
$G(x)$	1	↘	-5	↗	1	↘	-5	↗	1

9 Équations différentielles de la forme $y' = ay$

a. (E) est de la forme $y' = ay$ avec $a = -\frac{1}{4}$.

Les solutions de (E) sont les fonctions définies sur $\mathbb{R}$ par : $f_k(x) = k\mathrm{e}^{-\frac{1}{4}x}$ avec $k \in \mathbb{R}$.

b. (F) est de la forme $y' + 5y = 0$ c'est-à-dire $y' = -5y$. Donc $a = -5$.

Les solutions de (F) sont les fonctions définies sur $\mathbb{R}$ par : $f_k(x) = k\mathrm{e}^{-5x}$ avec $k \in \mathbb{R}$.

Remarque

On écrit (E) sous la forme $y' = ay$ et on applique la propriété du paragraphe 3.1.

10 Équations différentielles de la forme $y' = ay + b$

a. (E) est de la forme $y' = ay + b$ avec $a = 2$ et $b = 3$.

• Les solutions de (E′) : $y' = 2y$ sont de la forme : $f_k(x) = k\mathrm{e}^{2x}$ avec $k \in \mathbb{R}$.

• La solution particulière constante de (E) est :

$$f_c(x) = -\frac{b}{a} = -\frac{3}{2}$$

• On en conclut que les solutions de (E) sont de la forme :

$$g_k(x) = k\mathrm{e}^{2x} - \frac{3}{2} \text{ avec } k \in \mathbb{R}.$$

b. (F) est de la forme $2y' - y + 1 = 0$ c'est-à-dire $y' = \frac{1}{2}y - \frac{1}{2}$ donc $a = \frac{1}{2}$ et $b = -\frac{1}{2}$.

• Les solutions de (F′) : $y' = \frac{1}{2}y$ sont de la forme :

$$f_k(x) = k\mathrm{e}^{\frac{1}{2}x} \text{ avec } k \in \mathbb{R}.$$

• La solution particulière constante de (F) est :

$$f_c(x) = -\frac{b}{a} = 1.$$

• On en conclut que les solutions de (F) sont de la forme :

$$g_k(x) = k\mathrm{e}^{\frac{1}{2}x} + 1 \text{ avec } k \in \mathbb{R}.$$

Remarque

On écrit (E) sous la forme $y' = ay + b$ et on applique la première propriété du paragraphe 3.2.

11 Condition particulière

1. (E) est de la forme $y' = -4y - 10$.

En reprenant le raisonnement du corrigé de l'exercice 10, on en déduit que les solutions de (E) sont de la forme :

$g_k(x) = ke^{-4x} - \frac{5}{2}$ avec $k \in \mathbb{R}$.

2. La condition initiale $y(0) = 5$ se traduit par $g_k(0) = 5$ c'est-à-dire $ke^{-4\times 0} - \frac{5}{2} = 5$ c'est-à-dire $k - \frac{5}{2} = 5$ donc $k = \frac{15}{2}$.

La solution cherchée est définie sur $\mathbb{R}$ par : $g(x) = \frac{15}{2}e^{-4x} - \frac{5}{2}$.

12 Solutions de $y' = ay + f$

1. Pour tout x de $\mathbb{R}$, $f'_0(x) = 2 \times e^{5x} + 2x \times 5e^{5x} = 2e^{5x} + 10xe^{5x}$.

D'autre part, $5f_0(x) + 2e^{5x} = 10xe^{5x} + 2e^{5x}$.

Donc, $f'_0(x) = 5f_0(x) + 2e^{5x}$. Ainsi, f_0 est solution de (E).

Rappel

$(u \times v)' = u'v + uv'$

$(e^w)' = w'e^w$

2. D'après le paragraphe 3.1 du cours, les solutions de (E') : $y' = 5y$ sont de la forme : $f_k(x) = ke^{5x}$ avec $k \in \mathbb{R}$.

3. h est une fonction dérivable sur $\mathbb{R}$.

$h - f_0$ est solution de (E') équivaut successivement à,

pour tout x de $\mathbb{R}$, $(h(x) - f_0(x))' = 5(h(x) - f_0(x))$

pour tout x de $\mathbb{R}$, $h'(x) - f'_0(x) = 5\,h(x) - 5f_0(x)$

pour tout x de $\mathbb{R}$, $h'(x) = 5h(x) - 5f_0(x) + (5f_0(x) + 2e^{5x})$

pour tout x de $\mathbb{R}$, $h'(x) = 5h(x) + 2e^{5x}$ ce qui équivaut à dire que h est solution de (E).

4. D'après le **3.**, les solutions h de (E) sont de la forme : $f_k + f_0$; c'est à dire qu'elles sont définies, pour tout x de $\mathbb{R}$, par : $h(x) = ke^{5x} + 2xe^{5x}$ avec $k \in \mathbb{R}$.

Exercices d'entraînement

13 Calcul de coefficients

On doit vérifier que, pour tout x de $\mathbb{R}$, $F'(x) = (3x - 2)\,e^{-2x}$.

Or, pour tout x de $\mathbb{R}$, $F(x) = u(x) \times v(x)$ avec $u(x) = ax + b$ donc $u'(x) = a$ et $v(x) = e^{-2x}$ donc $v'(x) = -2e^{-2x}$.

Ainsi, $F'(x) = u'(x) \times v(x) + u(x) \times v'(x) = ae^{-2x} + (ax + b) \times (-2)e^{-2x}$ soit $F'(x) = (-2ax + (a - 2b))e^{-2x}$.

En sachant que $F'(x) = (3x - 2)\,e^{-2x}$, on en déduit, par identification, que $\begin{cases} -2a = 3 \\ a - 2b = -2 \end{cases}$

d'où $\begin{cases} a = -\dfrac{3}{2} \\ b = \dfrac{1}{4} \end{cases}$

La fonction F définie sur $\mathbb{R}$ par $F(x) = \left(-\dfrac{3}{2}x + \dfrac{1}{4}\right)e^{-2x}$ est donc une solution de l'équation différentielle $y' = f$.

14 Des solutions particulières

1. On reprend le raisonnement de l'exercice 10 et on en déduit que les solutions de (E) sont de la forme : $g(x) = ke^{-\frac{1}{2}x} + 2$.

2. On lit sur les courbes les conditions initiales suivantes :

$g_1(0) = 4$; $g_2(0) = 3$; $g_3(0) = 1$; $g_4(0) = -1$.

- $g_1(0) = 4$ équivaut à $ke^{-\frac{1}{2}0} + 2 = 4$ donc $k = 2$. Ainsi, $g_1(x) = 2e^{-\frac{1}{2}x} + 2$.
- $g_2(0) = 3$ équivaut à $ke^{-\frac{1}{2}0} + 2 = 3$ donc $k = 1$. Ainsi, $g_2(x) = e^{-\frac{1}{2}x} + 2$.
- $g_3(0) = 1$ équivaut à $ke^{-\frac{1}{2}0} + 2 = 1$ donc $k = -1$. Ainsi, $g_3(x) = -e^{-\frac{1}{2}x} + 2$.
- $g_4(0) = -1$ équivaut à $k\,e^{-\frac{1}{2}0} + 2 = -1$ donc $k = -3$. Ainsi, $g_4(x) = -3e^{-\frac{1}{2}x} + 2$.

15 Une solution particulière

(E) est équivalente à $y' = -3y$.

Donc les solutions de (E) sont de la forme : $f_k(x) = ke^{-3x}$.

La condition initiale $y(1) = 2$ équivaut à $ke^{-3\times 1} = 2$ donc $ke^{-3} = 2$ d'où $k = 2e^3$.

La solution cherchée est la fonction f définie sur $\mathbb{R}$ par $f(x) = 2e^3e^{-3x} = 2e^{-3x+3}$.

Ici $a = -3 < 0$ et $k = 2e^3 > 0$, d'où le tableau.

x	$-\infty$	$+\infty$
$f(x)$	↘	

Remarque

On peut utiliser les allures des courbes des solutions de $y' = ay$ du paragraphe 3.1 pour en déduire sans calculs le tableau de variation de f.

16 La primitive

1. On résout l'équation (d'inconnues a et b) : $F'(x) = f(x)$.

Or $F'(x) = (2ax + b)\ln x + (ax^2 + bx) \times \dfrac{1}{x} = (2ax + b)\ln x + ax + b$.

Ainsi, $F'(x) = f(x)$ équivaut à $a = 3$ et $b = 4$. (Par identification)

$F(x) = (3x^2 + 4x)\ln x$ est donc une primitive de f sur $]0\,; +\infty[$.

2. Les primitives de f sur $]0\,; +\infty[$ sont de la forme $G(x) = F(x) + C$ où $C \in \mathbb{R}$.

La condition $G(1) = -3$ équivaut à $(3 \times 1^2 + 4 \times 1)\ln 1 + C = -3$ d'où $C = -3$

La primitive cherchée est donc définie sur $]0\,; +\infty[$ par :

$$G(x) = (3x^2 + 4x)\ln x - 3.$$

17 Une solution particulière

1. Pour tout x de $\mathbb{R}$,

$f'_0(x) + 2f_0(x) = -3 \times (-3)e^{-3x} + 2 \times (-3)e^{-3x} = 3e^{-3x}$.

Ainsi, f_0 est solution de (E).

2. (E′) est équivalent à $y' = -2y$.

Les solutions de (E′) sont définies sur $\mathbb{R}$ par : $f_k(x) = ke^{-2x}$ avec $k \in \mathbb{R}$.

3. h est une fonction dérivable sur $\mathbb{R}$.

$h - f_0$ est solution de (E′) équivaut successivement à,

pour tout x de $\mathbb{R}$, $(h(x) - f_0(x))' = -2(h(x) - f_0(x))$

pour tout x de $\mathbb{R}$, $h'(x) - f'_0(x) = -2h(x) + 2f_0(x)$

pour tout x de $\mathbb{R}$, $h'(x) + 2h(x) = 2(-3e^{-3x}) + (-3 \times (-3)e^{-3x})$

pour tout x de $\mathbb{R}$, $h'(x) + 2h(x) = 3e^{-3x}$

ce qui équivaut à dire que h est solution de (E).

4. D'après le **3.**, les solutions de (E) sont de la forme : $f_k + f_0$; c'est-à-dire qu'elles sont définies, pour tout x de $\mathbb{R}$ par :

$$h(x) = ke^{-2x} - 3e^{-3x} \text{ avec } k \in \mathbb{R}.$$

5. a. La condition $y(0) = 1$ équivaut à $h(0) = 1$ c'est-à-dire $ke^{-2\times 0} - 3e^{-3\times 0} = 1$ d'où $k - 3 = 1$ et $k = 4$.

La solution cherchée est donc la fonction définie sur $\mathbb{R}$ par :

$$h(x) = 4e^{-2x} - 3e^{-3x}$$

b. • $\lim\limits_{x\to-\infty} h(x) = \lim\limits_{x\to-\infty} (4e^{-2x} - 3e^{-3x}) = \lim\limits_{x\to-\infty} (e^{-2x}(4 - 3e^{-x}))$

Or $\lim\limits_{x\to-\infty} e^{-2x} = +\infty$ et $\lim\limits_{x\to-\infty} 4 - 3e^{-x} = -\infty$, donc $\lim\limits_{x\to-\infty} h(x) = -\infty$

• $\lim\limits_{x\to+\infty} h(x) = \lim\limits_{x\to+\infty} (4e^{-2x} - 3e^{-3x}) = 4 \times 0 - 3 \times 0 = 0.$

c. Pour tout x de $\mathbb{R}$,

$h'(x) = 4 \times (-2)e^{-2x} - 3 \times (-3)e^{-3x}$

$\quad = -8e^{-2x} + 9e^{-3x}.$

$h'(x) > 0$ équivaut successivement à $9e^{-3x} > 8e^{-2x}$; $\frac{9}{8} > e^{-2x} \times e^{3x}$; $\frac{9}{8} > e^x$; $\ln\frac{9}{8} > x$.

D'où le tableau de variation.

x	$-\infty$		$\ln\left(\frac{9}{8}\right)$		$+\infty$
$f'(x)$		$+$	0	$-$	
$f(x)$	$-\infty$	↗	$\frac{256}{243}$	↘	0

$f\left(\ln\left(\frac{9}{8}\right)\right) = \frac{256}{243}.$

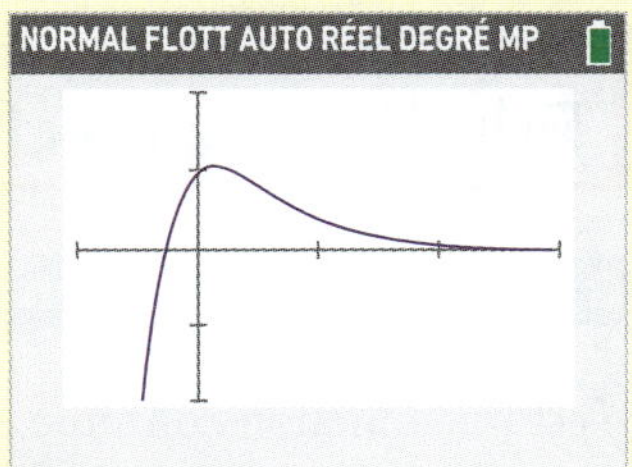

Fenêtre graphique :
$-1 \leqslant X \leqslant 3$ et $-2 \leqslant Y \leqslant 2$.

CHAPITRE 12 Calcul intégral

1 Intégrale d'une fonction continue et positive

• Dans un repère orthogonal $(O ; \overrightarrow{OI}, \overrightarrow{OJ})$, on appelle **unité d'aire** l'aire du rectangle $OIKJ$ où $K(1 ; 1)$.
Elle est notée **u.a.**

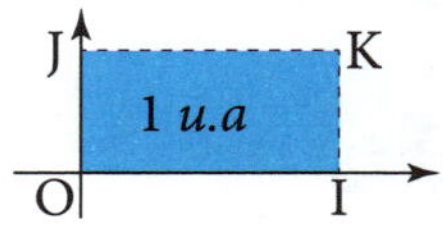

• f est une fonction continue, positive sur $[a ; b]$ et $\mathscr{C}$ sa courbe représentative dans un repère orthogonal.

• **L'intégrale de a à b de la fonction f** est l'aire, en unités d'aire, du domaine situé entre $\mathscr{C}$, l'axe des abscisses et limité par les droites verticales $x = a$ et $x = b$.

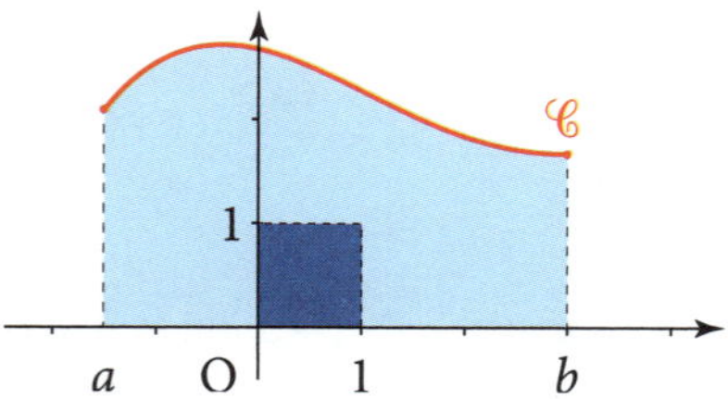

On note cette aire $\int_a^b f(x)\mathrm{d}x$.

On lit « intégrale de a à b de f ».

2 Primitive de fonction continue positive et intégrale

1 Théorème fondamental

f est une fonction continue et positive sur $[a ; b]$.

La fonction F_a définie par $\boldsymbol{x} \mapsto \int_a^x \boldsymbol{f(t)\mathrm{d}t}$ est la primitive de f qui s'annule en a.

Remarque : Ainsi, pour tout x de $[a ; b]$, $F_a'(x) = f(x)$.

2 Calcul d'une intégrale

- **Théorème**

f est une fonction continue et positive sur $[a\,;b]$ de primitive F :

$$\int_a^b f(x)\mathrm{d}x = F(b) - F(a).$$

Remarque : On note aussi $\int_a^b f(x)\mathrm{d}x = \left[F(x)\right]_a^b$.

EXERCICES RÉSOLUS

Calculer une intégrale de fonction continue positive

ÉNONCÉ

f est la fonction définie sur $[-2\,;1]$ représentée dans le repère ci-contre.
Calculer $\int_{-2}^{1} f(x)\mathrm{d}x$.

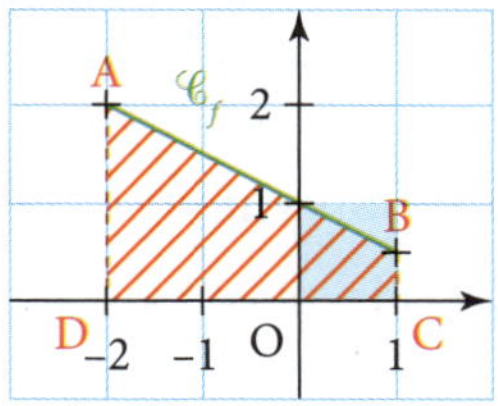

CORRIGÉ

f est définie, continue et positive sur $[-1\,;1]$, donc $\int_{-1}^{1} f(x)\mathrm{d}x$ est l'aire $\mathscr{A}$ du trapèze $ABCD$, en unités d'aire.

$$\mathscr{A} = \frac{(\text{Petite base} + \text{Grande base})}{2} \times \text{Hauteur} = \frac{(BC + AD)}{2} \times \mathrm{DC} = \frac{(0{,}5 + 2)}{2} \times 3.$$

Ainsi, $\int_{-1}^{1} f(x)\mathrm{d}x = 3{,}75$ **u.a.**

Calcul d'une intégrale à l'aide d'une primitive

ÉNONCÉ

Calculer $I = \int_{-1}^{1} (x^2 + x + 1)\mathrm{d}x$ et $J = \int_1^{\mathrm{e}} \left(\frac{1}{x} + \mathrm{e}^x\right)\mathrm{d}x$.

Rappel
Les formules de calcul des primitives se trouvent p. 242.

CORRIGÉ

$$I = \left[\frac{1}{3}x^3 + \frac{1}{2}x^2 + x\right]_{-1}^{1} = \left(\frac{1}{3} \times 1^3 + \frac{1}{2} \times 1^2 + 1\right) - \left(\frac{1}{3} \times (-1)^3 + \frac{1}{2} \times (-1)^2 + (-1)\right).$$

Ainsi, $I = \frac{11}{6} - \left(\frac{-5}{6}\right) = \mathbf{\frac{8}{3}}$.

$J = \left[\ln x + \mathrm{e}^x\right]_1^{\mathrm{e}} = (\ln \mathrm{e} + \mathrm{e}^{\mathrm{e}}) - (\ln 1 + \mathrm{e}^1)$.

Ainsi, $\boldsymbol{J = 1 + \mathrm{e}^{\mathrm{e}} - \mathrm{e}}$.

3 Intégrale d'une fonction continue de signe quelconque

1 Définition

f est une fonction continue de signe quelconque sur $[a\,;b]$.
F est une primitive de f sur $[a\,;b]$.

L'**intégrale de a à b de la fonction f** est le nombre réel $F(b) - F(a)$.

2 Intégrale et aire

$(O\,;\overrightarrow{OI}, \overrightarrow{OJ})$ est un repère orthogonal, $\mathscr{D}$ est le domaine du plan délimité par :

- la courbe $\mathscr{C}_f$ représentative de la fonction f continue sur $[a\,;b]$;
- l'axe des abscisses ;
- les droites verticales d'équations $x = a$ et $x = b$.

→ Si f est continue et négative sur $[a\,;b]$.

$\int_a^b f(x)\mathrm{d}x$ est l'opposé de l'aire de $\mathscr{D}$.

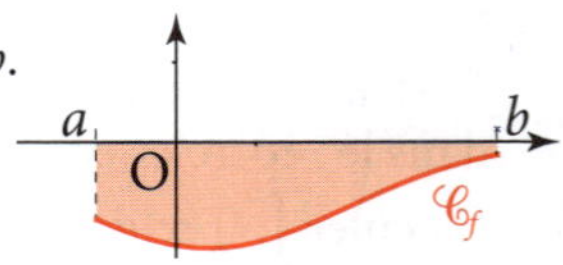

→ Si f est continue et de signe quelconque sur $[a\,;b]$.

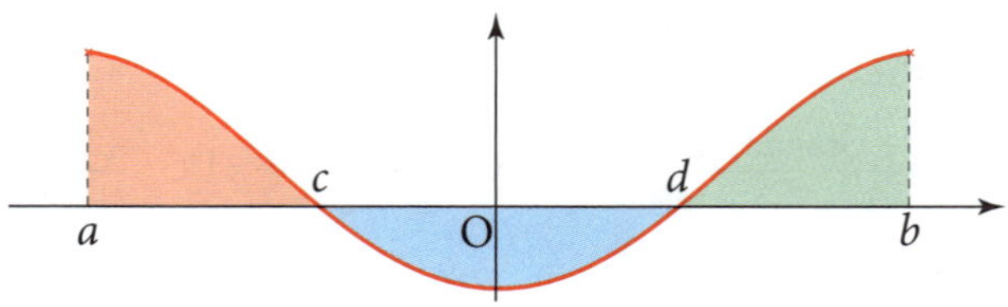

$$\int_a^b f(x)\mathrm{d}x = \int_a^c f(x)\mathrm{d}x + \int_c^d f(x)\mathrm{d}x + \int_d^b f(x)\mathrm{d}x$$

= Aire rouge – Aire bleue + Aire verte

Remarque : On dit que $\int_a^b f(x)\mathrm{d}x$ est l'aire algébrique du domaine $\mathscr{D}$.

4 Valeur moyenne d'une fonction

- **Définition**

On appelle **valeur moyenne d'une fonction f sur un intervalle $[a\,;b]$**, le réel μ égal à $\dfrac{1}{b-a}\displaystyle\int_a^b f(x)\mathrm{d}x$.

Interprétation graphique
Pour une fonction f positive sur $[a\,;b]$, l'aire du domaine coloré $\left(\int_a^b f(x)\mathrm{d}x\right)$ est égale à l'aire du rectangle de dimensions $b-a$ et μ.

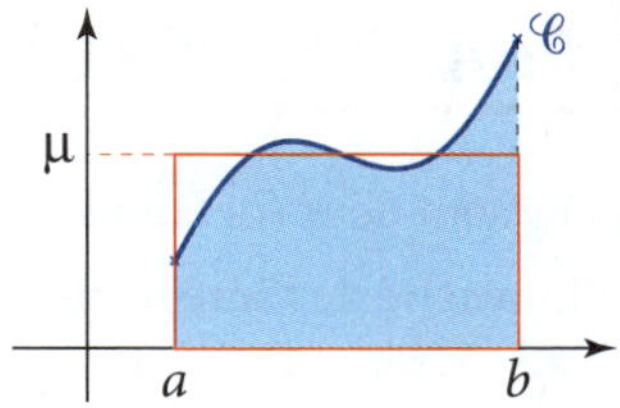

EXERCICE RÉSOLU

Calcul d'intégrale et interprétation graphique

ÉNONCÉ

f est la fonction définie sur $[0\,;4]$ par $f(x)=x^2-4x+3$ dont la courbe $\mathscr{C}$ est tracée ci contre.

1. Calculer $\int_1^3 f(x)\mathrm{d}x$, $\int_3^4 f(x)\mathrm{d}x$.

2. En déduire l'aire $\mathscr{A}$ colorée en bleu.

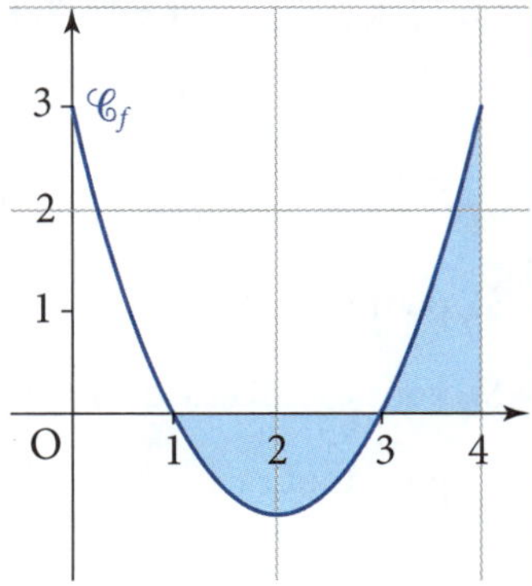

CORRIGÉ

1. Pour tout réel x, $f(x)=x^2-4x+3$.
Ainsi f admet comme primitive F telle que

$$F(x)=\frac{1}{3}x^3-4\times\frac{1}{2}x^2+3x=\frac{1}{3}x^3-2x^2+3x.$$

On peut alors calculer :

$$\int_1^3 f(x)\mathrm{d}x=\left[F(x)\right]_1^3=F(3)-F(1)$$

$$=\left(\frac{1}{3}3^3-2\times3^2+3\times3\right)-\left(\frac{1}{3}\times1^3-2\times1^2+3\times1\right)=-\frac{4}{3}$$

De même, $\int_3^4 f(x)\mathrm{d}x=\left[F(x)\right]_3^4=F(4)-F(3)=\frac{4}{3}-0=\frac{4}{3}$.

2. $f(x)$ est une expression du second degré avec $\Delta=4$ donc qui s'annule en 1 et 3 et qui est de signe négatif sur $[1\,;3]$ positif ailleurs.

Ainsi $\mathscr{A}=-\int_1^3 f(x)\mathrm{d}x+\int_3^4 f(x)\mathrm{d}x=-\left(-\frac{4}{3}\right)+\frac{4}{3}=\frac{8}{3}$ u.a.

5 Propriétés de l'intégration

f et g sont deux fonctions continues sur $[a\,;b]$.

- **Linéarité de l'intégration**

- $\int_a^b f(x)\mathrm{d}x + \int_a^b g(x)\mathrm{d}x = \int_a^b (f(x) + g(x))\mathrm{d}x$.
- Pour tout réel λ, $\lambda \int_a^b f(x)\mathrm{d}x = \int_a^b \lambda f(x)\mathrm{d}x$.

- **Relation de Chasles**

Pour tous réels c, d et e de l'intervalle $[a\,;b]$,

$$\int_c^d f(x)\mathrm{d}x + \int_d^e f(x)\mathrm{d}x = \int_c^e f(x)\mathrm{d}x.$$

- **Signe d'une intégrale et relation d'ordre**

- Si, pour tout réel $x \in [a\,;b]$, $f(x) \geqslant 0$, alors $\int_a^b f(x)\mathrm{d}x \geqslant 0$.
- Si, pour tout réel $x \in [a\,;b]$, $f(x) \leqslant 0$, alors $\int_a^b f(x)\mathrm{d}x \leqslant 0$.
- Si, pour tout réel $x \in [a\,;b]$, $f(x) \geqslant g(x)$, alors $\int_a^b f(x)\mathrm{d}x \geqslant \int_a^b g(x)\mathrm{d}x$.

6 Intégration par parties

- **Théorème**

f et g sont deux fonctions dérivables sur un intervalle $[a; b]$.
Si, les fonctions dérivées f' et g' sont continues sur $[a; b]$ alors :

$$\int_a^b f(x)\,g'(x)\mathrm{d}x = \left[f(x)\,g(x)\right]_a^b - \int_a^b f'(x)\,g(x)\mathrm{d}x\ .$$

Remarque : Cette méthode n'est utilisée pour calculer $\int_a^b f\,g'$ que si l'on ne connaît pas de primitive de fg' mais qu'on en connaît une de $f'g$ et de g'.

EXERCICES RÉSOLUS

Utiliser la relation d'ordre

ÉNONCÉ

On sait que, pour tout réel $x \in [0\,;1]$, $0 \leqslant x^2 \leqslant x$.

1. Montrer que, pour tout réel $x \in [0\,;1]$, $1 \leqslant e^{x^2} \leqslant e^x$.

2. En déduire un encadrement de $\int_0^1 e^{x^2}\,dx$.

CORRIGÉ

1. La fonction exponentielle est croissante sur $\mathbb{R}$, donc, de $0 \leqslant x^2 \leqslant x$, on déduit que $e^0 \leqslant e^{x^2} \leqslant e^x$, soit $1 \leqslant e^{x^2} \leqslant e^x$.

2. Comme, pour tout $x \in [0\,;1]$, $1 \leqslant e^{x^2} \leqslant e^x$,

on a $\int_0^1 1\,dx \leqslant \int_0^1 e^{x^2}\,dx \leqslant \int_0^1 e^x\,dx$, soit $[x]_0^1 \leqslant \int_0^1 e^{x^2}\,dx \leqslant [e^x]_0^1$.

Finalement, $\mathbf{1 \leqslant \int_0^1 e^{x^2}\,dx \leqslant e - 1}$.

Utiliser l'intégration par parties

ÉNONCÉ

Calculer $\int_1^2 x\ln x\,dx$.

CORRIGÉ

On note f et g' les fonctions définies sur $[1\,;2]$ par : $f(x) = \ln x$ et $g'(x) = x$.

f est dérivable et $f'(x) = \frac{1}{x}$; g' est continue et a pour primitive $g(x) = \frac{1}{2}x^2$.

f, g', f' et g sont continues sur $[1\,;2]$ donc, d'après la formule d'intégration par parties :

$$\int_1^2 x\ln x\,dx = \left[\frac{1}{2}x^2 \times \ln x\right]_1^2 - \int_1^2 \frac{1}{x} \times \frac{1}{2}x^2\,dx.$$

$$\int_1^2 x\ln x\,dx = \left[\frac{1}{2}x^2 \ln x\right]_1^2 - \int_1^2 \frac{1}{2}x\,dx = \left[\frac{1}{2}x^2 \ln x\right]_1^2 - \left[\frac{1}{4}x^2\right]_1^2.$$

$$\int_1^2 x\ln x\,dx = \left(\frac{1}{2} \times 2^2 \ln 2\right) - \left(\frac{1}{2}1^2 \ln 1\right) - \left(\frac{1}{4}2^2\right) + \left(\frac{1}{4}1^2\right) = 2\ln 2 - \frac{3}{4}.$$

Savoir calculer une intégrale à l'aide d'une primitive

ÉNONCÉ

Calculer $\int_{\frac{1}{2}}^{1} \frac{3}{2x+1}\,\mathrm{d}x$.

MÉTHODE

Pour calculer $\int_a^b f(x)\mathrm{d}x$, il faut, en général :
- déterminer une primitive F de f sur $[a\,;b]$;
- calculer le nombre $F(b) - F(a) = \int_a^b f(x)\mathrm{d}x$.

CORRIGÉ

Une primitive de $f(x) = \frac{3}{2x+1}$ sur $\left]-\frac{1}{2}\,;+\infty\right[$ est F définie par $F(x) = \frac{3}{2}\ln(2x+1)$.

Ainsi, $\int_{\frac{1}{2}}^{1} f(x)\,\mathrm{d}x = F(1) - F\left(\frac{1}{2}\right) = \frac{3}{2}\ln(2\times 1+1) - \frac{3}{2}\ln\left(2\times\frac{1}{2}+1\right)$.

Finalement, $\int_{\frac{1}{2}}^{1} f(x)\,\mathrm{d}x = \frac{3}{2}\ln 3 - \frac{3}{2}\ln 2 = \frac{3}{2}\ln\left(\frac{3}{2}\right)$.

Savoir calculer une intégrale à l'aide de la calculatrice

ÉNONCÉ

Vérifier à l'aide de la calculatrice que $\int_0^1 x\sqrt{x}\,\mathrm{d}x = 0{,}4$.

MÉTHODE

Casio

Dans le MENU de calcul ;
- Taper **OPTN** ;
- Sélectionner **CALC** (**F4**) ;
- Sélectionner **∫dx** ;
- Saisir l'expression de *f*(x) et les bornes a et b.

TI

Dans le MENU de calcul ;
- Taper **MATH** ;
- Sélectionner **9:intégrFonct(** ;
- Saisir l'expression de *f*(x) et les bornes *a* et *b*.

Numworks

Dans le menu calcul :
- Taper sur le ToolBox :

- Sélectionner **int (f(x), x, a, b) Intégrale** ;
- Saisir a, b et l'expression de *f*(x).

CORRIGÉ

Casio

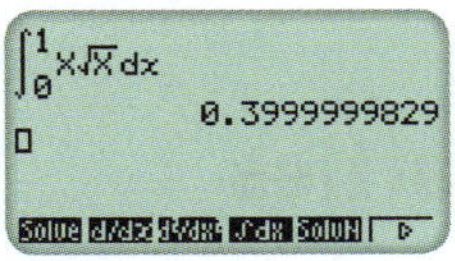

TI

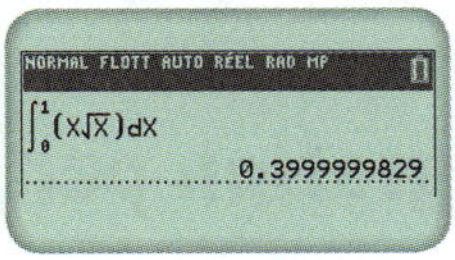

Numworks

Savoir calculer l'aire entre deux courbes

ÉNONCÉ

Calculer, en unités d'aire, l'aire de la surface colorée ci-contre située entre $\mathscr{C}_f$ et $\mathscr{C}_g$, avec $f(x) = -x^2 + 2x + 4$ et $g(x) = -x + 4$.

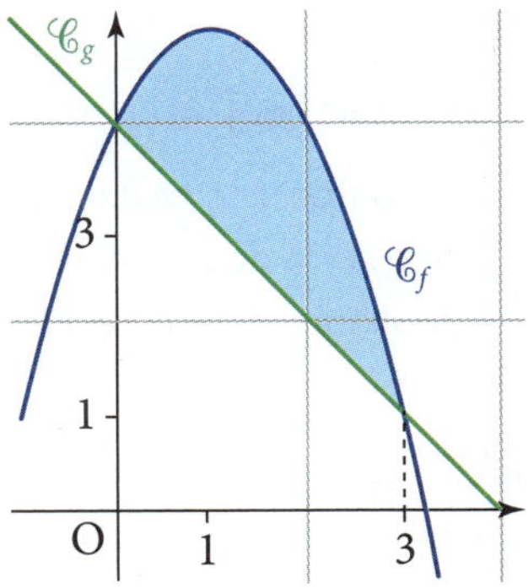

MÉTHODE

Pour calculer l'aire du domaine délimité par les courbes dont les intersection ont pour abscisses *a* et *b* (*a* < *b*), on calcule $\int_a^b (g(x) - f(x))\,\mathrm{d}x$ ou $\int_a^b (f(x) - g(x))\,\mathrm{d}x$.

CORRIGÉ

Les courbes se coupent aux abscisses 0 et 3 et, sur [0 ; 3], $f(x) \geqslant g(x)$, donc

$$\mathscr{A} = \int_0^3 (f(x) - g(x))\,\mathrm{d}x = \int_0^3 -x^2 + 3x\,\mathrm{d}x = \left[-\frac{1}{3}x^3 + \frac{3}{2}x^2\right]_0^3 = \frac{9}{2}\,u \cdot a.$$

Savoir calculer une valeur moyenne

ÉNONCÉ

Calculer la valeur moyenne sur $[2 ; 4]$ de la fonction f définie par $f(x) = e^x + 2x$.

MÉTHODE

Pour calculer la valeur moyenne d'une fonction dérivable sur $[a ; b]$ on utilise la formule $\frac{1}{b-a}\int_a^b f(x)\mathrm{d}x$.

CORRIGÉ

Ici $a = 2$, $b = 4$ et $f(x) = e^x + 2x$ qui a pour primitive $F(x) = e^x + x^2$.

Ainsi $\mu = \frac{1}{4-2}\int_2^4 (e^x + 2x)\mathrm{d}x = \frac{1}{2}\left[e^x + x^2\right]_2^4 = \frac{e^4 - e^2 + 12}{2}$.

Savoir utiliser l'intégration par parties

ÉNONCÉ

Calculer $\int_0^\pi x \sin x \, \mathrm{d}x$ en utilisant une intégration par parties.

MÉTHODE

Pour calculer $\int_a^b h(x)\,\mathrm{d}x$ lorsque h n'a pas de primitive connue, on peut :

- décomposer h en $f(x) \times g'(x)$
- calculer la dérivée de $f(x)$ et une primitive de $g'(x)$
- appliquer la formule d'intégration par parties.

CORRIGÉ

On note f et g' les fonctions définies sur $[0 ; \pi]$ par $f(x) = x$ et $g'(x) = \sin x$.
f est dérivable et $f'(x) = 1$; g' est continue et a pour primitive $g(x) = -\cos x$.
Les fonctions f, g', f' et g sont continues sur $[0 ; \pi]$ donc

$$\int_0^\pi x \times \sin x \, \mathrm{d}x = \left[x \times (-\cos x)\right]_0^\pi - \int_0^\pi 1 \times (-\cos x)\,\mathrm{d}x = \left[-x\cos x\right]_0^\pi + \int_0^\pi \cos x \,\mathrm{d}x$$

$$= \left[-x\cos x\right]_0^\pi + \left[\sin x\right]_0^\pi = (-\pi\cos\pi) + (\sin\pi) - (\sin 0) = \pi.$$

Vérifiez vos connaissances

1 Vrai-Faux

Indiquer pour chaque proposition si elle est vraie (V) ou fausse (F).

1. D'après la représentation ci-dessous :

$\int_0^{2\pi} \sin x \, dx = 0$ ☐ V ☐ F

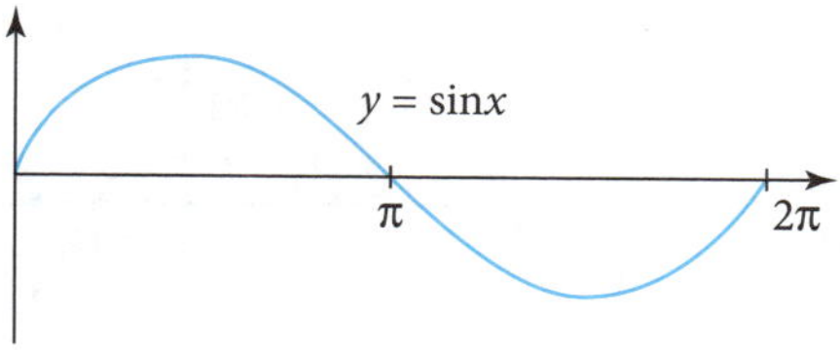

2. $\int_0^1 e^{-x} \, dx = \frac{1}{e}$. ☐ V ☐ F

3. Dans un repère orthonormé, l'aire sous la courbe de la fonction cube sur [– 2 ; 2] vaut 8 unités d'aire ☐ V ☐ F

4. La valeur moyenne de la fonction carré sur [0 ; 9] est 27. ☐ V ☐ F

2 QCM

Pour chaque question, une seule réponse proposée (A, B ou C) est exacte.

f et F sont les fonctions définies sur $I = [1\,;+\infty[$ par $f(x) = e^{1-x}$ et $F(x) = \int_1^x e^{1-t} dt$.

		A	B	C
1.	L'aire sous la courbe dans un repère orthonormé de $x \to \frac{1}{x}$ entre 1 et e est :	1	0	$\frac{1}{e^2 - 1}$
2.	$\int_2^4 \frac{3x}{x^2 - 1} dx$ est égale à :	$3 \ln 12$	$\frac{1}{2} \ln 125$	$\frac{3}{2} \ln 12$
3.	On peut affirmer que :	$\int_0^1 x^2 \, dx = \int_0^1 e^x \, dx$	$\int_0^1 x^2 \, dx > \int_0^1 e^x \, dx$	$\int_0^1 x^2 \, dx < \int_0^1 e^x \, dx$
4.	$\int_1^2 \ln x \, dx$ est égale à :	$[x \ln x]_1^2 - \int_1^2 1 dx$	$\left[\frac{1}{x}\right]_1^2 - \int_1^2 \frac{1}{x} \ln x \, dx$	$[1]_1^2 - \int_1^2 \ln x \, dx$

Exercices d'application

3 Calcul d'intégrale à l'aide de la géométrie

f et g sont deux fonctions définies sur $\mathbb{R}$ et représentées ci-contre par $\mathscr{C}_f$ et $\mathscr{C}_g$.

1. À l'aide du graphique, déterminer les expressions de f et g.

2. Utiliser des aires de triangles pour calculer $\int_{-4}^{-1} f(x)\,\mathrm{d}x$ et $\int_{-1}^{1} g(x)\,\mathrm{d}x$.

3. En déduire l'aire $\mathscr{A}$, en cm², du domaine colorié en sachant que l'unité graphique est 5 mm.

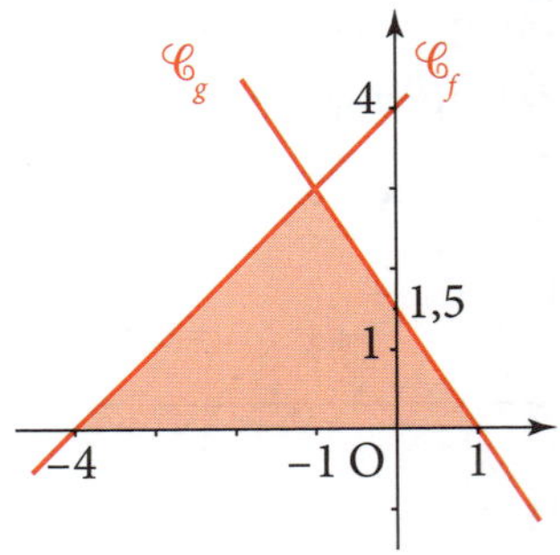

4 Une primitive donnée

f est la fonction définie sur $]0\,;+\infty[$ par $f(x) = 2 - \dfrac{1}{x} - \ln x$.

1. Déterminer la fonction dérivée de la fonction G définie sur $]0\,;+\infty[$ par $G(x) = x - x\ln x$.

2. En déduire une primitive de f sur $]0\,;+\infty[$, puis calculer $\int_1^6 f(x)\,\mathrm{d}x$.

5 Calculs d'intégrales

Calculer les intégrales suivantes :

a. $\int_{-2}^{3}(x^2+3x+1)\,\mathrm{d}x$;

b. $\int_0^{\pi}(\cos x+\sin x)\,\mathrm{d}x$;

c. $\int_1^{\mathrm{e}} \dfrac{2}{2x+1}\,\mathrm{d}x$;

d. $\int_{-1}^{1} x\,\mathrm{e}^{x^2+1}\,\mathrm{d}x$.

6 Intégration par parties

On souhaite calculer les intégrales : $I = \int_0^{\frac{\pi}{2}} \mathrm{e}^x \sin x\,\mathrm{d}x$ et $J = \int_0^{\frac{\pi}{2}} \mathrm{e}^x \cos x\,\mathrm{d}x$

1. Utiliser une intégration par parties pour montrer que :

$$I = \int_0^{\frac{\pi}{2}} \mathrm{e}^x \sin x\,\mathrm{d}x = 1 + J.$$

2. Utiliser une nouvelle intégration par parties pour montrer que :

$$\int_0^{\frac{\pi}{2}} \mathrm{e}^x \cos x\,\mathrm{d}x = \mathrm{e}^{\frac{\pi}{2}} - I.$$

3. En déduire la valeur de I, puis celle de J.

7 Calcul d'une aire

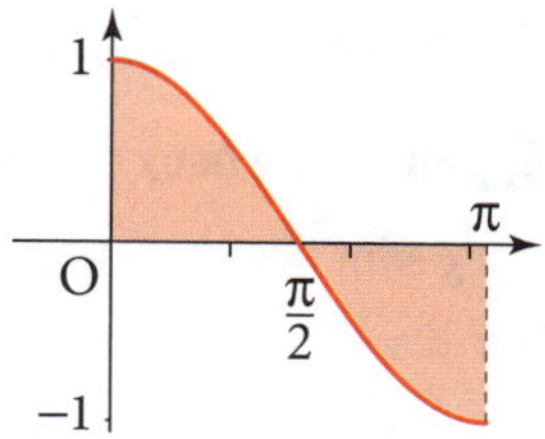

La fonction cosinus est représentée sur l'intervalle [0 ; π]. Calculer l'aire du domaine coloré.

8 Encadrement d'une intégrale

f est une fonction continue et dérivable sur ℝ dont le tableau de variation est donné ci-dessous.

On note : $I = \int_0^3 f(x)\,\mathrm{d}x$, $J = \int_{-5}^{-2} f(x)\,\mathrm{d}x$, $K = \int_{-1}^{1} f(x)\,\mathrm{d}x$

x	$-\infty$	-1	0	1	$+\infty$
$f(x)$	0 ↘	-1 ↗	0 ↗	2 ↘	1

1. Donner le signe de I ; puis de J.

2. Donner un encadrement de I, de J puis de K.

9 Avec Python

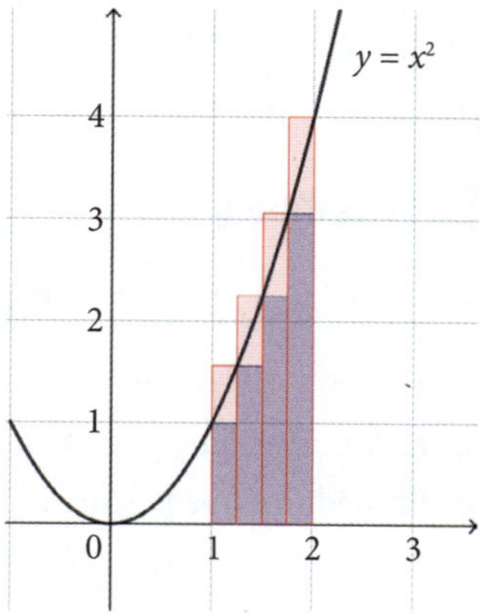


```
from math import *

def ma_fonction(x):
    return x*x

def encad(a,b,ndv):
    xinf=a
    xsup=a+(b-a)/ndv
    Sinf=0
    Ssup=0

    for i in range(ndv):
        Sinf = Sinf + ma_fonction(xinf)*(b-a)/ndv
        Ssup = Ssup + ma_fonction(xsup)*(b-a)/ndv
        xinf=xsup
        xsup=xinf+(b-a)/ndv
    return Sinf,Ssup
```

1. Quel est le rôle de la fonction encad ci-dessus ?

2. Que modifier et quel sera l'appel dans la console pour approcher $\int_0^1 \mathrm{e}^{x^2}\,\mathrm{d}x$ avec 10 divisions ?

Exercices d'entraînement

10 Aire entre deux courbes

f et g sont deux fonctions définies sur $]0\,;+\infty[$ par $f(x)=\dfrac{1}{x}$ et $g(x)=\ln x+1$ dont les courbes $\mathscr{C}_f$ et $\mathscr{C}_g$ sont représentées ci-contre dans un repère orthonormé.

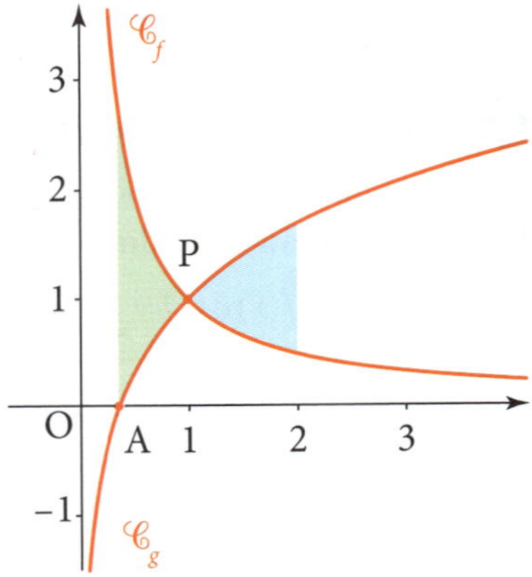

1. Déterminer les coordonnées de A.

2. Justifier que P(1 ; 1) est le point d'intersection de $\mathscr{C}_f$ et $\mathscr{C}_g$.

3. Exprimer à l'aide d'une intégrale l'aire $\mathscr{A}$, colorée en vert sur le graphique, puis l'aire $\mathscr{A}'$, colorée en bleu sur le graphique.

4. Montrer que la fonction H définie sur $]0\,;+\infty[$ par $H(x)=x\ln x-\ln x$ est une primitive de $x\mapsto \ln x+1-\dfrac{1}{x}$.

5. Calculer alors $\mathscr{A}$ et $\mathscr{A}'$.

11 Suite d'intégrales

On note $I_n=\displaystyle\int_0^1 \frac{x^n}{e^x+x+1}\,dx$ pour $n\in\mathbb{N}^*$.

Rappel
Si f est positive sur $[a\,;b]$, alors $\int_a^b f>0$.

1. Montrer que la suite (I_n) est positive.

2. a. Montrer que, pour tout $n\in\mathbb{N}^*$, $I_{n+1}-I_n\leqslant 0$.

b. En déduire que la suite (I_n) est décroissante.

3. Montrer que la suite (I_n) converge et donner un encadrement de sa limite L.

4. Déterminer les extremums de la fonction $g : x\mapsto e^x+x+1$ sur $[0\,;1]$ et en déduire un encadrement de I_n (en fonction de n) ; puis la valeur de L.

12 Valeur moyenne

La fonction f: $x\mapsto(20x^2-80x+460)\,e^{-0,1x}$ définie sur $[0;20]$, représente le nombre journalier (en milliers) de téléspectateurs d'une chaîne YouTube où x représente le nombre d'années depuis l'ouverture de la chaîne en 2000.

1. Montrer que la fonction F: $x\mapsto(-200x^2-3\,200x-36\,000)e^{-0,1x}$ est une primitive de f sur $[0;20]$.

2. Déterminer l'audience journalière moyenne de téléspectateurs de cette chaîne entre le 1er janvier 2018 et le 1er janvier 2019.

13 Intégrations par parties

1. $I = \int_0^{\frac{\pi}{2}} e^{-2x} \cos x \, dx$.

a. En appliquant deux intégrations par parties successives, montrer que $I = e^{-\pi} + 2 - 4I$

b. En déduire la valeur de I.

2. Pour $n \in \mathbb{N}$, $I_n = \int_0^1 x^n e^{-x} dx$.

a. Calculer I_0 et I_1.

b. Montrer que, pour tout $n \in \mathbb{N}$, $I_{n+1} = -e^{-1} + (n+1)I_n$.

c. En déduire I_2, I_3 et I_4.

14 Vers le bac

On modélise la section d'une ampoule par un plan passant par son axe de révolution à l'aide de la figure ci-contre.

$[AB]$ est la représentation de la fonction constante $f(x) = 1$ sur $[-1\,;0]$;

La partie de la courbe entre B et C

est la représentation de la fonction

$g(x) = 2 - \cos\left(\frac{\pi}{4}x\right)$ sur $[0\,;\frac{\pi}{2}]$

La partie entre C et D est un quart de cercle de centre $H\,(4\,;0)$.

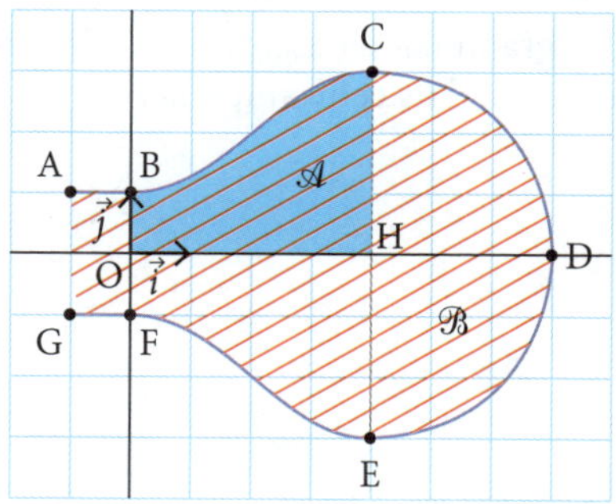

1. a. Calculer l'aire $\mathscr{A}$ colorée en bleu.

b. Calculer l'aire $\mathscr{B}$ de la section hachurée.

Par rotation de cette section autour de l'axe (*OD*), on obtient un modèle de l'ampoule.

Pour approcher le volume de cette ampoule, on partage le segment [*OH*] en 5 segments de même longueur égale à 0,8. Puis, par rotation on obtient le modèle ci-contre.

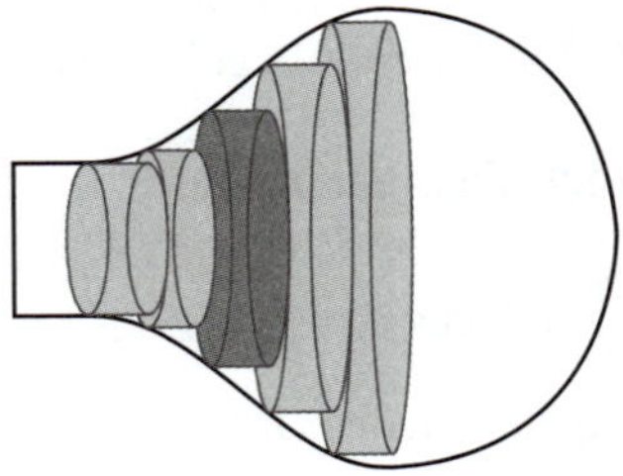

2. a. Calculer le volume du 3ᵉ cylindre (celui qui est en gris foncé).

b. Compléter l'algorithme ci-dessous pour calculer une valeur approchée du volume de ces cinq cylindres.

```
V ← 0
Pour k allant de… à… :
        |V ←…
Fin Pour
```

c. Programmer cet algorithme à la calculatrice et donner la valeur approchée du volume total de cette ampoule.

Vérifiez vos connaissances

1 Vrai-Faux

1. Vrai **2.** Faux **3.** Vrai **4.** Vrai

2 QCM

1. A **2.** B **3.** C **4.** A

Exercices d'application

3 Calcul d'intégrale à l'aide de la géométrie

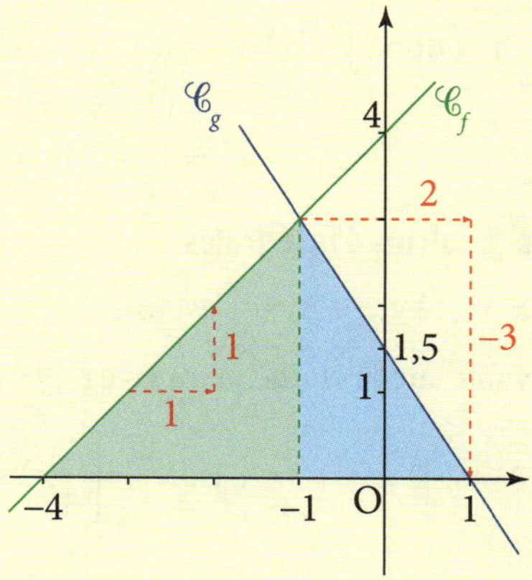

1. f est une fonction affine de coefficient directeur 1 et d'ordonnée à l'origine 4.
Ainsi, $\boldsymbol{f(x) = x + 4}$.

De même, $\boldsymbol{g(x) = -\frac{3}{2}x + 1{,}5}$.

2. $\int_{-4}^{-1} f(x)\,dx$ = aire du triangle vert $= \frac{3 \times 3}{2} = \mathbf{4{,}5}$.

$\int_{-1}^{1} g(x)\,dx$ = aire du triangle bleu $= \frac{2 \times 3}{2} = \mathbf{3}$.

Rappel

L'aire d'un triangle est : $\frac{\text{Base} \times \text{Hauteur}}{2}$.

3. f et g sont positives sur $[-4\,;1]$,
donc $\mathscr{A} = \int_{-4}^{-1} f(x)\,dx + \int_{-1}^{1} g(x)\,dx$.
Ainsi, $\mathscr{A} = 4{,}5 + 3 = \mathbf{7{,}5}$ **u.a.**
Or, 1 u.a. $= 5 \times 5 = 25$ mm², donc $\mathscr{A} = 7{,}5 \times 25 = 187{,}5$ mm² $=$ **1,875 cm²**.

4 Une primitive donnée

Rappel

$(u \times v)' = u'v + uv'$.

1. Pour tout réel $x \in]0\,;+\infty[$, $G'(x) = 1 - \left(1 \times \ln x + x \times \frac{1}{x}\right)$.
Ainsi $\mathbf{G'(x) = -\ln x}$.

2. f est une somme, donc pour rechercher une primitive de f sur $]0\,;+\infty[$, on va rechercher une primitive de chaque terme de la somme.

Une primitive de $x \mapsto 2$ est $x \mapsto 2x$, puis de $x \mapsto -\frac{1}{x}$ est $x \mapsto -\ln x$.

Ensuite, d'après **1.**, $G'(x) = -\ln x$, donc une primitive de la fonction $x \mapsto -\ln x$ sur $]0\,;+\infty[$ est G.

Ainsi, une primitive de f sur $]0\,;+\infty[$ est $F(x) = 2x - \ln x + x - x\ln x$,
soit $\mathbf{F(x) = 3x - (1+x)\ln x}$.

On a donc
$$\int_1^6 f(x)\,\mathrm{d}x = [3x - (1+x)\ln x]_1^6$$
$$= (3\times 6 - (1+6)\ln 6) - (3\times 1 - (1+1)\ln 1)$$
$$= 18 - 7\ln 6 - 3 = \mathbf{15 - 7\ln 6}.$$

5 Calculs d'intégrales

a. $f : x \mapsto x^2 + 3x + 1$ est une fonction polynôme de second degré donc elle est dérivable sur $\mathbb{R}$ et une primitive de f est $x \mapsto \frac{1}{3}x^3 + \frac{3}{2}x^2 + x$.

Ainsi
$$\int_{-2}^{3}(x^2+3x+1)\mathrm{d}x = \left[\frac{1}{3}x^3 + \frac{3}{2}x^2 + x\right]_{-2}^{3}$$
$$= \left(\frac{1}{3}3^3 + \frac{3}{2}3^2 + 3\right) - \left(\frac{1}{3}(-2)^3 + \frac{3}{2}(-2)^2 + (-2)\right)$$
$$= 25{,}5 - \frac{4}{3} = \mathbf{\frac{145}{6}}.$$

b. $f : x \mapsto \cos x + \sin x$ est une somme de fonctions dérivables sur $\mathbb{R}$, donc est f dérivable sur $\mathbb{R}$, et une primitive de f est $x \mapsto \sin x - \cos x$.

Ainsi $\int_0^{\pi}(\cos x + \sin x)\mathrm{d}x = [\sin x - \cos x]_0^{\pi} = (\sin\pi - \cos\pi) - (\sin 0 - \cos 0) = \mathbf{2}$.

c. $f : x \mapsto \frac{2}{2x+1}$ est un quotient de fonctions dérivables sur $\mathbb{R}$, donc f est dérivable là où $2x+1 \neq 0$, c'est-à-dire sur $\left]-\infty\,;-\frac{1}{2}\right[\cup \left]-\frac{1}{2}\,;+\infty\right[$ et une de ses primitives sur $\left]-\frac{1}{2}\,;+\infty\right[$ est $x \mapsto \ln(2x+1)$.

Ainsi
$$\int_1^e \frac{2}{2x+1}\mathrm{d}x = \left[\ln(2x+1)\right]_1^e = \ln(2e+1) - \ln 3 = \mathbf{\ln\left(\frac{2e+1}{3}\right)}$$

Rappel
$\frac{u'}{u}$ a pour primitive $\ln u$ si $u>0$

d. $f : x \mapsto xe^{x^2+1}$ est un produit de fonctions dérivables sur $\mathbb{R}$, donc f est dérivable sur $\mathbb{R}$, et une primitive de f est $x \mapsto \frac{1}{2}e^{x^2+1}$.

Ainsi $\int_{-1}^{1} xe^{x^2+1}\mathrm{d}x = \left[\frac{1}{2}e^{x^2+1}\right]_{-1}^{1} = \left(\frac{1}{2}e^{1^2+1}\right) - \left(\frac{1}{2}e^{(-1)^2+1}\right)$
$= \frac{1}{2}e^2 - \frac{1}{2}e^2 = \mathbf{0}.$

Rappel
$u'e^u$ a pour primitive e^u

6 Intégration par parties

1. En posant $f(x) = e^x$ et $g'(x) = \sin x$, on obtient $f'(x) = e^x$ et $g(x) = -\cos x$, à l'aide d'une intégration par parties :

$$\int_0^{\frac{\pi}{2}} e^x \sin x\,\mathrm{d}x = \left[e^x \times (-\cos x)\right]_0^{\frac{\pi}{2}} - \int_0^{\frac{\pi}{2}} e^x \times (-\cos x)\mathrm{d}x$$
$$= \left[e^x \times (-\cos x)\right]_0^{\frac{\pi}{2}} + \int_0^{\frac{\pi}{2}} e^x \cos x\,\mathrm{d}x = \left(-e^{\frac{\pi}{2}}\cos\frac{\pi}{2} + e^0\cos 0\right) + \int_0^{\frac{\pi}{2}} e^x \cos x\,\mathrm{d}x$$
$$= \mathbf{1 + \int_0^{\frac{\pi}{2}} e^x \cos x\,\mathrm{d}x}.$$

2. En posant $u(x) = e^x$ et $v'(x) = \cos x$, on obtient $u'(x) = e^x$ et $v(x) = \sin x$, à l'aide d'une intégration par parties :

$$\int_0^{\frac{\pi}{2}} e^x \cos x\,\mathrm{d}x = \left[e^x \sin x\right]_0^{\frac{\pi}{2}} - \int_0^{\frac{\pi}{2}} e^x \sin x\,\mathrm{d}x$$
$$= \left(e^{\frac{\pi}{2}}\sin\frac{\pi}{2}\right) - (e^0 \sin 0) - \int_0^{\frac{\pi}{2}} e^x \sin x\,\mathrm{d}x = \mathbf{e^{\frac{\pi}{2}} - \int_0^{\frac{\pi}{2}} e^x \sin x\,\mathrm{d}x}$$

3. • D'après a) et b),

$$\int_0^{\frac{\pi}{2}} e^x \sin x\,\mathrm{d}x = 1 + \int_0^{\frac{\pi}{2}} e^x \cos x\,\mathrm{d}x = 1 + e^{\frac{\pi}{2}} - \int_0^{\frac{\pi}{2}} e^x \sin x\,\mathrm{d}x$$

Ainsi $2\int_0^{\frac{\pi}{2}} e^x \sin x\,\mathrm{d}x = 1 + e^{\frac{\pi}{2}}$

$$\Leftrightarrow \int_0^{\frac{\pi}{2}} e^x \sin \mathrm{d}x = \frac{1+e^{\frac{\pi}{2}}}{2}.$$

• D'après a) et ce qui précède,

$$\int_0^{\frac{\pi}{2}} e^x \cos x\,dx = -1 + \int_0^{\frac{\pi}{2}} e^x \sin x dx = -1 + \frac{1+e^{\frac{\pi}{2}}}{2} = \frac{-1+e^{\frac{\pi}{2}}}{2}.$$

7 Calcul d'une aire

La fonction cosinus est continue sur $[0\,;\pi]$.

Or, sur $\left[0\,;\frac{\pi}{2}\right]$, $\cos x \geqslant 0$ et sur $\left[\frac{\pi}{2}\,;\pi\right]$, $\cos x \leqslant 0$.

Donc, $\mathcal{A} = \int_0^{\frac{\pi}{2}} \cos x\,dx - \int_{\frac{\pi}{2}}^{\pi} \cos x\,dx = [\sin x]_0^{\frac{\pi}{2}} - [\sin x]_{\frac{\pi}{2}}^{\pi}$

$= \left(\sin\frac{\pi}{2} - \sin 0\right) - \left(\sin\pi - \sin\frac{\pi}{2}\right) = 2.$

Ainsi, **l'aire du domaine coloré est 2 u.a.**

8 Encadrement d'une intégrale

1. Pour tout réel $x \in [0\,;3]$, $f(x) \geqslant 0$, donc $\int_0^3 f(x)\,dx \geqslant 0$.

Ainsi, ***I* est positive.**

2. Pour tout réel $x \in [-5\,;-2]$, $f(x) \leqslant 0$, donc $\int_{-5}^{-2} f(x)\,dx \leqslant 0$.

Ainsi, ***J* est négative.**

3. • Encadrement pour I :

Pour tout réel $x \in [0\,;3]$, $0 \leqslant f(x) \leqslant 2$,

donc $\int_0^3 0\,dx \leqslant \int_0^3 f(x)\,dx \leqslant \int_0^3 2\,dx$.

Puis, $\int_0^3 0\,dx = 0$ et $\int_0^3 2\,dx = [2x]_0^3 = 6$.

Ainsi, $0 \leqslant I \leqslant 6$.

> **Rappel**
> Sur $[a\,;b]$, si $f \leqslant g \leqslant h$, alors $\int_a^b f \leqslant \int_a^b g \leqslant \int_a^b h$.

• Encadrement pour J :

De même, pour tout réel $x \in [-5\,;-2]$, $-1 \leqslant f(x) \leqslant 0$.

On a alors $\int_{-5}^{-2} -1\,dx \leqslant \int_{-5}^{-2} f(x)\,dx \leqslant \int_{-5}^{-2} 0\,dx$.

$[-x]_{-5}^{-2} \leqslant J \leqslant 0$.

Ainsi, $-3 \leqslant J \leqslant 0$.

• Encadrement pour K :

De même, pour tout réel $x \in [-1\,;1]$, $-1 \leqslant f(x) \leqslant 2$.

On a alors $\int_{-1}^{1} -1\,\mathrm{d}x \leqslant \int_{-1}^{1} f(x)\,\mathrm{d}x \leqslant \int_{-1}^{1} 2\,\mathrm{d}x$. Ainsi, $-2 \leqslant K \leqslant 4$.

9 Avec Python

1. Cette fonction sert à calculer la somme des aires des petits rectangles bleus(**Sinf**), celle des grands rectangles (**Ssup**), en découpant l'intervalle [1 ; 2] en ndv intervalles identiques. Cela permet d'obtenir un encadrement de l'aire :
$\mathcal{A} = \int_{1}^{2} x^2\mathrm{d}x$.

2.

```
def ma_fonction(x):
    return exp(x*x)
```

L'appel sera alors encad(0,1,10)

La réponse est alors :

```
l'aire est comprise entre 1.3812606013158462 et 1.5530887841617504
```

Exercices d'entraînement

10 Aire entre deux courbes

1. A est le point d'intersection de $\mathscr{C}_g$ et de l'axe des abscisses donc $y_A = 0$.

Or $y_A = g(x_A) = 0 \Leftrightarrow \ln x_A + 1 = 0 \Leftrightarrow \ln x_A = -1 \Leftrightarrow \mathrm{e}^{\ln(x_A)} = \mathrm{e}^{-1} \Leftrightarrow x_A = \dfrac{1}{\mathrm{e}}$.

Ainsi, $A\left(\dfrac{1}{\mathrm{e}}\,;0\right)$.

2. P est le point d'intersection de $\mathscr{C}_f$ et $\mathscr{C}_g$, si, et seulement si $f(x_p) = g(x_p)$.

Or, si $x = 1$, on a $f(1) = \dfrac{1}{1} = 1$ et $g(1) = \ln(1) + 1 = 1$.

Donc, si $x = 1$, on a $f(x) = g(x)$, donc $P(1\,;1)$ est le point d'intersection de $\mathscr{C}_f$ et $\mathscr{C}_g$.

3. Sur $]0\,;1]$, $\mathscr{C}_f$ est au-dessus de $\mathscr{C}_g$, donc $\mathscr{A} = \int_{\frac{1}{e}}^{1} (f(x) - g(x))\,dx$.

Sur $[1\,;+\infty[$, $\mathscr{C}_f$ est au-dessous de $\mathscr{C}_g$, donc $\mathscr{A}' = \int_{1}^{2} (g(x) - f(x))\,dx$.

4. Pour tout réel $x \in\,]0\,;+\infty[$, on a $H'(x) = 1 \times \ln x + x \times \frac{1}{x} - \frac{1}{x} = \ln x + 1 - \frac{1}{x}$.

Donc, **H est une primitive de $x \mapsto \ln x + 1 - \frac{1}{x}$ sur $]0\,;+\infty[$.**

5. $\int_{\frac{1}{e}}^{1}\left(\frac{1}{x} - \ln x - 1\right)dx = [-H(x)]_{\frac{1}{e}}^{1} = -H(1) + H\left(\frac{1}{e}\right) = \frac{1}{e}\ln\frac{1}{e} - \ln\frac{1}{e}$, or $\ln\frac{1}{e} = -1$,

donc $\mathscr{A} = 1 - \frac{1}{e}$ u.a. .

Puis, $\int_{1}^{2}\left(\ln x + 1 - \frac{1}{x}\right)dx = [H(x)]_{1}^{2} = H(2) - H(1)$.

Donc, $\mathscr{A}' = \int_{1}^{2}\left(\ln x + 1 - \frac{1}{x}\right)dx = \ln 2$ u.a.

11 Suites d'intégrales

1. Pour tout réel $x \in [0\,;1]$ et pour tout entier $n \in \mathbb{N}^*$,

$x^n \geqslant 0$ puis $x + 1 \geqslant 1$ et $e^x \geqslant 0$, donc $e^x + x + 1 \geqslant 0$.

Donc, pour tout réel $x \in [0\,;1]$ et pour tout entier $n \in \mathbb{N}^*$,

$\frac{x^n}{e^x + x + 1} \geqslant 0$, donc $\int_0^1 \frac{x^n}{e^x + x + 1}dx \geqslant 0$. Ainsi $I_n \geqslant 0$.

Finalement, la suite (I_n) est positive .

2. a. Pour tout entier $n \in \mathbb{N}^*$, d'après la linéarité de l'intégrale,

$$I_{n+1} - I_n = \int_0^1 \frac{x^{n+1}}{e^x + x + 1}dx - \int_0^1 \frac{x^n}{e^x + x + 1}dx = \int_0^1 \frac{x^{n+1} - x^n}{e^x + x + 1}dx = \int_0^1 \frac{x^n(x-1)}{e^x + x + 1}dx.$$

Pour tout réel $x \in [0\,;1]$, $x - 1 \leqslant 0$ et d'après le **1.**, $\frac{x^n}{e^x + x + 1} \geqslant 0$,

ainsi, pour tout entier $n \in \mathbb{N}^*$, $\int_0^1 \frac{x^n(x-1)}{e^x + x + 1} \leqslant 0$

soit $I_{n+1} - I_n \leqslant 0$.

b. Pour tout entier $n \in \mathbb{N}^*$, $I_{n+1} - I_n \leqslant 0 \Leftrightarrow I_{n+1} \leqslant I_n$.

Ainsi, la suite **(I_n) est décroissante**.

Rappel

On peut étudier le signe de $U_{n+1} - U_n$ pour en déduire les variations de U_n.

3. On sait que la suite (I_n) est décroissante et minorée par 0, donc **(I_n) converge vers L** d'après le théorème des suites bornées monotones.

De plus, (I_n) est décroissante et positive, donc $0 \leqslant L \leqslant I_1$.

Or, $I_1 = \int_0^1 \frac{x}{1 + x + e^x}\,dx = \int_0^1 \frac{x}{x + (1 + e^x)}\,dx.$

Pour tout réel $x \in [0\,;1]$, $1 + e^x \geqslant 0$, donc $x + 1 + e^x \geqslant x$ et donc $\frac{x}{x + (1 + e^x)} \leqslant 1.$

D'après la relation d'ordre sur l'intégrale, on a $\int_0^1 \frac{x}{x + (1 + e^x)}\,dx \leqslant \int_0^1 1\,dx$, soit $I_1 \leqslant 1$.

Ainsi, la limite L de la suite (I_n) est telle que : $0 \leqslant L \leqslant 1$.

4. • **Extremums de g**

La dérivée de g, est définie sur $[0\,;1]$ par $g'(x) = e^x + 1$.

Ainsi, pour tout réel $x \in [0\,;1]$, $g'(x) \geqslant 0$, donc g est strictement croissante sur $[0\,;1]$ et donc $g(0) \leqslant g(x) \leqslant g(1)$.

Or, $g(0) = e^0 + 0 + 1 = 2$ et $g(1) = e^1 + 1 + 1 = 2 + e$.

Donc, **g est bornée par 2 et 2 + e**.

• Ainsi, pour tout réel $x \in [0\,;1]$,

$$2 \leqslant e^x + x + 1 \leqslant e + 2 \Leftrightarrow \frac{1}{e+2} \leqslant \frac{1}{e^x + x + 1} \leqslant \frac{1}{2} \Leftrightarrow \frac{x^n}{e+2} \leqslant \frac{x^n}{e^x + x + 1} \leqslant \frac{x^n}{2},$$

puisque $x^n \geqslant 0$.

Ainsi $\int_0^1 \frac{x^n}{e+2}\,dx \leqslant \int_0^1 \frac{x^n}{e^x + x + 1}\,dx \leqslant \int_0^1 \frac{x^n}{2}\,dx$

$$\Leftrightarrow \left[\frac{1}{e+2} \times \frac{x^{n+1}}{n+1}\right]_0^1 \leqslant I_n \leqslant \left[\frac{1}{2} \times \frac{x^{n+1}}{n+1}\right]_0^1 \Leftrightarrow \frac{1}{e+2} \times \frac{1}{n+1} \leqslant I_n \leqslant \frac{1}{2} \times \frac{1}{n+1}.$$

• Les suites $\left(\frac{1}{e+2} \times \frac{1}{n+1}\right)$ et $\left(\frac{1}{2} \times \frac{1}{n+1}\right)$ convergent vers 0.

Donc, d'après le théorème des gendarmes, (I_n) converge vers $L = 0$.

12 Valeur moyenne

1. Sur $[0; 20]$ la fonction F est le produit de deux fonctions dérivables donc

$$F'(x) = (-200 \times 2x - 3\,200)\,e^{-0,1x} + (-200x^2 - 3\,200x - 36\,600)(-0,1)\,e^{-0,1x}$$
$$= -400x\,e^{-0,1x} - 3\,200e^{-0,1x} + 20x^2e^{-0,1x} + 320x\,e^{-0,1x} + 3\,660\,e^{-0,1x}$$
$$= (20x^2 - 80x + 460)\,e^{-0,1x} = f(x).$$

Cela signifie que **F est une primitive de f sur $[0\,;20]$**.

2. Cela correspond à la valeur moyenne sur [18 ; 19] de la fonction f soit :

$$\frac{1}{19-18}\int_{18}^{19} f(x)\,\mathrm{d}x = \left[F(x)\right]_{18}^{19} = F(19) - F(18) \approx 915{,}6854$$

Ainsi l'audience journalière moyenne de téléspectateurs de cette chaîne est 915 685 .

Astuce du prof

Pour vérifier avec la calculatrice : voir la méthode p. 270-271.

13 Intégrations par parties

1. a. • $I = \int_0^{\frac{\pi}{2}} \mathrm{e}^{-2x} \cos x \,\mathrm{d}x = \left[\mathrm{e}^{-2x} \times \sin x\right]_0^{\frac{\pi}{2}} - \int -2\mathrm{e}^{-2x} \times \sin x \,\mathrm{d}x.$

Donc $I = \left(\mathrm{e}^{-\pi} \sin\frac{\pi}{2} - \mathrm{e}^0 \sin 0\right) + 2\int_0^{\frac{\pi}{2}} \mathrm{e}^{-2x} \sin x \,\mathrm{d}x = \mathrm{e}^{-\pi} + 2\int_0^{\frac{\pi}{2}} \mathrm{e}^{-2x} \sin x \,\mathrm{d}x.$

• $\int_0^{\frac{\pi}{2}} \mathrm{e}^{-2x} \sin x \,\mathrm{d}x = 1 - 2\int_0^{\frac{\pi}{2}} \mathrm{e}^{-2x} \cos x \,\mathrm{d}x - \int_0^{\frac{\pi}{2}} -2\mathrm{e}^{-2x}(-\cos x)\mathrm{d}x.$

Donc $\int_0^{\frac{\pi}{2}} \mathrm{e}^{-2x} \sin x \,\mathrm{d}x = 1 - 2\int_0^{\frac{\pi}{2}} \mathrm{e}^{-2x} \cos x \,\mathrm{d}x - \int_0^{\frac{\pi}{2}} -2\mathrm{e}^{-2x}(-\cos x)\mathrm{d}x$

Ainsi $I = \mathrm{e}^{-\pi} + 2(1 - 2I)$ c'est-à-dire $\mathrm{I} = \mathrm{e}^{-\pi} + 2 - 4\mathrm{I}$.

b. $I = \mathrm{e}^{-\pi} + 2 - 4I \Leftrightarrow 5I = \mathrm{e}^{-\pi} + 2 \Leftrightarrow$ $I = \dfrac{2 + \mathrm{e}^{-\pi}}{5}$.

2. a.

• $I_0 = \int_0^1 x^0 \mathrm{e}^{-x} \,\mathrm{d}x = \int_0^1 \mathrm{e}^{-x} \,\mathrm{d}x = \left[-\mathrm{e}^{-x}\right]_0^1 = -\mathrm{e}^{-1} + \mathrm{e}^{-0} = \mathbf{1 - e^{-1}}.$

• $I_1 = \int_0^1 x^1 \mathrm{e}^{-x} \,\mathrm{d}x = \left[x \times (-\mathrm{e}^{-x})\right]_0^1 - \int_0^1 1 \times (-\mathrm{e}^{-x})\mathrm{d}x.$

Donc $I_1 = -\mathrm{e}^{-1} - 0 + \int_0^1 \mathrm{e}^{-x} \,\mathrm{d}x = -\mathrm{e}^{-1} + I_0 = -\mathrm{e}^{-1} + 1 - \mathrm{e}^{-1} = \mathbf{1 - 2e^{-1}}.$

b. Pour un entier naturel n quelconque,

$$I_{n+1} = \int_0^1 x^{n+1} \mathrm{e}^{-x} \,\mathrm{d}x = \left[x^{n+1} \times (-\mathrm{e}^{-x})\right]_0^1 - \int_0^1 (n+1)x^n(-\mathrm{e}^{-x})\mathrm{d}x.$$

Donc $I_{n+1} = \left(1^{n+1} \times (-\mathrm{e}^{-1})\right) - \left(0^{n+1} \times (-\mathrm{e}^{-0})\right) + (n+1)\int_0^1 x^n \mathrm{e}^{-x} \,\mathrm{d}x.$

Donc $I_{n+1} = -\mathrm{e}^{-1} + (n+1)I_n.$

c. • Avec $n = 1$, $I_{1+1} = -\mathrm{e}^{-1} + (1+1)\, I_1 \Leftrightarrow I_2 = -\mathrm{e}^{-1} + 2(1 - 2\mathrm{e}^{-1})$. $I_2 = -5\mathrm{e}^{-1} + 2.$

• Avec $n = 2$, $I_{2+1} = -\mathrm{e}^{-1} + (2+1)\, I_2 \Leftrightarrow I_3 = -\mathrm{e}^{-1} + 3\,(-5\mathrm{e}^{-1} + 2)$. $I_3 = -16\mathrm{e}^{-1} + 6.$

14 Vers le bac

1. a. g est positive sur [0 ; 4] donc

$$\mathcal{A} = \int_0^4 2 - \cos\left(\frac{\pi}{4}x\right) dx = \left[2x - \frac{4}{\pi}\sin\left(\frac{\pi}{4}x\right)\right]_0^4$$

$$= 2 \times 4 - \frac{4}{\pi}\sin\left(\frac{\pi}{4} \times 4\right) - \left(2 \times 0 - \frac{4}{\pi}\sin\left(\frac{\pi}{4} \times 0\right)\right)$$

$= 8$ unités d'aire.

b. $\mathcal{B} = 2\left(1^2 + \mathcal{A} + \frac{1}{4} \times \pi \times 3^2\right) = 2\left(1 + 8 + \frac{3}{4}\pi\right) = 2\left(9 + \frac{9}{4}\pi\right) = 18 + 4{,}5\pi \approx 32{,}14$ u.a.

2. a. La hauteur du cylindre sera $h = \frac{4}{5}$ puisque le segment [0 ; 4] a été partagé en 5 segments de même longueur. Le rayon du cylindre est donné par $g(x_2)$ où x_2 est la borne inférieure du troisième segment : $x_2 = \frac{8}{5}$. Donc $r = 2 - \cos\left(\frac{2\pi}{5}\right)$.

Finalement le volume du troisième cylindre sera :

$$V_3 = \frac{4\pi}{5}\left(2 - \cos\frac{2\pi}{5}\right)^2 \approx 7{,}19$$

> **Rappel**
> Le volume d'un cylindre de rayon R et de hauteur h est $V = \pi h R^2$.

b. Ligne 2 : Pour k allant de 1 à 5 :

Ligne 3 : $V \leftarrow V + \frac{4\pi}{5}\left(2 - \cos\left(\frac{(k-1)\pi}{5}\right)\right)$.

c. Le cylindre de section le rectangle $ABFG$ a pour base le cercle de centre O et de rayon $OB = 1$ et pour hauteur $AB = 1$; son volume est donc $\pi \times 1^2 \times 1 = \pi$ unités de volume.

La demi-sphère de section le demi-disque de diamètre $[CE]$ a pour rayon $O'C = 3$; son volume est donc $\frac{1}{2} \times \frac{4}{3}\pi \times 3^3$.

Finalement l'ampoule a un volume d'environ 3 244,6 unités de volume.

CHAPITRE

13 Succession d'épreuves indépendantes Schéma de Bernoulli

1 Succession d'épreuves indépendantes

1 Succession d'épreuves indépendantes et produit cartésien

U_1, U_2, …, U_n sont des univers d'expériences aléatoires indépendantes.
Lorsqu'on effectue successivement ces n expériences aléatoires, l'univers U obtenu est le **produit cartésien** :

$$U = U_1 \times U_2 \times \ldots \times U_n$$

L'univers U est donc constitué des issues $(x_1 ; x_2 ; \ldots ; x_n)$ où $x_i \in U_i$.

• **Propriété**

N_1, N_2, …, N_n désignent le nombre d'issues de chaque univers U_1, U_2, …, U_n.
Le nombre d'issues de l'univers U est égal à : $N_1 \times N_2 \times \ldots N_n$.

Exemple : on prélève au hasard une boule de l'urne 1 et une boule de l'urne 2 ci-dessous.

On note les couleurs obtenues.

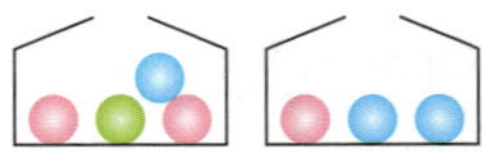

Urne 1 Urne 2

L'univers du tirage d'une boule dans :
– l'urne 1 est $U_1 = \{B ; V ; R\}$
– l'urne 2 est $U_2 = \{B ; R\}$

L'univers de l'expérience aléatoire est donc :
$U = U_1 \times U_2 = \{(B;B) ; (B;R) ; (V;B) ; (V;R) ; (R;B) ; (R;R)\}$. Il contient $3 \times 2 = 6$ issues.

2 Probabilité d'une issue de U

• **Propriété**

La probabilité d'une issue $(x_1 ; x_2 ; \ldots ; x_n)$ de U est égale au produit des probabilités des issues $x_1 ; x_2 ; \ldots ; x_n$. Ainsi :

$$P((x_1 ; x_2 ; \ldots ; x_n)) = P(x_1) \times P(x_2) \times \ldots \times P(x_n)$$

Exemple : on reprend l'exemple précédent.

$$P((V;B)) = P(V) \times P(B) = \frac{1}{4} \times \frac{2}{3} = \frac{2}{12} = \frac{1}{6}.$$

EXERCICE RÉSOLU

Étudier une succession d'épreuves indépendantes

ÉNONCÉ

On lance une pièce équilibrée puis un dé équilibré à six faces. On note alors les résultats obtenus lors de ces deux lancers successifs.

1. Écrire l'univers U de cette expérience aléatoire par un produit cartésien.

2. Représenter la situation par un arbre pondéré.

3. Calculer la probabilité d'obtenir le couple (Pile ; 3).

CORRIGÉ

1. L'univers du lancer de la pièce est : $U_1 = \{P ; F\}$ (P = Pile ; F = Face).

L'univers du lancer du dé est : $U_2 = \{1 ; 2 ; 3 ; 4 ; 5 ; 6\}$.

Ainsi, l'univers de ces deux lancers successifs est : $U = U_1 \times U_2$.

2.

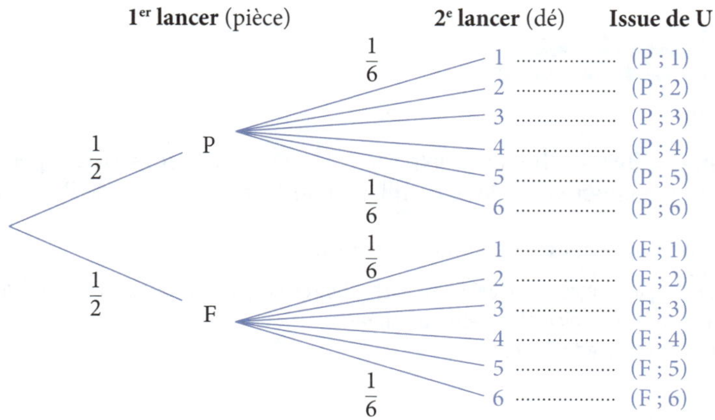

3. $P(P;3) = P(P) \times P(3) = \frac{1}{2} \times \frac{1}{6} = \frac{1}{12}.$

2 Schéma de Bernoulli

1 Loi de Bernoulli

• **Définition**

Une **épreuve de Bernoulli** est une expérience aléatoire comportant deux issues :
– l'une est appelée **succès** (et notée **S**) ;
– l'autre est appelée **échec** (et notée $\mathbf{E} = \overline{\mathbf{S}}$).

• **Loi de Bernoulli**

La **loi de Bernoulli** de paramètre p est la loi de probabilité associée à une épreuve de Bernoulli dont la probabilité de succès est $p = P(S)$.
Elle peut être décrite à l'aide du tableau ci-contre :

Issue	S	$\overline{S}$
Probabilité	p	$1-p$

Remarque : • $p = p(S)$; • $p \in [0;1]$; • $q = p(\overline{S})$; • $q = 1-p$.

Exemple : le lancer d'une pièce de monnaie équilibrée est une épreuve de Bernoulli de paramètre $p = \frac{1}{2}$.

Si de plus, on associe l'obtention de Pile à un succès, alors on peut déterminer la loi de Bernoulli associée par le tableau ci-contre :

Issue	Pile	Face
Probabilité	$\frac{1}{2}$	$\frac{1}{2}$

2 Schéma de Bernoulli

• **Définition**

Un **schéma de Bernoulli** est une expérience aléatoire qui consiste à répéter plusieurs fois, de manière identique et indépendante, une épreuve de Bernoulli.

Exemple : on lance dix fois une pièce de monnaie.

Remarque : • Lorsque le nombre de répétitions n'est pas trop grand, (inférieur ou égal à 4), il est judicieux de s'aider d'un arbre pondéré (voir exercice résolu ci-contre) ;
• le nombre de répétitions est souvent noté n.

EXERCICE RÉSOLU

Construire l'arbre pondéré associé à un schéma de Bernoulli

ÉNONCÉ

Lors d'un match de handball, un joueur est confronté trois fois à l'épreuve des penaltys. Il en réussit 9 sur 10 en moyenne.

1. Expliquer pourquoi cet énoncé peut être associé à un schéma de Bernoulli.

2. Construire un arbre pondéré qui illustre ce schéma de Bernoulli.

CORRIGÉ

1. Chaque penalty peut être associé à une épreuve de Bernoulli car il donne lieu à deux issues.
On associe un penalty réussi au **succès** et un penalty manqué à l'**échec**.

On peut ajouter que $p = P(S) = \frac{9}{10}$ et $q = P(\overline{S}) = \frac{1}{10}$.

2.

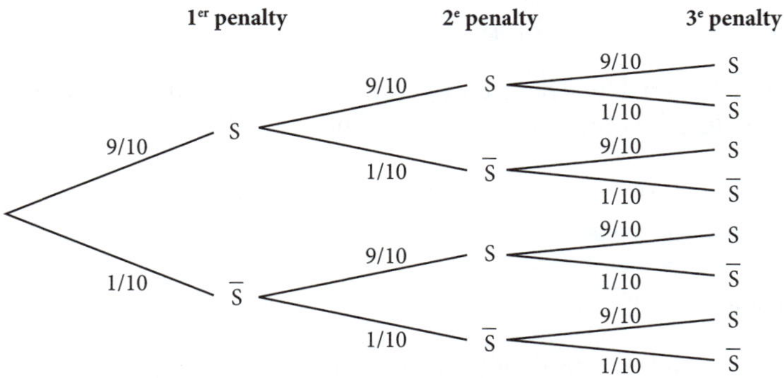

3 Loi binomiale $\mathcal{B}(n ; p)$

1 Loi du nombre de succès

• **Principe**

On considère un schéma de Bernoulli de probabilité p et constitué de n épreuves. On note X **la variable aléatoire qui compte le nombre de succès** obtenus sur les n épreuves.

• **Définition**

La variable aléatoire X **suit la loi binomiale de paramètres n et p.**
On note $X \sim \mathcal{B}(n ; p)$.

Remarque : • Les issues possibles pour la variable aléatoire X sont tous les nombres entiers naturels entre 0 (aucun succès) et n (que des succès) ;
• n et p sont appelés paramètres de la loi binomiale.

Exemple : Une pièce de monnaie est truquée selon les modalités indiquées dans le tableau ci-contre. On attribue au succès S le fait d'obtenir Pile (P).

Issue	Pile : P	Face : F
Probabilité	0,4	0,6

On lance cette pièce trois fois successivement.

On note X la variable aléatoire qui compte le nombre de succès c'est à dire le nombre de Pile (P) obtenus. X suit la loi binomiale $\mathcal{B}(3 ; 0{,}4)$.

2 Probabilité $P(X = k)$

• **Propriété**

X est une variable aléatoire qui suit la loi binomiale $\mathcal{B}(n ; p)$.
Pour tout nombre entier naturel k tel que $0 \leqslant k \leqslant n$,

$$P(X = k) = \binom{n}{k} \times p^k \times (1-p)^{n-k}.$$

Remarque : Le coefficient binomial $\binom{n}{k}$ est le nombre de chemins de l'arbre qui mènent à k succès.

EXERCICE RÉSOLU

Calculer une probabilité

ÉNONCÉ

On effectue trois tirages avec remise dans l'urne ci-contre. On associe au succès le fait d'obtenir une boule rouge. X est la variable aléatoire qui compte le nombre de succès.

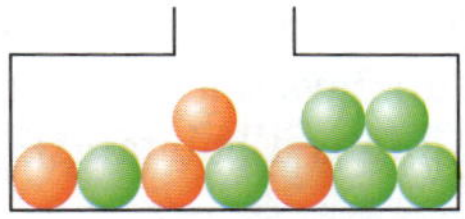

1. Modéliser cette situation par une loi binomiale et construire l'arbre associé.

2. Quelle est la probabilité d'obtenir 2 boules rouges ?

CORRIGÉ

1. Pour chaque tirage, il y a deux issues : Rouge et Verte.
Chaque tirage est donc associé à une épreuve de Bernoulli.
On effectue 3 tirages avec remise. On peut donc modéliser cette situation par une loi binomiale de paramètres $n = 3$ et $p = p(\text{S}) = p(\text{Rouge}) = \frac{4}{10} = 0{,}4$, où X est la variable aléatoire qui compte le nombre de succès :

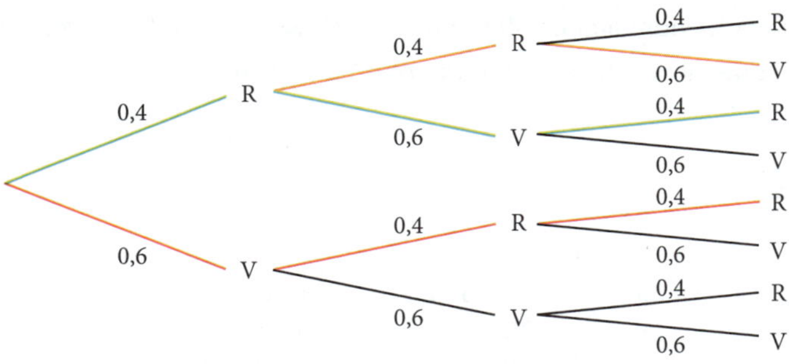

2. Sur l'arbre ci-dessus, il y a 3 chemins menant à 2 succès, donc $\binom{3}{2} = 3$.
Ainsi, $P(X = 2) = \binom{3}{2} p^2 q^{3-2} = 3 \times 0{,}4^2 \times 0{,}6 = 0{,}288$.

La probabilité d'obtenir 2 boules rouges est de 0,288.

Savoir modéliser une succession d'épreuves indépendantes

ÉNONCÉ

Voici la répartition des habitants d'un pays selon l'âge et le sexe (en millions d'habitants).

On prélève au hasard une femme, puis un homme de ce pays et on note sa tranche d'âge.

	Femme (F)	Homme (H)
Moins de 18 ans (J)	2	2
De 18 à 60 ans (A)	5	6
Plus de 60 ans (S)	1	2
Total	8	10

1. Représenter cette situation par un arbre pondéré.

2. Calculer la probabilité que les deux personnes choisies soient de la même tranche d'âge.

MÉTHODE

1. Identifier chacune des épreuves et l'univers correspondant.
- Avant de placer les probabilités sur l'arbre pondéré, s'assurer que les épreuves successives sont indépendantes.
- On peut, pour s'aider, préciser toutes les issues possibles à droite de l'arbre.

2. Appliquer la propriété du paragraphe 1.2 du cours.

CORRIGÉ

1.

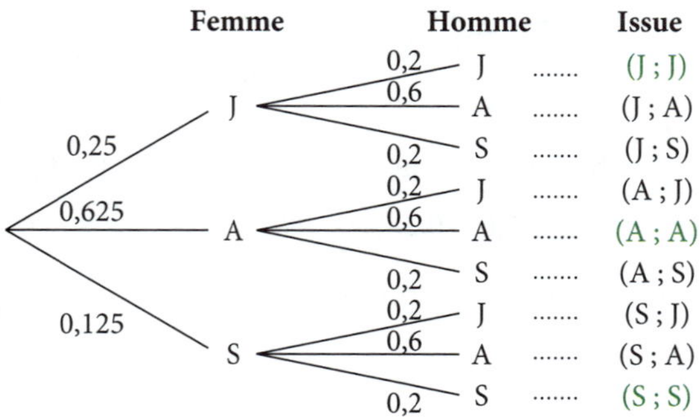

Par exemple, lors du choix d'une femme : $P(J) = \frac{2}{8} = 0{,}25$ et lors du choix d'un homme, $P(J) = \frac{2}{10} = 0{,}2$.

2. Les issues qui correspondent à la probabilité cherchée sont indiquées en vert sur l'arbre ci-dessus.

$P = P(J ; J) + P(A ; A) + P(S ; S)$

$P = 0{,}25 \times 0{,}2 + 0{,}625 \times 0{,}6 + 0{,}125 \times 0{,}2$

$P = 0{,}45$.

La probabilité que les deux personnes choisies aient la même tranche d'âge est 0,45.

Réflexe à avoir

Lorsqu'on parcourt un chemin sur un arbre, la probabilité est égale au produit des probabilités situées sur les branches du chemin.

Savoir modéliser une succession d'épreuves dépendantes

ÉNONCÉ

Les classes de terminale d'un lycée comptent 180 filles (F) et 150 garçons. Le lycée propose trois L.V.2 : Espagnol (E), Allemand (A) et Italien (I).

- Parmi les filles, 40 % ont choisi l'espagnol, 25 % l'allemand et 35 % l'italien.
- Parmi les garçons, 50 % ont choisi l'espagnol, 30 % l'allemand et 20 % l'italien.

On choisit au hasard un élève de terminale de ce lycée.

1. Représenter la situation par un arbre pondéré.

2. Calculer la probabilité que l'élève choisi soit une fille qui fait de l'italien.

3. Calculer la probabilité que l'élève choisi fasse de l'italien.

4. L'élève choisi fait de l'italien. Calculer la probabilité que ce soit une fille.

MÉTHODE

Ce type d'étude a fait l'objet d'un chapitre de la classe de Première qui est au programme du baccalauréat. Voici un rappel des formules essentielles.

Pour A et B deux événements tels que $P(A) \neq 0$ et $P(B) \neq 0$,

- La probabilité de A sachant B est : $P_B(A) = \dfrac{P(A \cap B)}{P(B)}$.
- Ainsi, $P(A \cap B) = P_B(A) \times P(B) = P_A(B) \times P(A)$.
- Formule des probabilités totales : $P(B) = P(A \cap B) + P(\overline{A} \cap B)$.

CORRIGÉ

1.

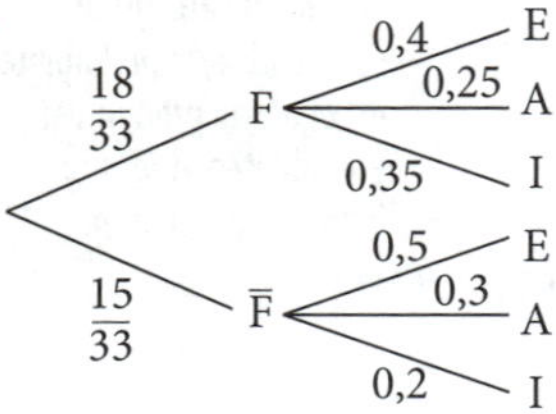

2. L'événement «soit une fille qui fait de l'italien» se traduit par : $F \cap I$.

Donc $P(F \cap I) = P(F) \times P_F(I) = \frac{18}{33} \times 0,35 \approx 0,19$.

3. D'après la formule des probabilités totales :

$P(I) = P(F \cap I) \times P(\overline{F} \cap I)$

$P(I) = P(F) \times P_F(I) + P(\overline{F}) \times P_{\overline{F}}(I)$

$P(I) = \frac{18}{33} \times 0,35 + \frac{15}{33} \times 0,2 \approx 0,28$.

4. La probabilité cherchée est : $P_I(F) = \frac{P(F \cap I)}{P(I)} \approx \frac{0,19}{0,28} \approx 0,68$.

Savoir reconnaître une loi binomiale et interpréter l'espérance

ÉNONCÉ

Orange, le premier opérateur de télécommunications français, dispose de 44 % de part de marché. On choisit, au hasard et avec remise, 200 abonnés français (tous opérateurs confondus).

X est la variable aléatoire qui compte le nombre d'abonnés chez Orange.

Modéliser l'énoncé à l'aide d'une loi binomiale.

MÉTHODE

Pour reconnaître une loi binomiale, il faut :

- que pour chaque tirage (épreuve) il n'y ait que deux issues ;
- que chaque tirage (épreuve) soit indépendante des autres ;
- préciser alors les paramètres $p = p(S)$ et n = le nombre d'épreuves.

CORRIGÉ

Pour chaque abonné choisi, il y a deux issues : être abonné Orange ou pas. – Puisqu'il y a remise, chaque tirage est indépendant des autres.

On associe au succès le fait d'être abonné chez Orange, donc $p = 0{,}44$ et l'épreuve est répétée $n = 200$ fois.
Ainsi, la variable aléatoire X, qui compte le nombre d'abonnés chez Orange sur les 200 abonnés choisis, suit la loi binomiale de paramètres $p = 0{,}44$ et $n = 200$.

Savoir calculer une probabilité du type $P(X \leqslant k)$ ou $P(X > k)$

ÉNONCÉ

X est une variable aléatoire qui suit la loi binomiale $\mathscr{B}$ (10 ;0,2).
Calculer $P(X \leqslant 2)$; puis $P(X > 1)$.

MÉTHODE

On utilise la propriété du cours pour calculer $P(X = k)$ et on peut, pour s'aider, visualiser sur une droite graduée, les issues de X correspondantes.

Puisque $n = 10$, X peut prendre toutes les valeurs de 0 à 10.

CORRIGÉ

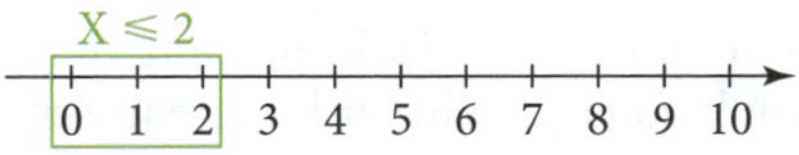

- $P(X \leqslant 2) = P(X = 0) + P(X = 1) + P(X = 2)$

$$= \binom{10}{0} \times 0{,}2^0 \times 0{,}8^{10} + \binom{10}{1} \times 0{,}2^1 \times 0{,}8^9 + \binom{10}{2} \times 0{,}2^2 \times 0{,}8^8$$

$$\approx 0{,}678$$

- $P(X > 1) = P(X = 2) + P(X = 3) + \ldots + P(X = 10)$

$$= 1 - P(X \leqslant 1)$$

$$= 1 - [P(X = 0) + P(X = 1)]$$

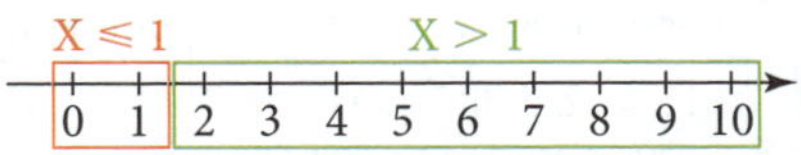

$$= 1 - \left[\binom{10}{0} \times 0{,}2^0 \times 0{,}8^{10} + \binom{10}{1} \times 0{,}2^1 \times 0{,}8^9\right]$$

$$\approx 0{,}624.$$

L'astuce du prof

Pour accélérer les calculs, il est parfois utile de penser à l'événement contraire. Ici le contraire de $X > 1$ est $X \leqslant 1$.

Vérifiez vos connaissances

1 Vrai-Faux

Indiquer pour chaque proposition si elle est vraie (V) ou fausse (F).

1. On lance un dé à six faces, puis une pièce de monnaie.

On regarde les résultats obtenus. Cette expérience aléatoire possède 8 issues. ☐ V ☐ F

2. Dans une loi de Bernoulli, la probabilité du succès est p. ☐ V ☐ F

3. On peut associer le lancer de trois dés identiques à un schéma de Bernoulli. ☐ V ☐ F

4. La variable aléatoire X suit la loi binomiale $\mathscr{B}(4;0{,}1)$. $P(X=0)=0{,}1$. ☐ V ☐ F

5. La variable aléatoire X suit la loi binomiale $\mathscr{B}(5;0{,}8)$.

$P(X=2)=\binom{5}{2}\times 0{,}8^2\times 0{,}2^3$. ☐ V ☐ F

2 QCM

Pour chaque question, une seule réponse proposée (A, B ou C) est exacte.

On fait tourner quatre fois, de manière indépendante, la roue découpée en six secteurs égaux ci-contre.

On note X la variable aléatoire qui compte le nombre de fois où la roue s'arrête sur le secteur vert.

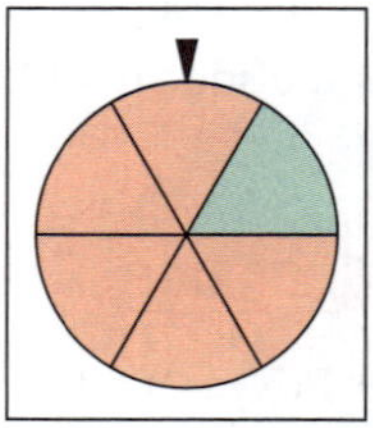

		A	B	C
1.	X suit une loi	de Bernoulli de paramètre $p=\frac{1}{6}$	binomiale de paramètres $\frac{1}{6}$ et 4	binomiale de paramètres $\frac{5}{6}$ et 4
2.	Sur l'arbre de probabilité associé, il y a	4 chemins qui donnent 2 succès	2 chemins qui donnent 2 succès	6 chemins qui donnent 2 succès
3.	La probabilité que la roue s'arrête une fois sur le secteur vert est	$\frac{125}{324}$	$\frac{4}{1\,296}$	0,21
4.	La probabilité que la roue s'arrête au moins une fois sur le secteur vert est	$P(X>1)$	$1-P(X=0)$	$P(X\leqslant 1)$
5.		environ égale à 0,48	environ égale à 0,56	environ égale à 0,52

Exercices d'application

3 Modélisation d'une situation concrète

Voici la répartition des élèves de terminale de trois lycées de la région selon le sexe. Pour une cérémonie officielle, chaque proviseur choisit au hasard l'un de ses élèves de terminale afin de le représenter.

	Fille (F)	Garçon (G)	Total
Lycée 1	120	180	300
Lycée 2	140	160	300
Lycée 3	90	110	200

1. Représenter la situation par un arbre pondéré.

2. Calculer la probabilité que les trois élèves choisis soient du même sexe.

4 Patrons de dés

On lance successivement les deux dés équilibrés dont les patrons sont dessinés ci-contre. On note les couleurs obtenues.

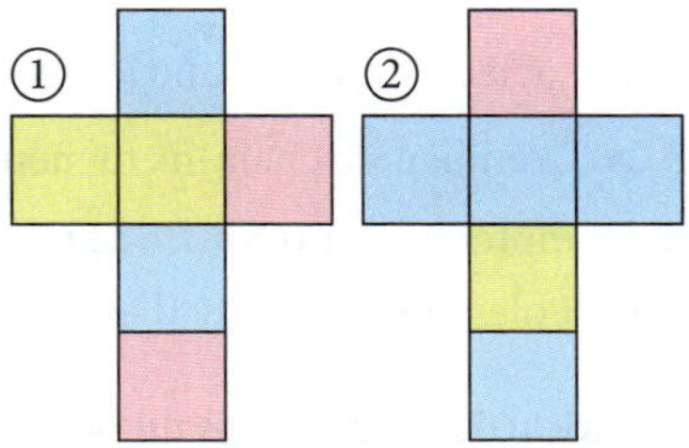

1. Représenter la situation par un arbre pondéré.

2. Calculer la probabilité que les deux couleurs obtenues soient différentes.

5 Probabilités conditionnelles

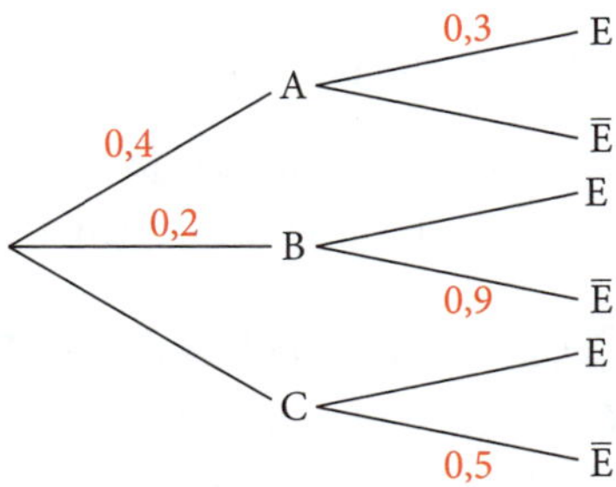

1. Reproduire et compléter l'arbre pondéré ci-contre.

2. Calculer les probabilités suivantes :

a. $P(A \cap \overline{E})$ **b.** $P(E)$ **c.** $P_E(B)$

6 Schéma de Bernoulli

Un laboratoire de physique nucléaire compte 7 hommes et 8 femmes.

On choisit au hasard trois membres de ce laboratoire. Entre chaque tirage, la personne choisie est replacée dans le groupe.

1. Associer cet énoncé à un schéma de Bernoulli.

2. Illustrer ce schéma par un arbre pondéré.

7 Lecture d'un arbre et loi binomiale

1. Compléter l'arbre de probabilité ci-dessous sachant que chacune des trois épreuves est identique et indépendante de la précédente.

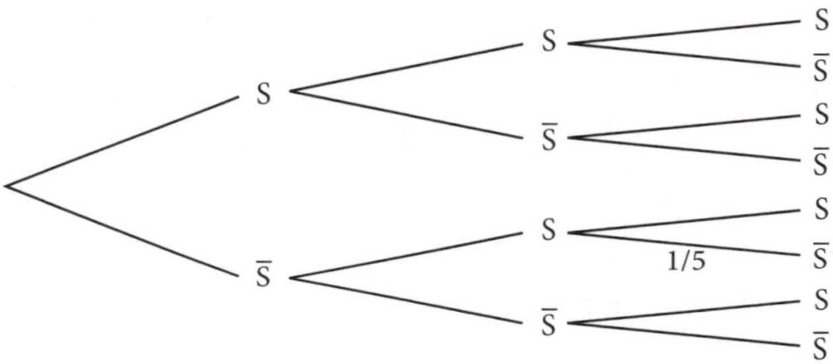

2. Associer à cet arbre une loi binomiale dont on précisera les paramètres.

3. a. Combien de chemins mènent à 2 succès ?

b. Compter $\binom{3}{1}$ et traduire ce résultat par une phrase.

c. Calculer la probabilité d'obtenir trois fois S.

> **Remarque**
> S correspond au succès.

8 Calcul de probabilités du type P(*X* = *k*)

Calculer la probabilité $P(X = 3)$ dans chacun des cas suivants :

a. X suit la loi binomiale $\mathcal{B}\left(3\,;\frac{1}{2}\right)$;

b. X suit la loi binomiale $\mathcal{B}(5\,;0{,}1)$;

c. X suit la loi binomiale $\mathcal{B}(10\,;0{,}2)$.

9 Calcul de probabilités du type P(*X* ⩽ *k*) ou P(*X* > *k*)

X suit la loi binomiale $\mathcal{B}(12\,;0{,}1)$. Calculer les probabilités suivantes :

a. $P(X \leqslant 2)$ **b.** $P(X \geqslant 1)$ **c.** $P(X > 2)$

Exercices d'entraînement

10 Avec ou sans remise

On prélève successivement deux boules de l'urne ci-contre et on note la couleur obtenue.

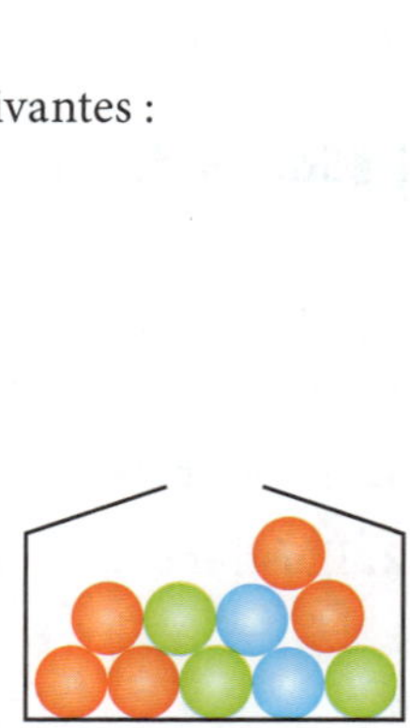

Pour chacune des situations suivantes :

a. Représenter la situation par un arbre pondéré

b. Calculer la probabilité que les deux boules soient de la même couleur.

Situation 1 Avec remise : entre chaque tirage, on remet la boule dans l'urne.

Situation 2 Sans remise : entre chaque tirage, on ne remet pas la boule dans l'urne.

11 Algorithmique

X est une variable aléatoire qui suit la loi binomiale $\mathcal{B}(n\,;p)$.

1. Proposer un algorithme qui permet de calculer la probabilité $P(X \leqslant k)$.

2. Traduire cet algorithme dans le langage d'une calculatrice ou de Python.

3. Tester son fonctionnement avec la réponse au **a** de l'exercice **9**.

12 Des QCM extraits du Bac

Parmi les réponses proposées, une seule est exacte. Indiquer laquelle sans justifier.

1. Un joueur dispose d'un dé cubique équilibré dont les faces sont numérotées de 1 à 6. À chaque lancer, il gagne s'il obtient 2,3, 4, 5 ou 6 ; il perd s'il obtient 1.

Une partie est constituée de 5 lancers du dé successifs et indépendants.

La probabilité pour que le joueur perde 3 fois au cours d'une partie est :

a. $\dfrac{125}{3\,888}$ **b.** $\dfrac{625}{648}$ **c.** $\dfrac{25}{7\,776}$ **d.** $\dfrac{3}{5}$

2. Dans un hypermarché, 75 % des clients sont des femmes. Une femme sur cinq achète un article au rayon bricolage, alors que sept hommes sur dix le font.

Une personne, choisie au hasard, a fait un achat au rayon bricolage. La probabilité que cette personne soit une femme a pour valeur arrondie au millième :

a. 0,750 **b.** 0,150 **c.** 0,462 **d.** 0,700

3. Dans cet hypermarché, un modèle d'ordinateur est en promotion. Une étude statistique a permis d'établir que, chaque fois qu'un client s'intéresse à ce modèle, la probabilité qu'il l'achète est égale à 0,3. On considère un échantillon aléatoire de dix clients qui se sont intéressés à ce modèle.

La probabilité qu'exactement trois d'entre eux aient acheté un ordinateur de ce modèle a pour valeur arrondie au millième :

a. 0,900 **b.** 0,092 **c.** 0,002 **d.** 0,267

13 Jus d'orange

Dans un supermarché, on réalise une étude sur la vente de bouteilles de jus de fruits sur une période d'un mois.

• 40 % des bouteilles vendues sont des bouteilles de jus d'orange ;

• 25 % des bouteilles de jus d'orange vendues possèdent l'appellation « pur jus ».

Parmi les bouteilles qui ne sont pas de jus d'orange, la proportion des bouteilles de « pur jus » est notée x, où x est un réel de l'intervalle $[0 ; 1]$.

Par ailleurs, 20 % des bouteilles de jus de fruits vendues possèdent l'appellation « pur jus ».

On prélève au hasard une bouteille de jus de fruits passée en caisse. On définit les événements suivants :

R : la bouteille prélevée est une bouteille de jus d'orange ;

J : la bouteille prélevée est une bouteille de « pur jus ».

1. Représenter cette situation à l'aide d'un arbre pondéré.

2. Déterminer la valeur exacte de x.

3. Une bouteille passée en caisse et prélevée au hasard est une bouteille de « pur jus ». Calculer la probabilité que ce soit une bouteille de jus d'orange.

14 Roulette au casino

Les quatre rouleaux d'une machine à sous sont constitués de la bande ci-contre.

On associe le succès au fait d'obtenir un 7.

1. Modéliser cette expérience à l'aide d'une loi de probabilité.

2. Quelle est la probabilité d'obtenir :

a. au moins un 7 ?

b. les quatre 7 ?

3. Seuls les 7 permettent au joueur de gagner de l'argent, selon les caractéristiques suivantes :

– les quatre 7 rapporte 1 000 € ;

– trois 7 rapporte 20 € ;

– deux 7 rapporte 10 € ;

– un seul 7 rapporte 2 €.

Calculer la probabilité que, sur deux parties consécutives, un joueur gagne 1 020 €.

Vérifiez vos connaissances

1 Vrai-Faux

1. Faux **2.** Vrai **3.** Vrai **4.** Faux **5.** Vrai

2 QCM

1. B ; **2.** C ; **3.** A ; **4.** B ; **5.** C.

Exercices d'application

3 Modélisation d'une situation concrète

1.

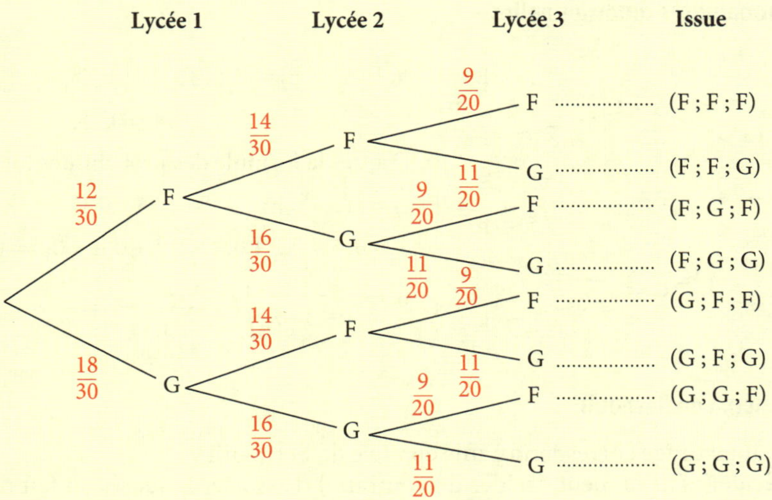

2. L'événement « les trois élèves sont du même sexe » correspond aux premier et dernier chemins de l'arbre.

$$P = P((F ; F ; F)) + P((G ; G ; G)) = \frac{12}{30} \times \frac{14}{30} \times \frac{9}{20} + \frac{18}{30} \times \frac{16}{30} \times \frac{11}{20} = 0,26.$$

La probabilité que les trois élèves soient du même sexe est égale à 0,26.

4 Patrons de dés

1. On note R pour la couleur rouge ; J pour le jaune et B pour le bleu.

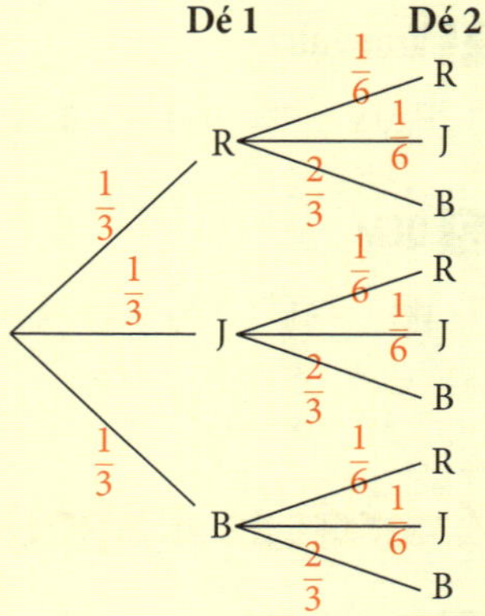

2. $p = P((R ; B)) + P((R ; J)) + P((B ; R)) + P((B ; J)) + P((J ; B)) + P((J ; R))$

$$p = \frac{1}{3} \times \frac{2}{3} + \frac{1}{3} \times \frac{1}{6} + \frac{1}{3} \times \frac{1}{6} + \frac{1}{3} \times \frac{1}{6} + \frac{1}{3} \times \frac{1}{6} + \frac{1}{3} \times \frac{2}{3}$$

$$p = \frac{2}{3}.$$

la probabilité que les deux couleurs obtenues soient différentes est égale à $\frac{2}{3}$.

Remarque : Autre calcul possible 1 – [P((R ; R)) + P((J ; J))+ P((B ; B))].

5 Probabilités conditionnelles

1.

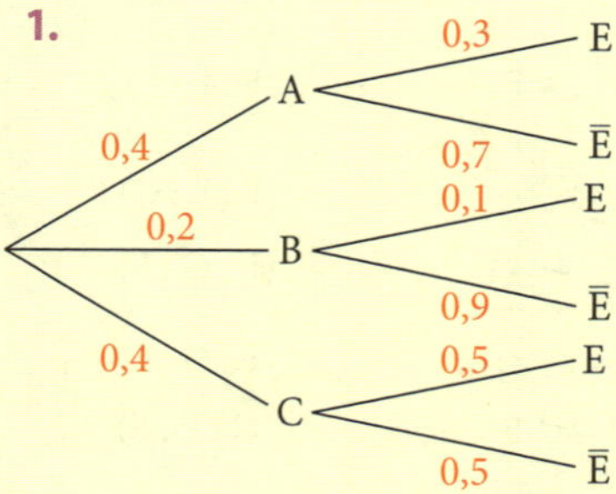

2. a. $P(A \cap \overline{E}) = P_A(\overline{E}) \times P(A)$

$= 0,7 \times 0,4 = 0,28.$

b. D'après la formule des probabilités totales :

$P(E) = P(A \cap E) + P(B \cap E) + P(C \cap E)$

$= 0,4 \times 0,3 + 0,2 \times 0,1 + 0,4 \times 0,5 = 0,34.$

c. $P_E(B) = \frac{P(B \cap E)}{P(E)} = \frac{0,2 \times 0,1}{0,34} = \frac{1}{17} \approx 0,059.$

6 Schéma de Bernoulli

1. Chaque tirage correspond à une épreuve de Bernoulli :
on décide (mais on peut décider du contraire) d'associer le succès au fait d'être une femme. Ainsi $p = \frac{8}{15}$.
Le tirage est répété 3 fois de manière indépendante.
Il s'agit donc d'un schéma de Bernoulli de paramètres $p = \frac{8}{15}$ et $n = 3$.

2. Arbre associé

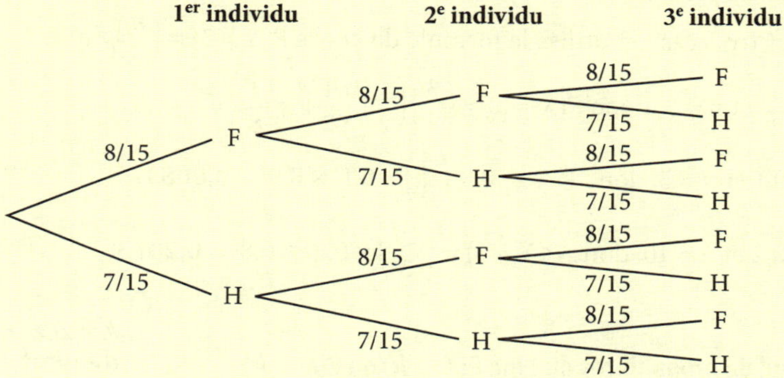

7 Lecture d'un arbre et loi binomiale

1.

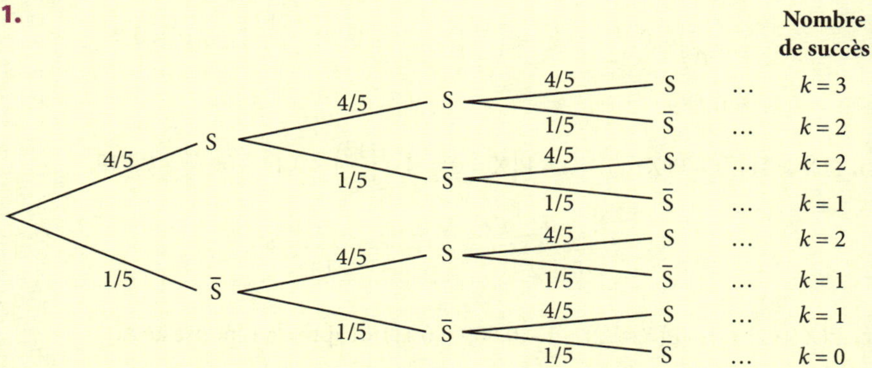

2. Cet arbre peut être associée à une loi binomiale de paramètres $p = \frac{4}{5}$ et $n = 3$.

3. a. 3 chemins mènent à $k = 2$ succès.

b. $\binom{3}{1} = 3$ car 3 chemins mènent à $k = 1$ succès.

c. La probabilité d'obtenir trois fois S est :

$P(X = 3) = \binom{3}{3} p^3 q^{3-3} = 1 \times \left(\frac{4}{5}\right)^3 \times \left(\frac{1}{5}\right)^0 = \left(\frac{4}{5}\right)^3 = \frac{64}{125}.$

Rappel

Pour s'aider dans la lecture de l'arbre et pour la suite de l'exercice, on peut indiquer le nombre de succès obtenus pour chaque chemin.

8 Calcul de probabilités du type P(*X* = *k*)

Dans les trois cas, on utilise la formule du cours $P(X=3)=\binom{n}{3}p^3q^{n-3}$.

a. $p=\frac{1}{2}$ et $n=3$, donc $P(X=3)=\binom{3}{3}\left(\frac{1}{2}\right)^3\left(\frac{1}{2}\right)^0=\mathbf{\frac{1}{8}}$.

b. $p=0{,}1$ et $n=5$, donc $P(X=3)=\binom{5}{3}\times 0{,}1^3\times 0{,}9^2=\mathbf{0{,}008\,1}$.

c. $p=0{,}2$ et $n=10$, donc $P(X=3)=\binom{10}{3}\times 0{,}2^3\times 0{,}8^7\approx\mathbf{0{,}201\,3}$.

Astuce du prof !

Revoir la méthode en page 297.

9 Calcul de probabilités du type P(*X* ⩽ *k*) ou P(*X* > *k*)

X suit la loi binomiale $\mathcal{B}(12\,;0{,}1)$.

a. $P(X\leqslant 2)=P(X=0)+P(X=1)+P(X=2)$

$$=\binom{12}{0}\times 0{,}1^0\times 0{,}9^{12}+\binom{12}{1}\times 0{,}1^1\times 0{,}9^{11}+\binom{12}{2}\times 0{,}1^2\times 0{,}9^{10}$$

$$\approx 0{,}889$$

b. $P(X\geqslant 1)=1-P(X<1)=1-P(X=0)=1-\binom{12}{0}\times 0{,}1^0\times 0{,}9^{12}\approx 0{,}718.$

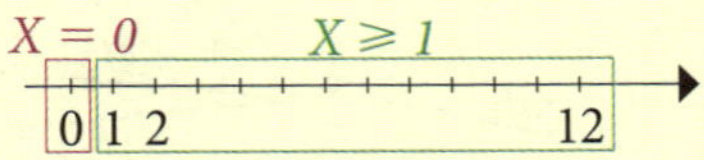

c. $P(X>2)=1-P(X\leqslant 2)\approx 1-0{,}889\approx 0{,}111$ (d'après la réponse au **a.**).

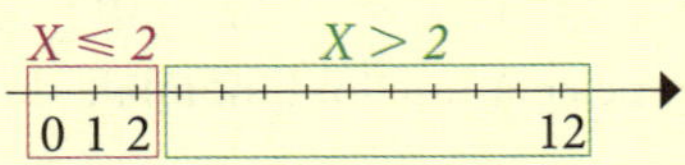

Exercices d'entraînement

10 Avec ou sans remise

Situation 1 Avec remise

a.

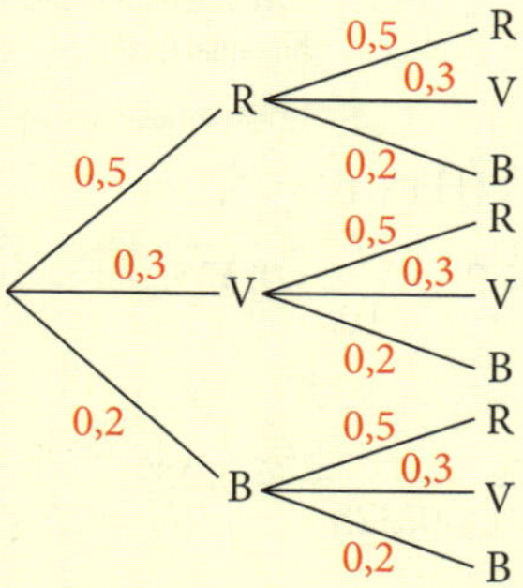

b. p = P((R ; R)) + P((V ; V)) + P((B ; B))

$p = 0{,}5 \times 0{,}5 + 0{,}3 \times 0{,}3 + 0{,}2 \times 0{,}2$

$p = 0{,}38$

La probabilité que les deux boules soient de la même couleur est égale à 0,38.

Situation 2 Sans remise

a.

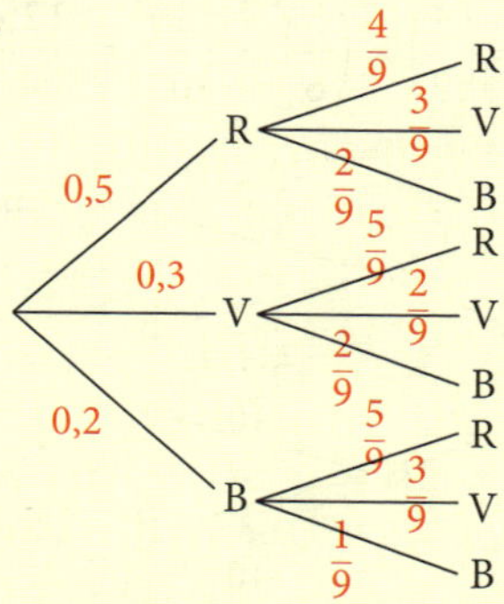

b. p = P((R ; R)) + P((V ; V)) + P((B ; B))

$$p = \frac{5}{10} \times \frac{4}{9} + \frac{3}{10} \times \frac{2}{9} + \frac{2}{10} \times \frac{1}{9}$$

$$p = \frac{28}{90} = \frac{14}{45} \approx 0{,}311.$$

La probabilité que les deux boules soient de la même couleur est environ égale à 0,311.

11 Algorithmique

1.

Saisir (n, p, k)
R = 0
Pour i allant de à k:
$R \leftarrow R + \binom{n}{k} \times p^k \times (1-p)^{n-k}$
Fin Pour
Afficher R

2. Voici l'algorithme en langage Python

```
from math import *

n=int(input())
p=float(input())
k=int(input())
R=0
for i in range (0,k+1):
    R=R+factorial(n)/(factorial(i)
    *factorial(n-i))*p**i*(1-p)**(n-i)
print(R)
```

Remarque : En langage Python n! s'écrit factorial (n) et a^b s'écrit a**b.

12 Des QCM extraits du Bac

> **Remarque**
>
> Avec Numworks : $\binom{n}{p}$ s'obtient par : paste |Dénombrement puis binomial (n,k)

1. X suit la loi binomiale $\mathcal{B}\left(5\,;\,\frac{5}{6}\right)$.

Le joueur perd trois fois s'il gagne deux fois.

$$P(X=2)=\binom{5}{2}\times\left(\frac{5}{6}\right)^2\times\left(\frac{1}{6}\right)^3=\frac{125}{3888}\approx 0{,}0321.$$

2.

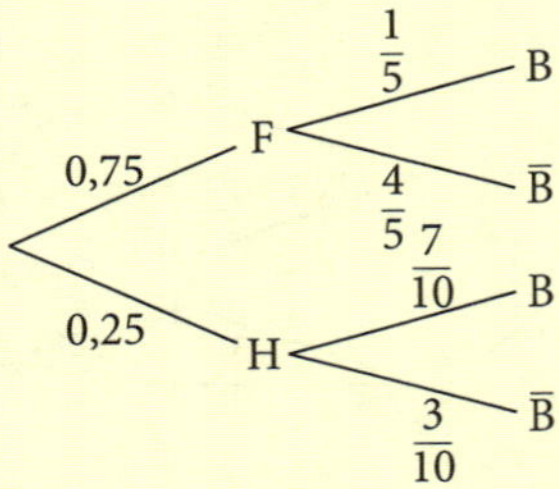

$$P(B)=P(F\cap B)+P(H\cap B)$$
$$=0{,}75\times\frac{1}{5}+0{,}25\times\frac{7}{10}=0{,}325.$$

$$P_B(F)=\frac{P(F\cap B)}{P(B)}=\frac{0{,}75\times\frac{1}{5}}{0{,}325}\approx 0{,}462.$$

3. X suit la loi binomiale $\mathcal{B}(10;0{,}3)$. $P(X=3)=\binom{10}{3}\times 0{,}3^3\times 0{,}7^7\approx 0{,}267.$

13 Jus d'orange

1.

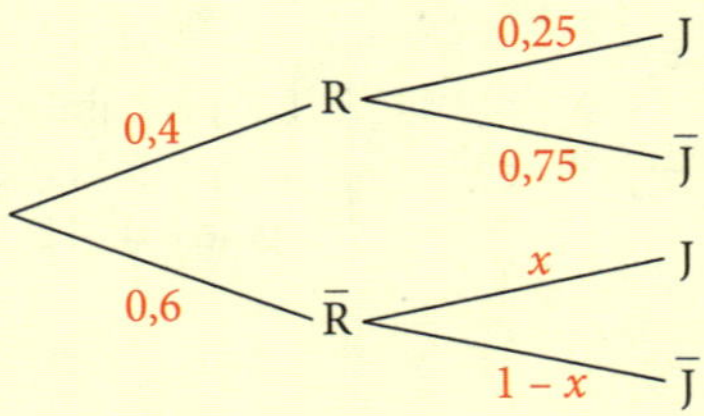

2. On sait que $P(J)=0{,}2$.

Or $P(J)=P(R\cap J)+P(\overline{R}\cap J)=0{,}4\times 0{,}25+0{,}6\times x=0{,}1+0{,}6x$.

Ainsi, $0{,}1+0{,}6x=0{,}2$ d'où $x=\dfrac{0{,}1}{0{,}6}=\dfrac{1}{6}$.

3. $P_J(R)=\dfrac{P(R\cap J)}{P(J)}=\dfrac{0{,}4\times 0{,}25}{\frac{1}{6}}=0{,}6.$

14 Roulette au casino

1. Chaque rouleau peut être associé à une épreuve de Bernoulli.

Les rouleaux fonctionnent de manière indépendante, on peut donc associer chaque partie à une loi binomiale de paramètres $n = 4$ (le nombre de rouleaux) et $p = \frac{1}{7}$ (la probabilité de sortie du 7).

La variable aléatoire X compte alors le nombre de 7 obtenus sur les quatre rouleaux. Elle suit la loi binomiale $\mathcal{B}\left(4\,;\frac{1}{7}\right)$.

2. a. On cherche $P(X \geqslant 1) = P(X = 1) + P(X = 2) + P(X = 3) + P(X = 4)$.

Il est plus rapide de considérer l'événement contraire : $(X < 1)$, c'est-à-dire $(X = 0)$.

Ainsi, $P(X \geqslant 1) = 1 - P(X = 0) = 1 - \binom{4}{4}\left(\frac{1}{7}\right)^0\left(\frac{6}{7}\right)^4 = \frac{1\,105}{2\,401} \approx 0{,}46$.

La probabilité d'obtenir au moins un 7 est d'environ 0,46.

b. On cherche $P(X = 4) = \binom{4}{4}\left(\frac{1}{7}\right)^4\left(\frac{6}{7}\right)^0 = \frac{1}{2\,401} \approx 0{,}000\,42$.

La probabilité d'obtenir les quatre 7 est d'environ 0,000 42.

Les deux parties correspondent à deux épreuves successives indépendantes. On note A l'événement « la partie rapporte 1 000 € », B l'événement « La partie rapporte 20 € » et C l'événement « la partie ne rapporte ni 1 000 €, ni 20 € ».

3. La probabilité d'obtenir trois 7 est :

$$P(X = 3) = \binom{4}{3}\left(\frac{1}{7}\right)^3\left(\frac{6}{7}\right)^1 = \frac{24}{2401}.$$

Remarque

Gagner 1 020 € en 2 parties correspond à 1 000 € puis 20 € ou 20 € puis 1 000 €

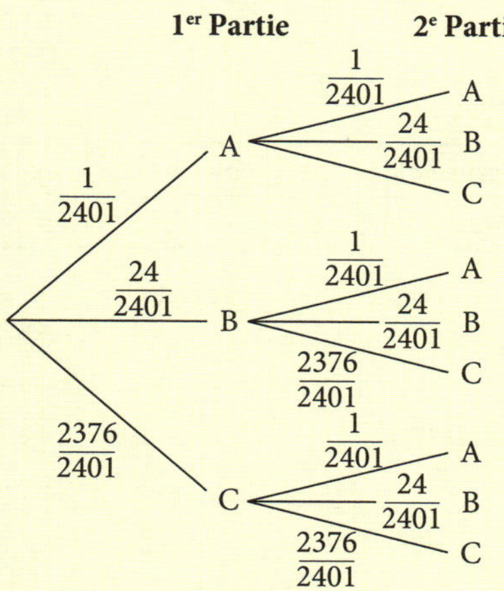

La probabilité cherchée est :

$P = P((A\,;B)) + P((B\,;A))$

$P = \frac{1}{2401} \times \frac{24}{2401} + \frac{24}{2401} \times \frac{1}{2401}$

$P \approx 8{,}3 \times 10^{-6}$

$P \approx 0{,}0000083.$

CHAPITRE

14 Somme de variables aléatoires

X et Y sont deux variables aléatoires définies sur le même univers Ω et prenant comme valeurs $x_1, x_2, \ldots x_n$ pour X et $y_1, y_2, \ldots y_m$ pour Y.

1 Somme de deux variables aléatoires

1 Variable aléatoire $X + Y$

Définitions

- La somme **$X + Y$ est une variable aléatoire** définie sur l'univers Ω dont les valeurs sont les sommes distinctes $x_i + y_j = s_h$ où $i \in \{1 ; \ldots ; n\}$ et $j \in \{1 ; \ldots ; m\}$.
- La **loi de probabilité de la variable aléatoire $X + Y$** est obtenue en associant à chaque valeur s_h la somme des probabilités $P((X = x_i) \cap (Y = y_j))$ où $x_i + y_j = s_h$.

2 Variable aléatoire aX

Définitions

- Le produit **aX** où a est un réel **est une variable aléatoire** dont les valeurs sont les produits $a \times x_i$ où $i \in \{1 ; \ldots ; n\}$.
- La **loi de probabilité de la variable aléatoire aX** est la même que celle de la variable aléatoire X.

Illustration :

Si

Issue : X	x_1	x_2	…	x_n
$P(X = x_i)$	p_1	p_2	…	p_n

alors

Issue : aX	ax_1	ax_2	…	ax_n
$P(aX = ax_i)$	p_1	p_2	…	p_n

3 Propriété de l'espérance

Propriétés

- $E(X + Y) = E(X) + E(Y)$
- $E(aX) = aE(X)$

Remarque : ces deux propriétés traduisent la linéarité de E.

EXERCICE RÉSOLU

ÉNONCÉ

Pour améliorer la mise en rayon de boîtes de céréales, un supermarché fait une étude sur la vente des boîtes de céréales pour laquelle il propose deux marques : A et B.
Pour un client choisi au hasard qui achète une (ou des) boîte(s) de céréales, X est la variable aléatoire mesurant le nombre de produits de marque A achetés et Y celle mesurant la marque B.

Issue : X	1	2
Probabilité	0,5	0,5

Issue : Y	1	2	3
Probabilité	0,2	0,5	0,3

a. Donner les valeurs prises par $X + Y$.

b. Donner la loi de probabilité de $X + Y$.

CORRIGÉ

a.

$Y =$ \ $X =$	1	2
1	2	3
2	3	4
3	4	5

Valeurs de $x_i + y_j$ où $i \in \{1 ; 2\}$ et $j \in \{1 ; 2 ; 3\}$

Ainsi les valeurs de $X + Y$ sont : 2 ; 3 ; 4 et 5.

b. Loi de probabilité de $X + Y$:

Issue : $X + Y$	2	3	4	5
Probabilité	0,1	0,35	0,4	0,15

$P(X + Y = 4) = P(X = 2$ et $Y = 2) + P(X = 1$ et $Y = 3)$
$= 0{,}5 \times 0{,}5 + 0{,}5 \times 0{,}3$.

2 Variables aléatoires indépendantes

X et Y sont deux variables aléatoires définies sur le même univers. X a pour valeurs $x_1, x_2, \ldots, x_n$ et Y a pour valeur $y_1, \ldots, y_m$.

1 Indépendance de variables aléatoires

• Définition

On dit que **X et Y sont indépendantes** lorsque, pour tout entier $i \in \{1 ; \ldots ; n\}$ et tout entier $j \in \{1 ; \ldots ; m\}$:

$$P((X = x_i) \cap (Y = y_j)) = P(X = x_i) \times P(Y = y_j)$$

Cas particuliers

Lorsque X et Y sont des variables aléatoires liées à deux épreuves aléatoires indépendantes successives, elles sont indépendantes.

• Propriétés

- Lorsque X et Y sont deux variables aléatoires indépendantes, on a

$$V(X + Y) = V(X) + V(Y).$$

- Pour $a \in \mathbb{R}$, $V(aX) = a^2 V(X)$.

2 Cas particulier de la loi binomiale

• Propriété

X est une variable aléatoire qui suit la loi binomiale $\mathcal{B}(n ; p)$

- $E(X) = n \times p$
- $V(X) = n \times p \times (1 - p)$
- $\sigma(X) = \sqrt{n \times p \times (1 - p)}$

Représentation graphique :

Une loi binomiale peut être représentée graphiquement par un diagramme en bâtons comme ci-contre.

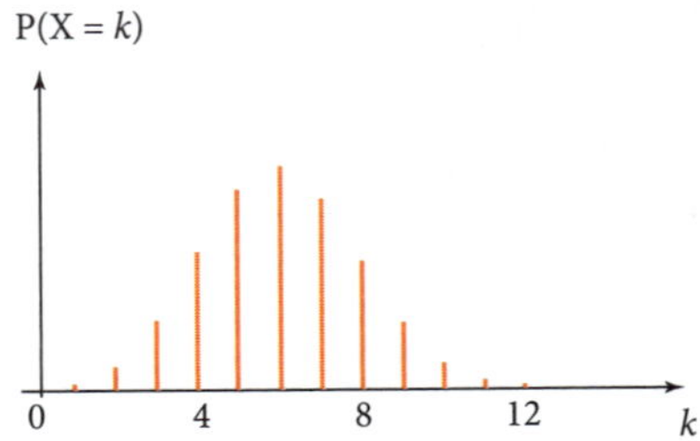

$E(X) = 15 \times 0.4 = 6$

EXERCICE RÉSOLU

ÉNONCÉ

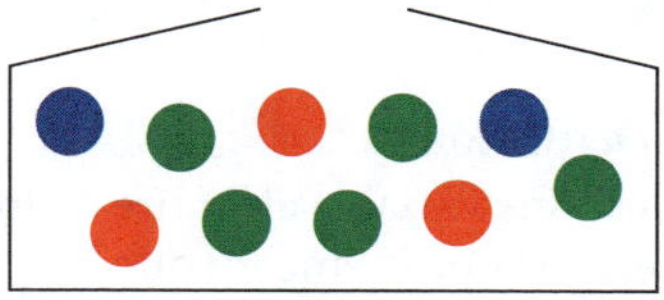

Une urne contient 10 boules :
5 vertes, 3 rouges et 2 bleues.
De cette urne, on extrait 3 boules successivement et sans remise.
X et Y sont les variables aléatoires dénombrant le nombre de boules rouges et de boules bleues.

a. Montrer que les événements « obtenir deux boules rouges » et « obtenir deux boules bleues » ne sont pas indépendants.

b. En déduire que X et Y sont dépendantes.

CORRIGÉ

a. L'événement « obtenir deux boules rouges » peut correspondre à « deux boules rouges parmi trois et une boule parmi sept restantes » et donc sa probabilité est $\dfrac{C_3^2 \times C_7^1}{C_{10}^3} = \dfrac{21}{120}$.

De même pour « obtenir deux boules bleues » :

$$\frac{C_2^2 \times C_8^1}{C_{10}^3} = \frac{8}{120}.$$

L'événement « obtenir deux boules rouges et deux boules bleues » est un événement vide, donc de probabilité nulle.

Or $\dfrac{21}{120} \times \dfrac{8}{120} \neq 0$, donc ces deux événements ne sont pas indépendants.

b. Les événements $(X = 2)$ et $(Y = 2)$ correspondent aux événements du **a.**, donc ils ne sont pas indépendants et donc X et Y ne sont pas indépendants.

3 Échantillon de taille *n* d'une loi de probabilité

1 Échantillon d'une loi de probabilité

• Définition

X est une variable aléatoire de loi de probabilité P et $X_1, X_2, \ldots, X_n$ sont n variables aléatoires de même loi que X.

Un échantillon de taille *n* de la loi de probabilité *P* est la liste $(X_1, X_2, \ldots, X_n)$ de n variables aléatoires indépendantes et identiques.

2 Somme et moyenne d'un échantillon

• Définitions

$(X_1, X_2, \ldots, X_n)$ est un échantillon de taille n de la loi de probabilité P suivie par la variable aléatoire X.

- **La variable aléatoire somme de cet échantillon** est :

$$S_n = X_1 + X_2 + \ldots + X_n.$$

- **La variable aléatoire moyenne de cet échantillon** est :

$$M_n = \frac{S_n}{n}.$$

Vocabulaire : M_n s'appelle moyenne empirique des variables $X_1, X_2, \ldots, X_n$.

• Propriétés

M_n est la variable aléatoire moyenne construite à partir de la variable aléatoire X de probabilité P sur un échantillon de n variables aléatoires $(X_1, \ldots, X_n)$.

• $E(M_n) = E(X)$ • $V(M_n) = \dfrac{V(X)}{n}$ • $\sigma(M_n) = \dfrac{\sigma(X)}{\sqrt{n}}$

EXERCICE RÉSOLU

ÉNONCÉ

Le professeur de mathématiques a demandé à huit de ses élèves de terminale, le temps hebdomadaire, en heure, consacré à sa matière.

Élève	A	B	C	D	E	F	G	H
Temps (h)	6	3	5	9	7	6	4	3

a. X est la variable aléatoire qui mesure le temps hebdomadaire consacré aux mathématiques pour un élève.
Donner les valeurs de X et la loi de probabilité de X.

b. Déterminer les lois de probabilités des variables aléatoires X_1, X_2 et X_3 crées respectivement à partir des échantillons :

- (A, B, C)
- (A, D, F, G)
- (A, B, F, H)

c. M_3 est la variable aléatoire moyenne de ce troisième échantillon.
Calculer l'espérance de M_3.

CORRIGÉ

Loi de probabilité de X :

a.

Issue : X	3	4	5	6	7	9
Probabilité	$\frac{1}{4}$	$\frac{1}{8}$	$\frac{1}{8}$	$\frac{1}{4}$	$\frac{1}{8}$	$\frac{1}{8}$

b.

échantillon à partir des élèves	Loi de probabilité			
A / B / C	Issue : X_1	3	5	6
	Probabilité	$\frac{1}{3}$	$\frac{1}{3}$	$\frac{1}{3}$
A / D / F / G	Issue : X_2	4	6	9
	Probabilité	$\frac{1}{4}$	$\frac{2}{4}$	$\frac{1}{4}$
A / B / F / H	Issue : X_3	3	6	
	Probabilité	$\frac{2}{4}$	$\frac{2}{4}$	

c. $E(M_3) = E(X) = 3 \times \frac{1}{4} + 4 \times \frac{1}{8} + 5 \times \frac{1}{8} + 6 \times \frac{1}{4} + 7 \times \frac{1}{8} + 9 \times \frac{1}{8} = 5{,}375.$

Savoir représenter une variable comme somme de variables aléatoires plus simples

ÉNONCÉ

Pierre commande tous les vendredis soir un menu à emporter sur son appli « 3 en 1 ». Il peut choisir entre une pizza à 7 €, un hamburger à 5 € puis une boisson gazeuse à 2 €, de l'eau à 1 € ou un jus de fruit à 2 € et enfin une glace à 3 € ou une pâtisserie à 2 €.

Il choisit au hasard un plat, une boisson et un dessert. M est la variable aléatoire qui donne le montant total de sa commande.

Déterminer la loi de probabilité de M.

MÉTHODE

Pour déterminer la loi de probabilité d'une variable aléatoire, on peut définir d'autres variables aléatoires dont la somme est égale à celle du départ.

CORRIGÉ

a. P, B et D sont trois variables aléatoires qui donnent respectivement le prix du plat, de la boisson et du dessert. On représente la situation par un arbre de probabilités.

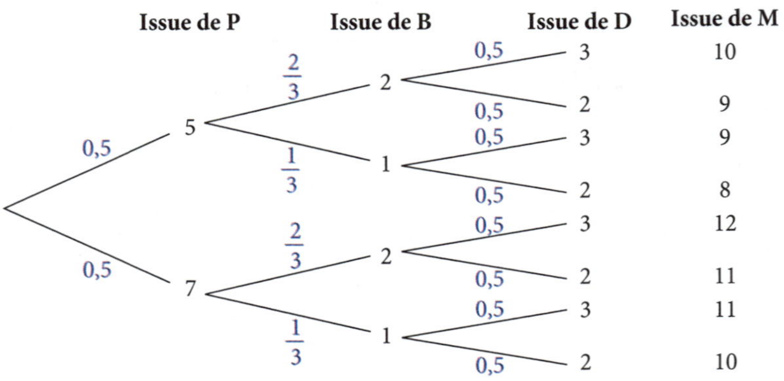

Ainsi, par exemple :

$$P(M=10)=P\big((P=5)\cap(B=2)\cap(D=3)\big)+P\big((P=7)\cap(B=2)\cap(D=1)\big)$$

$$=0{,}5\times\frac{2}{3}\times 0{,}5+0{,}5\times\frac{1}{3}\times 0{,}5=0{,}25.$$

De même on obtient :

Issue : M	8	9	10	11	12
Probabilité	$\frac{1}{12}$	$\frac{1}{4}$	$\frac{1}{4}$	$\frac{1}{4}$	$\frac{1}{6}$

Savoir calculer l'espérance et la variance

ÉNONCÉ

X et Y sont deux variables aléatoires indépendantes données par les lois de probabilités suivantes :

Issue : X	3	5	7
Probabilité	0,2	0,6	0,2

Issue : Y	0,02	0,03	0,05
Probabilité	0,3	0,4	0,3

Calculer $E(X + Y)$, $E(100Y)$, $V(X + Y)$ et $V(100Y)$.

MÉTHODE

Pour calculer l'espérance ou la variance d'une somme de variables aléatoires ou d'un produit par un réel d'une variable aléatoire, on peut utiliser les formules du cours en n'oubliant pas que l'indépendance des variables aléatoires est nécessaire pour le calcul de la variance de $V(X + Y)$.

CORRIGÉ

• $E(X + Y) = E(X) + E(Y)$

$$= [3 \times 0{,}2 + 5 \times 0{,}6 + 7 \times 0{,}2] + [0{,}02 \times 0{,}3 + 0{,}03 \times 0{,}4 + 0{,}05 \times 0{,}3]$$

$$= 5 + 0{,}033 = 5{,}033.$$

• $E(100Y) = 100\ E(Y) = 100 \times 0{,}033 = 3{,}3.$

• X et Y sont indépendantes donc
$V(X + Y) = V(X) + V(Y) = [(3 - 5)^2 \times 0{,}2 + (5 - 5)^2 \times 0{,}6 + (7 - 5)^2 \times 0{,}2] + [(0{,}02 - 0{,}033)^2 \times 0{,}3 + (0{,}03 - 0{,}033)^2 \times 0{,}4 + (0{,}05 - 0{,}033)^2 \times 0{,}3] = 1{,}6 + 0{,}000141 = 1{,}600141.$

• $V(100Y) = 100^2\ V(Y) = 1{,}41.$

Savoir simuler un échantillon d'une loi de probabilité

ÉNONCÉ

Lorsque Claire mange des crêpes, une fois sur deux elle met du Nutella, une fois sur trois du sucre et le reste du temps, elle les mange nature. L'apport calorique supplémentaire est de 37 calories pour le Nutella, 25 pour le sucre et aucun pour « nature ».

```
def simu():
    r=random()
    c = 25
    if r <= 0.5 :
        [          ]
    if r >= 5/6 :
        [          ]
    return c
```

a. Donner la loi de probabilité de la variable *C* qui prend pour valeur le nombre de calories supplémentaires.

b. Compléter la fonction simu() qui permet d'obtenir les valeurs d'une variable aléatoire C_i d'un échantillon de taille *n* de la loi de probabilité de *C*.

```
def echant(n):
    echantillon=[]
    for i in range(n):
        echantillon.append(simu())
    return echantillon
```

c. Exécuter echant(n) pour obtenir un échantillon de taille 5 de la loi de probabilité de C.

MÉTHODE

Pour créer les valeurs d'une variable aléatoire qui est un élément d'un échantillon de taille *n* d'une loi de probabilité *P*, on peut :

1 Créer une structure conditionnelle pour modéliser la loi de probabilité.

2 Créer une structure itérative pour répéter cette expérience.

CORRIGÉ

a. Loi de probabilité de *C* :

Issue C	0	25	37
Probabilité	$\frac{1}{6}$	$\frac{1}{3}$	$\frac{1}{2}$

b. On complète la fonction ainsi :

```
if r <= 0.5 :
    c = 37
if r >= 5/6 :
    c = 0
```

c. On saisit dans la console echant(5) et on obtient :

[25, 37, 37, 37, 0].

Vérifiez vos connaissances

1 Vrai-Faux

Indiquer pour chaque proposition si elle est vraie (V) ou fausse (F).
Une urne contient 7 jetons portant les numéros 0, 1, 1, 1, 2, 2 et 3.
On tire successivement avec remise 2 jetons dans l'urne.
X est la variable aléatoire qui donne le numéro du 1er et Y celui du 2nd.

1. $P\big((X=1)\cap(Y=1)\big)=\dfrac{9}{49}$. ☐ V ☐ F

2. La loi de probabilité de $Z = X + Y$ est :

Issue : Z	0	2	4	6
Probabilité	$\frac{1}{7}$	$\frac{3}{7}$	$\frac{7}{2}$	$\frac{1}{7}$

☐ V ☐ F

3. Les variables aléatoires X et Y sont indépendantes ☐ V ☐ F

4. $E(Z) = 2\,E(X)$ ☐ V ☐ F

2 QCM

Pour chaque question, une seule réponse proposée (A, B ou C) est exacte.

		A	B	C
1.	$X \in \{-2\,;0\,;2\}$ et $Y \in \{0\,;2\,;4\}$ le nombre de valeurs prises par la variable aléatoire $X + Y$ est	6	3	5
2.	X et Y sont deux variables aléatoires indépendantes avec $P(X = 1) = 0{,}3$ et $P(Y = 3) = 0{,}2$ alors P $((X = 1)) \cap (Y = 3))$ est égal à	0,5	0,06	0,6
3.	X est une variable aléatoire qui suit une loi binomiale $\mathcal{B}(10\,;p)$ telle que $V(X) = 2{,}1$ alors $p =$	0,21	0,1	0,7
4.	L'espérance de X est 3 et sa variance est 6. La variable aléatoire $Y = \dfrac{X}{3}$ vérifie :	$E(Y) = 3$ et $V(Y) = 1$	$E(Y) = 1$ et $V(Y) = \dfrac{2}{3}$	$E(Y) = 1$ et $V(Y) = 3$

Exercices d'application

3 Somme de variables aléatoires

Dans une fête foraine, un joueur lance une roue où il y a 20 % de chance de tomber sur 0, 50 % de chance de tomber sur 10 et le reste sur 30. Puis ce joueur tire une ficelle parmi 50 dont 20 sont reliées au nombre 0 et 30 au nombre 10.

X est la variable aléatoire égale au nombre obtenu avec la roue et Y celle égale au nombre obtenu par la ficelle tirée.

1. Calculer l'espérance et la variance des variables aléatoires X et Y.

2. Déterminer la loi de probabilité de la variable aléatoire $Z = X + Y$.

3. En déduire l'espérance et la variance de la variable aléatoire $Z = X + Y$.

4 Multiplication par un réel

X est une variable aléatoire de loi de probabilité :

Issue : X	0	1	2	3
Probabilité	0,15	0,2	0,3	0,35

Calculer l'espérance, la variance et l'écart type de la variable aléatoire $Y = 10X$.

5 Espérance et gain

M et G sont deux variables aléatoires telles que :

Issue : M	10	20	30
Probabilité	$\frac{1}{3}$	$\frac{1}{6}$	$\frac{1}{2}$

Issue : G	0	1
Probabilité	$\frac{5}{6}$	$\frac{1}{6}$

1. Calculer $E(M)$, $E(G)$, $V(M)$ et $V(G)$.

2. M et G sont des variables aléatoires qui prennent comme valeurs respectives le montant du gain à un jeu le jour de l'achat du billet puis le montant du gain le jour du tirage à la télé.

Quel doit être le prix minimum d'un billet (arrondi à l'euro près) pour que, sur un grand nombre de parties, le joueur soit perdant ?

6 Somme de variables aléatoires

Deux représentants R_1 et R_2 d'une même entreprise travaillent en équipe pendant un mois pour proposer des contrats à des clients.

X et Y sont les variables aléatoires qui donnent le nombre de contrats obtenus par R_1 et R_2, au cours d'une journée.

Les probabilités $P((X = a) \cap (Y = b))$ sont indiquées dans le tableau ci-dessous.

Y \ X	0	1	2	3
0	0,05	0,15	0,2	0,1
1	0,1	0,2	0,15	0,05

L'entreprise s'intéresse au nombre total de contrats obtenus par les deux représentants en une journée.

1. a. Donner les valeurs de $X + Y$.

b. Montrer que $P(X + Y = 0) = 0,05$ et que $P(X + Y = 1) = 0,25$.

2. Donner la loi de probabilité de $X + Y$.

3. Calculer et interpréter $E(X + Y)$.

4. Calculer $V(X + Y)$ puis $\sigma(X + Y)$ au centième près.

7 Simulation avec Python

Pour simuler le lancer de deux dés et observer la somme des résultats, on utilise le programme ci-contre.

```
de1=[1,2,2,3,3,4]
de2=[1,3,4,5,6,8]

def simulation(n,issue):
    ef_issue=0
    for i in range(n):
        l1=choice(de1)
        l2=choice(de2)
        somme=l1+l2
        if somme == issue:
            ef_issue=ef_issue+1
    return ef_issue/n
```

1. a. Donner la loi de probabilité de la variable aléatoire X, qui prend les valeurs du dé 1.

b. De même pour X_2 qui prend les valeurs du dé 2.

2. Calculer l'espérance des variables aléatoires X_1, X_2 et $S = X_1 + X_2$.

3. Déterminer et interpréter $E(S_1 + S_2 +\ldots+ S_{10})$ où pour tout i allant de 1 à 10, $S_i = X_1 + X_2$.

Exercices d'entraînement

8 Échantillon test

Dans une chaîne d'embouteillage, une bouteille en verre est d'abord remplie puis encapsulée et enfin étiquetée.

Le temps de remplissage s'effectue en 10, 11 ou 12 secondes de façon équiprobable, pour l'encapsulation 3 fois sur 4 il est de 2 s ou sinon de 3 s et enfin l'étiquetage une fois sur deux de 2 s et autant de fois en 1 s ou 3 s. On choisit au hasard une bouteille à la sortie de la chaine de fabrication et on note T la variable aléatoire qui indique le temps total, en secondes, qu'il a fallu pour qu'elle soit prête.

1. Calculer et interpréter $E(T)$.

2. On note M la variable aléatoire moyenne construite à partir d'un échantillon de taille n du type $(B_1, \ldots, B_n)$ où B_i suit la loi de probabilité de T.

a. pour $n = 50$. **b.** Calculer l'espérance de M pour $n = 80$.

9 Avec la loi binomiale

X et Y sont deux variables aléatoires qui suivent des lois binomiales dont les nombres d'épreuves sont respectivement n et m et de même paramètre p, la probabilité du succès.

Quelle est la loi de probabilité suivie par la variable aléatoire $Z = X + Y$?

10 Stratégies médicales

Un virus s'est propagé dans deux pays voisins A et B. Dans chaque pays on va analyser le sang de 1 000 individus. La probabilité qu'une personne choisie au hasard soit infectée par le virus est de 0,04.

• Dans le pays A, on choisit de tester les 1 000 individus.

• Dans le pays B, on regroupe les 1 000 individus par sous-groupes de taille 10, on rassemble le sang prélevé dans un de ces sous-groupes et on teste le sang mélangé obtenu.

1. a. Déterminer la probabilité qu'un sous-groupe du pays B soit « positif », c'est-à-dire qu'au moins un des individus de ce sous-groupe soit infecté.

b. Déterminer la loi de probabilité suivie par la variable aléatoire X qui prend pour valeur le nombre de sous-groupes infectés, puis calculer son espérance.

2. Dans le pays B, lorsqu'un sous-groupe est testé « positif », on teste alors chacun des individus de ce sous-groupe. Calculer l'espérance de la variable aléatoire Y qui prend pour valeur le nombre d'analyses effectuées dans le pays B. Comparer avec le pays A.

Vérifiez vos connaissances

1 Vrai-Faux

1. Vrai **2.** Faux **3.** Vrai **4.** Vrai

2 QCM

1. C **2.** B **3.** C **4.** B

Exercices d'application

3 Somme de variables aléatoires

1. • **La variable aléatoire X :**

Issue : X	0	10	30
Probabilité	0,2	0,5	0,3

$E(X) = 0 \times 0{,}2 + 10 \times 0{,}5 + 30 \times 0{,}3 = \mathbf{14}$.

$V(X) = (0 - 14)^2 \times 0{,}2 + (10 - 14)^2 \times 0{,}5 + (30 - 14)^2 \times 0{,}3 = \mathbf{124}$.

• **La variable aléatoire Y :**

Issue : Y	0	10
Probabilité	0,4	0,6

$E(X) = 0 \times 0{,}4 + 10 \times 0{,}6 = \mathbf{6}$.

$V(X) = (0 - 6)^2 \times 0{,}4 + (10 - 6)^2 \times 0{,}6 = \mathbf{24}$.

Reflèxe à avoir

Vous pouvez vérifier vos résultats en utilisant le mode STAT de votre calculatrice en saisissant :
En liste 1 : les issues
En liste 2 : les probabilités

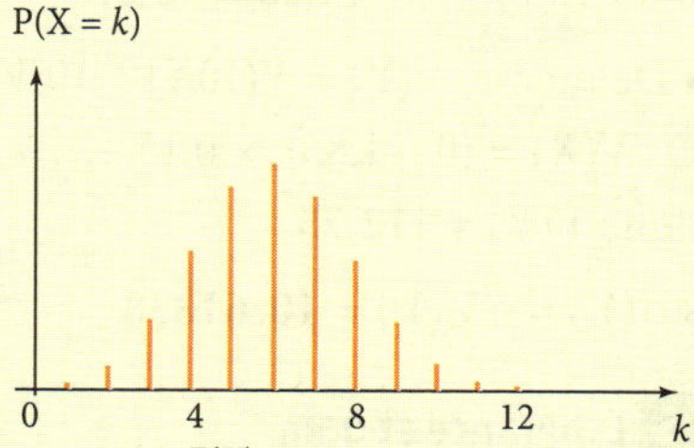

$E(X) = 15 \times 0.4 = 6$

2. **Loi de probabilité de $Z = X + Y$:**

Valeurs de Z :

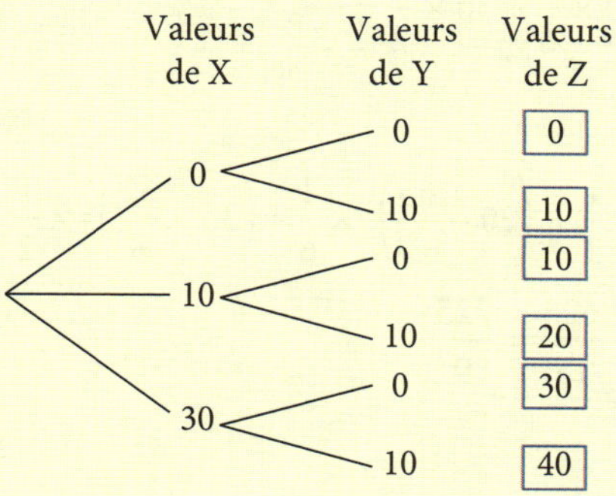

X et Y sont indépendantes, donc

$P(Z = 0) = P(X = 0) \times P(Y = 0) = 0{,}2 \times 0{,}4 = 0{,}08.$

$$\begin{aligned}P(Z = 10) &= P(X = 0) \times P(Y = 10) + P(X = 10) \times P(Y = 0)\\ &= 0{,}2 \times 0{,}6 + 0{,}5 \times 0{,}4\\ &= 0{,}32.\end{aligned}$$

De même on obtient

Issue : Z	0	10	20	30	40
Probabilité	0,08	0,32	0,3	0,12	0,18

3. $E(Z) = E(X + Y) = E(X) + E(Y) = 14 + 6 = \mathbf{20}$.

Comme X et Y sont indépendantes,

$V(X + Y) = V(X) + V(Y) = 124 + 24 = \mathbf{148}$.

Astuce du prof

On peut calculer l'espérance de Z sans utiliser la formule $p_1 \times z_1 + \ldots + p_n \times z_n$.

4 Multiplication par un réel

• $Y = 10X$ donc $E(Y) = 10\,E(X)$.

Or $E(X) = 0 \times 0{,}15 + \ldots + 3 \times 0{,}35 = 1{,}85$

donc $E(Y) = 10 \times 1{,}85 = \mathbf{18{,}5}$.

• De même, $V(Y) = V(10X) = 10^2V(X) = 100V(X)$.

Or $V(X) = (0 - 1{,}85)^2 \times 0{,}15 + \ldots + (3 - 1{,}85)^2 \times 0{,}35 = 1{,}1275$

donc $V(Y) = \mathbf{112{,}75}$.

• $\sigma(Y) = \sqrt{V(Y)} = \mathbf{10{,}61838}$.

Rappel

Pour une variable aléatoire X, $\sigma(x) = \sqrt{V(x)}$.

5 Espérance et gain

1. $E(M) = 10 \times \frac{1}{3} + 20 \times \frac{1}{6} + 30 \times \frac{1}{2} = \mathbf{\frac{65}{3}}$.

$E(G) = \mathbf{\frac{1}{6}}$.

$$V(M) = \left(10 - \frac{65}{3}\right)^2 \times \frac{1}{3} + \left(20 - \frac{65}{3}\right)^2 \times \frac{1}{6} + \left(30 - \frac{65}{3}\right)^2 \times \frac{1}{2}$$

$$= \frac{1\,225}{27} + \frac{25}{54} + \frac{625}{18} = \mathbf{\frac{725}{9}}$$

Astuce du prof

Pensez à vérifier les résultats à la calculatrice.

$$V(G) = \left(0 - \frac{8}{6}\right)^2 \times \frac{5}{6} + \left(1 - \frac{8}{6}\right)^2 \times \frac{1}{6}$$

$$= \mathbf{\frac{5}{36}}.$$

2. M et G sont des variables indépendantes par définition donc

$E(M + G) = E(M) + E(G) = \frac{65}{3} + \frac{1}{6} = \frac{131}{6}$ et $\frac{131}{6} \approx 21{,}833$.

Le prix minimum d'un billet doit être de 22 € pour que, sur un grand nombre de parties, le joueur soit perdant.

6 Sommes de variables aléatoires

1. a. Les valeurs de $X + Y$ sont : **0, 1, 2, 3 et 4**.

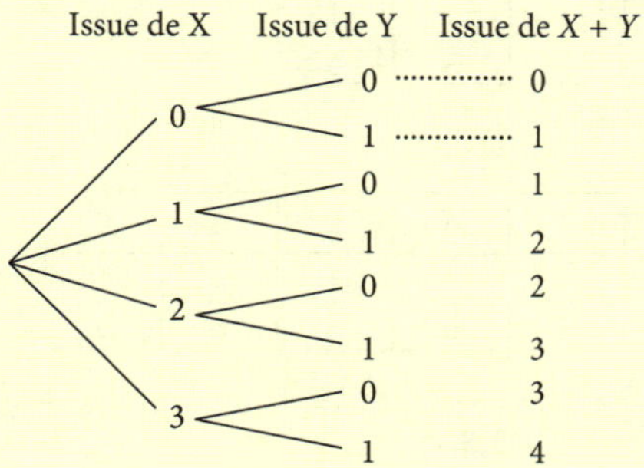

b. $P(X + Y = 0) = P((X = 0) \cap (Y = 0)) = \mathbf{0{,}05}$.

$P(X + Y = 1) = P(((X = 0) \cap (Y = 1)) \cup ((X = 1) \cap (Y = 0)))$

$= P((X = 0) \cap (Y = 1)) + P((X = 1) \cap (Y = 0))$

$= 0{,}1 + 0{,}15 = \mathbf{0{,}25}$.

Rappel
Si A et B sont disjoints
$P(A \cup B) = P(A) + P(B)$.

2. Loi de probabilité de $X + Y$:

Issue : $X + Y$	0	1	2	3	4
Probabilité	0,05	0,25	0,4	0,25	0,05

Puisque $P(X + Y = 2) = P([(X = 1) \cap (Y = 1)] \cup [(X = 2) \cap (Y = 0)]) = 0{,}2 + 0{,}2 = 0{,}4$.

$P(X + Y = 3) = P([(X = 2) \cap (Y = 1)] \cup [(X = 3) \cap (Y = 0)]) = 0{,}15 + 0{,}1 = 0{,}25$.

$P(X + Y = 4) = P((X = 3) \cap (Y = 1)) = 0{,}05$.

3. $E(X + Y) = 0 \times 0{,}05 + 1 \times 0{,}25 + 2 \times 0{,}4 + 3 \times 0{,}25 + 4 \times 0{,}05 = \mathbf{2}$.

Les deux représentants peuvent vendre, en moyenne, deux contrats par journée s'ils travaillent longuement ensemble.

4. $V(X + Y) = (0 - 2)^2 \times 0{,}05 + (1 - 2)^2 \times 0{,}25 + (2 - 2)^2 \times 0{,}4 + (3 - 2)^2 \times 0{,}25 + (4 - 2)^2 \times 0{,}05 = \mathbf{0{,}9}$

$\sigma(X + Y) = \sqrt{V(X + Y)} \approx \mathbf{0{,}95}$.

7 Simulation avec Python

1. a. On sait que del = [1, 2, 2, 3, 3, 4], le dé est cubique et il a 1 face numérotée 1, 2 faces numérotées 2, 2 faces numérotées 3 et 1 face numérotée 4. Ainsi X a pour valeurs 1, 2, 3, 4 et $P(X = i) = \dfrac{\text{nombre de faces numérotées } i}{\text{nombre total de faces}}$.

Issue : X_1	1	2	3	4
Probabilité	$\frac{1}{6}$	$\frac{1}{3}$	$\frac{1}{3}$	$\frac{1}{6}$

b. De même,

Issue : X_2	1	3	4	5	6	8
Probabilité	$\frac{1}{6}$	$\frac{1}{6}$	$\frac{1}{6}$	$\frac{1}{6}$	$\frac{1}{6}$	$\frac{1}{6}$

2. $E(X_1) = 1 \times \frac{1}{6} + \ldots + 4 \times \frac{1}{6} = \mathbf{2{,}5}$.

$E(X_2) = 1 \times \frac{1}{6} + \ldots + 8 \times \frac{1}{6} = \mathbf{4{,}5}$.

$E(S) = E(X_1 + X_2) = E(X_1) + E(X_2) = \mathbf{7}$.

3. $E(S_1 + S_2 + \ldots + S_{10}) = E(S_1) + \ldots + E(S_{10}) = 10 \times 7 = \mathbf{70}$.

Remarque

Cette loi est aussi appelée loi équiprobable.

Exercices d'entraînement

8 Échantillon test

1. T_1, T_2 et T_3 sont les variables aléatoires qui prennent pour valeurs respectives le temps de remplissage, le temps d'encapsulation et le temps d'étiquetage. Ainsi $T = T_1 + T_2 + T_3$ et donc $E(T) = E(T_1) + E(T_2) + E(T_3)$.

Loi de probabilité de T_1 :

Issue : T_1	10	11	12
Probabilité	$\frac{1}{3}$	$\frac{1}{3}$	$\frac{1}{3}$

$$E(T_1) = 10 \times \frac{1}{3} + 11 \times \frac{1}{3} + 12 \times \frac{1}{3} = 11.$$

Loi de probabilité de T_2 :

Issue : T_2	2	3
Probabilité	$\frac{3}{4}$	$\frac{1}{4}$

$$E(T_2) = 2 \times \frac{3}{4} + 3 \times \frac{1}{4} = 2{,}25.$$

Loi de probabilité de T_3 :

Issue : T_3	1	2	3
Probabilité	$\frac{1}{4}$	$\frac{1}{2}$	$\frac{1}{4}$

$$E(T_3) = 1 \times \frac{1}{4} + 2 \times \frac{1}{2} + 3 \times \frac{1}{4} = 2.$$

Finalement $E(T) = 11 + 2{,}25 + 2 =$ **15,25**.

Interprétation :
Pour une très grande production, le temps d'usinage moyen d'une bouteille est de 15,25 s.

2. • Pour $n = 50$:
$(B_1, B_2, \ldots, B_{50})$ est un échantillon de loi de probabilité de T, $S_{50} = B_1 + B_2 + \ldots + B_{50}$ et $M_{50} = \frac{S_{50}}{50}$. Alors $E(M_{50}) = E(T) = \mathbf{15{,}25}$.

• Pour $n = 80$:
$(B'_1, B'_2, \ldots, B'_{80})$ est un échantillon de loi de probabilité de T, $S_{80} = B'_1 + B'_2 + \ldots + B'_{80}$ et $M_{80} = \frac{S_{80}}{80}$. Alors $E(M_{80}) = E(T) = \mathbf{15{,}25}$.

9 Avec une loi binomiale

X suit la loi $\mathcal{B}(n\,;p)$ et Y suit la loi $\mathcal{B}(m\,;p)$.

Z est la variable aléatoire $X + Y$.

Z prend pour valeurs 0, 1,…, $n + m$.

Pour $\ell \in \{0\,;1\,;\ldots\,;n+m\}$ d'après la formule des probabilités totales :

$$\begin{aligned} P(Z=\ell) &= P((X=0)\cap(Y=\ell)) + \ldots + P((X=n)\cap(Y=\ell-n)) \\ &= P(X=0)\times P_{(X=0)}(Y=\ell) + \ldots + P(X=n)\times P_{(X=n)}(Y=\ell-n) \\ &= \sum_{k=0}^{n} P(X=k)\times P_{(X=k)}(Y=\ell-k) \end{aligned}$$

Or si $k > \ell$ alors $P_{(X=k)}(Y=\ell-k)=0$;

si $k \leqslant l$ alors $P_{(X=k)}(Y=\ell-k)=P(Y=\ell-k)$

puisque X et Y sont indépendantes.

Ainsi $P(Z=\ell) = \displaystyle\sum_{k=0}^{\ell}\left[\binom{n}{k}p^{k}(1-p)^{n-k}\right]\times\left[\binom{m}{\ell-k}p^{\ell-k}(1-p)^{m-\ell-k}\right]$

$$= \sum_{k=0}^{\ell}\binom{n}{k}\binom{m}{\ell-k}p^{k}\,p^{\ell-k}(1-p)^{n-k}(1-p)^{m-\ell-k}$$

$$= \sum_{k=0}^{\ell}\binom{n}{k}\binom{m}{\ell-k}p^{\ell}(1-p)^{n+m-\ell} = \left(\sum_{k=0}^{\ell}\binom{n}{k}\binom{m}{\ell-k}\right)p^{\ell}(1-p)^{n+m-\ell}$$

Or $\displaystyle\sum_{k=0}^{\ell}\binom{n}{k}\binom{m}{\ell-k} = \binom{n+m}{\ell}$.

Ainsi $P(Z=\ell) = \displaystyle\binom{n+m}{\ell}p^{\ell}(1-p)^{n+m-\ell}$

Finalement

Z suit la loi binomiale de paramètres $n+m$ et p .

Astuce du prof

On peut s'aider d'un arbre pondéré :

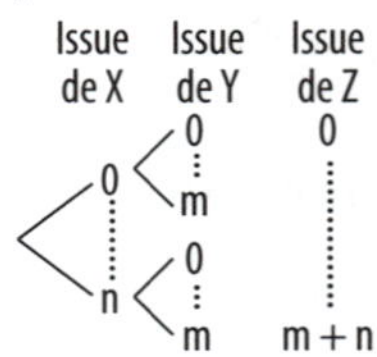

10 Stratégie médicale

1. a. Z est la variable aléatoire qui prend pour valeur le nombre d'individus infectés dans un sous-groupe. Cette variable aléatoire suit une loi binomiale de paramètres $n = 10$ et $p = 0{,}04$.

Le groupe sera positif si $Z \geqslant 1$ donc :

P(« sous-groupe positif »)

$$= P(Z \geqslant 1)$$

$$= \sum_{k=1}^{10} P(Z = k)$$

$$= 1 - P(Z = 0) = 1 - \binom{10}{0} \times 0{,}04^0 \times (1 - 0{,}04)^{10-0}$$

$$\approx 0{,}335$$

La probabilité qu'un sous-groupe soit positif est environ 0,335 .

b. •L'infection d'un sous-groupe du pays B suit une loi de Bernoulli de probabilité 0,335.

Les sous-groupes sont indépendants les uns des autres donc X, qui prend pour valeur le nombre de sous-groupes infectés, suit **la loi binomiale** $\mathcal{B}\left(\frac{1\,000}{10} ; 0{,}335\right)$.

$$E(X) = \frac{1000}{10} \times 0{,}335 = 33{,}5$$

2. Y, qui prend pour valeur le nombre d'analyses à effectuer, s'exprime en fonction des valeurs de X.

$$Y = \frac{1000}{10} + 10X$$

- $\frac{1000}{10}$: Chaque sous-groupe a été analysé.
- 10 : Nombre d'individus par sous-groupe
- X : Nombre de sous-groupes infectés

Rappel

Si X suit la loi $\mathcal{B}(n\,;p)$ alors $E(X) = n \times p$.

Ainsi $E(Y) = E(100 + 10X) = 100 + 10\,E(X)$

$= 100 + 10 \times 33{,}5 =$ **435.**

Dans le pays A, il faut effectuer 1 000 tests. La stratégie est donc gagnante dans le pays B.

Astuce du prof

$E(aX + b) = a\,E(X) + b$.

CHAPITRE 15

Concentration, loi des grands nombres

1 Inégalité de Bienaymé-Tchebychev

X est une variable aléatoire d'espérance $E(X)$ et de variance $V(X)$ qui suit une loi de probabilité P.

Pour tout réel t strictement positif :

$$P(|X-E(X)|\geqslant t)\leqslant\frac{V(X)}{t^2}.$$

Remarque : L'événement contraire de $|X - E(X)| \geqslant t$ est $|X - E(X)| < t$ et alors : $1-P(|X-E(X)|<t)\leqslant\frac{V(X)}{t^2}$

soit $P(|X-E(X)|<t)\geqslant 1-\frac{V(X)}{t^2}$.

Interprétation : La probabilité que l'écart entre les valeurs prises par X et l'espérance $E(X)$ soit d'au moins t diminue plus t est grand.

2 Inégalité de concentration

X est une variable aléatoire qui suit une loi de probabilité P qui a pour espérance $E(X)$ et pour variance $V(X)$.
n est un entier naturel non nul et M_n la variable aléatoire moyenne d'un échantillon de taille n de la variable aléatoire X.

Pour tout réel t strictement positif : $P(|M_n - E(X)| \geqslant t)\leqslant\frac{V(X)}{nt^2}$.

Remarques : • C'est une conséquence de l'inégalité de Bienaymé-Tchebychev.

• $M_n=\frac{X_1+X_2+\ldots+X_n}{n}$.

EXERCICE RÉSOLU

Déterminer la taille d'un échantillon

ÉNONCÉ

Une certaine variété de trèfle donne des trèfles à trois feuilles qui parfois, sont à quatre feuilles avec une probabilité de 0,1. On choisit au hasard et avec remise n trèfles et, dans chaque cas, on observe le nombre de feuilles. On constitue ainsi un échantillon de taille n.
X est la variable aléatoire qui prend pour valeur le nombre de trèfles à 4 feuilles de cet échantillon.
Déterminer la taille minimale de l'échantillon dans lequel la fréquence des trèfles à quatre feuilles se situe entre 0,05 et 0,15 avec une probabilité de 0,8.

CORRIGÉ

• X est la variable aléatoire qui a pour valeurs le nombre de trèfles à quatre feuilles.
Comme l'échantillon est construit par tirages successifs avec remise, X suit une loi binomiale $\mathcal{B}(n\,;\,0{,}1)$ qui a pour espérance $E(X) = n \times 0{,}1 = 0{,}1n$ et variance $V(X) = n \times 0{,}1 \times 0{,}9 = 0{,}09n$.

• F est la variable aléatoire qui a pour valeurs la fréquence de trèfles à quatre feuilles dans l'échantillon.

$F = \dfrac{1}{n}X$ et donc $E(F) = \dfrac{1}{n}E(X) = 0{,}1$ et $V(F) = \dfrac{1}{n^2}V(X) = \dfrac{0{,}09}{n}$.

• Ainsi le problème revient à chercher n tel que :
$P(0{,}05 \leqslant F \leqslant 0{,}15) < 0{,}8$.

Mais $0{,}05 \leqslant F \leqslant 0{,}15 \Leftrightarrow \left|F - \dfrac{0{,}05 + 0{,}15}{2}\right| \leqslant \dfrac{0{,}15 - 0{,}05}{2}$

$\Leftrightarrow |F - 0{,}1| \leqslant 0{,}05.$

En appliquant l'inégalité de Bienaymé-Tchebychev :

$P(|F - 0{,}1| \leqslant 0{,}05) \leqslant 0{,}8$ où $t = 0{,}05$ et $\dfrac{V(F)}{t^2} = 0{,}8$.

Ainsi $V(F) = 0{,}8 \times 0{,}05^2 = 0{,}002$ c'est-à-dire $\dfrac{0{,}09}{n} = 0{,}002$ soit $n = 45$.

3 La loi des grands nombres

n est un entier naturel strictement positif.
$E_1, E_2, \dots, E_n$ est une suite d'expériences aléatoires identiques et indépendantes les unes des autres.
À chaque expérience aléatoire E_i, on associe une variable aléatoire X_i. Ainsi X_1, $X_2, \dots, X_n$ est une suite de variables aléatoires indépendantes, de même loi de probabilité, d'espérance μ et de variance V.

Pour tout réel t strictement positif :

$$\lim_{n \to +\infty} P\left(\left|\frac{X_1 + \dots + X_n}{n} - \mu\right| \geqslant t\right) = 0.$$

Remarque : $\frac{X_1 + \dots + X_n}{n}$ se note M_n.

Conséquence

E est une expérience aléatoire et A un événement de cette expérience se réalisant avec une probabilité p.
On répète N fois l'expérience E de façon indépendante et on note N_A le nombre d'apparitions de l'événement A. Ainsi, la fréquence de A au cours des N répétitions est $\frac{N_A}{N}$.
Pour tout réel t strictement positif :

$$\lim_{n \to +\infty} P\left(\left|\frac{N_A}{N} - p\right| \geqslant t\right) = 0$$

Interprétation : Lorsque le nombre de répétitions, N, est très grand, la fréquence d'apparition $\frac{N_A}{N}$ de A sur les N expériences se rapproche de la probabilité théorique p.

Cas particulier : avec une loi binomiale

$X_1, X_2, \dots, X_n$ suivent la loi de Bernoulli de paramètre p.

$S_n = X_1 + X_2 + \dots + X_n$ suit la loi $\mathcal{B}(n\,;p)$. $M_n = \frac{S_n}{n}$

Alors pour tout réel $t > 0$, $p(|M_n - p| \geqslant t) \leqslant \frac{p(1-p)}{nt^2}$.

EXERCICE RÉSOLU

Simuler un nombre de répétitions d'une expérience aléatoire

ÉNONCÉ

Les deux fonctions Python ci-contre permettent de simuler la loi de probabilité d'une variable aléatoire X puis de calculer la valeur de la variable aléatoire M_n moyenne des valeurs d'un échantillon de taille n de la variable X.

1. Donner la loi de probabilité de X puis calculer $E(X)$ et $V(X)$.

2. Compléter la fonction moyenne (n) pour répondre à l'énoncé.

```
def x():
    val=1
    alea = random()
    if alea <= 0.05:
        val=0
    return val

def moyenne(n):
    somme=0
    for i in range (n):
        __________
    m=somme/n
    return m
```

CORRIGÉ

1. Loi de probabilité de X :

Issue de X	0	1
Probabilité	0,05	0,95

$E(X) = 0 \times 0{,}05 + 1 \times 0{,}95 = 0{,}95.$

$V(X) = (0 - 0{,}95)^2 \times 0{,}05 + (1 - 0{,}95)^2 \times 0{,}95 = 0{,}0475.$

2. On complète le programme de la façon suivante :

```
for i in range (n):
    somme = somme + x()
```

Savoir définir une taille d'échantillon en fonction de la précision et du risque choisi

ÉNONCÉ

En France, 8 % de la population a la grippe chaque année.
On choisit au hasard n individus en France et, dans chaque cas, on demande s'ils ont eu la grippe l'année dernière.
Déterminer la taille minimale n d'un échantillon pour que la fréquence du nombre d'individus ayant eu la grippe soit entre 6 % et 10 % avec une probabilité inférieure ou égale à 0,75.

MÉTHODE

Pour déterminer la taille d'un échantillon vérifiant des conditions sur la fréquence d'apparition d'un événement, on peut :

- Créer une variable aléatoire X qui permet de dénombrer l'apparition de cet événement dans l'échantillon et déterminer sa loi de probabilité et son espérance.
- Créer une variable aléatoire F qui permet de donner la fréquence du caractère dans un échantillon.
- Appliquer l'inégalité de Bienaymé-Tchebychev à F puis résoudre l'inéquation d'inconnue n obtenue.

CORRIGÉ

- X est la variable aléatoire qui a pour valeurs le nombre d'individus dans l'échantillon ayant eu la grippe. X suit la loi binomiale de paramètres n et 0,08 puisque l'échantillon est construit par tirages successifs.
Donc $E(X) = n \times 0{,}08$ et $V(X) = n \times 0{,}08 \times 0{,}92 = 0{,}0736\, n$.

- F est la variable qui a pour valeurs la fréquence d'individus ayant eu la grippe dans l'échantillon.

$F = \dfrac{1}{n}X$ et donc $E(F) = \dfrac{1}{n}E(X) = 0{,}08$

$$V(F) = \frac{1}{n^2}V(X) = \frac{0{,}0736}{n}.$$

- La condition sur l'échantillon se traduit par : $P(0{,}06 \leqslant F \leq 0{,}1) \leqslant 0{,}75$.
De plus $0{,}06 \leqslant F \leqslant 0{,}1 \Leftrightarrow F \in [0{,}06 ; 0{,}1] \Leftrightarrow |F - 0{,}08| \leqslant 0{,}02$.

F est une variable aléatoire d'espérance 0,08 de variance $\frac{0,0736}{n}$ donc, d'après l'inégalité de Bienaymé-Tchebychev, pour tout réel t :

$$P(|F-0,08|\geqslant t)\leqslant\frac{\frac{0,0736}{n}}{t^2}.$$

Avec $t=0,02$, $P(|F-0,08|\geqslant 0,02)\leqslant\frac{0,0736}{n}\times\frac{1}{(0,02)^2}$

$$\Leftrightarrow P(|F-0,08|\geqslant 0,02)\leqslant\frac{184}{n}.$$

Ainsi $\frac{184}{n}=0,75 \Leftrightarrow n=\frac{736}{3}$, soit environ 245,3.

Finalement, l'échantillon aura une taille d'au moins 246.

Simuler un échantillon de taille *n* pour calculer la probabilité de l'écart d'une variable aléatoire à son espérance

ÉNONCÉ

Au foot, Kylian réussit 9 dribbles sur 15 tentés.
On note X la variable aléatoire qui prend pour valeur le nombre de dribbles réussis par Kylian sur 50 dribbles tentés.

1. Compléter la case rouge qui traduit, dans la fonction ecart_sim_proba, la réussite d'un dribble.

2. Déterminer l'espérance et la variance de X.

3. a. Compléter la case verte qui permet de calculer, dans la fonction prop_echan_variable, la fréquence des valeurs de X telles que $|X-E(X)|\geq 7$.

```
from random import*
from math import*

def ecart_sim_proba():
    e=30
    d=0
    for i in range(50):
        alea = random()
        if _ _ _ _ _ _ _ :
            d=d+1
    ecart=abs(d-e)
    return ecart

def prop_echan_valable(nbr_tot_echan):
    prec=7
    ef=0
    for j in range(nbr_tot_echan):
        if ecart_sim_proba() >= prec:
            ef=ef+1
    _ _ _ _ _ _ _
    return f
```

b. Interpréter le résultat retourné par la fonction echantillon(n).

4. Comparer le résultat obtenu par l'exécution du programme en ayant saisi prop_echan_valable(1000) puis, en appliquant l'inégalité de Bienaymé-Tchebychev.

MÉTHODE

• Pour comparer la valeur d'une probabilité et la fréquence dans un échantillon on utilise une boucle itérative (for) pour créer l'échantillon, puis on compare un nombre aléatoire avec la probabilité donnée pour traduire l'échec ou le succès de l'événement étudié.

CORRIGÉ

1. Dans la case rouge, il faut saisir : `alea<=9/15`

2. X suit la loi binomiale $\mathscr{B}\left(50\,;\dfrac{9}{15}\right)$ donc $E(X) = 50 \times \dfrac{9}{15} = 30$ et

$V(X) = 50 \times \dfrac{9}{15} \times \left(1 - \dfrac{9}{15}\right) = 12.$

3. a. Dans la case verte, il faut saisir : `f=ef/nbr_tot_echan`

b. Le résultat retourné f par le programme est la fréquence du nombre de dribbles réussis par Kylian sur un échantillon dont la taille est nbre_tot_echan.

4. En saisissant prop_echan_valable(1 000) dans la console, on obtient, par exemple, 0,55.

En appliquant l'inégalité de Bienaymé-Tchebychev pour tout réel $t > 0$,

$P\left(\left|X - 30\right| \geqslant 7\right) \leqslant \dfrac{12}{7^2}$ Ainsi, $P\left(\left|X - 30\right| \geqslant 7\right) \leqslant 0{,}245$ environ.

Vérifiez vos connaissances

1 Vrai-Faux

Indiquer pour chaque proposition si elle est vraie (V) ou fausse (F)

1. X est une variable aléatoire telle que $E(X) = 20$. Pour tout réel $t > 0$, l'inégalité de Bienaymé-Tchebychev permet de majorer $P(|X - 20| \geqslant t)$. ☐ V ☐ F

2. On lance un dé cubique 100 fois de suite, X est la variable aléatoire qui prend pour valeur le nombre de 6 obtenus. Pour tout réel t, $P\left(\left|X - \frac{50}{3}\right| \geqslant t\right) \leqslant \frac{125}{9t^2}$. ☐ V ☐ F

3. $X_1, X_2, \ldots, X_n$ sont n variables aléatoires indépendantes qui suivent la même loi d'espérance E. Il existe un réel $t > 0$ tel que :
$P\left(\left|\frac{X_1 + \ldots + X_n}{n} - E\right| \geqslant t\right) > 10^{-5}$. ☐ V ☐ F

2 QCM

Pour chaque question, une seule réponse proposée (*A*, *B* ou *C*) est exacte.

$X, Y_1, Y_2, \ldots, Y_n$ sont des variables aléatoires indépendantes suivant une même loi de probabilité d'espérance 5 et de variance 3.

Pour tout réel $t > 0$:

1.	$P(\lvert X - 5\rvert \geqslant t) \leqslant \ldots$	$\frac{3}{t^2}$	$\frac{9}{t}$	$\frac{\sqrt{3}}{t}$
2.	$P(3 < X < 7) \geqslant \ldots$	$\frac{3}{4}$	$\frac{1}{4}$	$\frac{3}{t^2}$
3.	$P\left(\left\lvert\frac{Y_1 + \ldots + Y_n}{n} - 5\right\rvert \geqslant 0{,}1\right) \leqslant \ldots$	300	$\frac{300}{n}$	$\frac{n - 300}{n}$
4.	$P\left(\left\lvert\frac{Y_1 + \ldots + Y_n}{n} - 5\right\rvert \geqslant 0{,}1\right) \leqslant 0{,}05$	$n \geqslant 6000$	$n \leqslant 6000$	n tel que $\frac{1}{n} \leqslant 0{,}05$

Exercices d'application

3 Avec une loi binomiale

On prend une carte d'un jeu de 32 cartes 50 fois de suite. C est la variable aléatoire qui prend pour valeur le nombre de carte « cœur » obtenues.

1. Donner la loi de probabilité suivie par C puis calculer son espérance et sa variance.

2. a. Appliquer l'inégalité de Bienaymé-Tchebychev pour un réel strictement positif t à la variable C.

b. Quelle inégalité obtient-on pour $t = 5$?

c. Donner la probabilité minimale pour que C prenne une valeur de l'intervalle $]5\,;20[$.

4 Estimer une probabilité

Une chaîne de production de pièces a été testée, sur 2 500 pièces, 180 sont non conformes. F est la variable aléatoire qui prend pour valeur la fréquence du nombre de pièces non conformes.

1. p est la probabilité d'avoir une pièce non conforme.

Montrer que pour tout réel $t > 0$, $P(|F - p| < t) \geqslant 1 - \dfrac{p(1-p)}{2\,500t^2}$.

2. a. Montrer que pour $p \in [0\,; 1]$, $p(1-p) \leqslant \dfrac{1}{4}$.

b. En déduire une valeur de t à 10^{-3} près pour que $P(|F - p| < t) \geqslant 0{,}95$.

5 Recherche de la taille d'un échantillon

Pendant un match de football, une équipe a cadré 70 % de ses tirs.

L'équipe a tiré n fois au but.

Pour $k \in \{1\,;\ldots\,;n\}$, X_k prend pour valeur 1 si le $k^{\text{ième}}$ tir est cadré et 0 sinon.

1. Donner la loi de probabilité de X_k puis calculer $E(X_k)$ et $V(X_k)$.

T_n est la variable aléatoire moyenne de $X_1, \ldots, X_n$.

2. Déterminer une taille d'échantillon n pour une précision de 0,1 et un risque de 0,2 de T_n.

Exercice d'entraînement

6 Une marche aléatoire

Un robot part de l'origine O et se déplace d'une unité vers la gauche ou la droite avec la même probabilité chaque seconde.

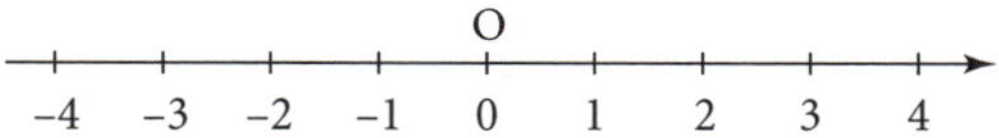

1. Compléter la fonction abs(t) qui renvoie l'abscisse du robot après t secondes.

```
def abs(t):
    val=0
    for i in range (t):
        alea = random()
        if _ _ _ _ _ _ :
            val = val - 1
        else:
            val = val + 1
    return val
```

2. X_t est la variable aléatoire qui prend pour valeur l'abscisse du robot après t secondes.

Compléter la fonction freq(t, N) qui permet de simuler un échantillon de taille N de X_t.

```
def freq(t,N):
    eff=0
    for j in range(N):
        eff = eff + abs(t)
     _ _ _ _ _
    return f
```

3. Écrire une fonction qui simule une marche aléatoire et qui retourne la valeur de t pour laquelle le robot revient pour la première fois à l'origine.

4. Modifier la fonction précédente de façon à simuler un nombre N de marches aléatoires qui retourne le nombre moyen de déplacement du premier retour à l'origine du robot.

Vérifiez vos connaissances

1 Vrai-Faux

1. Vrai **2.** Vrai **3.** Vrai

2 QCM

1. A **2.** B **3.** B **4.** A

Exercices d'application

3 Avec une loi binomiale

1. Tirer une carte « cœur » correspond à un schéma de Bernoulli dont la probabilité du succès est $\frac{8}{32}$ soit 0,25.

Cette expérience est répétée 50 fois de façon indépendante donc

C suit la loi $\mathcal{B}(50\,;0{,}25)$.

Ainsi $E(C) = 50 \times 0{,}25 = \mathbf{12{,}5}$ et

$V(C) = 50 \times 0{,}25 \times (1 - 0{,}25) = \mathbf{9{,}375}$.

2. a. D'après l'inégalité de Bienaymé Tchebychev, pour tout réel $t > 0$,

$P(|C - 12{,}5| \geqslant t) \leqslant \frac{9{,}375}{t^2}$.

b. Avec $t = 5$, $\boldsymbol{P(|C - 12{,}5| \geqslant 5) \leqslant \frac{9{,}375}{25}}$.

c. $C \in]5\,;20[\Leftrightarrow 5 < C < 20$

$\Leftrightarrow 12{,}5 - 7{,}5 < C < 12{,}5 + 7{,}5$

$\Leftrightarrow |C - 12{,}5| < 7{,}5$.

De plus $|C - 12{,}5| < 7{,}5$ est l'événement contraire de $|C - 12{,}5| \geqslant 7{,}5$.

Ainsi $P(|C - 12{,}5| < 7{,}5) = 1 - P(|C - 12{,}5| \geqslant 7{,}5)$

$\Leftrightarrow P(|C - 12{,}5| \geqslant 7{,}5) = 1 - P(|C - 12{,}5| < 7{,}5)$.

Or $P(|C - 12{,}5| \geqslant 7{,}5) \leqslant \frac{9{,}375}{7{,}5^2}$ d'après **a.**

donc $1 - P(|C - 12{,}5| < 7{,}5) \leqslant \frac{1}{6}$ soit $P(|C - 12{,}5| < 7{,}5) \geqslant \frac{5}{6}$.

La probabilité minimale pour que *C* prenne une valeur entre 5 et 20 est de $\frac{5}{6}$.

4 Estimer une probabilité

1. On répète 2 500 fois une épreuve de Bernoulli (pièce conforme ou non), F étant la variable aléatoire qui prend pour valeur la fréquence du succès (pièce non conforme).

L'espérance de l'épreuve de Bernoulli : p

et la variance de l'épreuve de Bernoulli :

$(0 - p)^2 \times (1 - p) + (1 - p)^2 \times p = (1 - p)\, p(p + 1 - p) = p(1 - p)$.

Alors d'après l'inégalité de concentration, pour tout réel $t > 0$,

$$P(|F - p| \geqslant t) \leqslant \frac{p(1-p)}{nt^2}$$

$$\Leftrightarrow 1 - P(|F - p| < t) \leqslant \frac{p(1-p)}{nt^2}$$

$$\Leftrightarrow P(|F - p| < t) \geqslant 1 - \frac{p(1-p)}{nt^2}$$

$$\Leftrightarrow P(|F - p| < t) \geqslant 1 - \frac{p(1-p)}{2\,500\, t^2}.$$

2. a. Étude de la fonction $f : p \mapsto p\,(1 - p)$ sur $[0 ; 1]$.

f est une fonction polynôme du second degré définie sur $[0 ; 1]$ par $f(p) = -p^2 + p$.

Elle atteint son maximum ($a < 0$) en $\alpha = \frac{-1}{2 \times (-1)} = +\frac{1}{2}$.

La valeur du maximum est $f\left(\frac{1}{2}\right) = \frac{1}{4}$.

Ainsi pour tout $p \in [0 ; 1]$, $f(p) \leqslant \frac{1}{4}$.

b. $p = \frac{180}{2\,500} \in [0 ; 1]$ et pour tout $t > 0$, on a :

$$\frac{p(1-p)}{2\,500\, t^2} = \frac{\frac{180}{2\,500}\left(1 - \frac{180}{2\,500}\right)}{2\,500\, t^2} = \frac{0{,}066816}{2\,500\, t^2} \approx \frac{2{,}67 \times 10^{-5}}{t^2}.$$

Or $1 - \frac{p(1-p)}{2\,500 t^2} \geqslant 0{,}95$ équivaut à $\frac{p(1-p)}{2\,500 t^2} \leqslant 0{,}05$

Donc $\frac{2{,}67 \times 10^{-5}}{t^2} \leqslant 0{,}05$ d'où $t^2 \geqslant \frac{2{,}67 \times 10^{-5}}{0{,}05}$ soit $t \geqslant 0{,}023$.

5 Recherche de la taille d'un échantillon

1. Pour $k \in \{1\,;2\,;\ldots\,;n\}$, X_k prend pour valeur 0 ou 1 et $P(X_k = 1) = 0{,}7$ tandis que $p(X_k = 0) = 1 - 0{,}7 = 0{,}3$.

Ainsi $E(X_k) = 1 \times 0{,}7 + 0 \times 0{,}3 = \mathbf{0{,}7}$

$V(X_k) = (1 - 0{,}7)^2 \times 0{,}7 + (0 - 0{,}7)^2 \times 0{,}3 = \mathbf{0{,}21}$.

2. T_n étant la variable aléatoire moyenne de $X_1, \ldots, X_n$,

$E(T_n) = E(X_1) = \mathbf{0{,}7}$

et $V(T_n) = \dfrac{V(X_1)}{n} = \dfrac{\mathbf{0{,}21}}{\boldsymbol{n}}$.

> **Rappel**
> Revoir l'inégalité de concentration du paragraphe 2 du cours.

Il faut chercher n tel que $P(|T_n - 0{,}7| \geqslant 0{,}1) \leqslant 0{,}2$.

D'après l'inégalité de Bienaymé-Tchebychev, on a pour tout réel $t > 0$,

$$p\left(|T_n - E(X_1)| \geqslant t\right) \leqslant \frac{V(X_1)}{nt^2}$$

soit ici $p(|M_n - 0{,}7| \geqslant 0{,}1) \leqslant \dfrac{0{,}21}{n \times 0{,}1^2}$

c'est-à-dire $p(|M_n - 0{,}7| \geqslant 0{,}1) \leqslant \dfrac{21}{n}$.

Cherchons n tel que $\dfrac{21}{n} \leqslant 0{,}2$ c'est-à-dire $105 \leqslant n$.

Il suffit de choisir $\boldsymbol{n} \geqslant \mathbf{105}$ pour satisfaire aux conditions voulues.

Exercices d'entraînement

6 Une marche aléatoire

1. À chaque seconde, le robot peut avancer d'une case ou reculer d'une case de façon équiprobable, donc :

```
if alea < 0.5:
```

2.
```
f = eff/N
```

3. • La variable *val* prend pour valeur la position du robot.

• La variable *temp* prend pour valeur le nombre de déplacement du robot.

• Avant de vérifier le retour, il faut effectuer un premier déplacement.

```
def retour():
    val=0
    temp = 1
    alea = random()
    if alea < 0.5:
        val = val - 1
    else:
        val = val + 1

    while val != 0 :
        alea = random()
        if alea < 0.5:
            val = val - 1
        else:
            val = val + 1
        temp = temp + 1

    return temp
```

Les lignes suivantes décrivent le déplacement du robot, qui va s'arrêter dès qu'il sera revenu à l'origine pour la première fois (une boucle Tant que est nécessaire).

4. Il s'agit de répéter la fonction de la question précédente N fois. On obtient ainsi une structure de boucles imbriquées. On pourra le tester avec $N = 100$.

```
def retour_echant(N):

    temps_total = 0

    for i in range(N) :
        val=0
        temp = 1
        alea = random()
        if alea < 0.5:
            val = val - 1
        else:
            val = val + 1

        while val != 0 :
            alea = random()
            if alea < 0.5:
                val = val - 1
            else:
                val = val + 1
            temp = temp + 1

        temps_total = temps_total + temp

    temps_moyen=temps_total/N

    return temps_moyen
```

Résultats :

```
>>> retour_echant(100)
580.24
>>> retour_echant(100)
398.54
>>> retour_echant(100)
792.24
>>> retour_echant(100)
27.16
>>> retour_echant(100)
114.6
>>> retour_echant(100)
38.24
```

Cahier spécial Bac

DESCRIPTION DES ÉPREUVES

1 Épreuve écrite

- **Durée :** 4 heures
- **Barème :** sur 20 points. Chaque exercice est noté sur 4 à 8 points.
- Le sujet comporte de **trois à cinq exercices indépendants** les uns des autres, qui permettent d'évaluer les connaissances et compétences des candidats.
- Le sujet aborde une grande variété des contenus du programme de spécialité, **à l'exception des sections suivantes** du programme de spécialité de terminale :
  - Fonctions sinus et cosinus ;
  - Calcul intégral ;
  - Concentration, loi des grands nombres.

De plus, la section « Combinatoire et dénombrement » du programme de spécialité de terminale est mobilisable mais ne peut constituer le ressort essentiel d'un exercice.

- Le sujet précise si l'usage de la calculatrice est autorisé.

2 Épreuve orale de contrôle

- **Durée :** 20 minutes
- **Temps de préparation :** 20 minutes
- L'épreuve consiste en **un entretien entre le candidat et un examinateur**.
- Pour préparer l'entretien, l'examinateur propose **au moins deux questions** au candidat, portant sur des parties différentes du programme de spécialité de terminale. Le candidat prépare l'entretien pendant vingt minutes et peut au cours de l'entretien s'appuyer sur les notes prises pendant la préparation.
- L'usage de la calculatrice est autorisé.

Sujet de Bac

EXERCICE 1 [5 pts]

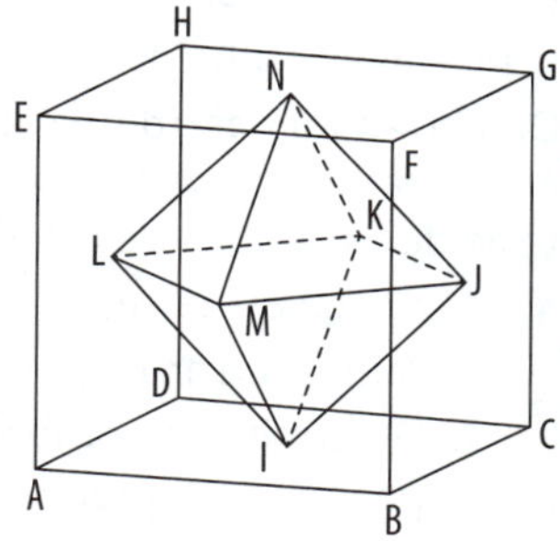

On relie les centres de chaque face d'un cube ABCDEFGH pour former un solide IJKLMN comme sur la figure ci-contre.

Plus précisément, les points I, J, K, L, M et N sont les centres respectifs des faces carrées ABCD, BCGF, CDHG, ADHE, ABFE et EFGH (donc les milieux des diagonales de ces carrés).

1. Sans utiliser de repère (et donc de coordonnées) dans le raisonnement mené, justifier que les droites (IN) et (ML) sont orthogonales.

2. Dans la suite, on considère le repère orthonormé $(A\,;\overrightarrow{AB}, \overrightarrow{AD}, \overrightarrow{AE})$ dans lequel, par exemple, le point N a pour coordonnées $\left(\frac{1}{2}\,;\frac{1}{2}\,;1\right)$.

a. Donner les coordonnées des vecteurs $\overrightarrow{NC}$ et $\overrightarrow{ML}$.

b. En déduire que les droites (NC) et (ML) sont orthogonales.

c. Déduire des questions précédentes une équation cartésienne du plan (NCI).

3. **a.** Montrer qu'une équation cartésienne du plan (NJM) est : $x - y + z = 1$.

b. La droite (DF) est-elle perpendiculaire au plan (NJM) ? Justifier.

EXERCICE 2 [5 pts]

Les deux questions 1 et 2 sont indépendantes.

Chaque semaine, un agriculteur propose en vente directe à chacun de ses clients un panier de produits frais qui contient une seule bouteille de jus de fruits. Dans un esprit de développement durable, il fait le choix de bouteilles en verre incassable et demande à ce que chaque semaine, le client rapporte sa bouteille vide.

On suppose que le nombre de clients de l'agriculteur reste constant.

Une étude statistique réalisée donne les résultats suivants :

– à l'issue de la première semaine, la probabilité qu'un client rapporte la bouteille de son panier est 0,9 ;

– si le client a rapporté la bouteille de son panier une semaine, alors la probabilité qu'il ramène la bouteille du panier la semaine suivante est 0,95 ;
– si le client n'a pas rapporté la bouteille de son panier une semaine, alors la probabilité qu'il ramène la bouteille du panier la semaine suivante est 0,2.

On choisit au hasard un client parmi la clientèle de l'agriculteur. Pour tout entier naturel n non nul, on note R_n l'évènement « le client rapporte la bouteille de son panier de la n-ième semaine ».

1. **a.** Modéliser la situation étudiée pour les deux premières semaines à l'aide d'un arbre pondéré qui fera intervenir les évènements R_1 et R_2.

b. Déterminer la probabilité que le client rapporte ses bouteilles des paniers de la première et de la deuxième semaine.

c. Montrer que la probabilité que le client rapporte la bouteille du panier de la deuxième semaine est égale à 0,875.

d. Sachant que le client a rapporté la bouteille de son panier de la deuxième semaine, quelle est la probabilité qu'il n'ait pas rapporté la bouteille de son panier de la première semaine ?
On arrondira le résultat à 10^{-3}.

2. Pour tout entier naturel n non nul, on note r_n la probabilité que le client rapporte la bouteille du panier de la n-ième semaine. On a alors $r_n = p(R_n)$.

a. Recopier et compléter l'arbre pondéré (aucune justification n'est attendue) :

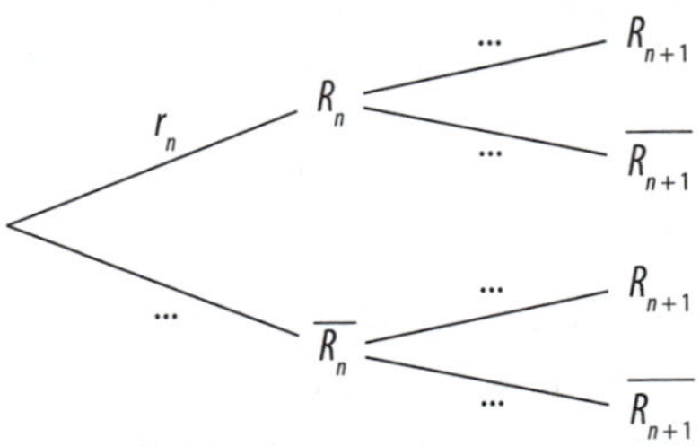

b. Justifier que, pour tout entier naturel n non nul, $r_{n+1} = 0{,}75 r_n + 0{,}2$.

c. Démontrer que, pour tout entier naturel n non nul, $r_n = 0{,}1 \times 0{,}75^{n-1} + 0{,}8$.

d. Calculer la limite de la suite (r_n).
Interpréter le résultat dans le contexte de l'exercice.

EXERCICE 3 [5 pts]

PARTIE A

Soit a et b des nombres réels. On considère une fonction f définie sur $[0\,;+\infty[$ par

$$f(x)=\frac{a}{1+e^{-bx}}$$

La courbe $\mathscr{C}_f$ représentant la fonction f dans un repère orthogonal est donnée ci-dessous.

La courbe $\mathscr{C}_f$ passe par le point A(0 ; 0,5). La tangente à la courbe $\mathscr{C}_f$ au point A passe par le point B(10 ; 1).

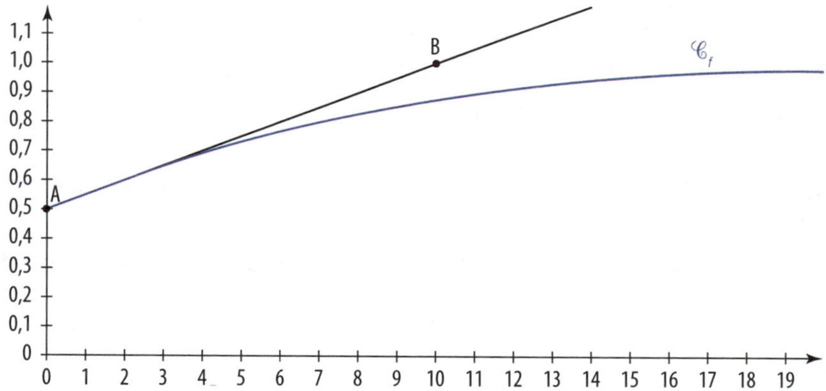

1. Justifier que $a = 1$.

On obtient alors, pour tout réel $x \geqslant 0$,

$$f(x)=\frac{1}{1+e^{-bx}}$$

2. On admet que la fonction f est dérivable sur $[0\,;+\infty[$ et on note f' sa fonction dérivée. Vérifier que, pour tout réel $x \geqslant 0$

$$f'(x)=\frac{be^{-bx}}{(1+e^{-bx})^2}$$

3. En utilisant les données de l'énoncé, déterminer b.

PARTIE B

La proportion d'individus qui possèdent un certain type d'équipement dans une population est modélisée par la fonction p définie sur $[0 ; +\infty[$ par

$$p(x) = \frac{1}{1 + e^{-0,2x}}$$

Le réel x représente le temps écoulé, en année, depuis le 1er janvier 2000.

Le nombre $p(x)$ modélise la proportion d'individus équipés après x années.

Ainsi, pour ce modèle, $p(0)$ est la proportion d'individus équipés au 1er janvier 2000 et $p(3,5)$ est la proportion d'individus équipés au milieu de l'année 2003.

1. Quelle est, pour ce modèle, la proportion d'individus équipés au 1er janvier 2010 ? On en donnera une valeur arrondie au centième.

2. **a.** Déterminer le sens de variation de la fonction p sur $[0 ; +\infty[$.

b. Calculer la limite de la fonction p en $+\infty$.

c. Interpréter cette limite dans le contexte de l'exercice.

3. On considère que, lorsque la proportion d'individus équipés dépasse 95 %, le marché est saturé.

Déterminer, en expliquant la démarche, l'année au cours de laquelle cela se produit.

EXERCICE 4 [5 pts]

Les parties A et B de cet exercice sont indépendantes.

PARTIE A

Pour chacune des trois affirmations suivantes, indiquer si elle est vraie ou fausse, en justifiant la réponse.

Il est attribué un point par réponse correctement justifiée. Une réponse non justifiée n'est pas prise en compte, une absence de réponse n'est pas pénalisée.

1. On considère la suite (p_n) définie pour tout entier naturel n, par

$$p_n = n^2 - 42n + 4.$$

Affirmation 1 : La suite (p_n) est strictement décroissante.

2. Soit a un nombre réel. On considère les suites (u_n) et (v_n) définies par :

- $u_0 = a$ et, pour tout entier naturel n, $u_{n+1} = \frac{1}{3}\sqrt{u_n^2 + 8}$;
- $v_n = u_n^2 - 1$ pour tout entier naturel n.

Affirmation 2 : La suite (v_n) est une suite géométrique.

3. On considère une suite (w_n) qui vérifie, pour tout entier naturel n,

$$n^2 \leqslant (n+1)^2 w_n \leqslant n^2 + n.$$

Affirmation 3 : La suite (w_n) converge.

PARTIE B

On considère la suite (u_n) définie par $u_0 = \frac{1}{2}$ et, pour tout entier naturel n,

$$u_{n+1} = \frac{2u_n}{1+u_n}.$$

1. Calculer u_1 que l'on écrira sous la forme d'une fraction irréductible.

2. Démontrer par récurrence que, pour tout entier naturel n,

$$u_n = \frac{2^n}{1+2^n}.$$

3. On considère les trois algorithmes suivants dans lesquels les variables n, p et u sont du type nombre. Pour un seul de ces trois algorithmes la variable u ne contient pas le terme u_n en fin d'exécution.

Déterminer lequel en justifiant votre choix.

Algorithme 1	Algorithme 2	Algorithme 3
$u \leftarrow \frac{1}{2}$ $i \leftarrow 0$ Tant que $i < n$ $u \leftarrow \frac{2u}{u+1}$ $i \leftarrow i+1$ Fin Tant que	$u \leftarrow \frac{1}{2}$ Pour i allant de 0 à n $u \leftarrow \frac{2u}{u+1}$ Fin Pour	$p \leftarrow 2^n$ $u \leftarrow \frac{p}{p+1}$

CORRIGÉ

Exercice 1

1. L et M sont les milieux respectifs de [AH] et [AF] donc d'après le théorème de la droite des milieux dans le triangle AFH, on en déduit que (LM) est parallèle à (FH).

(IN) et (BF) sont parallèles car BFNI est un rectangle or (BF) est perpendiculaire au plan (EFG) donc à la droite (FH).

On a alors (IN) perpendiculaire à (FH) et comme (LM) est parallèle à (FH), on en déduit que (IN) et (ML) sont orthogonales.

2. **a.** Dans $(A\,;\overrightarrow{AB},\overrightarrow{AD},\overrightarrow{AE})$ on a C(1 ; 1 ; 0), M(0,5 ; 0 ; 0,5) et L(0 ; 0,5 ; 0,5)
Donc $\overrightarrow{NC}(0,5\,;0,5\,;-1)$ et $\overrightarrow{ML}(-0,5\,;0,5\,;0)$.

b. Le repère $(A\,;\overrightarrow{AB},\overrightarrow{AD},\overrightarrow{AE})$ est orthonormé donc on peut calculer un produit scalaire : $\overrightarrow{NC}\cdot\overrightarrow{ML}=-0,25+0,25+0=0$.

On en déduit que les vecteurs sont orthogonaux donc (NC) et (ML) sont orthogonales.

c. (ML) est orthogonale à (NC) et à (IN) qui sont deux droites sécantes du plan (NCI) donc (ML) est perpendiculaire au plan (NCI).

$\overrightarrow{ML}(-0,5\,;0,5\,;0)$ est donc normal à (NCI) d'où $\vec{u}(1\,;-1\,;0)$ est normal à (NCI).

On a alors (NCI) : $x-y+d=0$ or $C \in$ (NCI) d'où $x_C-y_C+d=0 \Leftrightarrow d=0$.

Finalement le plan (NCI) a pour équation cartésienne : $x-y=0$.

3. **a.** Dans $(A\,;\overrightarrow{AB},\overrightarrow{AD},\overrightarrow{AE})$ on a N(0,5 ; 0,5 ; 1), J(1 ; 0,5 ; 0,5) et M (0,5 ; 0 ; 0,5)
$x_N-y_N+z_N=1\,;\,x_J-y_J+z_J=1\,;\,x_N-y_N+z_N=1$. Ainsi, les coordonnées des points vérifient l'équation proposée.

(NJM) a donc bien pour équation cartésienne $x-y+z=1$.

b. $\vec{n}\,(1\,;-1\,;1)$ est normal à (NJM) d'après l'équation cartésienne trouvée précédemment. Or $\overrightarrow{DF}(1\,;-1\,;1)$ donc $\overrightarrow{DF}=\vec{n}$ et la droite (DF) est perpendiculaire au plan (NJM).

Exercice 2

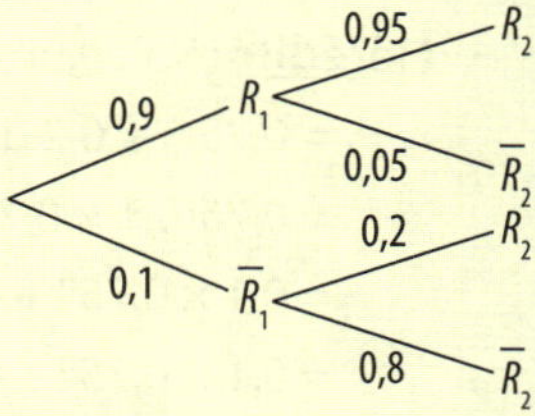

1. a. L'énoncé donne $p(R_1) = 0{,}9$, $p_{R_1}(R_2) = 0{,}95$ et $p_{\overline{R_1}}(R_2) = 0{,}2$.

b. On cherche $p(R_1 \cap R_2)$

$$p(R_1 \cap R_2) = p(R_1) \times p_{R_1}(R_2) = 0{,}9 \times 0{,}95 = 0{,}855$$

c. On cherche $p(R_2)$.

R_1 et $\overline{R_1}$ forment une partition de l'univers donc, d'après la formule des probabilités totales on a :

$$p(R_2) = p(R_1 \cap R_2) + p(\overline{R_1} \cap R_2) = 0{,}855 + p(\overline{R_1}) \times p_{\overline{R_1}}(R_2)$$
$$= 0{,}855 + 0{,}1 \times 0{,}2 = 0{,}875$$

d. On cherche $p_{R_2}(\overline{R_1})$.

$$p_{R_2}(\overline{R_1}) = \frac{p(\overline{R_1} \cap R_2)}{p(R_2)} = \frac{0{,}02}{0{,}875} = \frac{4}{175} \approx 0{,}023$$

2. a.

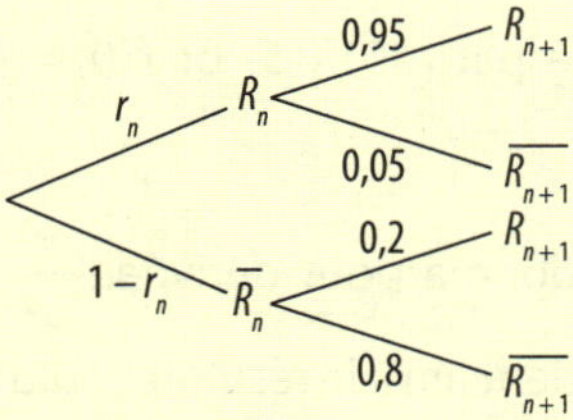

b. R_n et $\overline{R_n}$ forment une partition de l'univers donc, d'après la formule des probabilités totales on a : $r_{n+1} = p(R_{n+1})$

$$r_{n+1} = p(R_{n+1})$$
$$= p(R_n \cap R_{n+1}) + p(\overline{R_n} \cap R_{n+1})$$
$$= p_{R_n}(R_{n+1}) \times p(R_n) + p_{\overline{R_n}}(R_{n+1}) \times p(\overline{R_n})$$
$$= 0{,}95 r_n + 0{,}2(1 - r_n)$$
$$= 0{,}75 r_n + 0{,}2$$

c. On procède par récurrence

Initialisation : $r_1 = p(R_1) = 0{,}9$ et $0{,}1 \times 0{,}75^0 + 0{,}8 = 0{,}9$. La propriété est vraie au rang initial.

Hérédité : Soit n un entier naturel non nul tel que $r_n = 0{,}1 \times 0{,}75^{n-1} + 0{,}8$

$r_{n+1} = 0{,}75 r_n + 0{,}2$ d'après la question précédente

$= 0{,}75(0{,}1 \times 0{,}75^{n-1} + 0{,}8) + 0{,}2$ d'après l'hypothèse de récurrence

$= 0{,}1 \times 0{,}75^{n} + 0{,}6 + 0{,}2$

$= 0{,}1 \times 0{,}75^{n} + 0{,}8$

On en déduit que la propriété est héréditaire.

Par le principe de récurrence on peut donc conclure que

$\forall n \in \mathbb{N}^*, r_n = 0{,}1 \times 0{,}75^{n-1} + 0{,}8$.

d. $|0{,}75| < 1$ donc $\lim\limits_{n \to +\infty} 0{,}75^{n-1} = 0$ et par opération sur les limites on a $\lim\limits_{n \to +\infty} r_n = 0{,}8$.

On en déduit qu'avec le temps, la probabilité pour un client de rendre la bouteille se stabilise à 0,8.

Exercice 3

Partie A

1. La courbe de f passe par A(0 ; 0,5) or $f(0) = \dfrac{a}{1 + e^{-b \times 0}} = \dfrac{a}{2}$, donc il faut $\dfrac{a}{2} = 0{,}5$, on obtient $a = 1$.

2. f est de la forme $\dfrac{1}{v}$ donc a pour dérivée $-\dfrac{v'}{v^2}$, avec $v(x) = 1 + e^{-bx}$ et $v'(x) = -be^{-bx}$. On obtient ainsi le résultat voulu en appliquant la formule de dérivation précédente.

3. La droite (AB) est la tangente en A(0 ; 0,5). Elle a pour coefficient directeur m égal à la dérivée de f en 0, à savoir $m = f'(0) = \dfrac{b}{4}$.

Par ailleurs, le coefficient directeur de cette droite peut se calculer par la formule $m = \dfrac{y_B - y_A}{x_B - x_A} = \dfrac{1 - 0{,}5}{10 - 0} = 0{,}05$.

Ainsi, $\dfrac{b}{4} = 0{,}05 \Leftrightarrow b = 4 \times 0{,}05 = 0{,}2$. Finalement $f(x) = \dfrac{1}{1 + e^{-0{,}2x}}$.

Partie B

1. Cette proportion est $p(10)=\dfrac{1}{1+e^{-2}}\approx 0{,}88$.

2. **a.** D'après la partie A, p est dérivable et sa dérivée est, en prenant $b=0{,}2$,

$$p'(x)=\frac{0{,}2e^{-0{,}2x}}{(1+e^{-0{,}2x})^2}$$

Pour tout réel x positif, on a $0{,}2e^{-0{,}2x}>0$ donc $p'(x)>0$ sur $[0\,;+\infty[$. Ainsi, p est strictement croissante sur $[0\,;+\infty[$.

b. $\lim\limits_{x\to+\infty} 1+e^{-0{,}2x}=1$ par propriété de l'exponentielle et composée de fonctions. Ainsi, on a, par quotient de limites

$$\lim_{x\to+\infty} p(x)=1$$

c. Dans le contexte de l'énoncé, plus les années x s'écoulent, plus la proportion $p(x)$ de personnes équipées augmentera jusqu'à atteindre 1, c'est-à-dire 100 %.

3. On cherche en quelle année x la proportion $p(x)$ dépassera les 95 %. Il suffit de trouver le plus petit entier x satisfaisant $p(x)>0{,}95$. Or, on a

$$p(x)>0{,}95 \Leftrightarrow \frac{1}{1+e^{-0{,}2x}}>0{,}95 \quad \Leftrightarrow 0{,}95(1+e^{-0{,}2x})<1$$

$$\Leftrightarrow 0{,}95e^{-0{,}2x}<0{,}05 \quad \Leftrightarrow e^{-0{,}2x}<\frac{0{,}05}{0{,}95}$$

$$\Leftrightarrow e^{-0{,}2x}<\frac{5}{95} \quad \Leftrightarrow e^{-0{,}2x}<\frac{1}{19}$$

$$\Leftrightarrow -0{,}2x<\ln\frac{1}{19} \quad \text{(la fonction ln est strictement croissante)}$$

$$\Leftrightarrow -0{,}2x<-\ln(19)$$

$$\Leftrightarrow x>\frac{\ln(19)}{0{,}2}\approx 14{,}7 \quad \text{(on divise par } -0{,}2<0.)$$

Ainsi, la saturation se produira au cours de l'année $x=15$, donc en 2015.

> **Remarque**
> On pourrait procéder par « tâtonnements », et voir que ça marche à partir de $x=15$, mais il faut tout de même l'expliquer par l'inéquation $p(x)>0{,}95$.

Exercice 4

Partie A

On considère la suite (p_n) définie pour tout entier naturel n, par $p_n=n^2-42n+4$.

Affirmation 1 : La suite (p_n) est strictement décroissante.

$p_{22} = 22^2 - 42 \times 22 + 4 = -436$ et $p_{23} = 23^2 - 42 \times 23 + 4 = -433$

$p_{22} < p_{23}$ donc la suite (p_n) n'est pas décroissante.

Affirmation 1 fausse

2. Soit a un nombre réel. On considère les suites (u_n) et (v_n) définies par :

- $u_0 = a$ et, pour tout entier naturel n, $u_{n+1} = \frac{1}{3}\sqrt{u_n^2 + 8}$;
- $v_n = u_n^2 - 1$ pour tout entier naturel n.

Affirmation 2 : La suite (v_n) est une suite géométrique.

Pour tout n, $v_n = u_n^2 - 1$ donc $u_n^2 = v_n + 1$.

$$v_{n+1} = u_{n+1}^2 - 1 = \left(\frac{1}{3}\sqrt{u_n^2 + 8}\right)^2 - 1 = \frac{1}{9}(u_n^2 + 8) - 1 = \frac{1}{9}u_n^2 + \frac{8}{9} - 1 = \frac{1}{9}u_n^2 - \frac{1}{9}$$

$$= \frac{1}{9}(u_n^2 - 1) = \frac{1}{9}v_n.$$

Donc la suite (v_n) est géométrique de raison $\frac{1}{9}$.

Affirmation 2 vraie

3. On considère une suite (w_n) qui vérifie, pour tout entier naturel n, $n^2 \leqslant (n+1)^2 w_n \leqslant n^2 + n$.

Affirmation 3 : La suite (w_n) converge.

Pour tout n non nul,

$$n^2 \leqslant (n+1)^2 w_n \leqslant n^2 + n \Leftrightarrow \frac{n^2}{(n+1)^2} \leqslant w_n \leqslant \frac{n^2+n}{(n+1)^2}$$

$$\Leftrightarrow \frac{n^2}{n^2+2n+1} \leqslant w_n \leqslant \frac{n^2+n}{n^2+2n+1}$$

$$\text{or } \lim_{n\to+\infty} \frac{n^2}{n^2+2n+1} = \lim_{n\to+\infty} \frac{n^2}{n^2} = 1$$

$$\text{et } \lim_{n\to+\infty} \frac{n^2+n}{n^2+2n+1} = \lim_{n\to+\infty} \frac{n^2}{n^2} = 1$$

donc, d'après le théorème des gendarmes, on peut en déduire que $\lim\limits_{n\to+\infty} w_n = 1$.

Donc la suite (w_n) converge vers 1.

Affirmation 3 vraie

Partie B

On considère la suite (u_n) définie par $u_0 = \frac{1}{2}$ et, pour tout entier naturel n, $u_{n+1} = \frac{2u_n}{1+u_n}$.

1. $u_1 = \frac{2u_0}{1+u_0} = \frac{2\times\frac{1}{2}}{1+\frac{1}{2}} = \frac{1}{\frac{3}{2}} = \frac{2}{3}$.

2. On va démontrer par récurrence, pour tout entier naturel n, la propriété $\mathcal{P}_n : u_n = \frac{2^n}{1+2^n}$.

- **Initialisation**

Pour $n = 0$, $\frac{2^n}{1+2^n} = \frac{2^0}{1+2^0} = \frac{1}{1+1} = \frac{1}{2} = u_0$ donc la propriété est vraie au rang 0.

- **Hérédité**

On suppose la propriété vraie pour un entier naturel n quelconque ; on va démontrer que la propriété est vraie au rang $n + 1$.

$$u_{n+1} = \frac{2u_n}{1+u_n} = \frac{2\frac{2^n}{1+2^n}}{1+\frac{2^n}{1+2^n}} = \frac{2\times 2^n}{1+2^n} \times \frac{1+2^n}{1+2^n+2^n} = \frac{2^{n+1}}{1+2\times 2^n} = \frac{2^{n+1}}{1+2^{n+1}}.$$

Donc la propriété est vraie au rang $n + 1$.

- **Conclusion**

La propriété est vraie au rang 0 et elle est héréditaire pour tout $n \geqslant 0$; donc, d'après le principe de récurrence, la propriété est vraie pour tout entier naturel n.

On a donc démontré que, pour tout entier naturel n, on a $u_n = \frac{2^n}{1+2^n}$.

3. Dans l'algorithme 2, le nombre i varie entre 0 et n donc prend $n + 1$ valeurs ; la valeur de u en sortie est donc u_{n+1}. L'algorithme 2 ne convient donc pas.

Le Grand Oral

Au cours de l'année

Préparer ses questions

Vous devez choisir deux questions portant sur les enseignements de spécialité soit pris isolément, soit abordés de manière transversale. Toute l'année, vous préparez ces questions avec les professeurs de spécialité et éventuellement d'autres élèves.

S'entraîner aux techniques de l'oral

Vous devez travailler la prise de parole en public grâce à des exercices d'élocution, de débit de la parole, de rythme à l'oral, etc. Vous pouvez également travailler votre posture : gestes expressifs, regards, sourires, etc.

Le jour J

1er temps Présentation d'une question

Vous proposez vos deux questions au jury.

Le jury en choisit une seule, que vous devrez présenter.

Jury de 2 professeurs

- Un professeur d'une spécialité
- Un professeur de l'autre spécialité ou d'un enseignement commun ou un professeur documentaliste

Temps de préparation

20 min

Vous préparez votre présentation en fonction de la question choisie par le jury. Il est possible de préparer un support sur une feuille que vous remettrez au jury : ce support ne fait pas l'objet d'une évaluation, il est facultatif !

Présentation

5 min

Présentation orale de votre travail, en réponse à la question choisie.

Notation
20 pts / coef. 10

Les 5 critères d'évaluation :
- Qualité de l'épreuve orale
- Qualité de la prise de parole en continu
- Qualité des connaissances
- Qualité de l'interaction
- Qualité de l'argumentation

2e temps Échange avec le candidat

10 min

Il s'agit d'approfondir votre travail.
Le jury peut vous poser des questions sur toutes les parties du programme du cycle terminal.

3e temps Échange sur le projet d'orientation

5 min

Réflexion autour de vos choix de spécialités et de votre projet d'orientation.
Il s'agit de partager l'évolution de votre cheminement, à la fois dans le cadre scolaire et dans le cadre personnel (vos activités, vos centres d'intérêt).

SUJET TYPE GRAND ORAL

QUESTION

Au XVIIe siècle, le souverain de la région de Toscane, en Italie, pratiquait beaucoup de jeux de société, en particulier des jeux de hasard tels que les lancers de dés.

La légende raconte qu'au XVIIe siècle, le Prince de Toscane avait remarqué que, bien qu'il y ait autant de façons d'écrire 9 et 10 comme somme de 3 nombres compris entre 1 et 6, on obtient plus souvent un total de 10 lorsqu'on lance 3 dés.

Ce qui peut être illustré de la façon suivante :

$$9=\begin{cases}1+2+6\\1+3+5\\1+4+4\\2+2+5\\2+3+4\\3+3+3\end{cases}\qquad 10=\begin{cases}1+3+6\\1+4+5\\2+2+6\\2+3+5\\2+4+4\\3+3+4\end{cases}$$

Galilée lui donna une démonstration de ce qui semble être un paradoxe.

Expliquer ce paradoxe.

EXPOSÉ

Votre réponse pourra utiliser différentes parties du programme. Il ne s'agit pas nécessairement de tout utiliser, mais d'être capable de modéliser le problème posé à l'aide de certaines parties du programme. Ou d'être capable de répondre à des questions qui portent sur ces parties.

Combinatoire et dénombrement

Le paradoxe repose sur le fait que toutes les sommes possibles, par exemple pour obtenir 9, ne sont pas indiquées. Dis autrement, le Prince de Toscane considérait des **combinaisons**, c'est-à-dire qu'il ne tenait pas compte de l'ordre (pour lui $1+2+6=6+2+1$).

Par exemple, $9=1+2+6=1+6+2=2+1+6=2+6+1=6+1+2=6+2+1$.

Ainsi, en dénombrant tous **3-uplets d'éléments distincts** de $A=\{1\,;2\,;6\}$, on obtient $3\,!=6$ permutations de ces trois éléments.

Pour les sommes dans lesquelles un élément se répète, du type $9 = 2 + 2 + 5$, il n'y a que trois cas possibles : $9 = 2 + 2 + 5 = 2 + 5 + 2 = 5 + 2 + 2$.

Chaque résultat du lancer de trois dés est un **3-uplet d'éléments de E = {1 ; 2 ; 3 ; 4 ; 5 ; 6}.** Le nombre de 3-uplets de E est $\text{card}(E)^3 = 6^3 = 216$.

En lançant trois dés, il y a donc 216 résultats possibles.

Somme de variables aléatoires indépendantes

Si on note X_1 (resp. X_2 ; resp. X_3) les variables aléatoires qui donne le numéro obtenu sur le premier dé (resp. sur le deuxième dé ; resp. sur le troisième dé), alors, d'une part, ces trois **variables aléatoires** sont **indépendantes** (car le résultat du lancer d'un dé n'a pas d'incidence sur le résultat du lancer précédent ou suivant) et d'autre part, elles sont définies **sur le même univers E = {1 ; 2 ; 3 ; 4 ; 5 ; 6}.**

On peut donc voir le lancer des trois dés comme un **échantillon de taille *n* = 3 de la même variable aléatoire X** qui donne le numéro obtenu lors d'un lancer de dé. Et on peut poser **S la variable aléatoire** qui donne la **somme** des résultats obtenus sur cet échantillon.

Le problème posé par le Prince de Toscane revient alors à démontrer que $P(S = 10) > P(S = 9)$.

Probabilités simples

On peut commencer à illustrer le problème avec le début de l'arbre pondéré ci-dessous (il est bien entendu trop grand pour être entièrement complété).

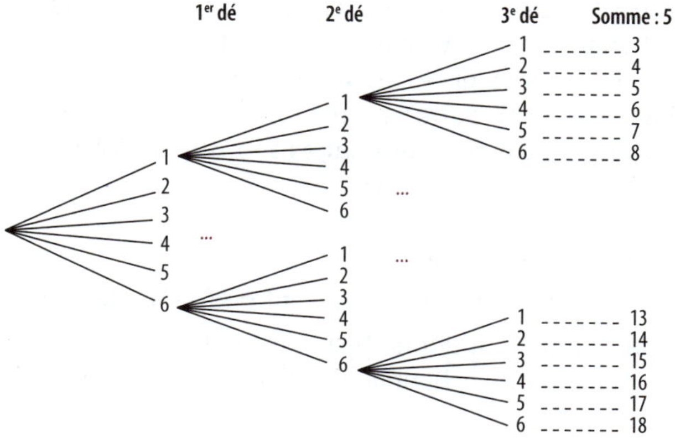

D'après ce qui précède, il y a :

– $6 + 6 + 3 + 3 + 6 + 1 = 25$ triplets différents qui donnent une somme égale à 9 ;

– $6 + 6 + 3 + 6 + 3 + 3 = 27$ triplets différents qui donnent une somme égale à 10 ;

– 216 triplets possibles en tout.

Comme chaque triplet a la même chance d'être obtenu (on parle d'un jeu **équiprobable**) :

– ainsi $P(5 = 9) = \dfrac{25}{216} \approx 0,1157$ et $P(5 = 10) = \dfrac{27}{216} = 0,125$.

Algorithme

On peut proposer un algorithme (écrit ici en langage Python) qui simule, pour un échantillon de taille *n*, la fréquence d'obtention d'une somme égale à 9 et d'une somme égale à 10.

```
from random import *

def Echantillon(n):
    l=0
    k=0
    for i in range(1,n+1):
        d1=randint(1,6)
        d2=randint(1,6)
        d3=randint(1,6)
        S=d1+d2+d3
        if S==9:
            l=l+1
        if S==10:
            k=k+1
    f=l/n
    g=k/n
    print('Fréquence de sortie de 9 : ',f)
    print('Fréquence de sortie de 10 : ',g)
```

Un peu de recul… et de l'échantillonnage

On peut également faire un petit commentaire sur cette légende. Il est peu probable que le Prince de Toscane ait effectivement remarqué qu'on obtient plus souvent un total de 10. En effet, d'une part il aurait fallu qu'il passe des journées entières à effectuer ces tests : la différence entre les deux probabilités est inférieure à 0,01 ! D'autre part, même en effectuant ces tests plusieurs fois, les **fluctuations d'échantillonnages** sont susceptibles de modifier les résultats et donc de fausser la conclusion.

Questions éventuelles du jury

- Relier la loi binomiale et le fait de lancer trois fois un dé équilibré
- Rappeler la formule qui donne l'espérance et l'écart-type de la variable aléatoire *somme* sur un échantillon de taille *n* et l'appliquer ici

PROJET D'ORIENTATION EN LIEN AVEC LA QUESTION

Les probabilités concernent un champ d'orientation très vaste.

Omniprésentes dans tous les domaines, les probabilités sont essentielles dans, par exemple, la gestion des risques, à la fois pour les assureurs, les banquiers, mais aussi pour les climatologues, les biologistes… Les probabilités conditionnelles sont, quant à elles, à la base du raisonnement inductif. Il consiste à anticiper ce qui va probablement arriver, en se basant sur des expériences passées. Ce raisonnement est utilisé par les roboticiens qui travaillent sur l'intelligence artificielle, il permet aux robots ayant à disposition de gigantesques bases de données, d'« apprendre » et de prendre des initiatives face à une situation qui s'est déjà produite.